JN256658

現場のスパッタリング薄膜Q&A

反応性高速スパッタの実務アドバイス

小島啓安 著

日刊工業新聞社

改訂版を出すにあたって

「現場のスパッタリング薄膜Q&A」を出版してから、6年が経過しました。この間、思いもよらぬ5刷と、多くの読者の方から好評頂きました。本当に有難うございました。原稿を書いている間は、論文やいろいろな資料をチェックし、出来るだけ多くの方に役に立つ内容にしたいと思いました。支持して頂いた読者の方に感謝致します。

コンサルタント業を始めて、ちょうど10年になりました。こういう仕事は、まさにお客様に育てて頂ける仕事のような気がします。実際に、お客様の会社の現場に入り、スパッタ装置の実験に立ち会い、データの解釈をしたり、トラブルの原因を考えたり、それは結局スパッタという現象に対して、様々な角度から考えるきっかけを与えて頂いているということになります。

スパッタ薄膜の可能性は、日々大きくなっているように感じます。最終章に付け加えました「未来へ」という項は、新しいプロセスとしての可能性を取り上げました。まさに、まだまだこれから進化し続ける技術であり、プロセスであると思います。

コンサルタントの仕事は、お客様の悩みを解消するだけでなく、やはりビジネスとして成功して頂くことが重要です。そのためには、コストの考え方をしっかり持っていなければなりません。スパッタリングを通じて、お客様と一緒にビジネスをしっかりと作り上げることが出来れば、これは望外の喜びとなります。ホームページのURLは、http://www.h6.dion.ne.jp/~earthですが、「スパッタ」「小島」のキーワードで検索可能です。連絡先は、メールアドレス：earth-tech@r9.dion.ne.jp　電話：046-205-1270です。どうぞお気軽にご連絡ください。お客様のスパッタ装置の「現場」でお会いできることを、楽しみにしております。

また、改訂版の編集を担当してくれた平川透氏に感謝致します。

2015年2月

著　者

まえがき

最近、地球温暖化によると見られる異常気象が多く報告されるようになって来た。環境負荷を低減する技術の必要性は益々高まってきている。この解決策として注目されている太陽電池、燃料電池、その他の省エネ技術などにも薄膜作製技術は重要な技術の一つとして使われている。なかでもスパッタ技術は、これらの問題を解決するための、キーテクノロジーの一つと考えられる。自然界に多く存在する元素のちょっとした組み合わせ、またプロセスとの組み合わせにより、まだまだ潜在する多くの新しい発見があると感じている。

この本では、Q&A 形式により、日常悩むような点について解答を試みた。今も進化している技術であり、パラメーターも多く、現象は複雑であるため、解答はあくまでも一つの参考であり、ヒントにして頂ければと思う。多くの技術者、特に今までスパッタの経験のあまりない方に、スパッタリングプロセスに関心を持ってもらうために、実際にスパッタリングを使った薄膜作製の開発現場での失敗談も盛り込んだ。実験に失敗は付き物であるが、失敗の方が学ぶことも大きいと思われる。

なにぶん著者の浅学のために、間違いや記述の不備もあると思われるので、読者諸氏のご指摘、ご叱正により、よりよく改めていきたいと思っている。

最後に執筆の声を掛けてくれた日刊工業新聞社の鈴木徹氏、編集を担当してくれた平川容子氏、また資料を提供してくれた多くの方に感謝申し上げる。この本を完成できたのは、これらのご好意の賜物であり、あらためて厚く御礼申し上げる次第である。

2008 年 8 月

著　者

目　次

3.　いろいろなスパッタ法 ―――――――――――――― 41

4.　反応性高速スパッタ法 ―――――――――――――― 69

第2部　実践編

第3部 応用編

第1部
基礎編

1. はじめに

1-1 スパッタとは？

スパッタリングとは通常グロー放電を使って、加速したイオンをターゲットにぶつけ、その運動エネルギーにより、ターゲットから膜材料を弾き出し、その弾き出された材料を、基板に成膜する方法である。イオンガンを使い、そこから高速のイオンビームを取り出して、ターゲットにぶつけるタイプのイオンビームスパッタリングという方法もある。いずれにしても高速のイオンを使って材料にぶつけ、そこから膜材料が出てくることになるため、スパッタ膜の特徴はここから生じることになる。**図 1**[1)]は、ターゲットへイオンを衝突させたときの、ターゲット上で生ずるイオンと表面の相互作用の様子を示している。

生産技術としての特徴はたくさんあり、産業上重要なプロセスになっているが、この原理から派生してくる膜の特徴として、以下のものが挙げられる。

① 緻密な膜ができる。

② エネルギーを変えることにより、結晶性の膜や、非晶質の膜など構造制御がやりやすい。

③ 基板との付着力が大きい。

④ 熱を使って、膜質を改善しなくて良いので、低温での成膜に適している。

⑤ 合金膜などでの膜組成が、ターゲットの組成と近いものができ、この組成は放電中変化せず、一定に保たれる。

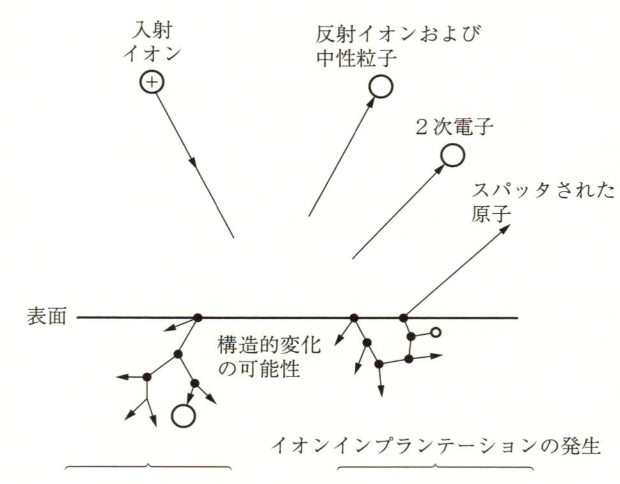

出典：Brian.N.Chapman 著　岡本幸雄訳　プラズマプロセシングの基礎
電気書院　(1993)

図1　イオンと表面の相互作用

⑥　Ar のような不活性ガス以外に O_2、N_2 などの反応性ガスを加えることにより、化合物膜が容易にできる。

⑦　反応性ガスの比率を変えることにより、徐々に膜質を変えた傾斜膜などが可能となる。

プロセス的には、

①　ターゲットはある厚さの板状のため、寿命が長く連続生産に適している。

②　材料が点ソースでないため、膜厚分布、膜質分布を小さくできる。

③　膜の再現性が良い。

④　成膜速度が電力に比例するので、膜厚制御がしやすい。

⑤　基板とカソード間距離が短く、コンパクトな装置が可能である。

⑥　実験装置から量産装置へ、スケールアップが容易にできる。

などがある。

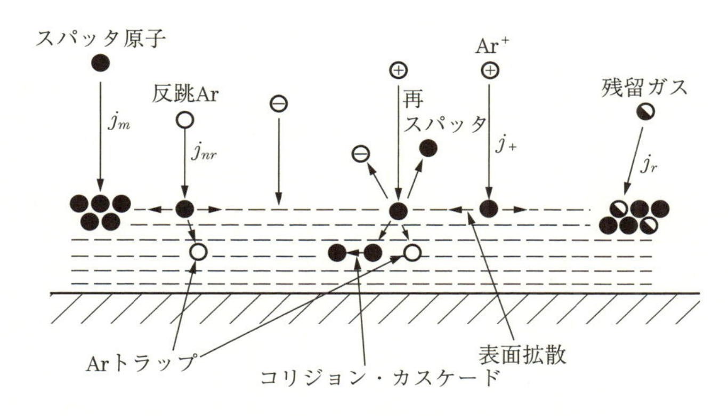

図 2　薄膜成長時における基板上の現象

欠点としては、高速のイオンをぶつけることから派生して、基板にも高速粒子が飛んできて、膜が再スパッタされたり、あるいは欠陥、ダメージが生じることである。**図 2**[2]はこの様子を示している。

他には、ターゲットにぶつかってそのまま跳ね返ってきた Ar イオンがある。これを反跳 Ar といい、スパッタ膜の場合にどうしても起こる現象である。これが膜に入っているかどうかで、スパッタ膜か他のプロセスの膜かの判断としても使える。その他基板にぶつかるものとして、電子で中和された高速の中性粒子、反応性スパッタなどで電子親和力が大きいことから生じる負の酸素イオンなどは、同様に問題となる。この他、2 次電子もやってくるが、これは主として熱として働く。

1−2　スパッタの種類には、どんなものがあるか？

スパッタの種類としては、統一された分け方が特になく、発達した順序、用いる電源の種類、カソードの形などによって呼び方を変えてその特徴を指しているのが実情である。**表 1**[3]に各種スパッタ方式を示す。

① 2 極は初期の方式で、カソードとアノードの 2 極のシンプルな構造。今はほとんど使われない。

表1　種々のスパッタ方式

No	スパッタ方式	スパッタ電圧電流	アルゴン圧力[Pa(Torr)]	特　　徴	模　型　図
①	2極 スパッタ	DC 1〜7 kV 0.15〜1.5 mA/cm^2 RF 0.3〜10 kW 1〜10 W/cm^2	1 ($\times 10^{-2}$)	構造簡単 広い基板に均一な膜を作るときによい。	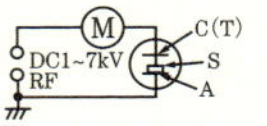 CとA(S)を同軸とすることもある
②	3極 または 4極 スパッタ	DC 0〜2 kV RF 0〜1 kW	6.7×10^{-2}〜 1.3×10^{-1} (5×10^{-4}〜 1×10^{-3})	低圧力、低電圧放電、電流とターゲットを衝撃するイオンエネルギーを独立に制御できる。RFスパッタも可能。	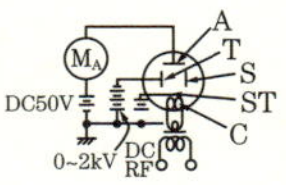
③	マグネトロン スパッタ	0.2〜10 kV (高速低温) 3〜30 W/cm^2	10〜10^{-6} (〜10^{-1}〜 10^{-8})	電場と磁場の直交するマグネトロン放電を利用、Cuで1.8 μm/minの高速、0.1〜0.01 Paで用いられることが多い。	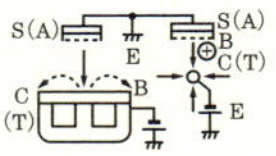
④	セルフ スパッタ	600〜750 V 100〜200 W/cm^2	(Zero)	アルゴンなどのスパッタ気体不要 大電力で高速 Cu･Agのみ達成	同　上
⑤	対向電極 スパッタ	0.2〜1 kV 3〜30 W/cm^2	〜10^{-3} (〜10^{-5})	基板が磁場の外にあり、各種のダメージをさけることができる。	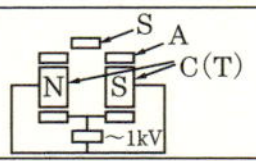
⑥	ECR スパッタ	0〜数 kV	2×10^{-2} (〜10^{-4})	ECRプラズマを用い高真空において各種のスパッタができる。ダメージも小さくできる。	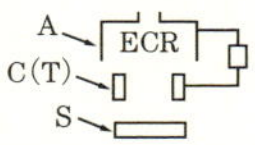
⑦	高周波 スパッタ	RF 0.3〜10 kW 0〜2 kV		絶縁物薄膜の作製たとえば石英、ガラス、アルミナなどを目的として生まれる。金属のスパッタにも使う。	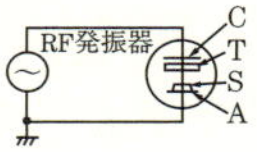
⑧	リアクティブ (反応性) スパッタ	DC 1〜7 kV RF 0.3〜10 kW	アルゴン中に活性ガス(N_2など：窒化タンタル)を適量混ぜる。	陰極物質の化合物薄膜の作製。 例：窒化タンタル、 　　窒化けい素。	
⑨	バイアス スパッタ	基板を陽極に対し0〜500 V位の範囲で正または負の電位にする		基板中に不純ガス(H_2O、N_2などの残留ガス)を含まないように基板をかるく荷電粒子でたたきながら膜を作る。	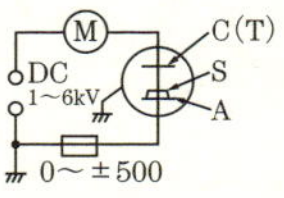
⑩	ゲッタ スパッタ	DC 1〜7 kV 0.15〜1.5 mA/cm^2 RF 0.3〜10 kW 1〜10 W/cm^2		ゲッタ作用の強い金属の膜を作るとき、プレスパッタ段階で周囲の陽極面に付着させた膜のゲッタ作用により活性ガスを除去する。	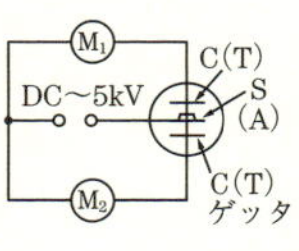

出典：麻蒔立男、薄膜作成の基礎　第4版　日刊工業新聞社（2005）

② 2極に補助電極を加えた方式。独立制御可、今は、特殊な実験で使われる。

③ マグネトロンは、カソードの下に永久磁石を配して、スパッタレートを上げた方式で、現在一般的に使われている方式。通常スパッタ装置は、この方式を指すようになった。

④ セルフバイアスは、メタルの成膜を高速で行なうとき、放電ガスを入れないでターゲットからのスパッタ粒子で放電ガスの代わりにしたもの。Ag、Cu などで利用可能。

⑤ 対向電極は、ターゲットを向かい合わせ、あるいは円筒にして、直角方向に基板を置いた方式。成膜速度は遅いが、基板へのダメージは低い。

⑥ ECR スパッタは、電源としてマイクロ波を使ったもので、エネルギーは導波管を通して窓から入れ、放電させる。ターゲットに負電圧をかけスパッタする。ターゲット形状がユニークになる。このプラズマはスパッタよりも CVD で多く使われる。

⑦ 高周波スパッタは、電源に高周波を使った方式。主としてターゲットが誘電体の場合に使われる。放電が容易である。

⑧ リアクティブ（反応性）スパッタは、ターゲットを金属、または導電性の材料を使い、Ar などの不活性ガス以外に反応性ガスとして O_2、N_2、CH_4 などを利用して、酸化物、窒化物、炭化物などの化合物薄膜を成膜する。急激に広がっている方式。

⑨ バイアススパッタは、基板にバイアス電圧をかけて、イオン、電子などの電荷を持った粒子を基板にぶつけることを指しており、このような方式のスパッタがあるわけではない。基板への膜の密着性、硬さ、膜質改善を目的に行なう。

⑩ ゲッタスパッタは、ゲッタ作用が大きい Ti などの膜で、活性ガスを吸着してしまうこと。ゲッタポンプなどとして使われることがある。

この他にも、たとえばロングスロースパッタと称し、放電ガス圧力を低くして、スパッタ粒子の直線性を上げ、半導体の配線などの細い溝の中にスパッタしたりしたものがある。これらの方式は、それぞれ利用するコンポーネントの特徴を出して呼んでいる場合が多いため、これらの組み合わせのスパッタも可能である。

電源の種類からスパッタを分けることもある。電源出力は、プラズマの質を左右し最も重要である。この区分けからは、高周波（RF）、DC、パルスが使われており、それぞれ高周波スパッタ、DC スパッタ、パルススパッタと呼ばれている。これらの原理などは後で述べる。

1–3 スパッタリング率とは何か？

Ar イオンのエネルギーが小さいと、スパッタが起こらず、エネルギーが増えてくるとターゲットから原子が弾き出されてくる。この弾き出されてくる最低電圧をしきい値と呼んでいる。さらに加速エネルギーが大きいとイオンがターゲットの中にもぐりこんでしまい、スパッタは起こらない。この現象は、イオン注入といって、半導体などの分野でよく使われている。薄膜の利用では、膜の積層というよりは、界面にイオンを注入することで、界面での原子の相互拡散、膜材料の下地基板へのアンカー効果を期待して密着性を上げるときなどにも、用いられることがある。

スパッタリング率というのは、イオンを 1 個ぶつけたときに、ターゲット材の原子がいくつスパッタされて出てくるかという比率を表している。これは、入射イオンのエネルギー、入射イオンの種類とターゲット材料、入射イオンの入射角などによって変わる。

図 3 は、各種元素のスパッタ率を表す[4)]。これは、He、Ne、Ar、Kr、Xe などの希ガスを 400 V に加速して各種元素の多結晶体に衝突させたときのスパッタリング率を、横軸に原子番号をとって示したものである。この図から、イオンの種類にかかわらず、原子量の多い順ではなく、周期性を持っていることであり、Cu、Ag、Au で最大値を示す。ちょうど

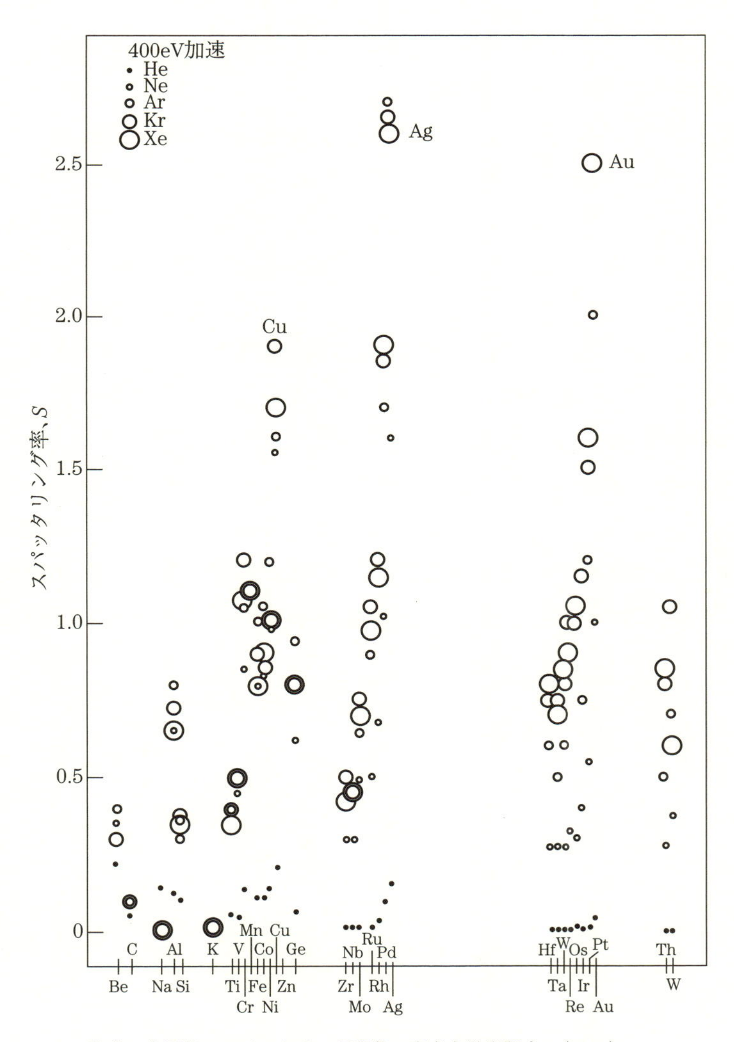

出典：金原粲、スパッタリング現象　東京大学出版会　(1984)

図3　希ガスイオン（400 eV）による各種元素のスパッタリング率

d殻が満たされていき、結合エネルギーが小さくなるにつれ、スパッタ率が大きくなっている。また、原子量の小さいHeのスパッタ率は小さい。

図4は、Agを45 kVで加速した場合のスパッタリング率を示す[4)]。実際の実用的なスパッタでは、このような加速電圧を使うことはないが、Ne、Ar、Kr、Xeという希ガスでスパッタリング率が最大になり、これは希ガスとターゲットとの相互作用が単純であることを示している。これは同様に、希ガスが化学反応をしないということでもあり、スパッタリング用のガスとして使う場合の理由になっている。

工業的に考えると、このスパッタ率は成膜速度とどういう関係になるのだろうか。スパッタ率を測るときに、入射イオンの個数はターゲット電流から決めることができる。

成膜速度を調整するのに、電力一定モードを使うが、この場合のメカニズムを考える。電力を一定にして、たとえばスパッタガスのAr圧が小さくなると放電電圧が高くなり、ターゲット材のスパッタ率は高くなるはずであるが、ターゲットに入射するスパッタイオンの数は減ってお

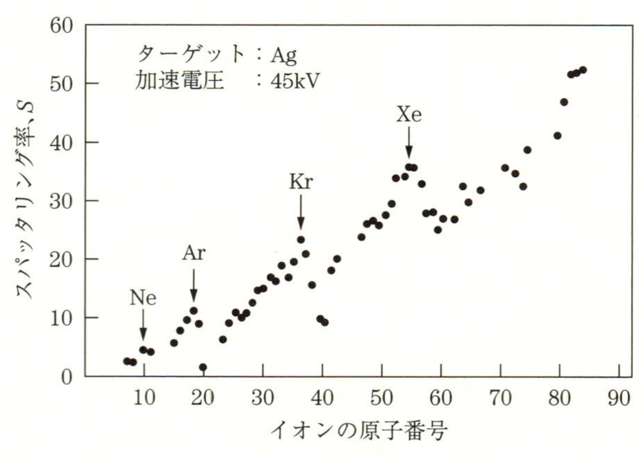

出典：金原粲、スパッタリング現象　東京大学出版会　(1984)

図4　Agターゲットにいろいろの元素のイオンを45 kVで加速して照射したときのスパッタリング率。希ガスのイオンでピークが現れる

り、電流は小さくなる。この逆に、Ar 圧力が高くなると、放電電圧が小さくなり、すなわち加速電圧が落ち、スパッタ率も下がるが、入射してくるイオンの数は増加し、スパッタ電流が大きくなり、スパッタされる量は同じになる。電力一定モードによる成膜での膜厚制御は、放電電圧 V と電流 I の積に比例することになる。

すなわち、スパッタでの成膜速度を制御するときに、電力を一定にすることにより、膜厚をコントロールできることになる。電力が 2 倍になれば、成膜速度がほぼ 2 倍となり、膜厚のコントロールに使うことができる。これがスパッタ装置の利点であり、大きな特長となっている。

1–4 反応性スパッタとは何か？

薄膜として使われる材料には、さまざまな種類のものが使われる。**表 2** は[5)]その種類と用途を示したものである。実際の用途としては、各分野にて適している材料がそれぞれ違い、また必要な最適成膜条件も異なるが、金属膜、合金膜、酸化物膜、窒化物膜などが多い。

金属膜は、放電ガスとして Ar のみを加えるのが一般的であり、ターゲットとして同じ金属を使い、放電して膜を形成する。酸化物膜、窒化物膜などの化合物膜では、作り方が 2 種類ある。1 つはターゲット材料を欲しい膜と同じにして、そのままターゲット材料と同じ材料を膜として使う場合と、2 つ目は、欲しい酸化物などのターゲットではなく、その元の金属をターゲット材料にしてスパッタする方法である。

1 つ目の方法は、材料が誘電体である場合が多いが、その場合 DC 電源、パルス電源では放電できないため、RF 電源となる。2 つ目の方法は、金属ターゲットであるため、DC、パルス電源で放電可能となる。この場合に、膜が酸化物のときは、放電ガスとして Ar に O_2 ガスを加え、窒化物のときは、N_2 ガスを加えることになる。このように、Ar などの放電ガス以外に、O_2 や N_2 などの反応性ガスを使い化合物膜をスパッタする方法を反応性スパッタまたはリアクティブスパッタという。反

表2　薄膜材料の種類と用途

用　　途		薄　膜　材　料
電子工業	電極・配線	Au、Al、Cu、Cr、Ti、Pt、Mo、W、Al/Si、Pt/Si、Mo/Si
	抵抗膜	Cr、Ta、Re、TaN、TiN、NiCr、SiCr、TiCr、SnO_2、In_2O_3
	誘電体膜	AlN、BN、Si_3N_4、Al_2O_3、BeO、SiO、SiO_2、TiO_2、Ta_2O_5、HfO_2、PbO、MgO、Nb_2O_5、Y_2O_3、ZrO_2、$BaTiO_3$、$LiNbO_3$、$PbTiO_3$、PLZT、ZnS
	絶縁膜	Si_3N_4、Al_2O_3、SiO、SiO_2、TiO_2、Ta_2O_5
	磁性膜	Fe、Co、Ni、Ni–Fe、Te–Fe、GdCo
	超伝導膜	Nb、NbN、Nb_3Sn、Nb_3Ge、Nb_3Si、La–Sr–Cu–O、O–Ba–Cu–O、Bi–Sr–Ca–Cu–O
	半電動体膜	Ge、Si、Se、Te、SiC、ZnO、ZnSe、CdSe、CdTe、CdS、PbS、PbO_2、GaAs、GaP、GaN、Mn/Co/Ni/O
	保護膜	Si_3N_4、SiO、SiO_2、パイレックス
光学工業	無反射・耐摩耗コーティング	SiO_2、TiO_2、SnO_2、In_2O_3
精密機械 装飾 その他	表面硬化膜	Cr、TiN、TiC、SiC、WC、DLC（diamond–like carbon）
	耐蝕・耐熱膜	Al、Zn、Cd、Cr、Ti、Ta、W、TiN、TiC、SiC
	装飾膜	Ag、Au、Al、TiN

出典：和佐清孝、早川茂　薄膜化技術　第3版　共立出版（2002）

表3　反応性スパッタリングで作られる化合物と使用する反応性ガス

	酸化物	窒化物	炭化物	硫化物
反応性ガス	O_2	N_2	CH_4、C_2H_2、C_6H_6	H_2S
化合物	Al_2O_3 SiO_2 TiO_2 Nb_2O_5 WO_3 ITO SnO_2 Ta_2O_5 VO_2	AlN Si_3N_4 TiN NbN InN SnN TaN	B_4C SiC TiC WC	CuS MoS_2 ZnS

応性スパッタで作られる化合物と使用する反応性ガスを**表3**に示す。硫化物以外の膜については、すでに一般的に多くの分野で普及している膜であるが、硫化物については、ガスの取り扱いなどに、他のガスより注意が必要である。

RF電源を使うときのメリットは、欲しい膜とターゲットが同じ材料を使うために、基本的には同じものが作りやすく、わかりやすいのがメリットであり、成膜条件がよりシンプルになることである。その場合は、ターゲットは焼結で作ることが多いが、製作に手間がかかるため、ターゲットのコストは上がることになる。放電ガスはArのみか、O_2などの反応性ガスを微量加える必要がある場合がある。またRF電源は、構成上大型には不向きであり、また装置も大きくなる。電力的には、5 kW程度までが多く使われており、同じ電力で比較すると、DCなどに比べてかなり価格も高い。

反応性スパッタでは、DC電源、パルス電源を使うことが可能となり、大型化がしやすくなる。最近の基板の大型化を考えると、RFでの大型化は限界があり、半導体産業のように小さいもので付加価値が高いものに限定されてくる。また、RFを使ったスパッタは誘電体などの化合物などをスパッタするのに使われるので、スパッタ率が低く、成膜速度が低い。また、ターゲット材を忠実に反映した膜を作りたいことが多いので、融通が利かず、欲しい膜の分すべてをターゲットとして揃える必要が生じる。反応性スパッタの場合は、反応性ガスを変えることにより、各種の膜が可能となる場合がかなりある。

1–5 スパッタ膜はどんな材料にも成膜できるか？

基本的には、どんな材質の基板にも成膜は可能である。メッキの場合などで、電解メッキの場合は基材が導電性であるもの、あるいは、無電解メッキの場合は、最初に核形成などが必要になるが、そういう制限はない。ただし、スパッタは真空中で行なわれるので、真空に引けないものは難しいということになる。たとえば、材質、形状、大きさ、表面状態（密着性）などができるかどうかの判断になると思われる。

材質では、プラスチックなどの有機物、ガラス、セラミックス、金属が主たる材料であるが、他にも成膜は可能である。繊維に金属膜をスパッタして、機能性のスポーツウエア、着物の帯の金糸・銀糸、またステンレスへの酸化物のスパッタによる抗菌剤などがある。最近需要が増えているのが、プラスチックフィルムなどへの各種光学膜などである。

注意点としては、プラスチックは、水を多く含み排気に時間がかかること、またフッ素樹脂のように、表面エネルギーが小さいものは、密着性が悪いことなどである。

形状としては、3次元の複雑構造のものは、その細部に膜が回り込んで成膜させるのは難しく、付着しなくなることである。これはスパッタ圧を高くすることで、平均自由行程が短くなり、いろいろな方向にスパッタ粒子が散乱されることで、回り込みを増やせるがこれには限度がある。たとえば、車のタイヤのホイールキャップなどは3次元的な形状であるが、そこにAlやTiNなどの装飾用膜を付着させることもできるので、膜厚の均一性がそれほど要求されないものでは、3次元形状でもスパッタ可能である。ただし、ターゲットに対して直角くらいまでで、裏面までは難しい。この場合には、基材を回転するなり、裏返したりという内部機構によって解決できることも多い。また特殊な場合では、粉末などにも成膜可能である。

大きさについては、かなり大きなサイズまで可能である。液晶TVなどのガラス基板では、何面取りということで、第9世代では、ガラスサイズが2400×2800 mmサイズまでになり、装置はそれを入れる大きさを持ち、しかも移動機構を持つことが多いため、竪型にしたスパッタ方式の基板サイズとしては、そろそろ限界に近づいている。平面に置いたタイプでは、さらに大きく3000×4000 mm程度までは、すでに利用されている。プラスチックフィルムなどでは、幅2000 mm、長さ2000 mなどが反物状に巻き取られて、成膜するウエブコーター（ロールコーターともいう）という方式で成膜されている。小さいものは特に問題はないが、治具の開発により、一回に多くの部品を成膜するなどのコストダウンに使われる。

表面状態では、表面の凹凸があっても、平滑なものでも構わない。むしろ凹凸があった方が密着性が良くなる場合がある。物理的な形状よりも、化学的な状態での清浄表面かどうかが重要なので、洗浄方法、前処理によって解決できることが多い。プラスチック表面などの場合は、前処理により表面改質をしてから成膜したり、プラスチックのメガネレンズの場合のように、ハードコーティングと称するアクリル系などの樹脂材料のウエットコーティングをして、その上にスパッタ膜を付けている例などがある。これらは、密着性を向上するための方策であるが、表面の活性度を上げたり、熱膨張係数の違いを緩和したり、いろいろな対策の一つとして使われる。

1–6 プラスチック膜、セラミック膜、金属膜なども成膜できるか？

薄膜材料は表2に示したようなものが使われており、多岐にわたっている。表2には金属膜、セラミック膜が主として載っているが、プラスチック膜も可能である。

薄膜材料の用途としての特徴を以下に示す。

金属膜は、半導体などの配線用、電極用、反射ミラーの表面反射用、電気自動車用のコンデンサなどが目に付く市場である。Al、Ag などの反射膜の用途は、自動車用のサイドミラー、バックミラー、ヘッドランプ用ミラーなどから、複写機の各種ミラー、液晶ディスプレーの反射板などがある。ディスプレーの反射板は、携帯電話、自動車用ナビゲーション、TV など多くの製品に使われている。メモリー用として磁性膜も使われる。また、面白い使い方として、Ti、Ni 合金などの形状記憶合金もある。

化合物膜には、多くの酸化物膜、窒化物膜、炭化物膜などがある。

酸化物であるが、酸化物膜の用途は、その透明性を生かした光学膜が多いが、半導体的性質を持たせて、各種センサー、透明導電膜など多彩である。ZnO などは、従来弾性表面波デバイスとして知られているが、透明導電膜としてのITO膜（In_2O_3、SnO_2混合膜）が大変高価になったため、その代替材料として注目され、開発が続けられている。スパッタのメリットを出したものとしては、複合酸化膜がある。化学組成が複雑な、PZT（$PbTiO_3$、$PbZrO_3$混合膜）、PLZT〔(Pb、La)(Zr、Ti)O_3〕などのように、ペロブスカイト構造と呼ばれる膜のグループがある。これは、ZnOと同様に圧電性素子として知られ、最近では、強誘電性を利用したメモリーとしての利用も考えられている。圧電性というのは、力をかけると電圧が発生し（圧電効果）、電圧をかけると伸び縮みすることを指すが、この性質を利用して、弾性表面波フィルタとしてよい音、よい画像を出したり、音響デバイスとして利用されている。この膜のような、混合酸化物膜は、真空蒸着では作成が難しかったが、焼結ターゲットにより組成を揃えれば、RFスパッタにより、ターゲットと組成がずれない膜が形成することが可能となり、応用が広がった。ただし結晶性が重要なので、基板の選択、高い基板温度、結晶性の方位など注意点が必要である。

TiO_2膜などは光学膜の高屈折材料として、あるいは光触媒膜として使われてきたが、Nb、Taなどを添加することにより、ITO並みの導電性を持ち、導電性膜として注目されている。

Al_2O_3などは、バリアー膜として使われているが、高温にて成膜し結晶化させることにより、サファイア並みの硬さを持ったハードコーティング膜としての開発が行なわれている。

SiO_2膜は、光学膜の低屈折率膜、バリアー膜などとして知られている。SnO_2膜はセンサー膜、光学膜、導電膜などであるが、導電膜としては、CVD法を使って、太陽電池用電極膜として一般化している。

窒化物膜であるが、広く使われているものに、TiN、ZrN、HfNなどの装飾用コーティングがある。基本的に金色になり、時計のバンド、メガネのフレーム、各種装飾品に使われる。値段からすると、ターゲットとしてTiを使い、反応性スパッタでArとN_2ガスを加えてTiN_xにする方法が多い。同時に硬さを利用して、ドリル、バイトのチップなどハードコーティングとして使われる。この場合は、TiAlN などのように、多少改良されて、耐酸化性を向上させたものが多くなってきた。透明性を利用して、Si_3N_4 などは光学膜、バリアー膜、保護膜などにも使われる。AlN はやはり透明性や緻密性を利用したバリアー膜、また音速が早く高周波デバイスに向いているとして圧電素子としても用途がある。

炭化物膜は、TiC、SiC、WC などの工具用の耐摩耗性膜として知られている。この製法は、Ti、Si、W などのターゲットを使い、反応性スパッタでの成膜、または化合物ターゲットから RF により成膜が可能であるが、それぞれ膜の特性に違いが出てくるため、方法の選択は必要になる。ただし Si を反応性スパッタする場合は、Si ターゲットには、導電性を持たせるように、Al、B などの添加が必要である。また、化合物膜として、他には**硫化物膜**などがある。これは、MoS_2 など潤滑膜として使われたり、ZnS のように光学膜、発光体として利用されるものがある。これらは、RF スパッタでも、反応性スパッタでも可能である。反応性スパッタでは、H_2S ガスなどが使われるが、これは有毒であり、悪臭もするので、装置は他のスパッタとあまり兼用しない方が良い。

また、グラファイトターゲットを使って C 膜を作ると、潤滑剤との組み合わせにより、摩擦係数が 0 近くになる超潤滑の膜ができるなどの話題もある。

その他、Si をターゲットにして、Ar、H_2 での反応性スパッタにより a–Si：H 膜は、太陽電池、薄膜トランジスターなどにも使用が可能であるが[6)]、まだ性能的には、シラン（SiH_4）などを使った CVD による方法が一般的に用いられている。

プラスチック膜には、テフロンなどをコーティングすることによる耐食性のための膜、あるいは潤滑性、耐摩耗性を上げるために、金属基材にコーティングすることなどが開発されてきた。ただし実際に実用上の性能に達している例は数少ないと思われる。方法としては、テフロンなど有機高分子をターゲットにして RF でスパッタが行なわれる。テフロンを RF でスパッタする場合、0. 15 nm/min.watt（T–S 間距離 100 mm）

程度あるが、パワーを上げていくと、成膜速度も増える。面白い現象としては、Ar 圧力を 10 Pa 程度から 0.1 Pa 程度に下げていくと、成膜速度の増加が起こり、セルフスパッタリング現象が起こる[7)]。連続してスパッタしていると、ターゲットの中の F/C の成分比がカーボンリッチになり、スパッタの成膜速度が落ちてくる。

また、テフロンと金属粒子との複合膜も検討された[8)]。RF スパッタにて、テフロン中に金属粒子が入ったターゲットを用いて、CF_4 ガス中でスパッタしたものである。これらの応用としては、膜中に入っている金属の吸収を利用した、装飾膜や大面積の光学フィルターなど、あるいは太陽光を吸収するための用途などが提案されている。

ポリイミドをターゲットとした膜も試みられている[9,10)]。

2. スパッタリングの基礎知識

2-1 基板の洗浄はどうすればよいか？

スパッタする基材には金属、ガラス、プラスチックなどがある。基本的な考えとして、まず付着しているパーティクルやゴミを落とす。このパーティクルや、ゴミは無機物が多いと思われるが、その後の工程、あるいは同時に油脂分を落とし、瞬間乾燥する。およそ、汚れには**表1**のようなものがある[1]。

基材が金属の場合に、ハードコーティング用の高速度鋼のような、成

表1　汚れの種類

番号	内容
①	切削油、グリースなどの油脂類
②	はんだ付け、溶接の際の残渣またはろう付けのフラックス
③	機械加工、研磨加工、ラップ仕上げなどの金属質残渣（金属とは限らないが）
④	容器、機械、作業場などからの一般的ゴミ質残渣
⑤	チリ、ホコリ、泥、砂などや一般にいう塩類
⑥	指紋、汗などの人体の分泌物
⑦	錆、金属の酸化膜
⑧	バフ粉、研磨剤
⑨	ペイント、ワックス
⑩	大気汚染によるゴミや化学薬品の付着物
⑪	バクテリア、イオン性ミスト
⑫	樹脂成形などの剥離剤
⑬	接着剤

※実際にはこれらが混在している場合が多い

出典：日本産業洗浄協議会　洗浄技術委員会編、トコトンやさしい洗浄の本　日刊工業新聞社（2006）

膜時に高温に加熱するものは、精密洗浄までは必要ない。

スパッタリング方式は、光学用ガラスなどのような表面平滑性、表面精度が必要であるものに使われるようになり、また密着性、大面積に有利ということで、プラスチック樹脂基板など、熱に弱い材料にも多く使われるようになった。そのため、低温で成膜をすることが必要となり、低温での成膜では、膜と基板の密着性を良くするための前処理として、洗浄が重要なのである。これらの一般的な方法と注意点および最近の話題を述べる。

ガラスの洗浄方法

ガラスなどの一般的な洗浄方法としては、**表2**のような方法がある[2)]。通常は、化学的洗浄として、界面活性剤を用いて洗浄する。水によるリンス後、大面積の場合は、エアナイフによる乾燥、小さい場合はイソプロピルアルコールあるいは代替フロンなどが使われ、水との置換により乾燥させる。界面活性剤、水での洗浄時は、超音波洗浄を併用することが多い。

超音波洗浄の原理は、液体中に超音波として数十 kHz 与えると、その振動により、負圧時に、キャビテーションと呼ばれる気泡が生じ、その気泡の消滅時に大きな衝撃力が生まれ、その剥離作用といわれている。

表2　主な洗浄と乾燥法

物理的洗浄	乾燥
ブラッシによる擦り洗い 超音波洗浄 加速粒子の吹き付け（ウエットブラスト） 流体ジェットによる洗浄 プラズマによるクリーニング	エアナイフによる乾燥 高速回転（スピン）により吹き飛ばす 熱風乾燥 真空乾燥 赤外線乾燥
化学的洗浄	**置換乾燥**
洗剤・溶剤による洗浄 酸・アルカリなどによる洗浄 機能水（水素水、オゾン水、電解イオン水） エキシマ光線による処理	イソプロピルアルコール蒸気による水の置換乾燥 マランゴニー乾燥

出典：麻蒔立男、薄膜作成の基礎　第4版　日刊工業新聞社（2005）

ところが、このキャビテーションによって、基板を傷めるような場合は、メガヘルツの超音波が使われるようになった。これは、振動数を増やすことで気泡を生じず、そのぶん水分子を細かく揺さぶり、パーティクルの洗浄に効果があるといわれている。同様に、わずかに残った有機物を洗浄するのに、ドライ洗浄も使われるようになった。これには、UV光を使ったり、大気圧プラズマを使う方法がある。

大気圧プラズマは、液晶用大面積ガラス基板のプロセス中の洗浄用として最近普及してきた方法である。環境負荷を減らし、かつほとんどメンテナンスが必要ない方法として注目されている。原理を**図1**に示す[3)]。プラズマにより、汚れの原因となる有機物をCO_2、H_2Oの形に分解しガス化して排出する。コスト的な理由から、放電ガスとしてN_2にわずかにO_2を入れる方法が開発され、誘電体バリアー放電といわれるグロー状放電を起こす。またソフトなプラズマのため、デバイスにダメージを与えずに、TFTなどの回路が形成されていても使用できる。

図2はプロセス図である。スパッタと同様にパルス電源が使われる。放電開始電圧は高いが、放電後は小さい電力で、安定放電が可能である。

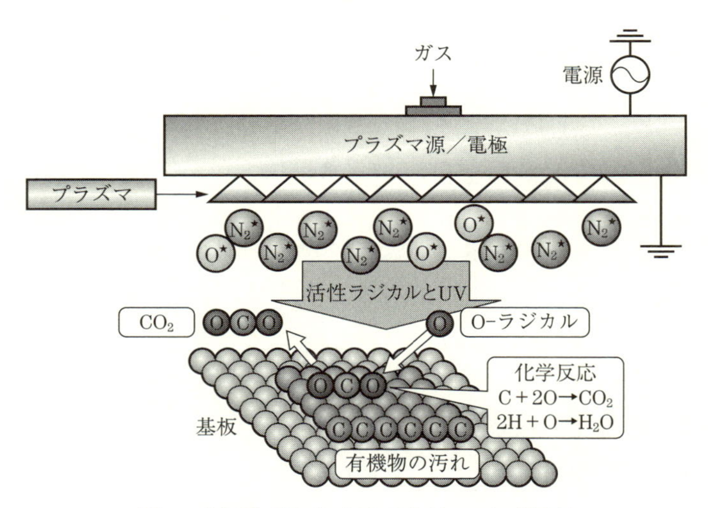

図1　大気圧プラズマによるクリーニング原理

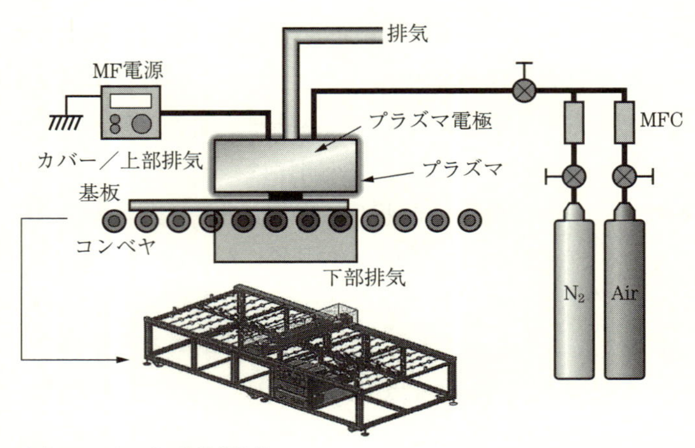

出典：SEプラズマ社技術資料

図2　大気圧プラズマ構成図

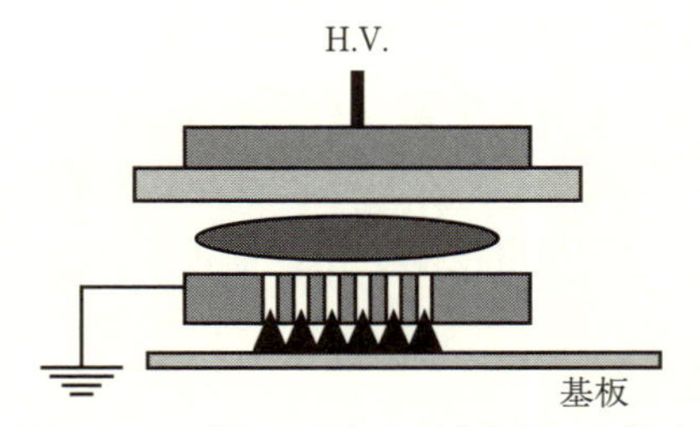

出典：SEプラズマ社技術資料

図3　SE社電極構造

大気圧放電は、均一に安定して放電するためには、電極構造が大事であるが、**図3**にあるような電極構造により、すでに第9世代と呼ばれるような大面積にも使われるようになった[3)]。

プラスチック樹脂の洗浄方法

プラスチック樹脂の場合は、基材が多孔質で傷つきやすく、吸水性を持っているため、取り扱いには注意が必要である。基本的には水での洗浄は行なわず、ドライでの洗浄となる。前記に挙げた大気圧プラズマもその一つであるが、スパッタの場合は、真空中での成膜を行なうため、あえて大気圧での処理を行なわなくても、真空中での放電を利用すれば良いことになる。プラスチックの材質は、結晶性、結晶化度の違いなどで吸水率が材料ごとに変わる。また真空中での水分の放出が十分できるように、余裕のある排気能力を持った装置が必要であるし、帯電しやすいためにチャンバー内のゴミが付きやすく、スローリーク、スロー排気もした方が良い。

洗浄はO_2ガス、N_2ガス、Arガスなどのガスを比較的高い圧力により放電して、ボンバードを行い、電力、放電時間などを調整して最適な条件を見つけることになる。プラスチック樹脂の場合は、表面にある官能基の違いにより、この放電条件も樹脂ごとに変わる。成膜後の密着性向上のためには、最適値を見つけることが大変重要である。基材を若干加熱する、あるいは結果として加熱されることが樹脂中の水分やガス放出にとっては良いが、もともとガラス転移点が低い光学用樹脂などでは、歪みや変形が起こりやすく、また工程時間の短縮からも、加熱をするような時間をかけないで、短時間で行なうことが多い。

2-2 スパッタ用ガスはArだけか？

スパッタ用のガスは、基本的には不活性ガスであれば、薄膜材料となるターゲットと反応せず、いろいろなガスを使うことができる。不活性ガス以外の材料のとき、たとえば常温で固体のイオンなどは、これでターゲットにスパッタリングすると、むしろターゲットに衝突イオンが固着してしまうbuilding upという現象が生じるといわれている。

不活性ガスとしてHe、Ne、Ar、Kr、Xeなどがある。この中で、Arを通常使う理由は、大気中に最も多く存在し、価格が安いこともあるが、中くらいの原子量を持ち、各種ターゲットにぶつけるイオンの大きさとして、丁度良いからである。すなわちHe、Neは、質量が小さいためスパッタリング率が低く、またKr、Xeは質量が大きいためにスパッタリング率は高いが、そのぶん基板へ大きなエネルギーで飛び込み、基板に堆積した膜に欠陥を作ったり、内部応力を大きくしたりする。通常スパッタガスイオンは、スパッタすることに寄与したイオン以外の相当数がターゲットで反射し、その近傍にいる電子で中性化され、それが基板側に飛んでいくと見られている。これは反跳Arなどと呼ばれて膜中に入ったり、基板表面の膜を衝撃することになる。

また、量産ではコストが優先するため、Ar以外のガスは使いにくいが、他のガスとの混合ガスを使って、膜の特性改善を狙って磁性膜などで使用する検討も行なわれている。

2–3 スパッタ粒子のエネルギーはどのくらいか？

図4は、各種不活性ガスによるスパッタ粒子のエネルギー分布をシミュレーションしたものである[4)]。この図から、スパッタされた粒子のエネルギーは、いずれのガスを使っても15 eV程度にピークを持つ分布をしていることがわかる。また、質量の大きい原子ほど低エネルギーのスパッタ粒子が多く、高エネルギーの粒子が少ないことがわかる。

基板側には、途中の中性のガスとの衝突により減速された粒子が入ってくるが、質量の大きいスパッタガスを用いると、基板にはエネルギーレベルの比較的揃った粒子が入ってくることになる。ただし質量が大きいために、その運動量、運動エネルギーは大きくなり、膜への応力は大きくなるが、緻密性、硬さなどは向上する可能性がある。最近は基板として、プラスチックへの成膜が多くなってきたために、膜の内部応力は下げる必要があるため、この辺は考慮することが必要である。

図5は、同様にスパッタ粒子のエネルギー分布を示しており、同図(a)は入射エネルギーを変えた場合、(b)は入射角を変えた場合を示す[4)]。入射エネルギーを変えても、ターゲットから出てくるスパッタ粒子のエネルギーはあまり変わらず15 eV程度をピークにした分布になっている。

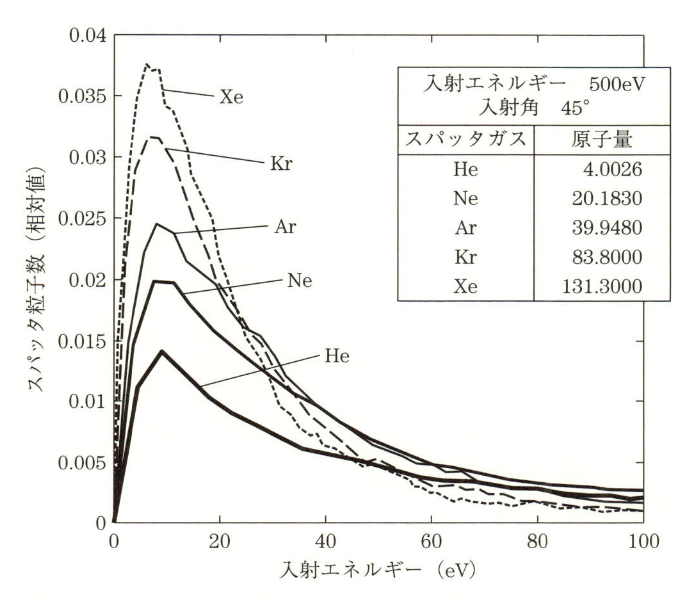

出典：金原粲監修　白木靖寛、吉田貞史編著　薄膜工学　丸善（2003）

図4　各種不活性ガスによるスパッタ粒子数の違い

図5(b)は入射イオンのターゲットへの入射角度を変えた場合であるが、入射角度が大きくなるにつれ、ピークが高エネルギー側に少しシフトしている。その割合は、比較的小さなものであることがわかる。膜の構造への影響は、大半の粒子が15 eV近くのエネルギーを持っているため、むしろ数の少ない高エネルギー粒子が、膜の性質に影響を与える場合が多い。

同様に膜の性質を考える場合、他の影響を与える要因として、ターゲットから出てくるスパッタ粒子と基板との相対位置関係がある。実際にスパッタ装置を用いて生産を行なう場合には、スパッタされた粒子と基板との相対関係が、膜の成長に影響を及ぼす。約15 eVに分布のピークを持つスパッタ粒子が、およそ余弦則に従ってターゲットから飛び出すわけであるが、インラインの場合は、基板が搬送されて移動するために、ターゲットから放出されるスパッタ粒子に対しては、基板の入射角は大

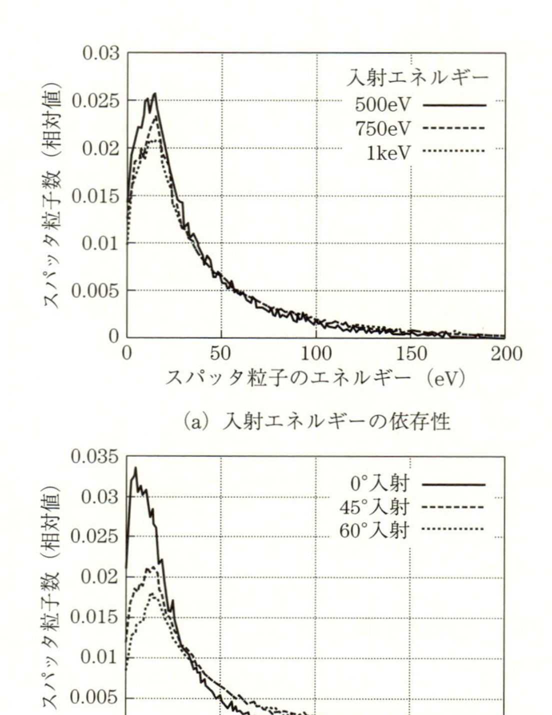

(a) 入射エネルギーの依存性

(b) 入射角依存性

出典：金原粲監修　白木靖寛、吉田貞史編著　薄膜工学　丸善（2003）

図5　スパッタ粒子のエネルギー分布

きい状態から小さくなり、また大きい状態に変化していく。この入射角変化による成膜がくり返されると膜の積層状態は周期的に変化し、それが膜の物理的特性に影響する。また、ターゲットに対して基板を固定しておいた場合には、エロージョンの直上と非エロージョンの直上が固定されて、その対応した位置にある膜の性質が違ってしまう。特にエロージョン直上では、反跳 Ar によるダメージが大きいといわれており、ITO や磁性膜などダメージに弱い膜には注意が必要である。

2–4 平均自由行程とは何か？

平均自由行程とは、気体原子が他の原子気体と衝突するまでの飛行距離の平均をいう。

平均自由行程 λ は、

$$\lambda = \frac{1}{\sqrt{2}\,\pi\sigma^2 n}$$

と表される[2)]。ここで、n：気体分子の密度、σ：分子の直径である。

また、$P = nkT$ を代入して

$$\lambda = \lambda_0 \left(\frac{T}{273} \right) \frac{1}{P}$$

と表せる。

λ_0：0℃、1 Torr の値

P：圧力

T：絶対温度

k：ボルツマン定数

温度が一定であれば、気体の圧力と気体分子密度 n は比例するので、圧力が 10 倍になると気体分子密度が 10 倍になり、平均自由行程は、逆に 10 分の 1 になる。平均自由行程は、分子の大きさの 2 乗に反比例するために、気体の大きさによって異なっている。

表 3 は気体の平均自由行程である[5)]。また、各種気体中において、分子に比べ電子は小さいので、その大きさを無視し、電子の速度に比べて分子は静止していると見なして、電子の平均自由行程は各分子の $4\sqrt{2}$ 倍ある。

平均自由行程とは、どんな意味があるのだろうか。まず、スパッタでの平均自由行程がわかれば、装置の大きさが決められるということである。ターゲットから基板までの距離（T–S 間距離という）は平均自由行程より長く取る必要がない。Ar を放電ガスとして使った場合に、0.1 Pa

表3　気体分子の平均自由行程

	分子量	平均自由行程 λ（cm）		分子直径 σ（Å）
		1 Pa、20℃	1 Torr、20℃	
He	4	1.75	1.31×10^{-2}	2.18
Ne	20.18	1.27	0.95	2.59
Ar	39.94	0.64	0.48	3.64
Kr	82.9	0.49	0.37	4.16
Xe	130.2	0.36	0.27	4.85
H_2	2	1.15	0.86	2.74
N_2	28	0.59	0.44	3.75
O_2	32	0.65	0.49	3.61
H_2O	18	0.68	0.51	4.60
CO	28	0.60	0.45	4.65
空気	28.96	0.61	0.46	3.72

出典：　小林春洋　スパッタ薄膜　日刊工業新聞社（1993）

(7.5×10^{-4}Torr)、20℃での平均自由行程は6.4 cm程度である。通常この圧力は、スパッタを行なうときの下限に近い。そうすると、およそ10 cmあれば十分な距離といえる。ただし特殊なスパッタでロングフロースパッタのような、垂直にやってくるスパッタ粒子のみを膜として取り入れたいような場合は、もっと長い距離をとるために、圧力を低くして平均自由行程をもっと伸ばすか、またはT–S間距離を延ばして、直線的に入ってきた粒子のみを基板に入れる。

次に、膜への影響を考えるときT–S間距離が平均自由行程より大きいか小さいかが意味を持ってくる。スパッタ粒子がターゲットでスパッタされて、基板に達するまでに、平均的にスパッタガスと衝突しないで、膜が付着できるかどうかは膜の性質に大きな影響を及ぼす。

スパッタ粒子が周囲のガスと衝突している間にエネルギーを失い、周囲のガスの熱速度と同程度になることを熱中性化と呼ぶ。

スパッタ粒子が飛行している空間には、加速されたArイオン、中性粒子（反跳Arなど)、2次電子、酸化物などでは酸素負イオンなどの粒子が存在する。これらと衝突するたびに減速されたり、イオン化されたりさまざまな影響を受けて基板に達するが、その影響を図る一つの目安が平均自由行程であり、平均自由行程が短ければ、熱中性化が起こりやすい。放電ガス圧力を変え、平均自由行程を変えることは、膜質を変更する大きなパラメーターといえる。

2–5 シースとは何か？ また、プラズマ電位とは何か？

スパッタはグロー放電プロセスである。グロー放電を起こさせるために、カソードへ数百ボルトの負電圧をかけて、Ar イオンなどを衝突させ、そこから 2 次電子を放出し、それが電離に寄与してプラズマ状態を継続し、スパッタ粒子を基板に付着させることになる。このときに重要なのは、電子の質量が極めて小さく動きやすいが、イオンは質量が大きいために動きが遅いことにある。

図 6 は、DC 放電中のカソード、アノード、基板の電位を示したものである。プラズマ中に置かれた絶縁基板を考えると、瞬間的に電子が流れて負に帯電し、それに見合ったイオンが引き寄せられその近傍に生じる。これがプラズマ中に常に存在し、それがプラズマ電位（V_p）となる。すなわち、プラズマは放電中のいかなる表面の電位より正になる。これはアノードに対して約 10 V 程度の大きさとなる[6)]。基板の電位は、フローティング電位（V_f）といい、電子に反発するように働くので、プラズマ電位の大きさより丁度同程度の低い位置にあり、−10 V 程度といわれている。この差 V_p-V_f が、プラズマ中に置かれた基板への、イオンの衝撃となる。

このようにプラズマ中では、プラズマ電位分、電界が上乗せされた電位になるが、カソード、アノード、基板などには、負に帯電した表面近くに対応したイオンの空間電荷が生じ、それをシースと呼ぶ。シース中でイオンは加速される。したがって、カソードではカソード電圧（V_c）に 10 V 程度のプラズマ電位が加わった加速電界が働き、基板に対して

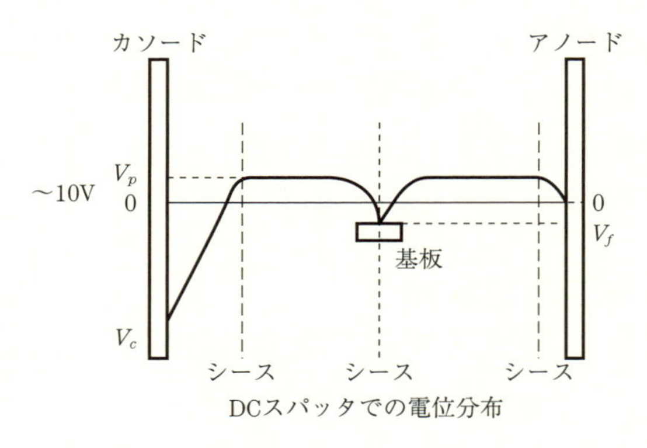

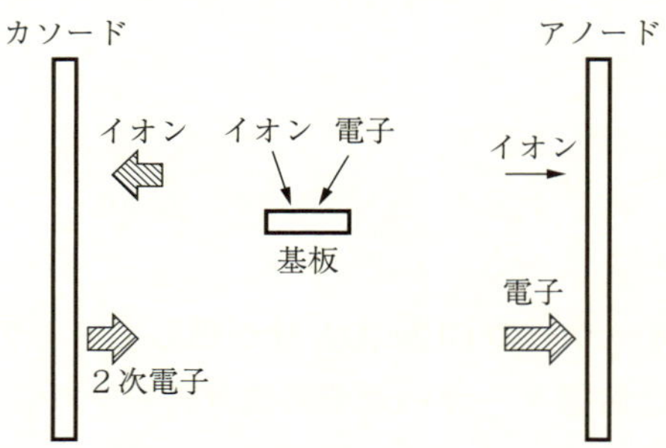

図6 DC スパッタでのイオン、電子の動き

は、同様にシースに対応した電界が働く。

このことは成膜に大きな影響を及ぼし、膜質を変化させる。この基板に働く電位を積極的に制御して、膜質をコントロールしようとするのが、バイアス付加である。すなわち、中性粒子は難しいが、荷電粒子はこのバイアス電界を変えることにより、イオン、電子の量、エネルギーを変えて、膜質制御に使える。

アノードでは、アノードシースが生じるが、その厚さはカソードシースと比べて非常に薄く、10分の1程度といわれている。カソードに比べて、プラズマへの貢献は少ないが、アノードからの2次電子を逆に反射してグローの中に戻して電離を補っている。

2-6 スパッタの成膜速度はどの程度か？ また、どういう表し方をするか？

成膜速度というのは、量産化に当たり大変重要な数値である。量産化に合わせて生産装置を決め、その仕様を出していかなくてはならない。インラインにするのか、バッチタイプにするのか、あるいは枚様式にするのかなどベースを決める数字になる。

成膜速度はコストに直接関わってくるので、材料選択のうえからも重要であるが、論文、装置メーカーのカタログなどいろいろな技術情報に載っている数字の比較は、実際にはなかなか難しい。

スパッタ膜には、金属膜、化合物膜があり、化合物膜には、酸化物膜、窒化物膜、炭化物膜などがある。それを網羅している資料はないが、**表4**はカソードメーカーのGENCOA社が出している例である[7)]。また、酸化物膜などは、装置メーカーがその高速性をデータで出しているので例を挙げると

SiO_2：80、Al_2O_3：80、TiO_2：45、ZrO_2：45、Si_3N_4：60、AlN：45 (nm m/min)

などがある。

これは、反応性スパッタで、遷移領域制御を行ない高速化したインラインの例である[8)]。

成膜速度には、①固定した基板に成膜する場合、②カルーセル型のバッチ装置などで、基板が回転してもとの所に戻るような場合、③基板が移動して通り過ぎ成膜が終了するインラインやウエブコーターの場合などに分けられる。

①、②の場合は、Å/sec、nm/sec、μ/minなどと表し、表4にあるように、T-S間距離が変わることにより成膜速度が変わる。また、電力におよそ比例して増加するため、電力をターゲット面積で割った値、すなわちターゲットでの電力密度を10 W/cm^{2}にした値を基準にとること

表 4　スパッタ率と成膜速度

材料	スパッタ率	電力密度	ターゲット面積	電力	結晶構造	原子半径	面間隔	固定成膜（T–S 間距離）μm/min		
	−600 V	W/cm^2	cm^2	watts		nm	nm	6 cm	10 cm	14 cm
	atoms/ion									
Ag	3. 4	10	645	6450	FCC	0. 14	0. 29	1. 77	1. 07	0. 70
Al	1. 2	10	645	6450	FCC	0. 14	0. 29	0. 62	0. 37	0. 24
Au	2. 8	10	645	6450	FCC	0. 14	0. 29	1. 45	0. 88	0. 57
C	0. 2	10	645	6450	HEX	0. 08	0. 15	0. 06	0. 03	0. 02
Co	1. 4	10	645	6450	CPH	0. 13	0. 25	0. 63	0. 38	0. 25
Cr	1. 3	10	645	6450	BCC	0. 13	0. 25	0. 59	0. 35	0. 23
Cu	2. 3	10	645	6450	FCC	0. 13	0. 26	1. 056	0. 64	0. 416
Fe	1. 3	10	645	6450	BCC	0. 13	0. 25	0. 58	0. 35	0. 23
Ge	1. 2	10	645	6450	DIAMOND	0. 14	0. 28	0. 60	0. 36	0. 24
Mo	0. 9	10	645	6450	BCC	0. 14	0. 28	0. 45	0. 27	0. 18
Nb	0. 65	10	645	6450	BCC	0. 15	0. 29	0. 33	0. 20	0. 13
Ni	1. 5	10	645	6450	FCC	0. 13	0. 25	0. 67	0. 41	0. 26
Os	0. 95	10	645	6450	CPH	0. 14	0. 27	0. 46	0. 28	0. 18
Pb	2. 15	10	645	6450	FCC	0. 17	0. 35	1. 35	0. 82	0. 53
Pd	2. 4	10	645	6450	FCC	0. 14	0. 27	1. 18	0. 72	0. 47
Pt	1. 6	10	645	6450	FCC	0. 14	0. 28	0. 80	0. 48	0. 31
Re	0. 9	10	645	6450	CPH	0. 14	0. 28	0. 45	0. 27	0. 18
Rh	1. 5	10	645	6450	FCC	0. 13	0. 27	0. 73	0. 44	0. 29
Si	0. 5	10	645	6450	DIAMOND	0. 12	0. 23	0. 21	0. 13	0. 08
Ta	0. 6	10	645	6450	BCC	0. 15	0. 29	0. 31	0. 19	0. 12
Th	0. 7	10	645	6450	FCC	0. 18	0. 36	0. 45	0. 27	0. 18
Ti	0. 6	10	645	6450	CPH	0. 15	0. 3	0. 32	0. 20	0. 13
U	1	10	645	6450	ORTHO	0. 14	0. 28	0. 50	0. 30	0. 20
W	0. 6	10	645	6450	BCC	0. 14	0. 27	0. 30	0. 18	0. 12
Y	0. 6	10	645	6450	CPH	0. 18	0. 36	0. 39	0. 24	0. 15
Zr	0. 75	10	645	6450	CPH	0. 16	0. 32	0. 43	0. 26	0. 17
						平均原子半径				
KCl（100）	0. 5	10	645	6450	cubic	0. 16	0. 33	0. 30	0. 18	0. 12
KBr（100）	0. 15	10	645	6450	cubic	0. 18	0. 35	0. 10	0. 06	0. 04
LiF（100）	0. 65	10	645	6450	cubic	0. 11	0. 21	0. 25	0. 15	0. 10
NaCl（100）	0. 18	10	645	6450	FCC	0. 14	0. 28	0. 09	0. 05	0. 04
	molecules/ion					分子半径				
CdS（1010）	1. 2	10	645	6450		0. 25	0. 51	1. 10	0. 67	0. 43
GaAs（110）	0. 9	10	645	6450		0. 25	0. 49	0. 80	0. 48	0. 31
GaP（111）	1	10	645	6450						
GaSb（111）	0. 9	10	645	6450		0. 27	0. 53	0. 86	0. 52	0. 34
InSb（110）	0. 55	10	645	6450		0. 31	0. 61	0. 61	0. 37	0. 24
PbTe（110）	1. 4	10	645	6450		0. 32	0. 63	1. 60	0. 97	0. 63
SiC（0001）	0. 45	10	645	6450		0. 19	0. 38	0. 31	0. 19	0. 12
SiO_2	0. 1	10	645	6450		0. 24	0. 48	0. 09	0. 05	0. 03
Al_2O_3	0. 034	10	645	6450		0. 46	0. 93	0. 06	0. 03	0. 02

出典：Gencoa 社技術資料

が多い。

②は①と同様な表し方であるが、1回転のドラムの円周をターゲット幅（開口部）で割った値が実際の基板のスパッタ時間の比率になるので、それを②の成膜速度に乗じてやると、①の固定スパッタ時の成膜速度になる。

③の場合は、上記成膜速度の例のように nm m/min のような表し方をして、ダイナミックレートと呼んでいる。この意味は、基板が1分間に1m動くときの、成膜された膜厚ということである。この場合も電力を上げれば成膜速度も比例して増加すると考えて、電力1kW当たりという単位を使い、nm m/min kW と表す場合もある。

ダイナミックレートの成膜速度があった場合は、ターゲット幅（開口部）で1mを割った値の比率を成膜速度に乗じると、固定での成膜速度になる。

いずれの場合も、スパッタの場合は、電力に成膜速度が比例するということを考えると、成膜速度が速いのか、遅いのかなどの比較をする場合は、電力密度としてどのくらい入れたのかを明確にしないと意味がない。基板が固定の場合は、電力密度を同じにして、比較するのは比較的容易である。T–S 間距離が異なるデータは、比較が難しいが表4を見てもわかるように、大まかには T–S 間距離と成膜速度は反比例に近い値となる。

インラインの場合も、T–S 間距離によって成膜速度は変わるが、インライン装置の場合には、T–S 間距離を自由に変更するのは難しいという装置上の制約がある。そのため、T–S 間距離が明確でない場合が多いが、装置仕様を検討する場合は、このファクターも考慮に入れる必要がある。

装置性能から考えると、成膜速度は速い方が良い。成膜速度を速くするには、同じ装置の場合は電力密度を上げることであるが、この上限はターゲットの冷却速度で決まるため、冷却効率を良くする工夫も重要である。

2–7 反応性スパッタには、どのような種類があるか？

反応性スパッタを行なう場合には、いくつかの種類に分けられる。同じ反応性スパッタといっても、内容によって反応性ガスの量、反応性ガス導入のレスポンスなど、導入ガスの入れ方、注意点に違いが出てくる。反応性スパッタには、以下の3つの場合がある。

① 化合物ターゲットを用いて反応性スパッタを行なう場合。スパッタ時に分解して減少する反応性ガスを補う場合に相当し、たとえばITOターゲットを用いてITO膜をスパッタし、同時にわずかのO_2ガスを導入するなどがある。

② 金属ターゲットを用いて反応性スパッタを行ない、過剰な反応性ガスを導入し、化合物モード（反応性モード）にて、安定した化合物膜を作る場合。これはO_2を過剰に導入して、TiO_2膜などの成膜の場合に相当する。

③ 金属ターゲットを用いて反応性ガスを導入し、反応性ガスの量を微調整して、反応性スパッタでの遷移領域制御を行ない、高速成膜を維持する場合。これにはIT（インジウム、スズ）合金ターゲットを使い、O_2ガスの導入量を微量調節して、高速成膜する場合や、Tiターゲットを使いO_2を微量調節して、高速成膜する場合などが相当する。

従来から、①と②は良く使われていたが、①は反応性スパッタとは呼ばず、②を反応性スパッタという場合が多かった。

②の場合は、反応性ガスとArガスの比は、反応性ガスの方を十分多く入れ、場合によっては反応性ガス100%の場合もあり、過剰な反応性ガスの存在が、化学量論性を満たした膜を作るために用いられた。過剰に入れることにより、成膜速度は低いが、安定した成膜ができることが利点である。反応性ガスの導入の方法も比較的容易であり、従来から用

いられた方法である。

③は近年になって普及してきた方法である。Arに比べて反応性ガスは少なく入れ、その反応性ガス量をスパッタ電圧、またはターゲットから発生するプラズマ発光などの強度をモニターし、それを設定値と比較して、設定値に維持するように反応性ガスを導入するものである。したがって②の方法に比べてガスの導入の仕方に注意を払わないといけない。また、反応性ガスとArガスの分圧比を一定に保つことが重要であり、長尺ターゲットの場合には、膜厚や膜質の均一性を確保するためには配管などにも注意が必要である。

2-8 反応性ガスの導入とはどんな方法か？

反応性スパッタでは、Ar以外に反応性ガスを入れ、化合物膜を成膜する。この場合、Arガスと反応性ガスを所定の場所に正確に入っていなければ、われわれが望む膜は得られない。反応性スパッタでは、Arガスに対して、反応性ガスの比率（分圧）を増加していくと、遷移領域に達する。

遷移領域では、反応性ガスのわずかな変化が、ターゲット表面上での化合物膜の生成に影響し、放電抵抗が変わる。そのため、スパッタ条件である電圧、電流を大きく変化させ、膜質が変化する。一方、反応性ガスが、O_2などの場合に絶縁膜が生じる場合は、アーキングの問題も生じる。アーキングを生じにくくするために、ターゲット近くはできるだけArガスが存在し、反応性ガスは基板近傍に持ってきて、膜の反応を十分行なわせる。この方法は、ガスのセパレーションとしては、比較的多いやり方である。

図7は、反応性ガスの導入方法の一例を示したものである。いずれの場合も、アノードシールド板を用いて、ガスのセパレーション、ガスの閉じ込めを狙った配置となっている。これらにより、ターゲット上での放電の安定性と、反応性ガスコントロールをする場合のレスポンスを良

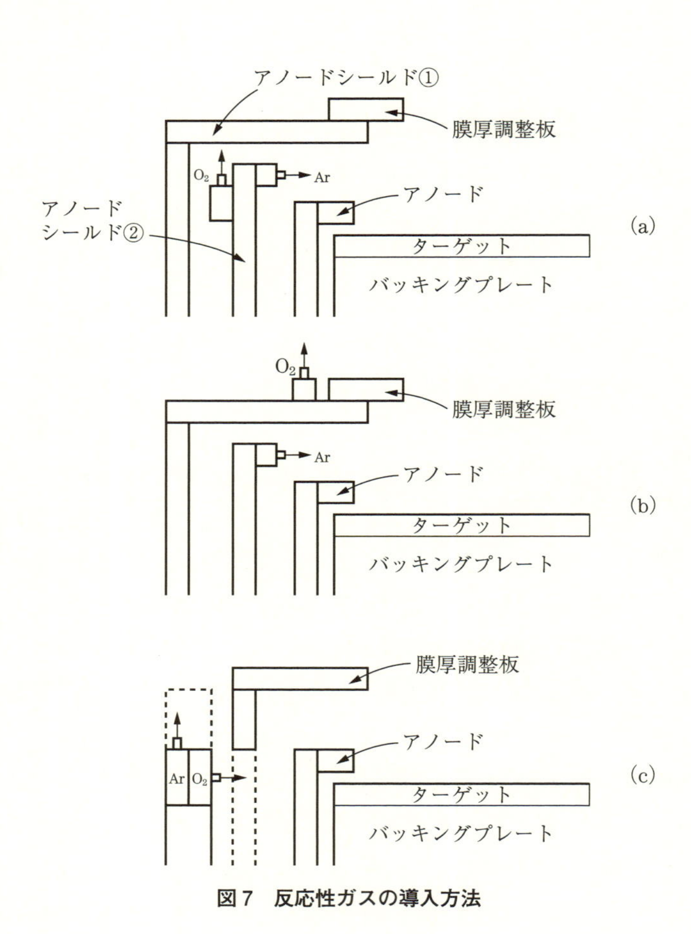

図７　反応性ガスの導入方法

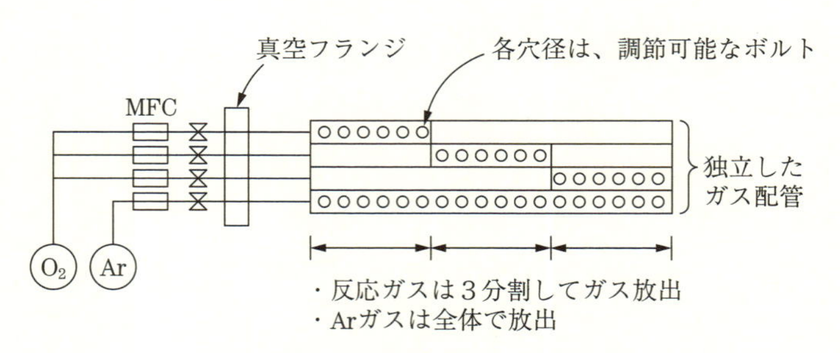

図８　長尺ターゲットのガス導入方法

くする配置を考えてみる。図7(a)は、ArとO_2のセパレーション、(b)は基板での膜と反応性ガスの反応、(c)はO_2ガスのコントロールのレスポンスをそれぞれ重視した配置になっていることがわかる。それぞれ一長一短はあるが、反応性ガスの種類、放電ガス圧、マグネトロン方式（バランス型、アンバランス型）、装置の方式（カルーセル型、インライン型）などにより、また排気ポンプの位置と性能などによって変わってくる。

図8は長尺の場合の一例である。ターゲットが大きくなると、3mを超える場合も出てくるが、その場合のガスの配管をできるだけ一つにまとめてシンプルにする。この場合は、長いターゲットの全面で反応性ガスを均一に導入するための工夫として、3分割して個別にMFCで調節し、その1分割の中に多数のガス放出穴を設けて、その穴径を各種の穴径を持ったボルトなどで調整できるようにしている。

反応性ガスを均一に導入するための各種方法も特許などに見られるが、考え方として大きく分けると、

① ターゲットの中心、周辺に穴をあけてその下からArガス、反応性ガスを放出して、入れたいガスのターゲット表面の局在化を図る[9]。

② ターゲットの直上にターゲットを囲むように、リング、矩形の配管を行う。Arと反応性ガスをそれぞれ別にして近接し、場合によっては、導入ガスの導入方向を常時左右逆にして、拡散し均一化を図る[10]。

③ チャンバー内壁に沿って、配管を張り巡らせて均一化を図る[11]。

④ Arのみの配管は作らず、Arと反応性ガスの混合ガスおよび反応性ガス配管にして、その間にポンプを配置し、反応性の程度を調節しやすくする[12]。

などが、挙げられる。

目的、用途に応じてこれらの組み合わせを検討すればさらに改善できるところがあると思われるが、あまり複雑な形になると、コスト的に高

いものになってしまうため、基本的にはできるだけシンプルな構造にした方が良いと思われる。

2–9 ガスを混合するには、混合器は便利か？

反応性スパッタの場合に、Ar ガスと反応性ガスの両方のガスをできるだけ均一に、かつレスポンス良く導入しなければならない。反応性ガスと Ar ガスを混合するには、いくつかの方法がある。

(1) ガスボンベの段階で、ガス会社に所定のガス比にて詰めてもらう

これは混合するには大変良い方法である。特に H_2 ガスを利用したい場合には、H_2 ボンベを使わなくても良くなり、水素用のレギュレーターを使う必要もない。ただし、あらかじめ混合比が決めたもの以外は使えないし、スパッタ中での微量制御には使えない。

(2) ガス導入パイプ同士を接合する

これは CVD などでは一般的なようであるが、反応性スパッタの場合、通常 Ar ガス流量が大きく、そこに少ない O_2 ガスを加えることになるので、実際にある瞬間にどのガスがどれだけ入っているかが、正確にわからない。良く生じる現象は、少ない O_2 ガスがある所定の量になるまで、Ar ガスのみが流れ、O_2 ガスの脈流が流れることである。

(3) 混合器にて 2 つのガスを混合して入れる

混合器でのガスの混合は、良く混ざっているように感じるが、混合器があるために、そこで Ar ガス、反応性ガスが溜まるため、MFC で流すガス量を変えたときに、混合器の中のすべてが、新しく流した量に変わるまで大きな時間を要してしまい、入れ替わりに時間がかかる。そのため、反応性ガスと Ar ガスの比率を瞬時に制御したいような場合には使えない。

一般的に注意しなくてはいけないのは、ガス導入のパイプラインの長さである。ここに他のガスが入っている場合には、本来入れたいガスと入れ替える必要がある。パイプラインはできるだけ短くして、配管の中

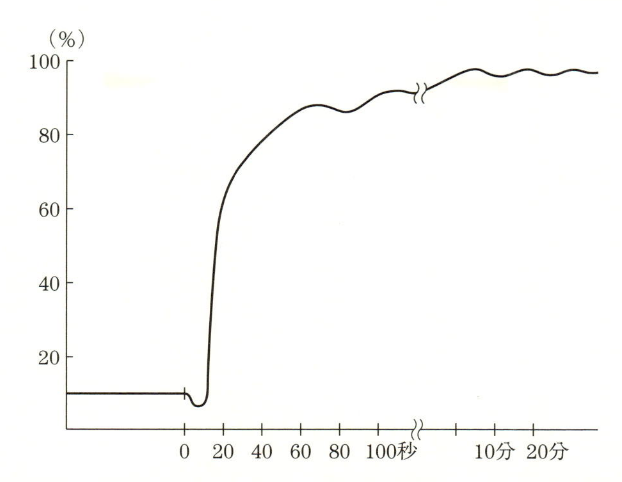

図9　O_2 ガスから Ar ガスへのガス切換え時のターゲット上発光変化

を他のガスに置き換えないことが望ましい。

図9は、配管が長い場合に、Ar と O_2 ガスのガス管とガス管をつないだ場合のガス管の中のガスが、どの程度の時間で変わるかをターゲット上での発光変化で観察した一例である。配管の長さは 3 m であった。O_2 ガス 100% から Ar ガス 100% に変えたときを示す。25 秒程度で 80% 位になり、1 分後に 90%、10 分経っても、±3% の脈動のような変化は続いた。

(4) 配管はそれぞれ独立して導入する

通常この方法が最適であり、特に遷移領域制御を使った高速成膜の場合は、図7の例のようにアノードシールドなどを利用してガスセパレーションに気を配る必要がある。

3. いろいろなスパッタ法

3-1 RF スパッタとは何か？

高周波スパッタとは、電源に高周波電源を使ったスパッタを指す。最大の特徴は、絶縁物を成膜するときに、ターゲットに絶縁物をそのまま使えることである。

どのような電源を使うかで、放電の特性が変わり、結果として膜質や可能な基板サイズ、使えるターゲットの種類、成膜速度、コストが変わってくるため、電源の選択は重要である。放電特性を最適化するために、各種電源、たとえばDCとRFの組み合わせ、パルスとRFの組み合わせなど、重畳することなども行なわれる。また、RFスパッタの場合は、周波数を変えることにより、放電特性を変えることも可能なため、**図1**のようにカソード側には、放電用の高周波（13.56～60 MHz）でプラズマ密度を制御し、基板側には、より低周波のバイアス用高周波で（0.5～2.0 MHz）をかけて自己バイアス電圧を変え、イオン衝撃エネルギーを制御する方法なども使うことがある。

RF放電には2種類あり、容量結合型と誘導結合型と呼ばれる。容量結合型は、向かい合わせた2枚の電極間、通常はカソード側のターゲットに高周波をかけ、アノード側は基板となり、接地することでチャンバー壁となる。そこに交流をかけて放電し、放電している2極間はちょうど電気的にコンデンサと同じように電荷が溜まり、電界が働くことで放電を維持する。RFスパッタで使われるのは、このタイプの放電である。誘導結合型は、螺旋型あるいは渦巻き型のコイルを使い、ガラスなどの

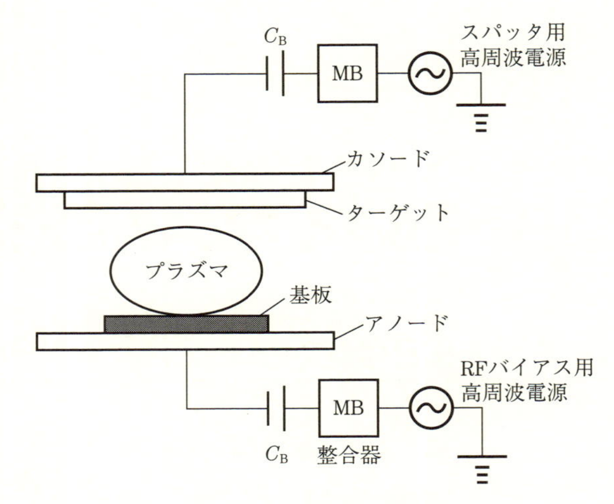

図 1　RF スパッタ構成例

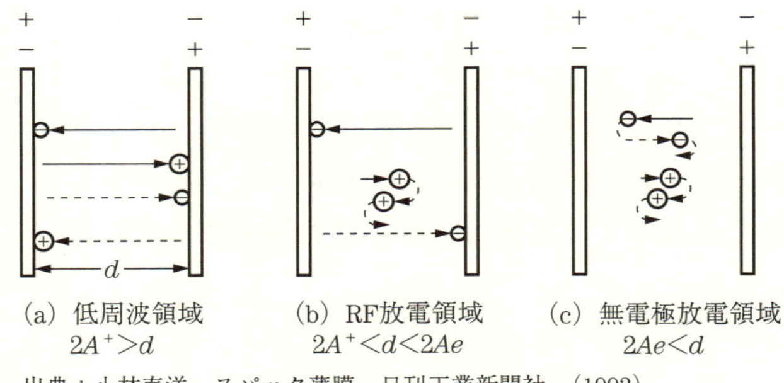

出典：小林春洋　スパッタ薄膜　日刊工業新聞社　(1993)

図 2　交流による放電領域

誘電体でできた容器の外部から交流をかけ、磁界が変化することによる容器内にできた誘導電界により電子が加速され、放電を起こさせる方式である。スパッタとしてはあまり使われないが、プラズマ CVD などのプラズマ源として使われることが多い。

RF の場合は、周波数を変えられるのが、特徴の一つである。ここでその場合の機構を考えてみる。電極間距離と高周波の振幅、電子とイオンの挙動が放電特性に重要である。**図 2** は、周波数を変えたときの、イオン、電子の振幅と放電間距離を 3 つの状態に分けた例である[1)]。

電子は質量が小さくすぐに動けるが、イオンは質量が大きく動きにくいということがベースであり、それが直感的に理解しやすいと思われる。通常Arが荷電粒子となるが、質量が大きいぶん、電子に比べてその振幅は極めて小さい。図2(a)は高周波電界によるAr^+の振幅の2倍の方が、電極間距離より大きい場合、(b)は電極間距離がAr^+の振幅の2倍より大きく、電子の振幅の2倍より小さい場合、(c)は電子の振幅の2倍の方が、電極間距離より小さい場合を表している。

また図2(a)は周波数が小さい場合であり、(b)の状態が、RFスパッタされる放電状態、(c)は電子、荷電粒子が電極に衝突しなくても放電ができる状態を表しており、無電極放電として知られる領域である。

図2(b)の放電周波数は、たとえば放電電圧500 V、電極間距離10 cmとすると周波数はおよそ1～260 MHz程度になる。RFスパッタは比較的低い圧力でも放電が可能であり、また、従来は大きくても2 kW程度のものしか使われなかったが、大面積基板用などに大型の10 kW、20 kWのものなどが、液晶用などに用いられるようになってきた。RFは比較的容易に放電ができ、小型のものが多いことや、絶縁物などもスパッタがそのままできるので、実験用、特に材料開発用などに向いている。

3–2 RF放電でスパッタできるのはなぜか？自己バイアスとは何か？

RF放電は、周波数としては、イオンが電極間でトラップされ、電子が電極間を往復することにより、電離を行ない放電を維持する。これが、ターゲットのスパッタに応用できるのはなぜだろうか。RF放電の場合に、**図3**(a)に示すように、ブロッキングコンデンサを使ってRFを導入するので、直流成分は流れないようになっている。電極に流入した電荷、すなわち電子は電極表面に蓄積しプラズマに対して負電荷となり、その間にシースが形成される。このときの負電荷のぶんは、およそRFにより加えられた振幅に相当するが、これをセルフバイアスといい、スパッ

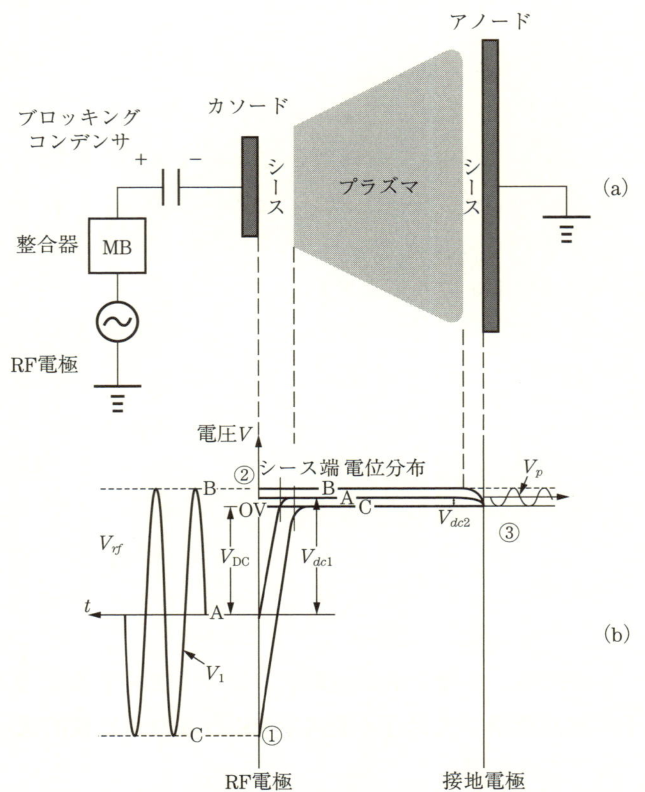

出典：市川幸美、佐々木敏明、堤井信力　プラズマ半導体プロセス工学
　　　内田老鶴圃　(2003)

図3　放電中の電位分布

タするための電圧となる。

図3(b)は、放電中のカソード側、シース、プラズマ、シース、アノード側の電位分布を表している[2)]。アノード側は接地されており、またアノード側の面積がカソード側の面積に比べて十分大きい場合、カソードにおいてRF電界が加えられたと考える。カソード側の一番低い$-V_{rf}$①がかけられたときに、プラズマ電位は0Vより下がらないため0Vとなり、カソード、プラズマ間には大きな電界が生じシースとなる。一方、RFが最大の場合②では、それがプラズマ電位となり、アノード側では、

小さなシースを経て、接地電位の0Vとなる。プラズマはアノード側に対しても、その電位より低くはならない。なぜならアノード側がプラズマより電位が高ければ、電子がすばやく動いて電位を落とすからであり、イオンは動けないことから生じる現象である。③の右側に表したのが、このときのプラズマ電位の変動である。この図の V_{DC} がセルフバイアスに相当し、RFの中間値とアースの0Vとの電位差分になり、これがスパッタするための直流分の電界となる。実際のカソード側でのシースの大きさは、RF電界の波形に沿って時間変化する。

図4(a)のように、カソードとアノードを同一面積にして、RFをかける場合を考える[3)]。図4(a)では、プラズマ中の電子加速を表し、高周波の場合に同図(d)のようにシースが時間変化しているところへ、シースとバルクプラズマの壁に、電子が衝突した場合を考える。正面追突の場合と正面衝突を比較して、正面衝突する方が衝突前後の相対速度が大きく、衝突率が高くなり、電子がエネルギーをもらえることになる。イオンと電子の密度は(c)のようになり、イオンは重いので固定しており、電子は軽いので破線と実線の中で振動するような密度分布となる。このような電子の加熱機構はガス圧が低く、RFの電力が比較的低い場合に重要で、統計的加熱と呼ばれ、セルフバイアスによるイオン衝撃のカソードからの2次電子放出でのシースによる加速に加えて、重要な電子加熱機構となっている。

図5は、セルフバイアスが発生するときの電圧電流特性を示している[3)]。図5(a)を見ると、電圧0Vとなっている点、これがアースの接地電位であるが、このアース電位を境にして、それより電圧が高い側、すなわちプラズマ電位側では電子が急速に流れ、カソード側に電子が送られる。0Vより低い側ではイオン電流がゆっくり流れて、中和していく。RFの波形との関係は、RFの波形が0Vより高いプラズマ電位側にあるわずかな時間が、電子の流れる時間であり、残りの大部分の時間でイオンが流れることになる。その電荷量は等しい。その特性を比較したのが図5(b)、(c)である。

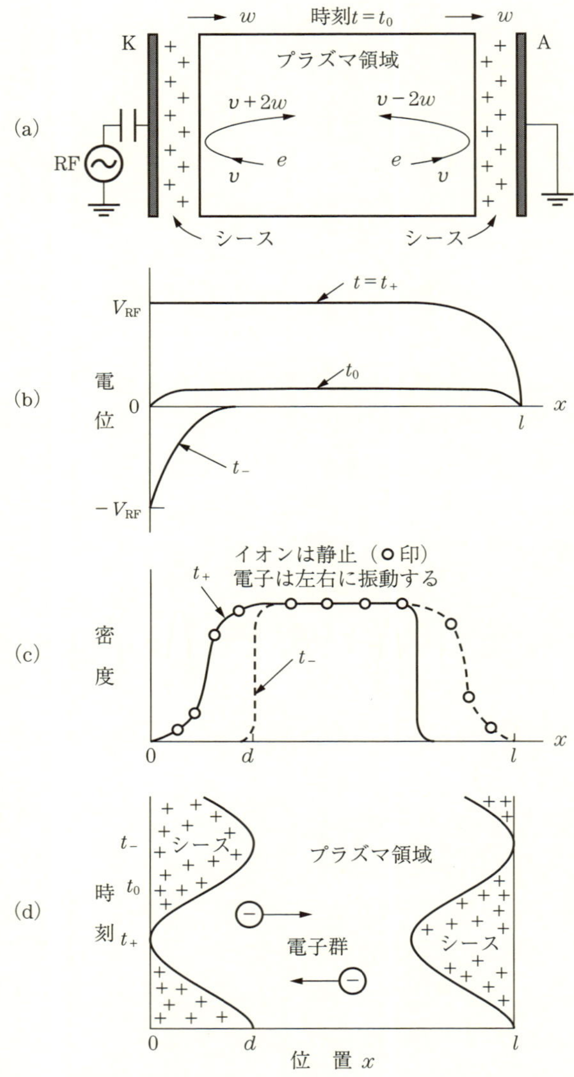

出典：菅井秀郎　プラズマエレクトロニクス　オーム社　(2000)

図４　RF 電圧に対応した電子、イオンの動き

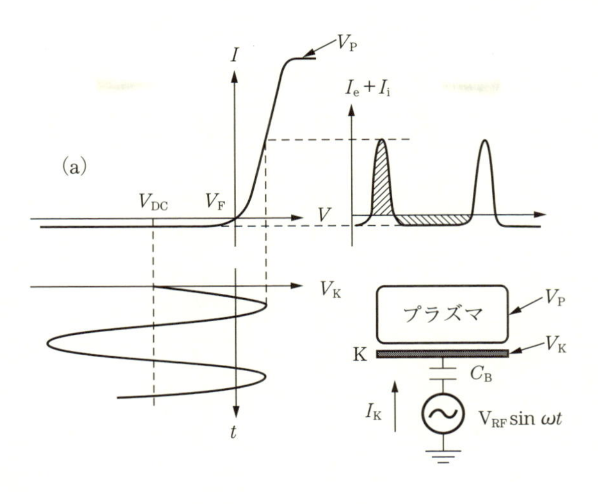

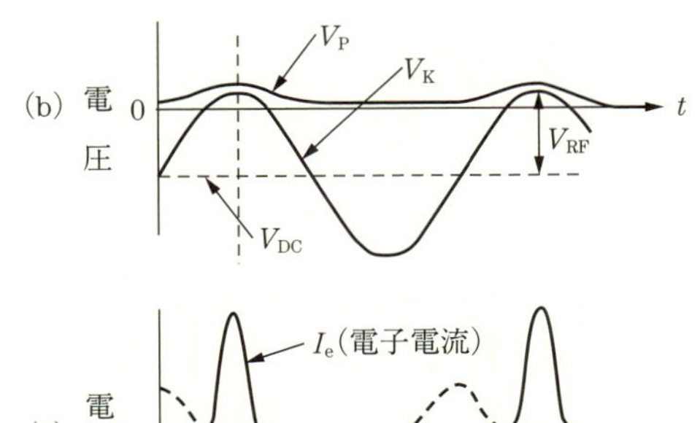

出典：菅井秀郎　プラズマエレクトロニクス　オーム社　(2000)

図5　セルフバイアスと電流電圧特性

このセルフバイアスを生じることが、RF スパッタの基本となっているが、RF をバイアスとして基板側にかけ、周波数を変えたり、RF 電圧を変えることにより、膜質改善に利用できる。DC 電源との重畳により、ITO 膜特性改善などに利用されているのは、一般的な方法となってきている。

3–3 パルススパッタとは何か？ また、DC スパッタとの違いは何か？

放電をさせるために、電源としてパルス電源を使う方法が、DC 電源と同様に一般的になってきている。DC の場合は直流のため、電源としては、スパッタの放電安定性、電圧、電流の制御性などが重要であるが、膜質を制御するという観点からは、パラメーターとして不足している。パルスの場合は、直流電源を基本として、スイッチングにより、オン、オフを加え、波形を作ることができ、そのときの周波数変化、オン、オフの時間（デューティー比）などを変えることにより、膜質制御に利用可能となり、機能膜を作るための有力な手段となっている。

パルス電源は、直流をベースとしている技術であり、RF 放電と違って、絶縁物のターゲットでのスパッタはできない。およそ 10～150 kHz 程度までの中周波、あるいは低周波と呼ばれている領域が使われる。反応性スパッタで生じるアーキングを押さえるために発達してきた技術であり、ターゲットには、金属ターゲットまたは導電性のターゲットが必要であり、Si などのターゲットの場合は、Al、B などの添加による導電性付与が必要である。

図 6 は、パルスの波形を示している[4)]。この図で、横軸は時間、縦軸は電圧である。同図 (a) 1、(a) 2 は、直流である。(b) 1 は、正電圧パルス、(b) 2 は負電圧のパルスであり、この負電圧パルスは、波形を見てもわかるとおり直流の一部をとった形になり、スパッタに通常使うパルスである。これはユニポーラーパルスと呼ばれ、電極が負電圧のみの単一電界パルスが加えられる。(c) はバイポーラーパルスといい、正負のパルスが交互にかかるパルスである。正電圧パルスは、カソード側に正電圧をかけた場合、Ar イオンではなく電子を引っ張ることにより電子が荷電される。(c) はそれが交互に起こるパルスを示している。

図 7 は、バイポーラー型のパルス波形の例を拡大したものである[4)]。

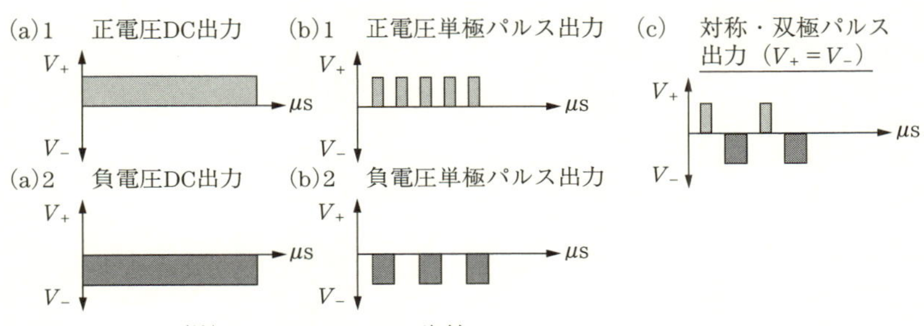

出典：アステック（株）SPIK2000Aカタログ資料

図6　パルス波形例

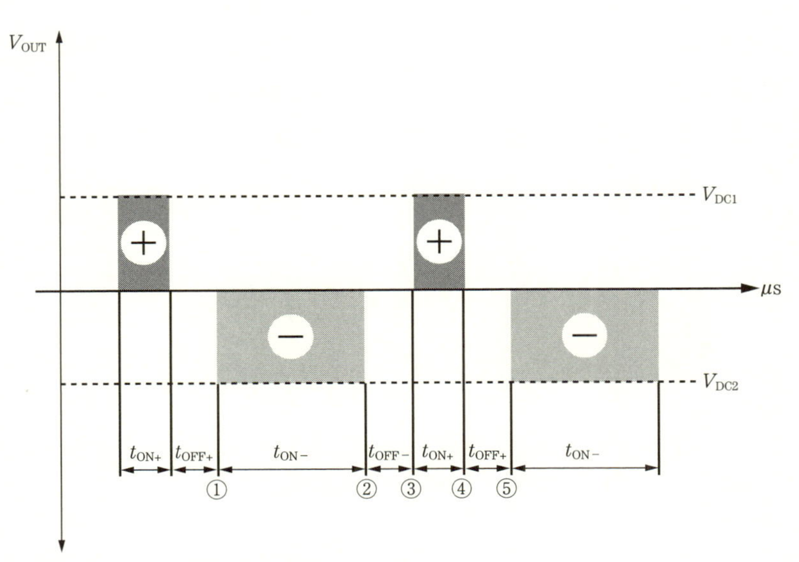

出典：アステック（株）SPIK2000Aカタログ資料

図7　バイポーラー型パルス

①から⑤までが1周期で、その中の①から②の時間がカソードに負電圧がかかっている時間となる。デューティー比というのは、この1周期の時間の中で、実際に負電圧がかけられた時間を1周期の時間で割った値を指し、直流と比べて、実効的にどれだけの負電圧をかけたかの時間の比率を示している。この図で正電圧の大きさ V_{DC1} と負電圧 V_{DC2} が同じ場合を対称性バイポーラーと呼び、正電圧と負電圧が異なる場合を非対称バイポーラーと呼んでいる。正電圧は、反応性スパッタのアーキング防止に使われる場合が多く、正電圧は小さくとり、スパッタに必要な負電圧を大きくとる非対称型が使われることが多い。

図8はSiターゲットを使って、Arに O_2 ガスを加えた反応性スパッタにより、SiO_2 を成膜する場合の例であり、図7のパルスが加わったときの、Arイオンと電子の挙動を図解したものである。ターゲットに負電圧と正電圧をかけたときに、反応性スパッタで生じるエロージョン部と非エロージョン部での、チャージアップの違いを示している。図8(a)の負電圧をかけたときは、エロージョン部ではArイオンが衝突し、Siがはじき出され、周辺にいる酸素とともに基板に飛んでいき、積層される。非エロージョン部では、Arイオンが堆積し、チャージアップ

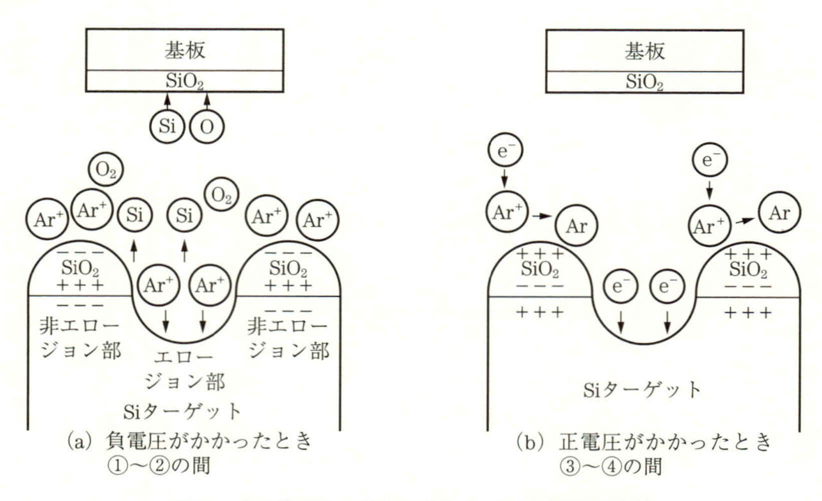

(a) 負電圧がかかったとき
①〜②の間

(b) 正電圧がかかったとき
③〜④の間

図8　バイポーラーパルスでのArイオン電子の挙動

が起こる。同図(b)の正電圧をかけたときには、電子がターゲットに引っ張られ、非エロージョン部にチャージアップしていたArイオンが電子にて中和される（アーキングの発生機構については、実践編2章「アーキングはなぜ起こるか」参照）。

このパルス技術により、反応性スパッタのアーキングによるトラブルが大きく減少し、反応性スパッタが量産装置に使われることに大きく貢献した。パルスの効果はこれだけではないが、反応性スパッタで生じる最大のトラブルの一つであるアーキングをなくすための、大きな手段として重要な技術となった。

図9は、パルスを作る場合の多様性を示したものであり、パルスの波形を変えることにより、いろいろなパターンが容易に作製できる。今後この違いによる薄膜の構造やそれに伴う機能の向上が期待されている[4)]。

パルス電源は、直流ベースの技術のために、電力当たりの価格はRFに比べて安く、またサイズも小さいため、コストダウンにも有効である。また、大面積化にも容易に対応でき、100 kW程度の大電力のものも出てきている。

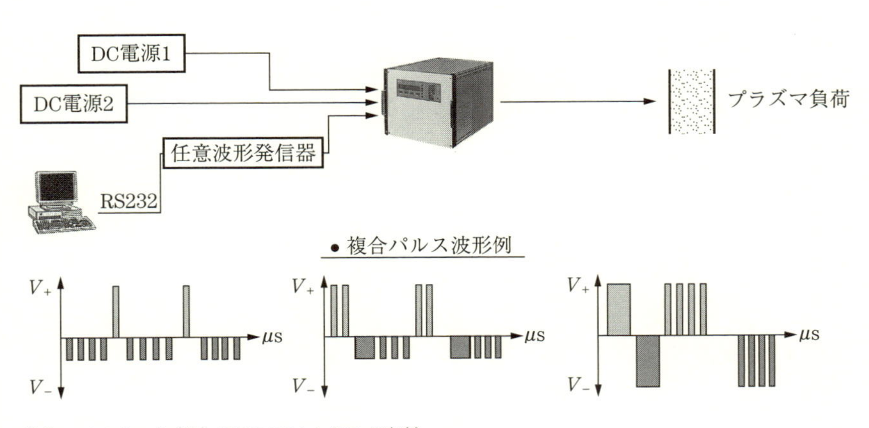

出典：アステック（株）SPIK2000Aカタログ資料

図9 パルス出力の多様性

3–4 パルス放電の場合、実際にカソードにかかる電圧はどうなるか？ そのときの成膜速度は？

電源からパルスをかけることにより、カソードには、与えたパルスが電極により充電されることによる遅れが生じ、そのぶん電圧波形と電流波形に、与えたパルスからの違いが生じる。またそれと対応して、プラズマ中から引っ張られるイオンのエネルギー分布が、周波数、デューティー比、電圧によって変化する。

図 10 は電圧 60 V、デューティー比を 50% 一定にして、周波数を変えてパルスを与えたときの、カソードでの電圧波形の変化と、そのときのイオンエネルギーの変化を示している[5)]。同図(a)は、周波数が大き

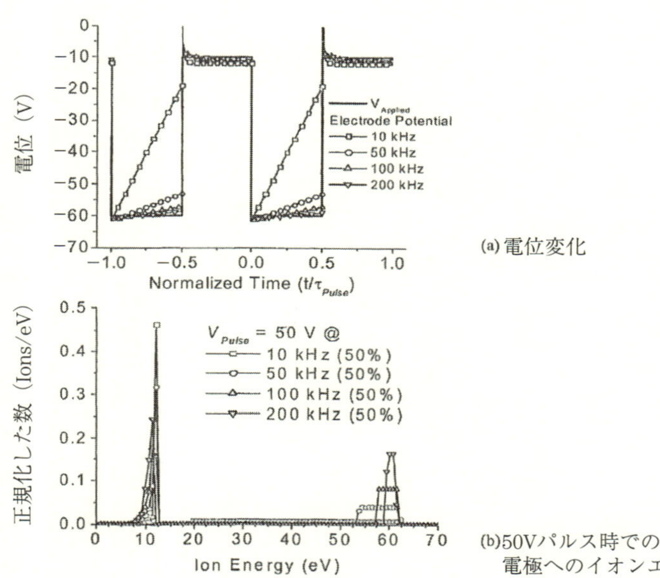

(a)電位変化

(b)50Vパルス時での電極へのイオンエネルギー分布

出典：Edward V.Barnat and Toh-Ming Lu Pulsed and Pulsed Bias Sputtering Principles and Applications,Kluwer Academic Publishers (2003)

図 10 パルス負荷時の電極挙動

くなるにつれ、1サイクルでのパルスによる電極での充電時間が小さくなり、電圧変化が起きにくくなったために、与えた矩形のパルスと近い波形になっている。このイオンの動きと比べて、パルス電圧が0のときは、電子は瞬時に充電してパルスに追従し、フローティング電位に戻る。(b)はそのときのエネルギー分布を示している。充電時間が短いということは、エネルギー分布に大きな変化を与え、10 kHzでは12 eVにピークを持ち、20〜60 eVまでの低い広がった分布をしている。周波数が増えるにつれ低エネルギー側のピークが小さくなり、高エネルギー側が鋭いピークになっていく。高エネルギー側のピークが狭く、高くなるのは、充電時間の短いことによる高エネルギー粒子の電極に達する割合がイオンの全量に対して多くなるからである。

図11は、エネルギー分布について、周波数、デューティー比を変えたときの変化を示している[5)]。10 kHzでのデューティー比が大きいとき

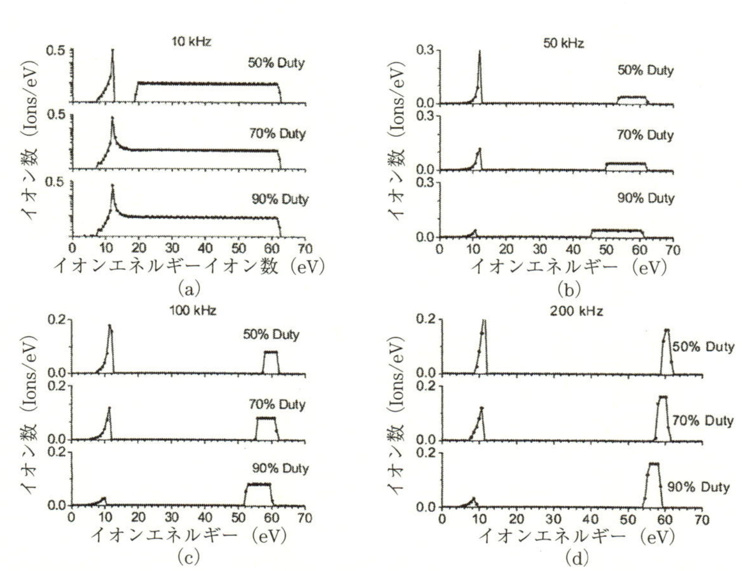

出典：Edward V.Barnat and Toh-Ming Lu Pulsed and Pulsed Bias Sputtering Principles and Applications,Kluwer Academic Publishers（2003）

図11 周波数とイオンエネルギー分布

には、分布が広がった一つのなだらかな分布をしているが、デューティー比が50％で２つに分裂したピークになっている。50 kHzの場合に、デューティー比が大きくなるにつれ、低エネルギー側のピークが小さくなるのは、パルスをオフしたときの時間が短くなるので、フローティング電位になっている時間が短い。そのためフローティング電位は－10 V程度であるので、これに対応した低エネルギーピーク量が抑制される。周波数が増加するにつれ、この傾向は顕著になっている。

図12は、パルスを使ったときの効果の一つとしてアーキングの抑制があるが、これを示したものである[5)]。同図(a)は酸化アルミニウムを反応性スパッタしている場合の、パルス周波数と発生するパーティクルの関係を表している。この装置では、30 kHzに最小値が存在している

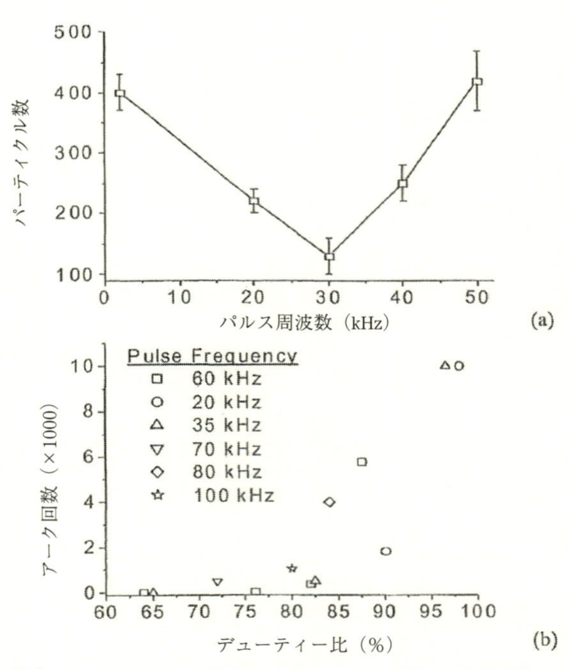

出典：Edward V.Barnat and Toh-Ming Lu Pulsed and Pulsed Bias Sputtering Principles and Applications, Kluwer Academic Publishers (2003)

図12　パルス因子とアーキング

が、アーキング回数、パーティクルサイズなどの関連を各装置ごとに調べることが必要である。

図 12(b)は、デューティー比とアークの関係を見た例である。デューティー比が小さくなるにつれアークは減る傾向があり、75% 程度でアークは収まっている。周波数は大きくなるにつれアークは減少している。100 kHz 以上が好ましいと言われているが、ターゲット材料、他の放電条件などにより変わる。

図 13 は、パルスによる成膜速度を示す[5)]。同図(a)はデューティー比を一定にして、周波数を変えた場合に、成膜速度を比較した例である。成膜速度は、周波数には依存しないことを示している。(b)は、横軸に

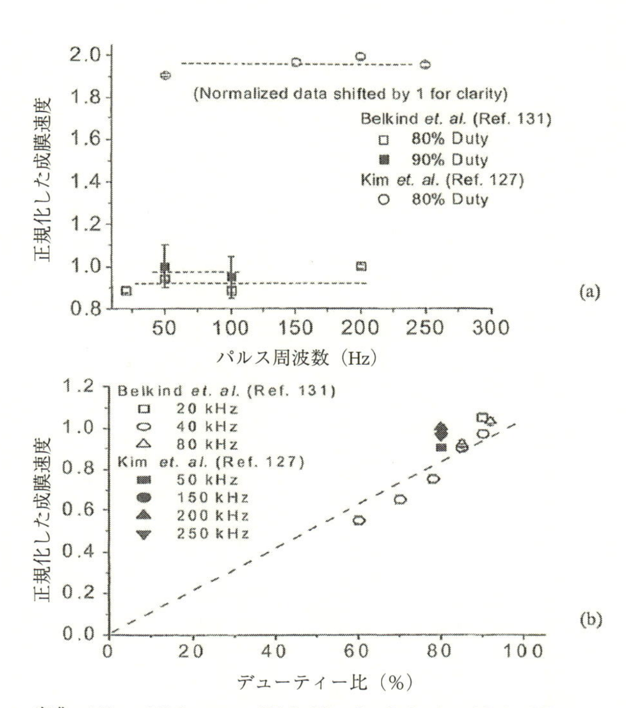

出典：Edward V.Barnat and Toh-Ming Lu Pulsed and Pulsed Bias Sputtering Principles and Applications, Kluwer Academic Publishers（2003）

図 13 パルス因子と成膜速度

デューティー比をとり、各種周波数でのデューティー比を変えた場合の、成膜速度をプロットしたものである。周波数の違いにかかわらず、成膜速度がほぼデューティー比に比例していることがわかる。

3–5 パルス放電による膜質改善効果にはどんなものがあるか？

パルスを使うことによる利点として、膜の均一性の向上、膜質の向上があるといわれている。この理由として、パルスによるスパッタ粒子のイオン化の促進が挙げられる。

図 14 は、このイオン化率を最大限上げるために周波数を小さくし、デューティー比を下げ、パルス電流を上げたパラメーターを使った例である。周波数 100 Hz（周期 10 ms）、パルス時間（200 μs）、デューティ

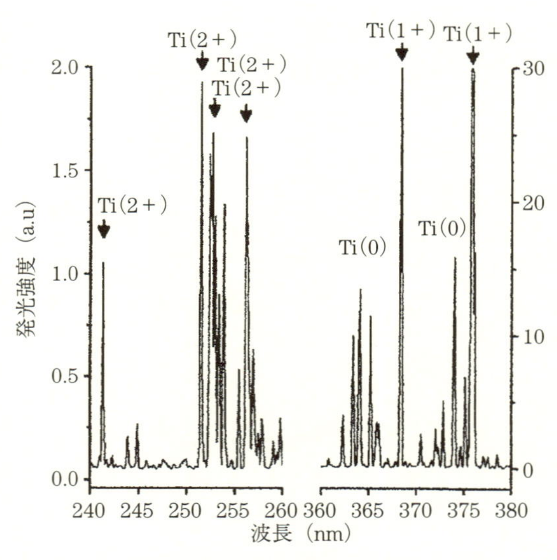

出典：A.P.Ehiasarian,and R.Bugyi 2004 Society of Vacuum Coaters 505/856-7188

図 14　デューティー比を小さくしたイオン化の促進

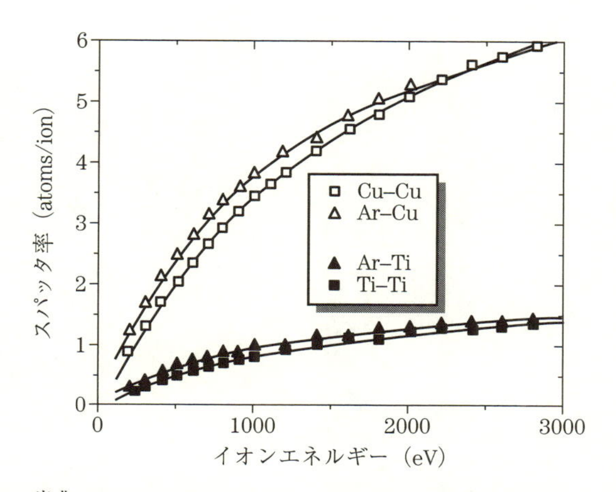

出典：Andre Anders, Joakim Andersson, David Horwat, and Arutiun Ehiasarian The 9Th ISSP 2007 Kanazawa pp.195-200

図 15　イオンエネルギーとスパッタ率

ー比 2%、ピーク電流 2.5 kA 以上となっている[6)]。この場合のカソードでの電力密度は 3 kWcm^{-2} となっているが、デューティー比が低いために過熱も避けられている。図 14 は発光から得たイオン種を示している。これは Ti の例であるが、1 価イオンと 2 価のイオンが生じており、Ti のメタルの発光と比べて高い強度を示している。

同様なパルスのパラメーターを使って、Cu のセルフスパッタリング条件にて成膜することにより、スパッタ率を向上させた例が**図 15** である[7)]。これは、イオンエネルギーとスパッタ率を示している。イオンエネルギーが高いほどスパッタ率が大きくなっている。半導体デバイスでの狭い溝への Cu 膜の埋め込みなど、これはイオン化率が高く密度が大きければ、イオン同士の反発で基板に達する粒子の方向が揃ってくるような効果が期待でき、また高速に付けられれば、フレキシブル基板などの導電膜として有望な手段とも考えられる。

図 16 は、Ti 膜の結晶粒サイズとデューティー比、周波数の関係を示した一例である。デューティー比が小さくなるほど、また周波数が大きくなるほど、結晶粒が小さくなっている[8)]透過型電子顕微鏡（TEM）の

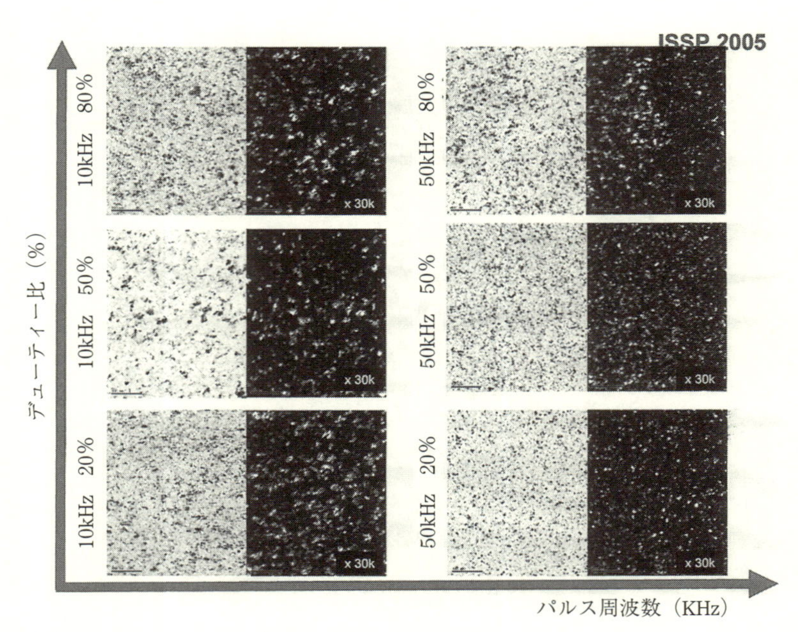

出典：Jeon Geon Han The 8th ISSP 2005 Kanazawa documents

図 16 Ti 膜の結晶粒のデューティー比と周波数依存性

写真であるが、左が明視野像、右が暗視野像である。右の暗視野像を見ると、結晶粒サイズの小さいのが良くわかる。結晶粒のサイズは、膜の機能性を出すために、あるいは密着性、緻密性などに構造制御の１つのファクターとして重要である。

ITO 膜は透明導電膜であり、フラットパネルディスプレーなどの電極として不可欠の膜である。**図 17** はパルスを使った場合の、効果の例である[9]。図は使用したパルスのダイアグラムを示しており、デューティー比 90%、50% である。(EN Technologies Inc 製) パルスを使った場合は 70℃、120℃ の比較では、基板温度の影響がほとんどなく、DC の場合は顕著である。これは、パルスの場合には、基板に到達したスパッタ粒子のエネルギーが大きいため表面でのマイグレーションが大きく、緻密な膜が形成されたことによる効果と思われる。同時に、この粒子の

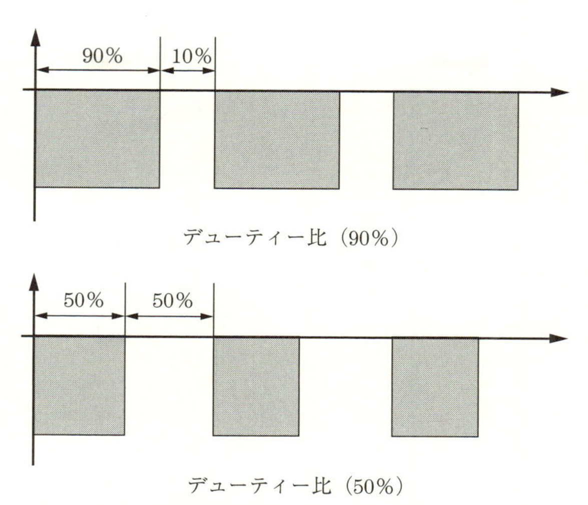

出典：Man-Soo Hwang, Hye Jung Lee, Heui Seob Jeong, Yong Woon, Sang Jik Kwon　Surface and Coating Technology 171（2003）29-33

図 17　パルスの時間ダイアグラム

エネルギーが大きいことで、成膜中のボンバード効果により、表面構造的には**図 18** に示すように、膜表面の平滑性が良いアモルファス状の膜が形成される。

パルスを利用した膜構造の制御については、まだ資料が少なく、今後パルスのパラメーターの最適化、膜材料、用途などを上手く組み合わせることにより、またパルス電源のレベルアップによりさらに重要な膜形成手段になると思われる。特に、基板がプラスチック化した場合には、基板温度上昇による膜質向上が使えないので、その場合の主たる手段になると考えられる。

3-6　マグネトロンスパッタとは何か？

ターゲットの裏側に、永久磁石を配置して磁界をかけ、ターゲットに垂直にかかる電界と併せて、ターゲットに Ar イオンがぶつかった際に

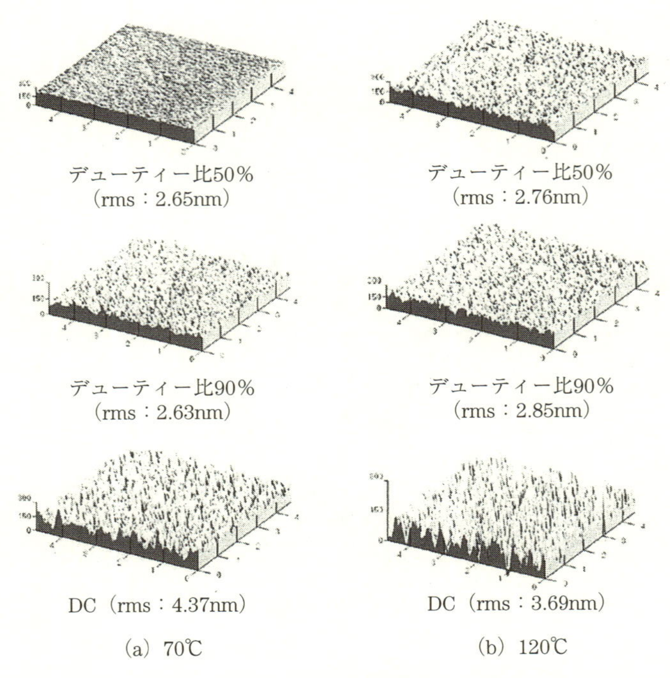

出典：Man-Soo Hwang, Hye Jung Lee, Heui Seob Jeong, Yong Woon, Sang Jik Kwon Surface and Coating Technology 171（2003）, pp.29-33

図 18 ITO 膜の AFM 像

生じる２次電子をターゲット近傍に閉じ込める。それにより、２次電子を効率良く螺旋運動させ、Ar 原子のイオン化を進めてスパッタを効率的に進められるように工夫した放電方式である。放電ガスは、Ar には限らないが、現在通常使われているスパッタはほとんどこのタイプであり、電源に DC 電源、パルス電源、RF 電源を使う場合などでも同様である。

この方式は、以前に使われた２極放電と比べてイオン化が進むため、低い放電ガス圧でも放電可能であり、低い放電電圧、高い成膜速度を達成できる。膜質を考えた場合に、放電ガス圧力が低ければ緻密な膜ができ、放電電圧が低ければ、成膜中での膜に対するダメージを減らして、欠陥の少ない膜ができる。マグネトロンの役割は、電子を螺旋運動させることで、電子が直接陽極にいってしまってイオン化効率が落ちるのを防ぐ。さらに、磁石配列を変えることにより、そのターゲット上の空間での磁場分布を変えることができ、プラズマ状態をコントロールすることにより、膜質のコントロールに使える。このため、2極放電の欠点を大幅に改善でき、このマグネトロン方式ができたことにより、実用的な成膜方式となったといえる。

そのため、金属膜をスパッタする場合においては、すでに蒸着膜などと同等の成膜速度を有している。しかし、化合物膜では、一般に普及している装置ではまだ成膜速度に関しては、蒸着膜の1桁遅い成膜速度である。この点に関しても、反応性スパッタを用いて、すでに蒸着並みの高速化方法が開発されてきている。(次章反応性高速スパッタ法参照)

図19は、一般的に使われる平板型のマグネトロンカソード構造の模式図で、これは丸型の例である。マグネットの間に平行磁場ができ、そ

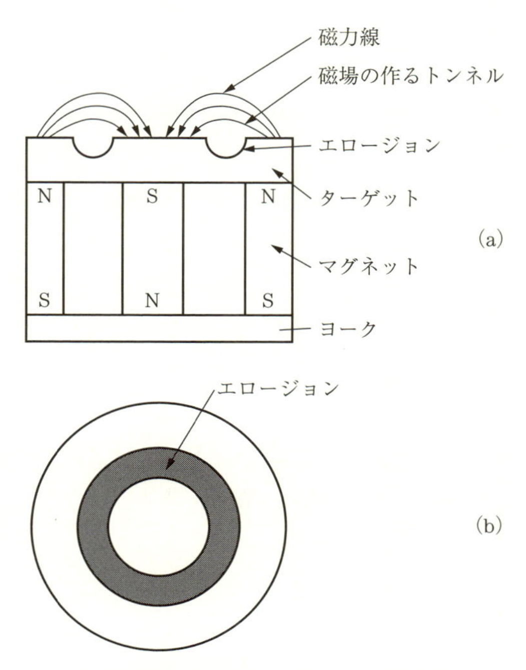

図19　平板型マグネトロンカソード構造

こにできている磁場トンネル内で電子が螺旋運動することで、Arとの衝突が多くなり、高密度のプラズマが起き、高いイオン化率になり、集中的にスパッタされる。図19(b)は、そのときのエロージョンを示している。エロージョンは、平行磁場に対応した部分にできるので、スパッタ時間が経つにつれて掘れていく。エロージョン部分から跳んでいったスパッタ粒子が膜となるが、エロージョンが狭いため、基板に対して均一な膜厚には付着しない。そこでバッチ型の装置では、基板を回転したり、インライン型の装置では、ターゲット面に平行に、かつターゲットの長手方向に直角に搬送したりすることになる。

エロージョン部が集中して掘れるため、基板でもこれに対応した部分に膜が付くが、それとともにターゲットに衝突したときに、スパッタしないで弾性的に反射してくる反跳Arなどもこの部分から多く発生する。この反跳Arはエネルギーをロスしていないため、大きなエネルギーを保持しており、基板上の膜にもぐりこんだり、衝撃を与えて欠陥が生じ、内部応力も大きくなったりする。

エロージョンが狭いということは、ターゲット利用率が小さくなることである。すなわちターゲットが掘り進んでいったときに、エロージョンの一部が、ターゲットの厚さに達する少し前の時点でターゲットを交換する必要があるが、この交換頻度が高くなってしまう。利用率を上げられれば、ターゲット材料とともに、真空装置でのターゲット交換頻度を減らせることができ、ランニングコストを低減できるため、利用率向上のためのさまざまな開発が行なわれている。

3-7 アンバランスマグネトロンとは何か？どんなメリットがあるか？

アンバランスマグネトロンというのは、マグネトロンを使った放電で主要な役割をしている永久磁石の強さを変え、内側の磁石より外側の磁石を強くして、ターゲット上での磁界の空間での強さを、ターゲット近

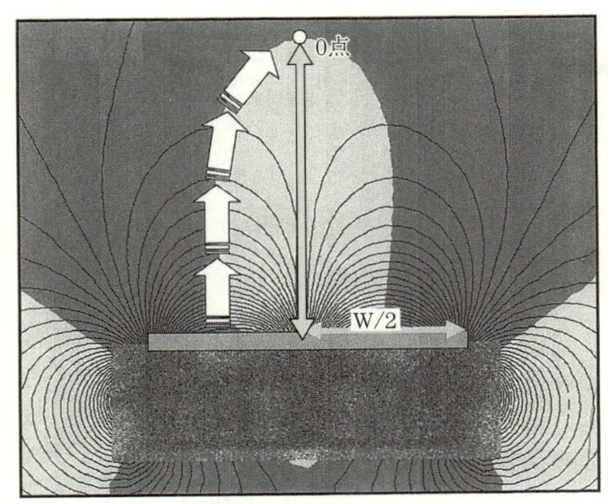

このBz＝0点が、
長いほどバランス
型となる

出典：Gencoa社　技術資料

図 20　垂直方向磁界が 0 になる点

傍から、基板上に広げた方式である。マグネトロンの放電は同じであるが、電子が磁力線に沿って絡まるので、基板近くにも強いプラズマができ、基板に対して強いイオンボンバード効果が期待できる。

これは、磁石の開発とも相関している。Nd–B–Fe系の強い磁石ができたことにより、小さい磁石でも強度が強く、こまかく配列ができ、効果的となった。

図 20 はターゲットの垂直方向の磁界強度を示している。この $Bz=0$ 点位置はヌルポイントと言い、S、N が釣り合った位置である。これがターゲットから遠いほど、電子がターゲット直上にトラップされ、外部に逃げにくくなり、バランス型に近いといえる[10)]。このバランス型の場合には、この 0 点までの距離が、およそターゲット幅になる。

図 21 は、バランス型からアンバランス型への変化とそれによる磁石配置の変化を示している。ここでは、ターゲットに対しての、上下位置により磁石の強度変化を与えている。バランス型に近づくにつれ $Bz=0$ 点までの距離が大きくなり、それより離れた基板方向での空間の磁力線密度がアンバランス型に比べて、相対的に小さくなっているのがわかる。

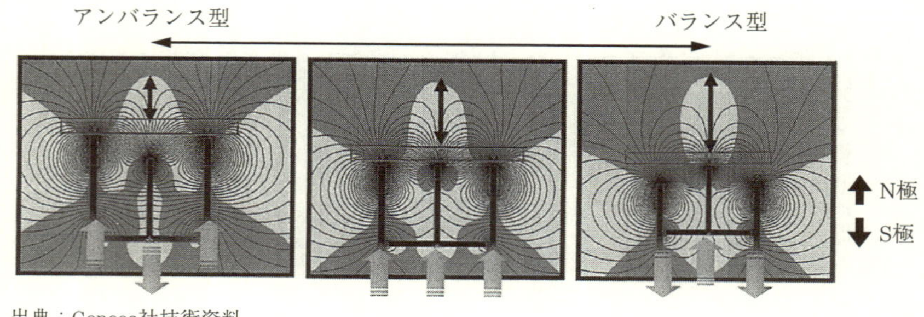

出典：Gencoa社技術資料

図 21 バランス、アンバランス型の磁力線分布

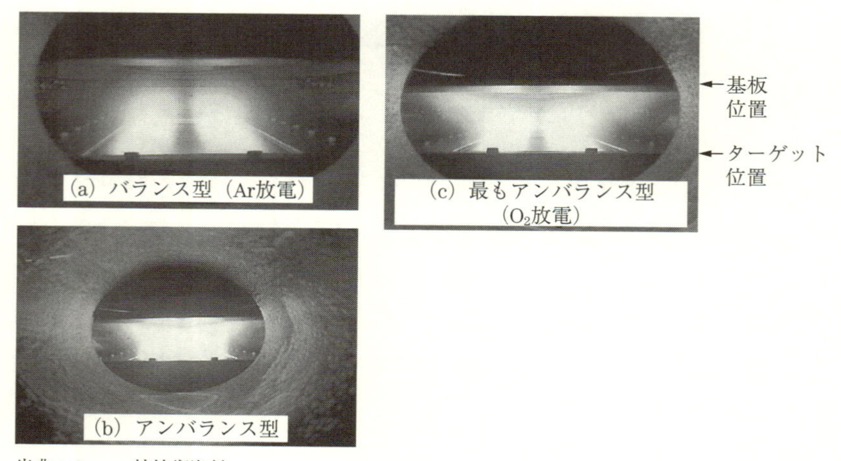

出典：Gencoa社技術資料

図 22 バランス、アンバランス型の放電変化

図 22 は、バランスの程度を変えた放電の様子を示したものである。

図 23 は2つのカソードのアンバランス型、バランス型を4通りの組み合わせを行なった場合の磁力線密度を示している。このように、磁石の組み合わせにより、さまざまな磁力線密度を作ることができる。アンバランス型のメリットとしては、必要な膜特性に応じた、イオンのボンバードメントの効果を膜に与えることができるのである。すなわちイオンアシスト効果が容易にできることであり、イオンの場合には、中性粒

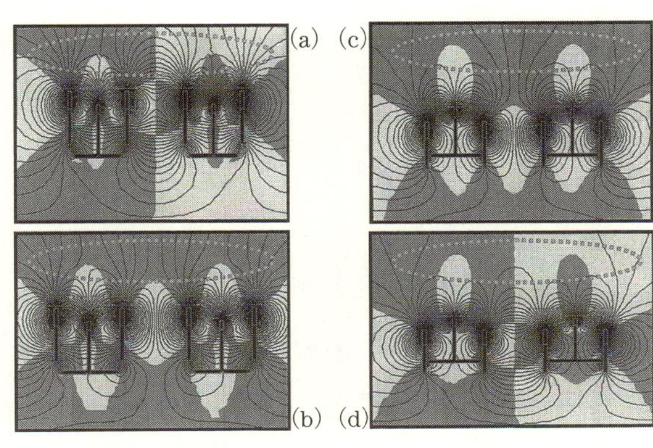

(a) アンバランス型をリンクした場合
(b) 同一のアンバランス型を２台並列
(c) 同一のバランス型を２台並列
(d) バランス型をリンクした場合

出典：Gencoa社技術資料

図 23　２つのカソードを使った場合の磁力線変化
((a)→(d) になるに従い基板上で磁界密度が小さくなっている)

子と比べてその制御がやりやすいといえる。この場合は、基板近傍のプラズマ密度を上げることにより反応性を上げ、入ってくるイオンのエネルギーを制御できれば、膜質をより最適なものに近づけることが可能となる。

図 24、25 は、アンバランス型での磁石配置による基板位置での放電維持電圧、セルフバイアス、探極イオン電流を示したものである[1)]。バランス型からアンバランス型への移行に伴い放電ガス圧力に対して、放電維持電圧、セルフバイアスの増加があり、特にイオン電流の増加が顕著である。放電電圧が上がるのは、プラズマが装置内に拡散していることであり、セルフバイアスの上昇は、基板側のプラズマ密度の上昇を示し、イオン電流増加はそれだけイオンのボンバードメントが行なわれているということになる。イオンの場合には、イオンのエネルギーをバイアスなどでの制御も可能なので、イオン化率が高いということは、プロセス上大変好ましいということになる。

この他には、ターゲットのエロージョン形状を積極的に調整して、膜厚均一性の改善や、ターゲット利用率の向上の手段としても使える。

また、バランス型からアンバランス型まで、プロセス中に変えること

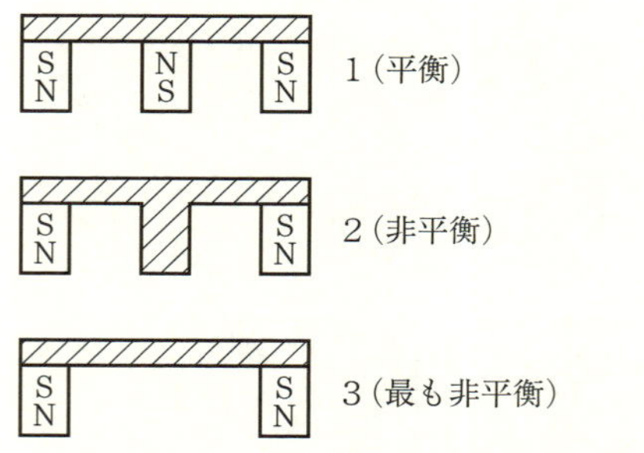

出典：小林春洋　スパッタ薄膜　日刊工業新聞社　(1993)

図 24　実験に用いられた 3 種のマグネット方式

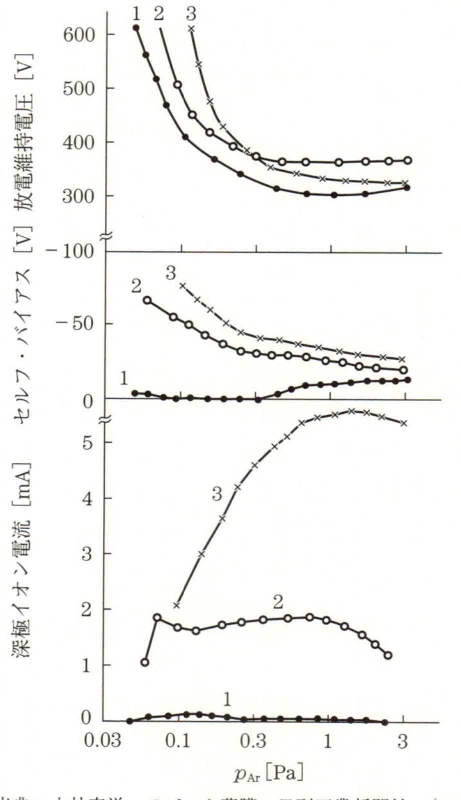

出典：小林春洋　スパッタ薄膜　日刊工業新聞社　(1993)

図 25　各種マグネット方式の Ar 圧力に対する特性

ができれば、成膜開始直後にアンバランス型にして、密着性を上げ、その後バランス型にもどして内部応力の上昇を防いだりすることもでき、そのような構造のカソードも開発されている[11)]。

4. 反応性高速スパッタ法

4-1 なぜ反応性スパッタをするか？

基礎編第１章（表２）に示したように、さまざまな化合物薄膜が実際の製品の中で多くの分野に使われている。特に一般的な膜種としては、酸化物、窒化物が挙げられる。

従来これらの膜を作る場合に利用されていた方法は、RF 電源を使ったRF スパッタにより、ターゲットとして膜組成と同じ化合物ターゲットを使い、そのまま放電することが多かった。RF スパッタの場合は、ターゲットが絶縁材料でも、金属のような導電材料でも問題なくスパッタが可能で、多元元素が入っている混合物のような膜でも、組成ズレが少なく、ターゲットが作製できれば、それと同等の組成を持つ膜が比較的容易に作製できた。また、プラズマを立てやすいため、条件の設定も比較的容易であり大変便利な方式である。

一方、量産規模が大きくなり、低コスト、大面積、熱に弱いフレキシブル基板上への成膜というような需要が多くなってくると、この方式では必ずしも十分ではないことが生じてきた。すなわち、

① 大面積基板には、向かない：大きな電源がない、並列につなぐ場合には位相を合わせたり技術的に手間がかかる
② 成膜速度が遅い
③ 基板が加熱される
④ 化合物ターゲットが高い
⑤ RF 電源のサイズが大きくて、場所をとる

⑥　電力当たりの電源価格が高い

などの点が目立ってきた。

別途、DC 電源の場合は、導電性ターゲットでないと放電しないので使えない。作製しようとする膜が絶縁膜の場合、アノードやターゲットの上に絶縁膜が付着して、そこを中心にアーキングが発生しやすくなり不安定になるなどの欠点があったが、利点は RF 電源とは反対に、コンパクトで、大電力の電源が安く作れるなどがあり、特にターゲットとして金属板を使うので、ランニングコストが安く、コストダウンに向いているという特徴がある。

近年、DC 電源の一つとしてパルス電源が開発され、性能・価格の優れたものが出てきている。これにより従来、問題となっていたアーキング発生も抑えられるようになり、絶縁膜などの成膜も安定してできるようになってきた。また、反応性スパッタという特徴を生かした膜として、傾斜膜や酸窒化膜なども可能という別の利点もある。

傾斜膜というのは、たとえば SiO_2 から Si_3N_4 膜までを厚さ方向に少しずつ組成が連続的に変わる膜を指している。この場合は、Si ターゲット（B、Al ドープによる導電性ターゲットが必要）を使って、放電用の Ar ガス以外に、反応性ガスとして O_2 ガスを入れ、膜厚が増えるに従い、徐々にガス組成を N_2 リッチにし、最終的には反応性ガスを 100% N_2 にすれば SiO_2 から SiO_xN_y 膜を経て Si_3N_4 膜まで変化した膜が容易に作製できることになる。この膜は屈折率的には、1.45 から 2.1 程度まで連続的に変化するが、誘電体の場合は、屈折率がほぼ膜の緻密性に相関しているので、ポーラスな膜から緻密な膜に連続的に換わることになる。

SiO_xN_y のような膜は、反応性ガスが膜の元素の一部を構成しており、ガス成分の変化のみで組成を自由に変えられるので、密着性のための基板への緩衝膜としてあるいは内部応力低減のためなどの膜の一つとして注目されている。

また最も大きな利点は、反応性スパッタを使うことで、高速にスパッタする技術ができたことにより、従来の 1 桁程度高速に成膜ができる技術が開発されたことである。これにより、化合物膜においても蒸着膜と成膜速度が同等になり、蒸着で行なっていたプロセスがスパッタプロセスに置き換えられるようになってきた。

4-2 ヒステリシスとは何か？遷移領域はどこを指すか？

ヒステリシスは、反応性スパッタを行なったときの特有の現象である。反応性スパッタは、金属ターゲットを利用して、そのスパッタ粒子を反応性ガスである O_2 あるいは N_2 ガスなどにより化合物膜として基板上に成膜する。そのために、放電用ガスである Ar と反応性ガスの O_2、N_2 との分圧比によりできる膜の組成が変化する。放電ガス Ar のみの場合は、金属膜になり反応性ガスが加わると化合物膜となるが、反応性ガス比を増加すると、完全に化合物膜になるまでに徐々に変化していき、ある点で急激に化合物膜となる変化が起きる。この場合において今度は逆に反応性ガス 100% から Ar ガスを徐々に増加していくと、同じ反応性ガス比では、この急激な変化は起こらず少し Ar がリッチな側にずれてからこの現象が生じる。この反応性ガスの増加と減少での軌跡がずれることを、ヒステリシスという。

図 1 は TiO_2 の例である。反応性ガス量として O_2 を横軸にとり、縦軸にスパッタ速度を示したものである。図の A 点は Ar 100% のところであり、ここでは Ti 膜が成膜される。この成膜速度は最も速い。徐々に O_2 を増加すると、膜は Ti に O_2 が少し入った吸収膜を示し、B 点では急激に成膜速度が落ち C 点で落ち着く。C 点では TiO_2 の酸化膜ができる。これ以上 O_2 ガスを増加しても、成膜速度は変わらず、低いところで安定した成膜速度となる。この少し過剰に O_2 が入った D 点でのスパッタが通常使われている。

逆にここから O_2 ガスを減らして成膜すると、E 点にて急激に成膜速度が増加し、吸収膜となって最終的に Ar 100% となり Ti 膜となる。こ

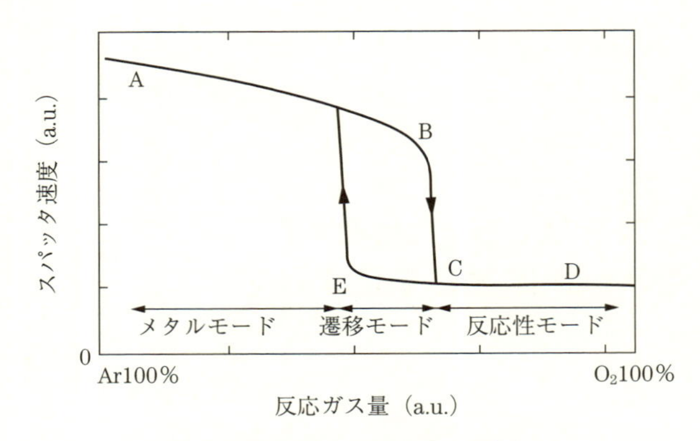

図1 反応ガス量とスパッタ速度

の O_2 増加の場合と、O_2 減少での軌跡のずれが生じるのがヒステリシスであり、A 点から始まって、急激に変化する前までがメタルモード、変化している領域が遷移モード、C 点から D 点の安定領域を反応性モードと呼ぶ。

このヒステリシスの生じる原因は、O_2 ガスがターゲット表面に反応性膜を生成し、金属の状態と酸化状態でスパッタ率が異なるからである。ターゲット表面が金属の状態から O_2 膜を増加させるときには、スパッタ率が高いので O_2 が沢山消費される。一方表面が酸化した状態は、スパッタ率が低いので O_2 ガスを減少させるときには、O_2 ガスが消費されにくい状態になる。導入 O_2 量が少し減少した状態で酸化表面から金属表面への移行が起こり、ヒステリシスが生じる。この為、このヒステリシスの軌跡は、排気速度によって変わり、排気速度を大きくしていくと、遷移モード領域（以後遷移領域という）は徐々に狭くなる。これは、排気速度が大きくなったことで、スパッタ原子による酸素消費の効果が相対的に低下することによる。ヒステリシスの縦軸の落差は、Ti 膜と TiO_2 膜でのスパッタリング率の違いを示している。

図2は縦軸に反応ガス分圧をとり、横軸は反応性ガス量をとった場合のヒステリシスを示す。これは TiN の場合を示しているが、TiO_2 の場合は、E 点のところの変化が、ここでの N_2 の場合より急峻であり、図

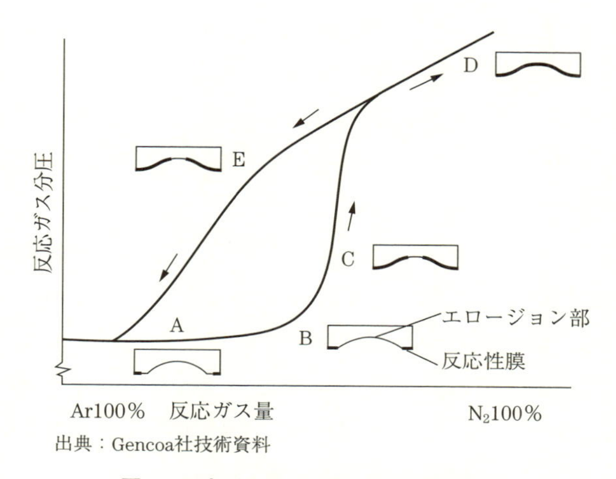

出典：Gencoa社技術資料

図 2　反応ガス量と反応ガス分圧の関係

1 の変化に近くなる。ここでは、ターゲット上での変化を模式的に示した。A 点では、TiN_x 膜が非エロージョンのところでわずかに生成し、C 点ではエロージョンの中に TiN_x 膜ができている。D 点では、エロージョンすべてを覆った状態になる。これが通常の反応性スパッタの状態であり、N_2 過剰の位置である。

4-3　遷移領域制御とは何か？

遷移領域は、ヒステリシスでの急激に変化が生じる点であるが、この領域を上手く制御できれば、酸化物でも窒化物でも非常に高い成膜速度が達成できることである。ここでの制御法として、放電のインピーダンスやプラズマエミッションを使った方法が開発された。これらの方法は、遷移領域の成膜速度が速いという特徴を利用する技術のため、遷移領域制御と呼ばれている。遷移領域制御に関する理論的取り扱いはここでは省くが、多くの論文が出ている[1~5]。

プラスチック膜などの大面積基板に酸化物、窒化物などの化合物膜をスパッタすることがフラットパネルディスプレーなどで多く使われるようになってきたが、この場合に使われるスパッタ装置が、巻取り型のRoll to Roll型の装置である。熱に弱い基板に、大面積に均一な膜を成膜するには、高速でのスパッタ方法が不可欠である。この遷移領域制御方式の開発が、Roll to Roll方式での化合物膜の量産に大きく寄与したといえる。

従来反応性膜として使っていたO_2ガス量のヒステリシスでの位置は、過剰に反応性ガスを入れることにより、多少のガス量の変動があっても、成膜速度に変化がなく、低い成膜速度であるが安定しており、電力に対しては比例的に成膜速度が上がり、生産装置として使われてきた。しかしこの低い成膜速度ではコスト的に厳しく、またプラスチックフィルムなどでは熱に弱いため、厚い膜は長時間を要することになり、成膜できない。

図3は図1と同様な図であるが、このヒステリシスの中の遷移領域を実線のように制御できれば、ヒステリシスが生じず、反応ガス量に対して成膜速度は一義的に決まる。破線のようなヒステリシスが生じるのは、反応性ガスの消費量と供給量にずれがあるためであり、必要量をレスポンス良く供給してやれば、ヒステリシスは生じない。この原理を応用して開発された技術が、遷移領域制御と総称される技術である。

これには反応性ガスの必要量をどう検知するかという方法で、大きく分けて2種類あり、放電のインピーダンスを検知する方法、すなわちタ

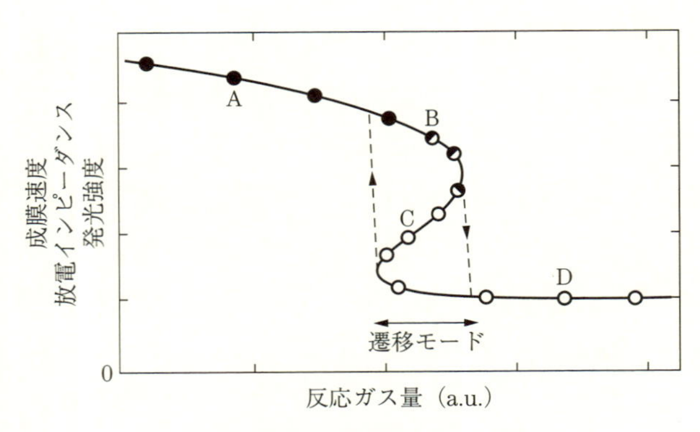

図3　反応ガス量と制御ループ

ーゲットでの放電電圧を検知する方法とプラズマエミッションを使う方法との2つである。両方とも、原理的にはターゲット表面でのエロージョン部にどれだけ反応性膜が覆ったかを見ており、反応性膜の覆った部分と覆っていない金属部との比を監視し、その量をリアルタイムに検知し、欲しい値になるようにリアルタイムに反応性ガスを供給するということである。

図3において、酸化物の場合を例にとると、A点では金属膜であるが、B点では吸収膜になり、C点で透明膜となる。D点は従来の成膜時の位置である。C点で常時成膜ができるように、放電インピーダンス、あるいは発光量を検知して、この点の欲しいところに維持できるように反応性ガス量を制御できれば良い。反応性ガスの供給方法は、レスポンスが大事なため、マスフローコントローラーのバルブにピエゾバルブを使用して、検知した信号を瞬間にガス量としてガス配管から導入するという方法をとっている。

これらの制御は一見すると複雑に見えるが、自動化して制御できるコンポーネントが、すでにメーカーから市販されているので[6]、既設の装置にも取付け可能なものになっている。

4-4 インピーダンス制御とは何か？

遷移領域制御の中の1つの方法であり、高速に成膜を行なうための制御の方法として、放電のインピーダンスを使う。

図4に、フィードバック制御の装置構成を示す。**図5**は制御に用いるコントローラーを示す[6]。1台のコントローラーで4チャンネルまでセットが可能である。TiO_2の例をとって解説する。電源はパルス電源を使い、ターゲット上の非エロージョン領域に生成する絶縁物によるアーキングを防止するために、50〜100 kHz程度で行なう。パルス電源は電力一定モードにて、必要な電力をかける。パルス電源の放電電圧値の信号をPEM（プラズマエミッションモニター）コントローラーに入力し、

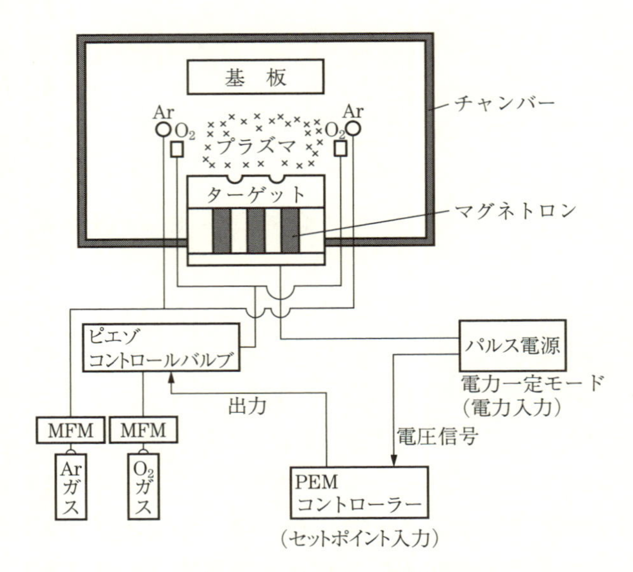

図4 インピーダンス制御系

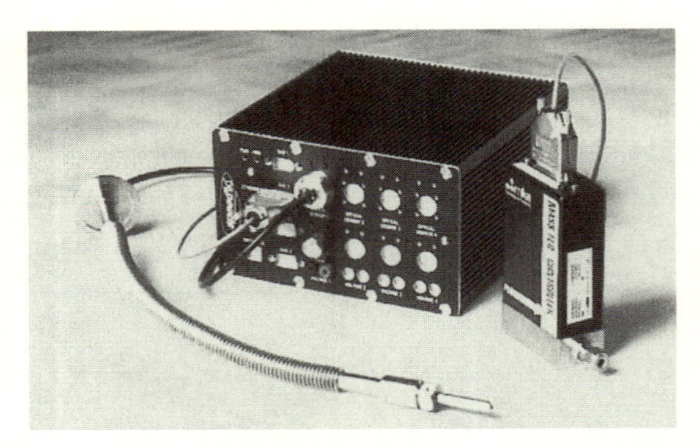

図5 インピーダンス制御、プラズマエミッション(PEM)制御用コントローラー(Gencoa 社製スピードフロー)

その値と、PEMに前もって入力した指示値であるセットポイントと比較し、放電電圧値がセットポイントを維持するようにピエゾバルブから O_2 ガスを導入する。Ar ガスは MFM(マスフローメーター)から一定量導入する。O_2 ガスと Ar ガスの配管はそれぞれボンベから独立して配管を行う。ピエゾバルブから O_2 ガスの噴出口までの距離は、レスポンスを良くするために、できるだけ短くなるように配管を工夫する。また配管はカソードに対して均等なガスが出るように、左右の対称性、排気ポンプの位置なども考慮しながら、配管のガス噴出口は、それぞれ後で口径を調整できるようにしておく。

この方式は、エロージョン表面を覆う酸化物膜と金属膜の比が変わると、スパッタ率が変わり、それによる2次電子生成率が変化し、プラズマの抵抗値成分が変動することを用いている。そのためにインピーダンス制御と呼ばれる。インピーダンスが変わると、放電電圧が変化するため、電源から放電電圧を検出し、この放電電圧を常に一定のセットポイントになるように、反応性ガスをリアルタイムに制御するという方法である。

Siの場合を例にとると、ターゲットエロージョンがセットポイント指示値よりSiの比率が高いと、スパッタ率が低いので2次電子生成率が低く、放電電圧は高くなるが、逆にSiO_2の比率が高くなると2次電子生成率は高くなり、放電電圧は低くなる。その信号をO_2ガスのピエゾバルブに入力して、O_2ガスの調整を常時行ない所定の成膜速度に維持する。

この方法は、材料としてはSiとAlなどの場合に有効である。Si、Alなどの材料は光学膜、バリアー膜として重要であるが、これらの傾斜膜であるSiO_2からSi_3N_4膜などへの変化も、反応性ガスとしてN_2を加えることで可能となり、また高速化も可能である。

このインピーダンスコントロールが可能な材料は限られている。すなわち、①制御するためには、十分な放電電圧の差がないとできないので、メタルターゲットの放電電圧（Arのみで放電した場合）と、反応性ガス導入時の化合物膜での放電電圧（O_2過剰で放電した場合）の差が十分大きいこと、②カソード電圧を検知してそれが一定になるように、反応性ガス導入を制御するので、カソード電圧と反応性ガス量が一対一に対応した関係でなければならない[7]。したがって、Nb、Ta、Tiなどの酸化物のような光学膜材料で使う高屈折率材料の主なものは使えない。

図4では、カソードはシングルカソードを用いているが、デュアルカソードを用いてそれぞれにパルス電源を用いる方法や、交互にサイン波をかける方法などもある。サイン波をかける場合は、常に2つのカソードに交互にかけ、しかも波形が同じなので、パルス波と比較するとデューティー比は50%一定となり、パルス変調はできない。

この方法での電圧値はカソードから持ってくるので、カソードを細かく分けない限りは一点からの情報となり、たとえば大型カソードで3mを超えるような場合には、局所的には対応できないため、PEM制御と比べると不利である。

4–5 プラズマエミッション(PEM)制御とは何か？

図6にプラズマエミッション制御系を示す。図4のインピーダンス制御との違いは、電源からの電圧信号ではなく、ターゲット上でのプラズ

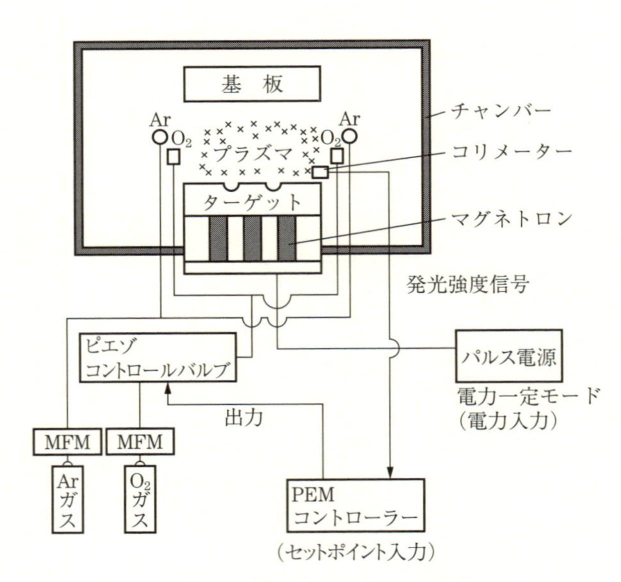

図6 プラズマエミッション制御系
(PEM制御)

(a) 実験装置

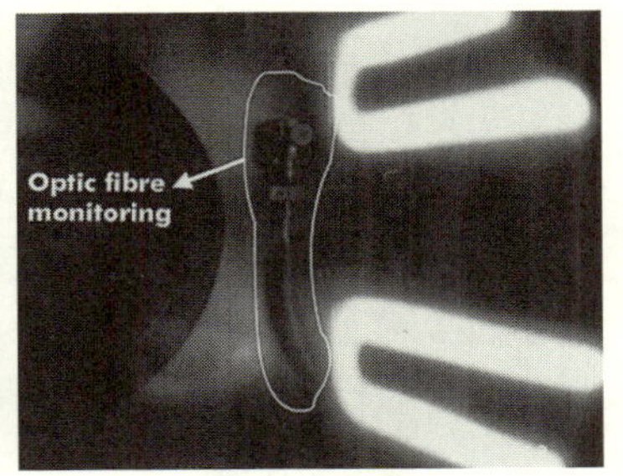

(b) 量産装置

図7 プラズマ発光の取出し口（コリメーター部）

マの発光強度を信号として取り出していることである。**図7**に発光の取出し口（コリメーター部）を示す[6)]。同図(a)は小さいカソードにつけた例であり、先端はコリメーターと呼ばれる細い管でできている。これは消耗品で交換可能であるが、この役割は直進する光束のみ取り出していることであり、それを光ファイバーにてコントローラーに送り、ここで光電子増倍管により電気信号にかえ、O_2量の制御に用いる。(b)は矩形カソードの発行時の例である。

図8は制御例を示しており、同図(a)、(b)はTiO_2の場合を示している。(a)はTiの発光を示しておりO_2量がゼロの場合は発光量が多く、徐々にO_2量が増加するに従い、発光量が減少していくのがわかる。TiO_2制御の場合は、この発光スペクトルのうち、500 nm波長をナローバンドフィルターで取り入れ、そのスペクトルの変化を利用している。(b)は、その様子を示したものであり、反応性ガスであるO_2量が増加すると、Tiのスペクトルが減少する関係にある。これはターゲットエロージョンがTi金属の場合でのTiの発光に対して、TiO_2で覆われたときの発光量の減少を利用したものであり、TiO_2ですべて覆われると発光がゼロとなる。(c)は反応性ガスの発光を制御用のスペクトルとして利用する場合であり、この例では、CVDプロセスでのイソプロピルアルコールによるDLCの場合を示す。この場合は反応性ガスの増加に従い、化合物膜が成長する方向になる。スペクトルをガスからとった場合に波

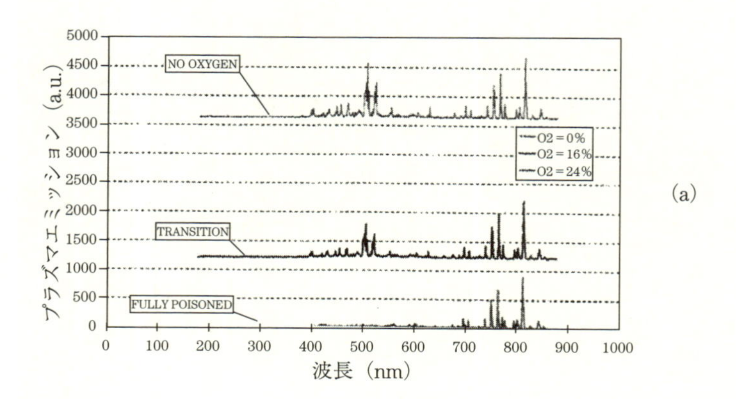

(a)

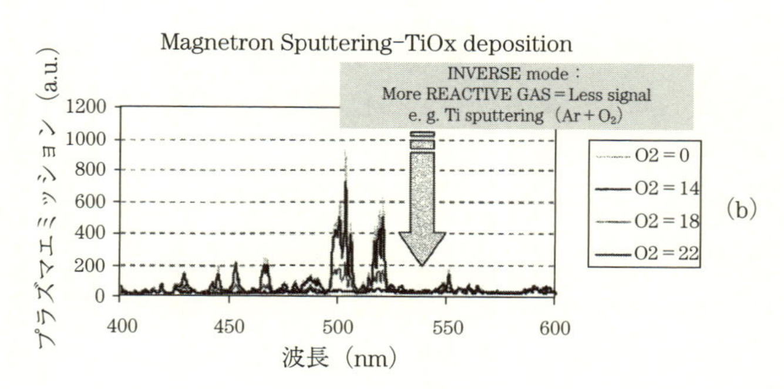

(b)

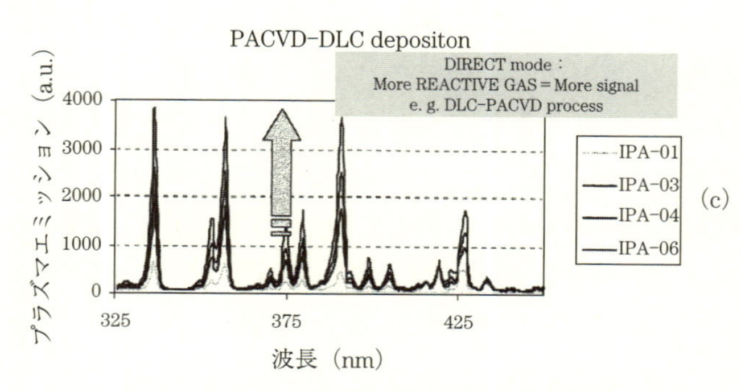

(c)

図8　プラズマエミッション（PEM）制御例

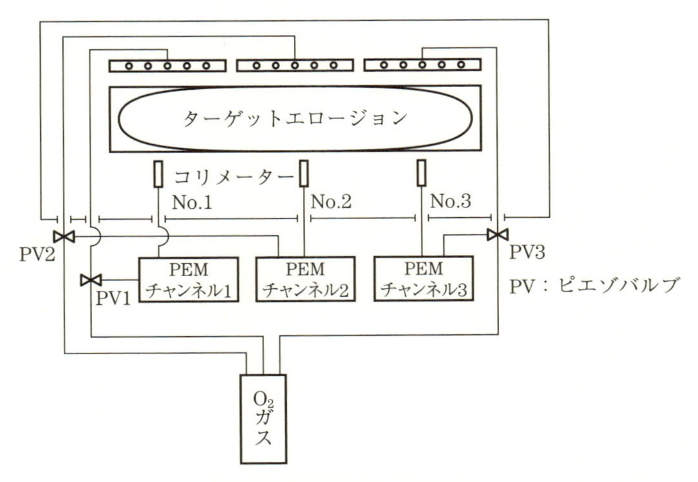

図 9　幅広基板での PEM 構成

長が短くなり、発光量が少なくなるために、使う例は少ない。

図 9 に大面積基板へ酸化物の成膜時の PEM 制御を示す。幅が広い場合には、膜厚均一性を確保するために、まず、ガスの分圧が広い幅の全面にわたって均一になることが重要であるが、Ar 分圧と O_2 分圧の比が一定になっていないと、成膜速度が変化してしまう。そのために反応性ガスのガス配管を分けて、それに対して各コリメーターにてプラズマ発光を取り込み、各位置での制御を行なうことで、膜厚均一性を良好な状態に保つことができる。排気速度にもよるが、70 cm 間隔程度での PEM の制御とそれに伴う O_2 ガスの導入により達成される。

図 10 は Al_2O_3 の場合を例にとって、O_2 ガス量と放電電圧値、PEM 値を比較したものである。O_2 ガス量は MFM より段階的に上昇させ、そのときの各値を比べているが、電圧値と PEM 値とほぼ同様な挙動を示すことがわかる。電圧値の方は、初期値より O_2 を導入した直後にむしろ上昇しているのは、Al は非常に酸化しやすいために、スパッタが始まるときの表面は残留水分などの影響により、わずかに酸化された状態になっていて、それがスパッタされることにより、むしろ金属表面が露出したものと考えられる。O_2 の導入は固定量入れているためにヒステリ

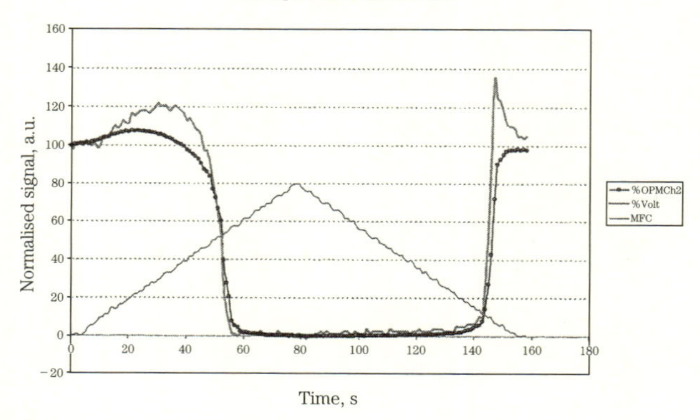

出典：Gencoa社技術資料

図 10　PEM 値と電圧値比較（Al_2O_3）

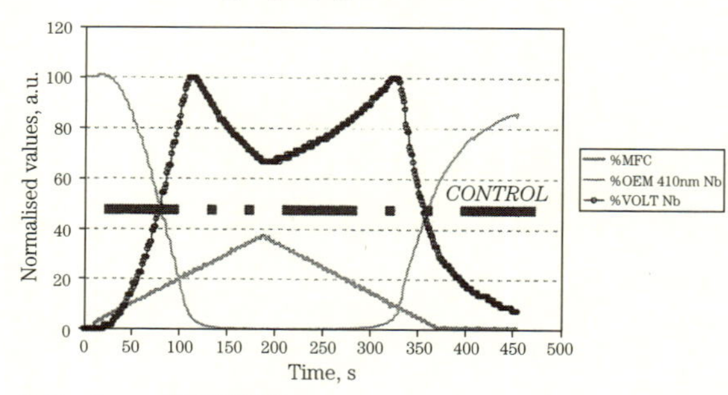

出典：Gencoa社技術資料

図 11　PEM 値と電圧値比較（Nb_2O_5）

シスが存在し、O_2 増加時と減少時においてそれぞれの信号は同じにならない。

図 11 は、Nb_2O_5 の例を用いて、インピーダンス制御では、Nb などの制御ができないことを示している。すなわち電圧値はゼロから酸素の増加とともに上昇し、一端極大値を経てから減少するという変化をし、単調に増減しないため、O_2 の変化に対して直接的な相関がとれず、制御

にはなじまない。

4-6 ペニングゲージを利用した PEM制御とは何か？

図12 にペニングゲージを利用したPEM制御系を示す。ペニングゲージはペニング真空計と呼ばれ、チャンバー内のガス状態を検知して、それをイオン化し発光するタイプの真空計のため、その発光を見れば、チャンバー内に存在する反応性ガス量がわかり、それを反応性ガスの供給にフィードバックして高速成膜を維持する方法である。

従来のPEM制御は図6のように、ターゲット上での発光を読み取り、それを反応性ガスの制御に直接フィードバックして高速スパッタを維持する方法であり、感度の良い方法である。逆にガラスコーターのような大面積基板の場合には、3〜4mものターゲット長が使われるような生産装置になり、感度が良すぎると小さな乱れを拾ってしまうことにもな

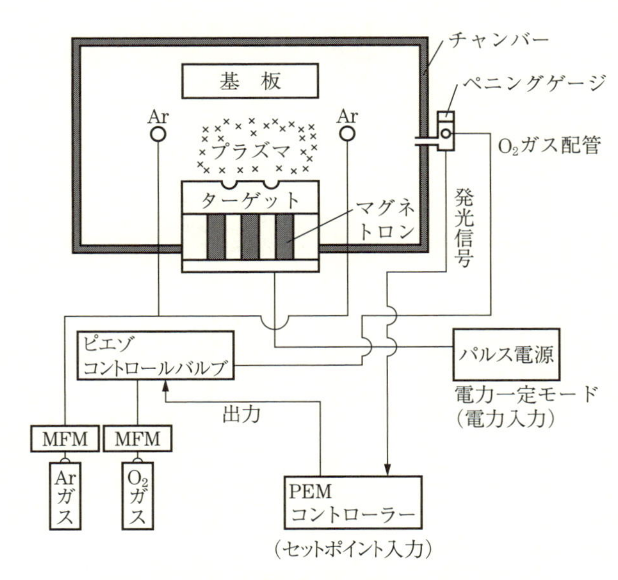

図12　ペニング真空計を利用したPEM制御

るため、それはかえって安定生産をするのに邪魔になることがある。発光量のフィードバックを間接的にして、細かな乱れの影響を減らす方法が開発された。それがこの方法である。

生産上で起こるプラズマの乱れの原因としては、

① ターゲット上での基板の回転、移動によるもの

② ターゲット下部でのマグネトロンの回転、遥動などによるもの

③ アノード上への絶縁物の堆積によるもの

④ チャンバー内のアウトガスの変化によるもの

などが挙げられる。

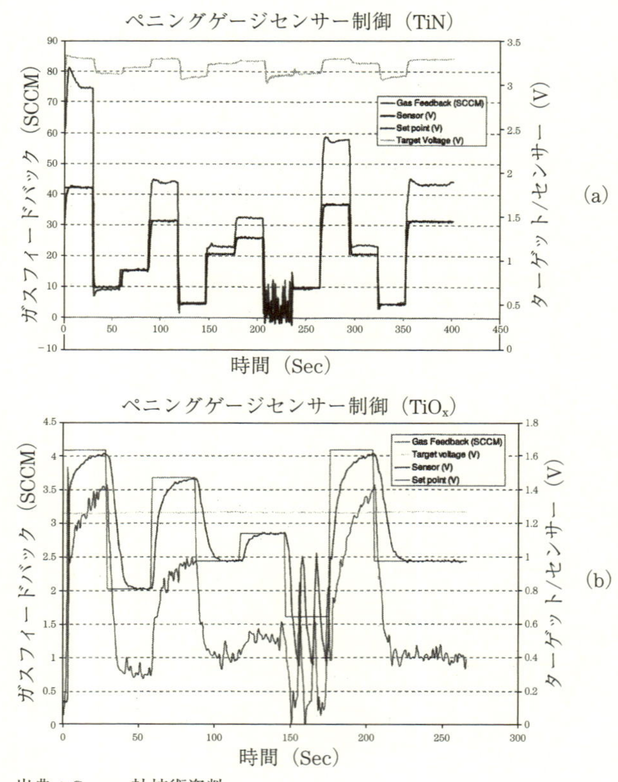

出典：Gencoa社技術資料

図 13 ペニングゲージ PEM 制御例

これらの微小なプラズマ変動に対しては、発光スペクトルを1つではなく、Arガスの発光をチェックしてその発光比をとることも可能であり、ターゲット電圧、反応性ガス分圧との組み合わせにしたりすることもできるが、通常の場合は、ほとんど必要ない。

ペニングゲージは、冷陰極電離真空計であり、円筒状陽極と2つの対向した陰極からなっており、陰極板に平行に磁場をかける。陰極にかけた直流高電圧でマグネトロン放電を行うと、磁場が陰極板に平行であるため、電子が電極近傍に閉じ込められ、存在するガスのイオン化が容易であり、マグネトロンスパッタの原理と同様である。ペニングゲージは低ガス圧でも作動し、反応性ガスが少なくても、イオン化が可能でこのイオンを検知してチャンバー内の残留ガス量を測定し、フィードバックする。**図13**は、ペニングゲージを利用したPEM制御例である[8]。同図(a)はN_2を用いたTiNの場合であり、(b)はO_2を用いたTiO_2の場合を示す。信号電圧を見るとフルスケールは通常10Vのため、かなり低い信号まで追従しているのがわかる。残留ガス分圧を4重極型質量分析計を用いて測定し、それをフィードバックする方式[9,10]もあるが、レスポンスがよくないためにあまり使われていない。

4–7 ガスフロースパッタとは何か？

宇都宮大学の石井らは、通常のスパッタガス圧に比べて100倍程度以上高いガス圧である0.1～1 Torrでのスパッタを提案している。**図14**はその模式図である[11]。この圧力は粘性流に近い圧力であり、通常スパッタで利用されている分子流と比べると、スパッタ粒子のエネルギーが小さくなり、いわゆる熱中性化条件に近く、スパッタ粒子のエネルギーが周囲のガス分子のエネルギーと同程度になっている。粘性流というのは、平均自由行程が極めて小さくなり、そのために分子同士の衝突が多くなり、気体の流れが連続した媒体、粘性流体と考えられる。分子流は各分子が独立した挙動をとる。

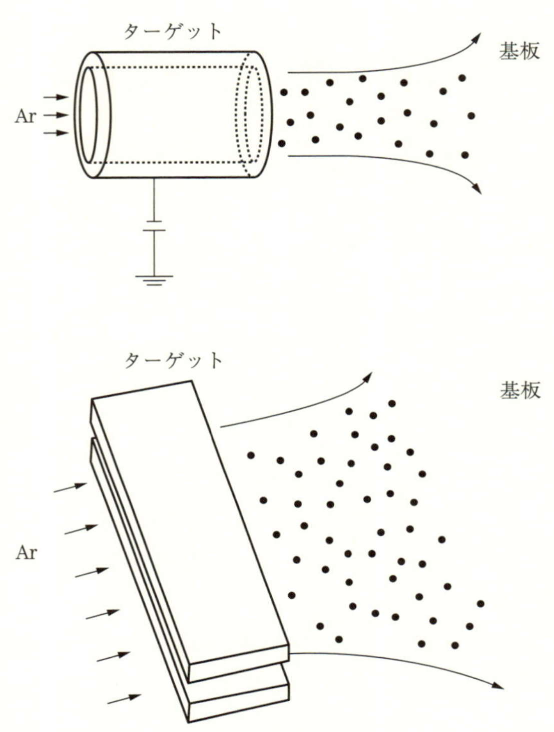

出典：石井清　東京工芸大シンポジウム（2004）

図 14　ガスフロースパッタの模式図

粘性流では、ターゲットで生じる反跳 Ar や高速中性粒子、高エネルギーのスパッタ粒子による膜へのダメージがない成膜方法といえる。この方法では、向かい合ったターゲット、あるいは円筒状のターゲットの間から大量の Ar ガスを導入し、**図 15** に示すように基板に近い側に O_2 などの反応性ガスを流して、反応性スパッタを行なう。プロセス的にはスパッタと CVD を組み合わせたような方法であり、スパッタされた粒子は大量の Ar ガスにより基板上に輸送される。**図 16** は Ar ガス量と成膜速度との関係を示した一例であり[11]、Ar により運ばれていることがわかる。ガス圧が高いことから、排気系は大き目のメカニカルポンプのみで済むが、背圧を小さくしたい場合には、ターボポンプ、拡散ポンプ

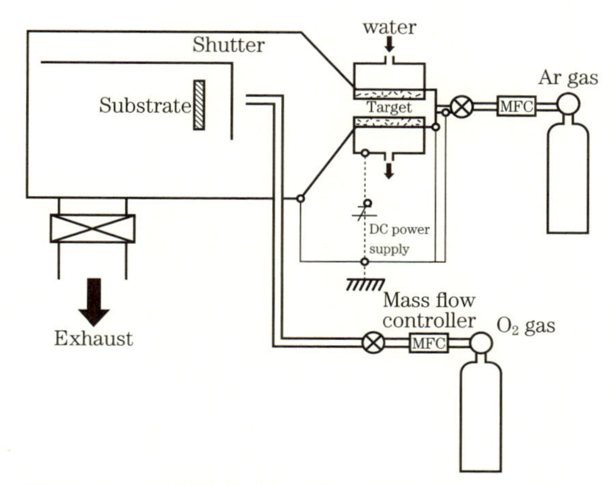

出典：石井清　東京工芸大シンポジウム（2004）

図 15　装置の構成

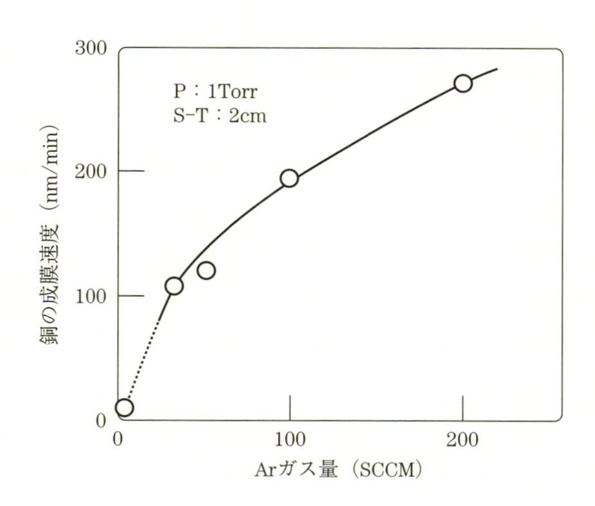

出典：石井清　東京工芸大シンポジウム（2004）

図 16　Ar ガス流量と成膜速度例

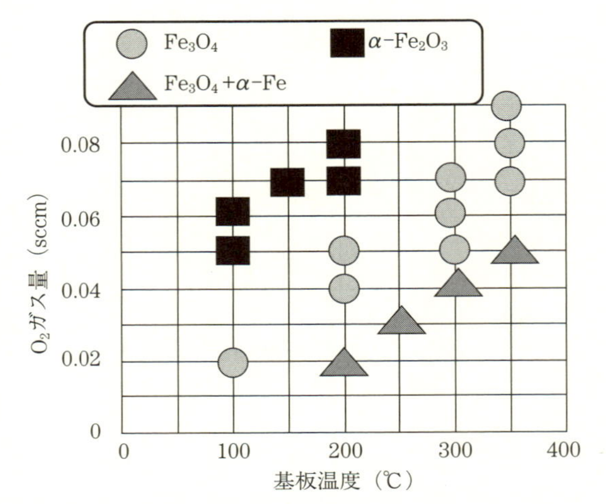

出典：石井清　東京工芸大シンポジウム（2004）

図 17　フェライト膜への応用

などが必要になる。

図 17 はフェライト膜への応用例である。基板温度と O_2 量による、Fe–O の構造制御を行なっている。ガスフロースパッタは、マグネトロンを使わず金属ターゲットを用いたホローカソード型の 2 極放電である。マグネトロンを利用しないため磁性材ターゲットでの使用には有利である。

また、放電ガス圧が高く、プラズマ密度が高いので、バイアスをかけることが、構造制御には効果的である。ターゲットには、金属板をそのまま使い、比較的装置構成がシンプルになり、ターゲット利用率が 70% と高いのもメリットである。大面積化のためのインライン化には、ガスの導入方法、ガスの均一性が重要になるが、この方式の場合は、発生するスパッタ膜によるガス穴の目詰まりの経時変化に注意が必要である。

4–8　メタモード方式とは何か？

スパッタで光学膜を高速に成膜する方法の一つとして、アメリカのメーカーの商品名になっていたものが一般的な呼称となった言い方である。メタルモード（金属モード）での膜はヒステリシス上の変化を受けずに高速でスパッタでき、その高速性を維持するために、酸化は真空中の別のスペースで行ない、酸化物などでの高速成膜を実現した方法である。

すなわち、ヒステリシスの影響を受けないようにするためには、2つの方法がある。1つは遷移領域を活用して、遷移領域制御を行ないヒステリシスの影響をなくす方法とヒステリシスは反応性ガス導入で起こる現象であるため、反応性ガスによる酸化と成膜を空間的に分離する方法である。メタモードというのは、後者の方法を利用した化合物膜の高速成膜方法である。シンクロンのRASは、この方式で量産に成功した装置で、高機能光学膜の量産装置として広く用いられている[12)]。

従来、光学膜は真空蒸着方式が一般的であった。スパッタ方式の方が、密着性や膜の緻密性に優れており、また膜質、膜厚の再現性にも優れていることから、スパッタ方式の開発が行なわれてきた。**図18**はIADの場合とスパッタ方式を比較した例である[12)]。再現性を比較すると、スパッタ膜は電力一定での時間管理によって膜厚の再現性が良い結果となっ

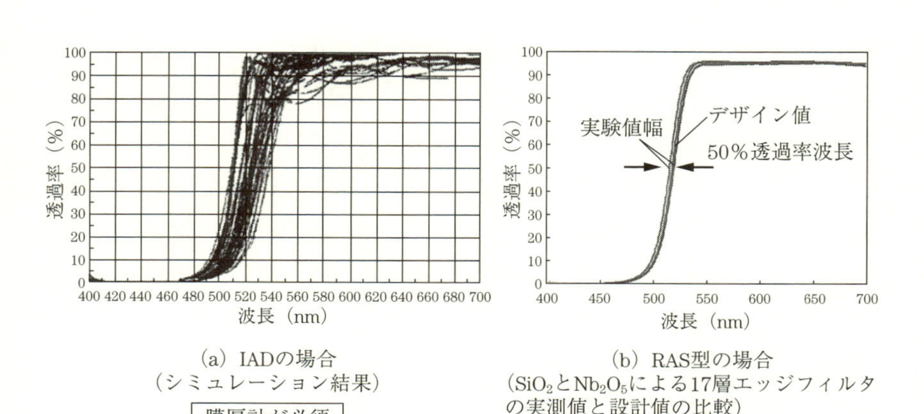

出典：Y. song, T. Sakurai: Vacuum 74 (2004) 409–415

図18 時間制御のみでの膜厚安定性（イオンプレーティングとスパッタ比較）

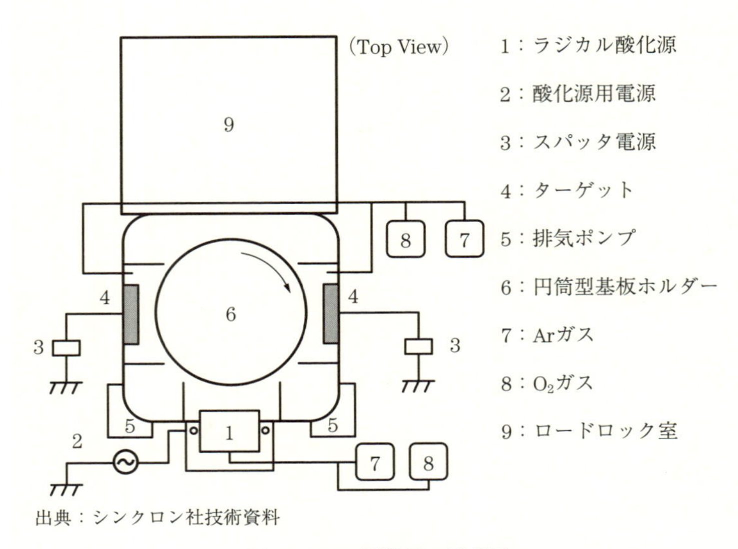

図 19 RAS 型装置の模式図

ている。

光学膜は、主として可視光に対する透明膜であることが多いため、酸化物が多く使われており、非常に薄い、金属に近い亜酸化物の状態でスパッタし、その後に酸素ラジカルなどで完全酸化を行なう方式である。

図 19 は原理を示した一例である[13]。この図は、装置を真上から見た見取り図である。4 がターゲットであり、6 が基板をセットするドラム型の基板ホルダーである。6 の外周に基板を周方向に巻きつく形で取り付ける。1 は酸化源であり、O_2 ガスを入れ RF 電源などによりプラズマを発生し、4 でスパッタされた金属に近い膜が完全酸化される。4 でのターゲットの位置では、Ar と O_2 ガスを導入するが、Ar ガスに対して O_2 ガスを微量導入し、ヒステリシス上で金属膜に近い吸収膜になっており、成膜速度は速い。ドラムが回転しているため、基板の位置が 1 の前を通過するときには、吸収膜が酸化される。1 回で酸化できる厚さはわずかであるため、ドラムは 100 rpm 程度の高速に回転する。通常光学膜では、高屈折率の膜と低屈折率の膜を交互に付ける多層膜になるので、

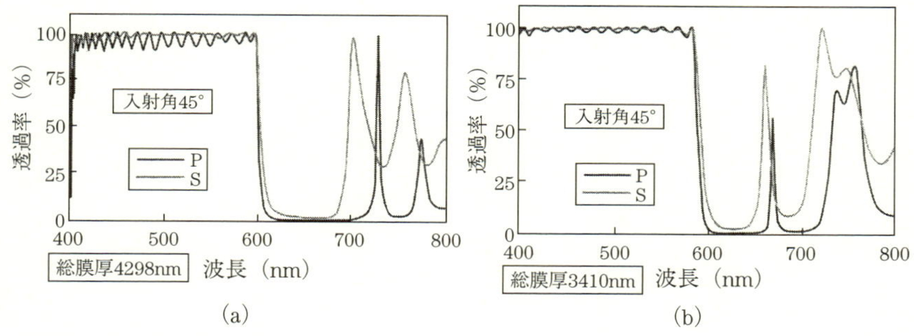

出典：シンクロン社技術資料

図 20 (a) SiO_2 と Nb_2O_5 2 種類材料
(b) 中間屈折率材料と SiO_2 と Nb_2O_5 の 3 種類材料を用いた、非偏光エッジフィルターの設計比較

必要な膜厚1層分つけるまで行ない、次の膜という具合に行なう。そのため、4にはSiとNbというような、2つの種類のターゲットが使われる。

この方式の利点は、中間屈折率を比較的容易に形成できることである。ターゲットが2種類あれば、両方同時に放電し、たとえば基板ホルダーのドラム1回転当たりのSiとNbの酸化膜厚をそれぞれ電力で調節すれば SiO_2 膜と Nb_2O_5 の膜厚比を変えることができ、1層中では、平均的な膜厚比から中間屈折率を得ることができる。**図 20** は、中間屈折率を使った設計例である[13)]。同図(a)が Nb_2O_5 と SiO_2 の2種類で従来の方法であり、(b)が中間屈折率を使った3種の例である。リップルが少なく、総膜厚が少ない設計ができている。

ただし高速回転をすることで高速成膜を達成しているので、装置の形式がカルーセル型の回転方式に限られることから、基板サイズは小型のものに限定されていたが、シンクロンでは大型基板の量産機も製作されている。光学薄膜の他、機能性化合物膜への応用も期待できる。

Part 1

現場のケーススタディー

1. 1991年1月3日

その日も朝5時に起き、薄暗い中6時前には家を出て、朝のラッシュが始まる前に都内の首都高を抜けなければいけなかった。まだ正月の内なのに、とぶつぶつ言いながら、8時前には、東関東自動車道の潮来インターに辿り着いた。ここで少しだけ仮眠を取り、会社に向かう。この生活が昨年の7月ごろから続いていた。月曜日に出て、ホテル暮らし、金曜日または土曜日の夜中に帰る生活である。

圧力勾配型のガンを使い、単板電磁遮蔽ガラスの開発の開発期限がだんだん迫っていた。これは、共同開発していたゼネコン本社の新社屋の一角がインテリジェントビルになるための目玉的開発であった。竣工日が決まっているため、遅れるわけにはいかない……。

このときの最終的な膜構成は以下のとおりであった。

{ガラス/TiN_x(70 A)/ITO(8000 A)/TiN_x(450 A)} これは窓ガラスになるために、基板サイズは3.4 m×2.0 mありプロセス的には、スパッタ、蒸着、スパッタという複雑な工程となる。

電磁シールド性能を持たせるためには、ガラスに導電性を付与し電磁波の反射損失を増大させることが必要である。30 dBの電磁波遮蔽性能を得るためには、計算上5Ω程度以下の表面抵抗にしなければならない。

開発内容は、圧力勾配型ガンによるITO膜、量産をするためのガン改造、スパッタと蒸着が交互するための基板のハンドリングとプロセス開発、製品としての膜性能向上などである。

まず圧力勾配型ガンを使った蒸着部での課題とその対策は以下のごとく多岐にわたった。

＊原料供給方法：連続的に原料を補給する方法、作業性向上策

＊ガンの耐久性：2m 幅に均一に成膜する必要性から5ガン配置とした。少なくとも1週間の連続運転に耐えること。ガン本体を銅製にし、水冷を行なう。プラズマ発生部は、消耗品とし、交換容易な構造と材料に変えるなど。

＊天井上磁石ホルダーの改良：プラズマ密度を上げるために、蒸着チャンバー天井の上にフェライト磁石を置き最適化を図った。

＊加熱温度の制御：密着性の向上、耐久性の向上、ヘイズの減少のため100℃ 程度の基板加熱が必要になった。

＊ヘイズ対策：膜内に結晶層とアモルファス層が混在するために、結晶層の表面の凹凸により光が散乱され、透過率が下がるためこの対策。

＊ITO 組成の最適化：耐薬品性向上のため、すなわちエッチングレートを低くするのにITO の結晶化および密度の向上を図った。Sn 量を 7% 程度から 4% 程度に減らすことで、低温での結晶化が生じることがわかった。

＊ITO 内部応力の低減：1μmに近い膜厚のために、内部応力を低減するための蒸着条件、第3元素の探求など。

＊自動化のためのモニター技術：レートモニター、非接触型抵抗モニター、色調モニターなど、**図1**は、圧力勾配型ガンを5台並べた量産装置、**図2**は放電後のITO 材料の様子。

これらの装置開発中で、最も難関だったのが、膜厚、膜質の2m 幅にわたる均一性を保持し、1週間程度の連続運転することであった。均一性の保持を阻害する要因はいくつもあり、蒸着材の形状変化、ガンを取り巻くプラズマの空間密度の時間による変化、これには膜厚均一化のためのマスクへの膜の付着による影響が大きい。ガンの放電電圧変化などである。ガン相互の干渉、基板のプラズマによる加熱なども影響する。

搬送系はスパッタプロセスがデポダウンであり、蒸着がデポアップのため、大きな基板をこの間で反転する必要があった。すなわち 2×3.4 m の 6 mm〜25 mm 厚まである大きなガラスが、スパッタではカソード

図1　圧力勾配型ガンの5台並列装置

図2　1台分のITO放電跡

が上にあり、その下に基板がロールに乗って移動し上から膜を付け、蒸着部では基板が上になり、蒸着源が下になるため下から膜を付ける。ガラスの比重は2.5のため、25 mm厚のガラス重量は、170 kgにもなってしまう。

蒸着時には、基板をロールで支える方法がとれないため、ガラスの幅の両端にスキーのような治具を置き、それを移動させて搬送したが、両端での支持のため、あまり薄いガラスでは中央が歪曲して脱落してしまう危険がある。また、蒸着時下部から加熱されるために、ガラスの上面と下面で温度差が生じ、ガラスの熱歪が発生し、割れる危険も出てくる。

膜厚、膜質分布の測定は、どうしても人海戦術に頼らざるをえない。2m幅の基板を5cm幅に切り出し、分光特性、表面抵抗を測る。ITO膜の場合には、成膜条件の最適化を検討するために、キャリアー密度、移動度まで測る必要がしばしば起こる。

製品は窓のため、外から見た外観も重要となる。8000Aの成膜では（この部分は往復して膜厚をかせいだ）成膜時間の経過により、ITOの成膜速度が落ちてくることで、搬送スピードも落としていたが、斜め蒸着からの影響により、蒸着膜のSn濃度が変化しているのがわかった。これが、各ガン毎に外観上帯状にわずかに色むらとして出てくるが、しかし外に並べてみると、人間の目は大変敏感で、このわずかの色むらも注意すべき点となった。

この膜開発は、多くの人材と予算を投じたプロジェクトであった。当初の予定には間に合わず、6ヵ月後に一応の完成となり、その間Ag系の膜で当座をしのぐことはできたが、当初考えていた圧力勾配型ガンのメリットがほとんど失われており、逆にデメリットのみが目立つ装置になっていた。製品コストが高くなり、マーケットニーズにも合わず、結局2年後に量産装置はすべて廃棄された。

この失敗の原因は以下のように考えている。

圧力勾配型のガンは、基本的に真空蒸着プロセスである。したがって真空蒸着プロセスからの問題点と圧力勾配型ガン自体とに分けて考える。

（1）真空蒸着プロセスの大型基板への適用の問題点

＊デポアップ：真空蒸着はデポアップのみであり、大面積基板の場合に、空間に大面積基板をわずかなエッジ部のみで水平に支える。これが基本的に難しい。

＊点ソース：点ソースを2点以上線上に並べる方式となるが、蒸着物が重なるので、膜厚均一性は難しい。

＊片面のみの成膜：敷地面積を考えた場合に、大面積基板を水平に置くというのは非効率である。

（2）圧力勾配型ガンの大型基板への適用の問題点

＊原料の蒸発とプラズマ密度の制御が独立していない：パワーを上げると蒸発量が増え、同時にプラズマ密度も上がるため、膜質制御が難しい。

＊LaB_6の消耗：仕事関数が小さく電子の発生が容易であるのが利点であるが、大電流（約200〜250 A）を出すことにより消耗が大きく、脆いため長時間の安定は難しい。

＊ガンの個体差：5台同時放電を行なったが、ガン間の放電電圧を揃えるのは非常に難しい。また、メンテナンス時間間隔が異なり、メンテナンス直前直後では、個体差が最も大きくなる。

＊マスクの利用：膜厚均一性を上げるためにマスクを利用するが、付着する蒸着物が増えるにつれ、空間のプラズマ密度が変化するため、膜質均一性（比抵抗均一性）が悪くなる。膜質、膜厚両面での均一性の経時変化調整はかなり難しいものとなった。

本来、量産装置は、プロセス選択が最も重要な作業であるが、逆に真空装置の場合には、装置価格が高いため、装置ありき、あるいは技術のシーズありきで開発がスタートし、一度始めたらなかなか途中で止められなくなり、次々に泥縄式の開発が続くことになってしまう可能性がある。

以前に、装置メーカーからプラスチックフィルム用の1.5 m幅程度のロールコーターで、EBガン（電子銃）による真空蒸着装置が光学膜用に製作されたことがあった。膜厚均一性のために、1層当たり数台のEBガンを使っても、たとえば5層分で2〜30台EBガンが並ぶことになり、巨大な装置となっていた。

この例を含めて、技術的に可能であってもコストがかかりすぎてはメリットが失われる。その技術のメリットがどこにあるかという選択眼が、常に必要であることを痛感した次第である。

2. 幻のITO膜

ITO膜の性能で重要なのは、その透過率と比抵抗にある。基板温度を上げないで透過率をアップし、同時にどう比抵抗を下げるかに知恵を絞ることになる。膜質向上の大きな手段に、プラズマ密度がある。もともと圧力勾配型ガンの特徴として、大きな電流すなわち電子流があり、250 A、80 V程度の放電である。従来の電子銃は、いわゆる酸化物などのペレットを大きな電圧と小さな電流で、その耐圧を超えて加熱するタイプであり、6 kV、1 Aのような値を持っているので、ちょうどその逆となり、プラズマ密度は10^{13}/cm^3程度あるとされる。低温で良い性能を出すためのプラズマとしては、電子温度を下げ、電子密度の向上が必要であり、それに対応するためには、低電圧、高電子流のこのガンがちょうど条件に当てはまると考えられた。プラズマ密度の上昇が膜質のさらに向上を狙って、基板ガラスを天井（チャンバー上部）近くに設置し、天井上にNd、Fe、B磁石を設置して、1000 gauss程度まで上昇させ成膜を試みた。

天井に磁石を置くのは、物理的に置くのが簡単で、基板表面に直接的であること、強度調節が容易なためである。真っ白な煙のように見えるプラズマがガンのところから基板を通り、天井にまで達しており、胸をとどろかしてできた膜の性能を測定した。室温で成膜したのにかかわらず、透過率が従来より2% も向上し、比抵抗が$8\times10^{-5}\Omega cm$となっていた。ところがやっと測定が終わった頃、何か微妙な線が見えた。マイクロクラックである。残念ながら2日後に、この膜は内部応力でばらばらの粉になっていた。

3. Alのミラーは星空の輝き

かつて開発をしていたものに、半導体用露光装置がある。ステッパーと呼ばれるタイプの開発が進行していた頃、既存のタイプは、Siウェハーにレチクルという原版の一括露光をしてリソグラフィーを行なうものであり、プロジェクションタイプと呼ばれていた。その構成部品には多くのミラーが使われており、Al を蒸着していた。ある日、ステッパーの開発現場とは別の一角に呼ばれ、この既存製品の中を見せられた。綺麗に星のような輝きが見えるではないか。苦労はここから始まった。

Al の蒸着では、真空にしたチャンバーの中に W 製ワイヤで作った抵抗加熱用ヒーターに線状の Al 線を長さ 10 mm 程度にカットしたものを載せ、瞬間に加熱し、一度溶解してワイヤににじませておき、次に蒸着のために再度瞬間加熱を行い、そのときにシャッターを開き蒸着するというようなコツがいる。蒸着時間は短いので、シャッターをあけるのが遅いと蒸着用 Al が蒸発してなくなってしまい、また早すぎると蒸着レートが遅くなり、また厚くついて反射率が低下する。反射率を上げるためには、この瞬間蒸着が最も重要で、いかに基板上で膜材料がマイグレーションなどする時間を減らし、結晶の粗大化が起こらないようにするか、また不純物が入らないようにするかが重要である。

この原理は、Al ミラーをスパッタで行なう場合も同じであり、瞬間で成膜するためには、高真空、大電力、低残留水分（背圧を小さくする）が基本である。具体的には、高真空はイオンプレーティング（蒸着に何らかのプラズマあるいはイオン源を組み合わせた装置）並みであればいいが、約 5×10^{-4} Torr 台、電力はパワー密度で 50 W/cm^2 以上、背圧は 5×10^{-6} torr 以下などである。

既存の露光装置の中は綺麗な星空のように輝いていた。それは、ランプからの光を受けて、一端ハーフミラーに反射させ、位置あわせのための光と焼付け光に分けるが、その後、焼付け用にミラーがある。このミラーはソーダライムガラスに Al を蒸着し、保護膜として SiO_2 を蒸着したものであった。このミラーは通常であれば単純に反射させ、ウエハーに光を送ればいい役割であるが、このミラーの全面に小さなピンホールが生じていて、これを裏から見ると、本来反射されていれば暗いはずが、ピンホールの分だけ裏側に光がもれ、綺麗な星の瞬きになっていた。このピンホールをなくすための蒸着方法の改善、密着性の向上がテーマとなった。

したがって基板の洗浄方法の改善、イオンプレーティングの導入、Al蒸着と洗浄の2回繰り返し法、保護膜の厚さ増加、増反射膜にして保護膜にSiO_2とTiO_2の2種材料にして繰り返すなど成膜としての改良を加えた。また露光装置は半導体ラインの一部に設置されるので、エッチング用の薬液による腐食、それとUV光と水との相乗反応などの可能性を調査し、設置環境、クリーンルームの換気などの工夫を凝らしたなど、さまざまな検討を試みた。ところがわずかにピンホールの発生時間を遅らせることはできたが、改善されなかった。また、単にピンホールのみでなく、曇ったような状態になって反射率が低下する現象も起きていた。

そして何年か後、会社が変わりその研究所の上司の机の上にいくつかの論文が載っていた。その一つに次のような文章を見つけた。「ソーダライムガラスを基板に使う場合は、そこからのアルカリ成分の溶出があるため、その上につけた膜を劣化させるおそれがある。バッファー膜としてSiO_2を50 nm程度付けるか、あるいはノンアルカリガラスを使う必要がある」と。

4. 入射角と反射角は等しい

蒸着に関しては、その膜厚均一性を神経質に注意する必要がある。同じく露光装置であるが、今度はステッパーと呼ばれる装置の位置決め用の基準ミラーがあった。このミラーに反射させて、露光の位置合わせをする重要な部品である。当時線幅がサブミクロンになったといって騒がれていたときであった。どうも反射光の位置がずれてしまうという結果が出ていて、メカ屋さん、電気屋さんが騒いでいた。ミラーに問題があるということになったのだが、見た目に何の問題もなく、また反射率を測っても、仕様どおりにできていたと思われた。石英ガラスの平面度は$1/20\lambda$である。成膜は社内ではなく、他の部品も時々発注する、中堅の成膜サービスメーカーに外注したものだった。電話をかけて確認しても、問題はないように思えた。しかし、その中に一言気になることがあった。

装置を変更している。現場を見ると、何か違いがわかるかもしれないということで、出向いたところ、少し小さめの装置の前に案内された。Alの蒸着源と基板間距離がわずか30 cm程度しかない。この会社には、精密な表面粗さ計がなかった。

すぐにミラーの表面を測定した。何とミラーは見事に真ん中に向かって綺麗に山なみになった膜厚分布を持っていた。そのため入射角が膜厚分布によってずれた分とちょうど等しく反射光にずれが生じていた。

5. TiO_2の屈折率はガラスより低い?

光学膜はいろいろな場面で使われる。うち、酸化物、フッ化物膜を使い、通常吸収膜は使わず多層構成にして、反射防止膜、各種フィルター、ダイクロイック膜など多彩である。ここでの通常という意味は、可視光に関してという意味であり、たとえば露光装置の場合には、使用する光の波長がどんどん短くなっていた。可視光より短い紫外線領域、さらに短い真空紫外域になると、酸化物でも吸収がありフッ化物になってくる。MgF_2、CaF_2、NaFなどフッ化物が透明材料となる。

このような膜を多層に重ねる場合に、必要な光学特性を出すためには、その膜厚コントロールが正確にできなくてはいけない。膜厚コントロールには、水晶モニター、または光学モニターを用いる。光学モニターは、方式により反射型、透過型、波長の数で、1波長と2波長型などがあるが、共通するのは、モニター板というガラスに膜をつけ、実際に膜を付ける製品と同じような光学特性を利用して膜厚を知りコントロールすることである。このモニターの優れている点は、蒸着膜の場合、屈折率が1層つける間に開始直後とその後で変わってしまうことがあるため、同じ挙動を織り込んで制御できる点にある。たとえばZrO_2のような材料は、開始直後は2.1程度の屈折率が光学膜厚として250 nmつけている間に2.0程度に落ちる場合がある。光学膜厚とは、物理的な膜厚と屈折率の積である。

このような場合でも、モニターは同じように変化した膜を測っているので、できた製品の光学特性とモニターとの値のずれが少ない。

TiO_2 は高屈折率として知られている材料である。蒸着では、約 2.3 程度、スパッタの場合で 2.45 程度になる。これらの屈折率の値は、可視光を対象にしていることが多いので $\lambda = 550$ nm 辺りを基準波長としている。

TiO_2 の単層膜をこの光学モニターの 1 波長反射型で測定していると、奇妙な現象に気づく。何とガラスの屈折率が 1.52 でそれより高いはずの TiO_2 をつけているのに、反射率が 4.2%（片面のガラス反射）より減っていく。少し経つと 4.2% に戻り今度は上昇していく。最初は TiO_2 の膜がアイランド状に付着していくため、空気の屈折率 1.0 との混合膜と見えて、屈折率がアイランド（島状）膜とその空気との体積割合で、見かけ上減少することによっている。これを見ても、屈折率と膜の緻密性の関係を直接的に感じることができる。

6. 蒸着膜とスパッタ膜の膜厚制御は？

光学膜で見てみよう。まず膜厚コントロールであるが、スパッタの場合は、電力と時間によって膜厚は制御可能である。それは蒸着の場合のように、屈折率が 1 層の中で変わるような変化が少ないからである。蒸着は膜材料を真空中で加熱し、その蒸発物を基板に吸着させる。密着力はファンデルワールス力である。これは、水を沸かしているヤカンの湯気が昇っていき、メガネに付着すると曇ったようになることにたとえられる。すなわち、電子銃、抵抗加熱、レーザービームなどいずれにしても加熱が基本であり、そこからでた材料の蒸気を堆積させることになる。したがって加熱すれば真空中に輻射熱が出て保存される。蒸気の出始めは、少し蒸気圧が高くなるまで基板には届かない。その蒸気圧は材料によってかなり変わるため、空間への広がり方も変わる。基本的には点ソースであり、その点ソースからおよそ余弦則に従って空間に広がるが、その 2 乗、あるいは 3 乗の広がり方もある。蒸着材料は昇華したぶん減っていくが（溶解後蒸発もある）、通常 1 回分ごとペレット、粒状、ワイヤなどで供給するため、ばらつきは出やすい。このように蒸気の出方を一定に保つのはかなり厄介である。逆に基板に対しては、吸着であるから、そこにダメージを与えることは少ない。

膜厚コントロールの仕方により、光学膜の設計が変わってくる。蒸着膜の場合は光学モニターを使うため、多層膜の設計をするとき、光学膜厚で1/4λ（設計の基準波長、可視光では550 nmが多い）の厚さを基準に層の厚さを設計していく。この整数倍の厚さが基本であり、光学的効果がこれと等価なものもこれに含める。これは膜厚モニターが、1/4λの基準としてしかエンドポイントを決められないことに理由がある。

スパッタの場合は、電力と時間で決められるため、光学モニターは通常使わない。膜厚は物理膜厚を使う。これは、スパッタ膜は屈折率が1層中での変動が少なく、屈折率を固定できるからである。すると膜厚設計は自由にできる。すなわち光学膜厚が必要ないため、好きな膜厚を選んで設計が可能となる。しかし実際には、干渉効果を利用しているため、繰り返す基本の膜厚はおのずと決まってくる場合が多い。また、生産上の合理性を考えると、同じ膜厚の繰り返しの方がやりやすい。

7. 光学膜設計ソフトで設計は簡単にできるのか？

市販の光学膜の計算ソフトがいくつか販売されており、便利に使えるようになってきた。光学計算は理論が完成されてきており、ソフトを使えば誰でも計算ができるようになってきている。ただし、それを生産するための膜設計に使って良いかどうかは、再度チェックと実験、経験が必要である。

蒸着の場合は、すでに膜の設計例が多数出ているので、スパッタの例で考えると、たとえば反射防止膜のような総数が少ない場合は、どのような膜構成の計算結果が出ても生産可能である。基本的には、基板/H/L/H/Lの4層組み合わせで可能となるため、H（高屈折率材料）にはTiO_2、ZrO_2などをいれ、L（低屈折材料）にはSiO_2を入れて計算し、そのとおりの膜で生産できる。

たとえば、比較的多く使われているMacleodのソフトを使って計算してみると、

基板ガラス（1.52）/TiO_2 14 nm/SiO_2 28 nm/TiO_2 103 nm/SiO_2 85 nm/air が計算できる。

ここで、TiO_2 は $n=2.5$、SiO_2 は $n=1.46$ である（n は550 nmでの屈折率）。

この場合にTiO_2膜第1層、14 nm、第3層103 nm、SiO_2膜第2層28 nm、第4層85 nmは物理膜厚であり、スパッタでの膜厚制御は、あるスパッタ条件での電力と時間でどの程度の膜厚が可能かあらかじめ実験しておき、そのまま条件どおりで行なえばよい。基本的には、電力、時間に膜厚は比例する。これが多層膜となり、40層、60層などになると、内部応力、耐久性、光学特性、コスト、再現性など多くの面からの検討が必要となる。

8. 蒸着膜とスパッタ膜

薄膜の生産を考えたとき、プロセスの選択は非常に重要である。プロセス選択を間違えると、とんでもなく無駄な努力と、時間の浪費になってしまい、目標どおりの特性が得られない。ここでプロセス側から見た蒸着とスパッタの比較を試みた。

表1に蒸着膜とスパッタ膜の違いを示す。これはあくまで一般的な比較をしたものなので、条件は各装置により変わってくるが、原理的な違いは理解できると思う。以下に主な注意点について述べる。

＊雰囲気圧力：いわゆる真空度であるが、イオンプレーティングの場合は、放電が入るのでそのぶん圧力は高くなる。それでもスパッタよりは低いので、TiN_xのように、圧力を下げてできるだけ不純物の水、Arなどを膜中に入れたくない装飾膜などでは、有利な点がある。

＊粒子エネルギー：スパッタは放電することが基本のため、電界をかける。放電電圧は500 V程度になるため、Arなどでスパッタされた粒子は大きな運動エネルギーを持っている。放電電圧の1/10程度のエ

表 1　蒸着膜とスパッタ膜の違い

		真空蒸着		スパッタ	
		抵抗加熱	電子ビーム	RF	パルス
雰囲気圧力		10^{-4}Torr 以下		10^{-4}〜10^{-2}Torr	
薄膜材料	低融点金属	できる		できる	
	高融点金属	できない	できる	できる	
	高温酸化物	できない	できる	できる	できない
粒子エネルギー		0.1〜1 eV		1〜20 eV	
付着速度	μm/min	0.1〜3	1〜75	0.01〜0.5	0.01〜3 (PEM)
密度		低温では低密度		高密度	
ピンホール		低温では多い		少ない	
マスキング		やや容易		やや難しい	
密着性		あまり良くない		かなり良い	
膜の純度		蒸発材の純度による		ターゲット材の純度による	
まわり込み		蒸発源に直面する面のみ成膜		限度内ですべての面に成膜	
膜厚分布		マスクにより良		マスクにより優	
低温成膜		一部樹脂は困難		成膜時間による	高速化により可能
膜組成変化		ソースと膜との組成ずれがある		ソースと膜で組成ずれはない	
膜構造制御		あまりできない		可能性多い	
エピタキシー		可能		可能	
膜再現性		良くない		良好	
基板（製品）サイズ		小さい		小さめ	大きい物まで容易
膜厚制御		光学モニター、水晶モニター		パワーと時間	
プロセス選択		バッチのみ		バッチ、インラインなどすべて可能	
自動化		半自動化まで		自動化可能	
オペレーター		経験必要		経験不要	
ソースの安定性		毎回交換		数ヵ月〜週 1 回交換	
ソースサイズ		点		面	
ソース材の利用率		10〜90% 程度		10〜60% 程度	
蒸発した材料の利用率		5% 程度		〜40% 程度	
基板の前処理		真空中加熱脱ガスまたはグロー放電クリーニング		スパッタエッチング	
注意点		るつぼとの合金化 るつぼ材の汚染			

光学薄膜	屈折率傾斜膜	不可	可能	
	可変屈折率材料	不可	可能	
	多層膜設計	$\lambda/4$ ベースのみ	非整膜可能	
	大面積基板	不可	可能	容易
	低耐熱性基板	難しい	可能	

ネルギーを保持しているが、分布を考えても平均的には10 eV程度はある。蒸着の場合は極めて低い。そのため、ダメージに弱い有機物などは適している。

* アークイオンプレーティング：アーク放電を使っているので、成膜速度も速く、硬いものができるが、ドロップレット状の膜で表面が粗く、工具などの特殊用途に限られる。
* 成膜速度：蒸着の成膜速度がスパッタに比べて早い。特に従来酸化物などの化合物膜については、1桁スパッタより早かった。ただし最近では、反応性スパッタ技術の進歩により、化合物膜でのスパッタ技術の進歩はめざましいものがあり、成膜速度に関しては同等になりつつある。
* 他の工業生産上のさまざまなパラメーターに関しては、蒸着よりスパッタの方が有利な点が多い。
* たとえば自動化であるが、一度条件が設定されると、ボタンを押せばほぼ機械がやってくれる。熟練したオペレーターはいらない。ターゲットは毎回交換する必要はないので、インラインなどの装置であれば連続1週間の稼働も可能である。コストダウンのためには、大面積での基板投入を行い、膜厚分布、再現性も良いので、成膜後に基板をカットして使える。膜厚制御は電力と時間（インラインの場合は、搬送速度）の調整で可能である。合金膜、化合物膜の場合には、材料のターゲットと膜との間の組成ずれが少ない。基板加熱をしなくても密着性は良い。

反応性スパッタを用いて、反応性ガスの種類を変えるだけで、1層の中で組成、屈折率を連続的に変えた傾斜膜を作製することも可能である。これには、SiO_2–Si_3N_4あるいはAl_2O_3–AlNなどがある。Siの場合には、Siターゲットを使いAr以外に、反応性ガスとしてO_2を導入する。徐々にO_2にN_2ガスを加えて比率を調整していき、最後はN_2のみにすることにより、Si_3N_4の膜にする。この例では屈折率は1.45から2.1まで変化する。すなわち膜の密度も同様に変化している。

9. 色の道は淡くほろ苦い

ビールメーカーのビルディングを新築する話である。ビルの窓ガラスをビール色にしたいということであった。普段良くお世話になっているビールであるが、さてビール色というのは、何色かというと定かではない。ウイスキーなどはよく琥珀色の輝きなどと出てくるが、ちょっと違う。改めてじっくり見ても、なかなかどういう感じか、難しいものである。いつにもまして、ビールと仲良くなったが、色となると難しい……。

いわゆる熱線反射ガラスといい、夏の冷房負荷を軽減し、節電をするものであるが、同時にビルの窓ガラスの意匠性を良くしようとしたものであり、反射色がブルーであったり、ゴールドであったり、グリーンであったりする。熱線反射といっても、可視光の光量が多くエネルギーも大きいので、可視光を反射する特性となり色が生じる。

熱線反射ガラスの反射率は30% 程度以下、透過率は10～30% 程度である。膜の材料はSUS のメタル膜、TiO_2、TiN_x 膜などの組み合わせで1層を単に厚さを変えたもののような単純な構成から、5層になるような特注品もあった。ガラス/TiO_2/TiN_x/TiO_2 のような3層構成が基本であったが、いわゆるビール色はゴールド色と呼ばれるような基本の膜構成、たとえば、ガラス/TiO_2　100 A/TiN_x　765 A/TiO_2　100 A/air から出発してそれぞれの膜厚を加減し、どうなるかチェックする。TiN_x は吸収膜であるため、透明膜と違って吸収係数を持つ。金属の屈折率は、$N=n-ik$ の形の複素数で表される。k が吸収係数である。この n、k を求めて、シミュレーションで膜厚計算し、最適な反射色、透過率を得る構成を決め、実際にサンプルを製作して、計算値と比較し、また目で見てチェックする作業となる。問題は TiN_x である。TiN_x は反応性スパッタで作製される。すなわちターゲットとしてTi メタルターゲットを用い、不活性ガスAr、反応性ガスとして N_2 を入れる。反応性スパッタのために、Ar と N_2 の混合比によって膜質が変わる。Ar を N_2 に対してぎりぎりに多く入れていくと（装置によって変わるがAr 40% 程度）、

CASE STUDY

遷移領域(基礎編第4章反応性スパッタ参照)に近づく。そうするとTiN_xでの単層で作った膜が金色に近づく。すなわちxが1.0に近づいた膜である。通常の安定な放電条件では、N_2が多いためxは1.1程度になる。n、kの値は、この成膜条件の違いによって変わる。このn、kは可視光の幅で各波長ごと（10 nmごと程度）に求める必要がある。

TiN_xの単層膜は、ガラスに使う膜とは少し異なるが、時計、メガネのフレームなどに金色の装飾膜としてすでに一般に使われている。

窓ガラスでは、サイズが3×4 m程度あるので、インラインコーターを用い、ガラスを一方から入れ、反対側から出ていく、Wエンド型と呼ばれる量産性を重視した方式である。ラインの長さは、長い場合30 mから50 mにもなる。

さて、ビール色であるが、われわれの悪戦苦闘むなしく失注したと聞いた。まだ、飲み足りなかったか……。

10. 夕日に輝くゴールドタワー

四国と瀬戸内海をはさんで太平洋側の陸をつなぐ瀬戸大橋が建設された。そのたもとに、モニュメント的に、ゴールドタワーが造られることになった。ゴールドタワーといっても金で作るわけではなく、途中の階までビルのため、窓の反射をゴールドにするということである。

このときは少し複雑な膜構成になった。ガラス/TiO_2　30 A/TiN　240 A/TiO_2　345 A/SUS　35 A/TiO_2　320 A/air　この場合のSUSはステンレスの金属膜であり、TiNと書いてあるのは、TiN_xに比べて少し条件を変え、TiNに近づくように、ArガスをN_2に対してできるだけ多くして、約30%程度いれ、遷移領域に近づけて、よりゴールドに近い色を出すようにしている。TiN_xであればほとんどN_2　100%での成膜条件であるのと比べて、TiNの光学定数（$N=n-ik$）の特にkの値が、Ar対N_2量の比で変わるため、色見が変わってしまうことになる。この構成での再現性は、このTiN膜の再現性がどこまでできるのかがポイントとなる。次の特徴はTiO_2の膜厚が厚いことである。TiO_2が計3層あり合計した膜厚が700 A程度ある。TiNに比べてTiO_2の成膜速度は1/4程度しかない。コストを考えると、本来はTiO_2をできるだけ薄くした設計の方が好ましい。

この生産では、各層に対して順次1パス、すなわちカソードをそれぞれ層ごとに用意して一回通過したら、成膜が終了するような完全なインラインにするようにスパッタ装置を構成すると、ラインの長さが途方もなく長くなってしまう。そのため、TiO_2の部分は何回も行ったり来たりして、膜厚を所定の厚さまで稼ぎ、次の成膜となる。そのために、反応性スパッタの高速成膜が大変重要な課題となった。

また、ライン上で同時に成膜を行なう場合は、すなわち次のガラスがつながってくるような場合は、カソード間で成膜用のガスのコンタミがないようにカソード間に排気装置だけを取り付けてスペースを用意したチャンバー部が必要で、いわゆるガスセパレーションをする必要がある。そのためラインがさらに伸びる。

ところで色であるが、色のイメージは、実際は光があたった色を出さなくてはならないが、どうしても紙上で製作したペイントの色見本で考える。色見本は、物体の表面（絵の具の表面）で吸収された色の補色としてその色を見ている。すなわち色をどんどん足して合成していくとき、光を吸収する色が多くなり、絵の具の3原色である、青、黄、赤すべてを加えると黒になる。光はその光の色加算そのままであるため、光の3原色である青、緑、赤のすべて足していくと白となり、光量も多くなる。色度座標で色を表して、同じ色でも見た感じが大分違う。

窓ガラスの場合は、室内側から外が見えることが窓ガラスの最低条件である。あまり透過率を落とすことはできない。透過率30%より低くなってくると、外の景色が見えづらくなってくる。そのため、昼間この窓ガラスで構成したビルを外から見ると、30%の透過率分だけ中が見える。吸収膜がある場合、反射率は膜側から見た場合と、基板側から見た場合で変わってくる（エネルギー保存則のため吸収率も変わる）が、透過率はどちらの側から見ても変わらない。

昼間、この出来栄えを見に行くことになった。電車に乗って見ているとだんだん遠景にそのタワーは見えてきた。でも何かゴールドの感じはしない。少し黒ずんで見える。若干の寂しさを感じたのは、そのときの同僚と同じであった。

しかし、である。じっと見ているうちに、いつしか夕暮れ時になり、ゴールドが輝き始めたではないか。日中太陽が高いときは、空が青く見える。これは太陽光がまっすぐ入ってきて、青い光が空気中の塵、水蒸気などに散乱されそれを見ているからである。夕方は斜めから入ってき

コラム

夜の電車のドアはなぜミラーのようになるのか？

私たちが電車に乗ったとき、昼間窓やドアから外を見ていると、明るい太陽に照らされて、外の景色が良く見える。ガラスに反射した自分の顔はあまり見えない。ところが夜、外を見ようとしてもあまり見えない代わりに、自分の顔がガラスに反射して、まるでミラーのようによく見える。なぜだろうか？

昼間は太陽光が明るいため、外からの光が圧倒的に多くその景色を見ることになるが、夜間は太陽光がなくなり、室内の蛍光灯のみとなる。そのときにガラスの反射を考えると、ガラスの表と裏の反射を加えると約8%程度になる。ガラスは吸収がないものとすると、透過率は92%となる。すなわち昼は92%の外からの太陽光が大きいため、8%の反射光は目立たず、夜は外からの92%がなくなるため、8%でも十分見えるようになる。

ちなみに、裏と表の両面での反射は片面反射を R とし両面反射を S とすると、

$$S=2R/(1+R)$$

である。ガラスの片面反射は、$R=(1-ng)^2/(1+ng)^2$ であるから、屈折率1.52のガラスは、

$$R=(1-1.52)^2/(1+1.52)^2=0.042$$

両面反射　$S=0.084/(1+0.042)=0.0806$

となり、片面反射4.2%を2倍したより少しだけ小さい8.0%となる。

て、青い光が散乱された残りで、太陽をみると赤く見える。ちょうどこの夕方の光量が減り、窓の透過するのが見えにくくなったとき、見かけの反射が大きくなり、また黄色から赤にかけての光量が増えて（青の光量が減って)、やや夕日が混じった感動的なゴールドが出現したのであった。

11. 膜の構成は役割分担にある

ここでは2つの例で考えたい。

1. 吸収膜のある場合

これは、先ほどの熱線反射ガラスのような場合であるが、たとえば膜構成は3層で、ガラス/SUS　40 A/TiN_x　320 A/TiO_2　300 A/air のような場合である。建築用に使う場合、膜側が室内側となる。それはいくら硬い膜を使うといっても、室外で物がぶつかったりして傷がつくと、傷の部分が光を透過してしまい、修復が難しいからである。ガラスから数えて1層目のSUSは色的にニュートラルであり、膜厚の変化で色変化は少ない。これは透過率調整に使う。2層目のTiN_xは熱線反射性能に使い、3層目は保護膜となる。このように3層の材料を組み合わせることで、それぞれの機能ごとに材料を選択し、構成を決めることができる。

2. 吸収膜のない光学薄膜の場合

たとえばエッジフィルターのような、ある波長から低波長側では、すべて反射、高波長側ではすべて透過するような特性の場合である。L/H/L/H/L/H/L/HのようなL/Hの組み合わせの単位で膜設計を行なうが、低波長側のある波長を基準波長にとり、この8層程度の特性が一つの山なみ（反射帯域）の反射特性を持つので、さらに中心波長を変えた、同様なL/Hの山を作って合成することで、連続した山なみの反射の高い特性となり、それぞれこのような特性を重ね合わせることで、最終的な特性をおおよそ求めることができる。このような積み重ねで膜設計は可能となる。

CASE STUDY

12. コストという魔物

本来、スパッタ装置のような設備投資型の量産工程では、減価償却を考えると、スループットが大変重要になる。製品1個当たり、あるいは1 m^2 当たりのコストでは、材料のランニングコストと減価償却コストの和になるため、この減価償却コストを低くするためには、スループットを上げなければいけない。半導体製品などと同じような構図となる。スパッタ装置のような真空装置で、このスループットとコストとの関係について、以下のような関係を指摘する学者もいる。

成膜速度が X 倍になったとすると、そのコストはルート X 分の1になる。すなわち成膜速度が3倍になると、コストは $1/\sqrt{3}$ の換算となり、同じ装置での成膜コストは0.57倍となり、9倍の成膜速度では1/3となるというものである。これは、反応性スパッタなどが、従来非常に成膜速度が遅く、そこがなかなか化合物膜にスパッタプロセスを使いにくくしている理由であったが、反応性スパッタでの成膜速度の高速化技術（第4章反応性高速スパッタ法参照）により、急速にスパッタを使った化合物膜の量産に現実性を帯びてきていると考えられる。

この他に歩留まりがある。歩留まりは、現場での泥臭い小さな改良の賜物である。マスクを使って、膜厚分布の改善で歩留まりを上げるのは、その典型的な作業である。歩留まりがそのまま利益に直結するのである。そして、装置稼働率である。動いていない時間が多ければ、これもコストが下がらない。装置過剰になっては、これもコストアップになってしまう。ただしこの部分は、現場の努力というよりはマーケットの見通しと、単能型か、多機能型、あるいはバッチかインラインかというプロセスの判断にも関わってくる。コストが高ければ、いくらいい物（膜）ができても、製品にはならない。

13. くもの巣は隅からできる！！

物理や化学など、どんな実験をしていても、実験の様子をよく観察することは、その実験が自分の予定しているようにうまく進んでいるのか、あるいは予期せぬ方向へいってしまっているのかなど、チェックする意味で大変重要であり、楽しくもあり、不安でもある過程である。

スパッタの場合は放電現象を扱うことになるので、いつも発光を注意深く見ることになる。この発光をよく見ていれば、たとえば少しリークしているのではないか、いつもとガスの混合比が違っているのではないかなど、見つけることもできる。スパッタの魅力は、単に薄膜を付けるということだけではなく、この発光にしばし取りつかれる。特に反応性スパッタの場合は、少し反応性ガスの比率が変わることで、この発光色が変わるので見ていて面白いし、興味が湧いてくる。夜実験をしているときなど美しく輝いて見える。

ところがこれが、脅威に感じるときがある。Low–E 膜というのがある。低放射率ガラスといい、低いエネルギーの室温レベルの温度から放射される波長の電磁波の反射性能が高い膜のことである。熱線反射ガラスが、夏の冷房負荷の低減をして節電するタイプのものとは対照的に、これは冬の暖房負荷の低減により、節電したり快適性を向上したりするものである。

緯度の高い北海道やヨーロッパ、アメリカなどの家庭用の窓にも広く使われるようになってきており、使い方はいわゆる複層ガラスといわれる構成であり、ここで使用する Ag 膜は湿度に弱いため、2 枚のガラスの内側にある。

この膜は、ガラス/ZnO　400 A/Ag　120 A/Zn/ZnO　800 A/Ag　100 A/Zn/ZnO　300 A/air というような構成であった。ここで Zn に膜厚が出てこないのは、最終的に膜をスパッタして膜製品ができたときには、膜が酸化されて存在しないからである。ただし、工程上は非常に重要な役割をしている。すなわち Ag 膜を着けたあと、ZnO 膜を付けるときに、Ag 膜上へ Zn のターゲットを使い、Ar、O_2 ガスを入れた反応性スパッタで成膜する。そのときに、O_2 プラズマで Ag 膜が酸化されてしまい、かつエッチングされてしまうため、Zn の薄いメタル膜を付けておいて

Ag を保護し、かつちょうどこの Zn 膜が酸化されて後に残らないような厚さにしておくと、Zn メタル膜による透過率低下も防げて一石二鳥となる。

このときに、時々放電の虫の居所が悪くなる。この当時パルス電源（基礎編第3章いろいろなスパッタ法参照）などはなく、電源は DC を使っていた。すでに Ag の膜がガラス上に ZnO 膜成膜をへてついている。Ag 膜は大変電気伝導性が良い膜である。ZnO 膜をスパッタしているときに、チャンバーの中を稲妻が瞬間的にいくつも走る。いわゆるアーキング（実践編第2章アーキング対策とアノード参照）である。

アーキングの抑制が反応性スパッタで重要な課題となった。アーキングの抑制をするときに重要になるのが、スパッタ用の電源である。アーキングの抑制は、DC 電源を使ってどのような電力をいれれば、すなわちどのような波形の電力をいれればよいのかという電源の開発の歴史といっても過言ではない。

すでに RF 電源は世の中にあったが、大電力を投入するような、高出力のものは一般的ではなく、せいぜい 10 kW 程度のものであったし、価格が高くまたサイズが大きくなる。もっと大きくなると、これは放送局のようになってしまう。

酸化物のような化合物膜を大面積にコストを下げてスパッタするには、電源を DC にして大電力を投入し、ターゲットは酸化物ターゲットではなく、メタルターゲットにして、ターゲット価格を安くする。また、成膜速度を上げてスループットを上げるということが必要になる。そのためには、DC 電源を使わざるをえず、結果として DC 電源でのアーキング対策は不可欠の課題となる。

この商品では、膜材料としては必ずしも ZnO を使う必要はないが、ZnO のスパッタ速度が他の TiO_2 膜や SiO_2 膜に比べて数倍速いということでコストを下げるということが、ここで、この材料を使う大きな理由である。今は、成膜速度に関しては、遷移領域制御を行なうことで、TiO_2、SiO_2 などの材料の成膜速度も数倍になっている。

アーキングの発生原因は後に述べるが、基本的には、放電時に放電用電力がスムーズに消費されずに溜まってしまい、その電荷が流れやすいところを狙って、一挙に瞬間的に流れる（アーク放電する）現象である。そのため、膜に電流が流れた跡が付き、Agの場合では電流の流れた跡が溶けてなくなり、透明になって筋がいくつも見える。Agは電気伝導性が良いため、このアークが最初に起きた場所から表面上に放射状にアークが流れた跡が付き、これがあたかも、くもの巣が張ったような状態に見えたため、くもの巣状欠陥と言っていた。この起点は、主にガラスのコーナー部から生じることが多かった。コーナー部というのは、対応したターゲット上では、非エロージョン部になり、電荷が溜まりやすいということが考えられる。

アークは、本来のO_2ガスを入れた反応性スパッタで見える白い放電の中に、オレンジ色の線がバチバチと音が聞こえるかのごとく、あちこちに走り回り、あるいは赤く瞬間的に発生し、誠に心臓に良くない状況となる。

14. グロー放電とアーク放電

スパッタは、グロー放電で行なわれる。グロー放電は電子温度が数eV電子密度が約10^9～10^{11}cm^{-3}である。**図3**[1)]を見ると、スパッタで利用する圧力は1～4×10^{-1}Pa程度であるため、電子温度は、5×10^4程度でイオン温度と比べて1桁ほど高く、中性ガス温度に比べると2桁ほどすなわち100倍高い。電子密度は、中性気体密度に比べて5～10桁程度低いので、全体としての温度は、大部分を占める中性粒子の温度によって決まる。低温非平衡プラズマといわれる所以である。

グロー放電中の、この電子の非平衡的に高い温度すなわち高速電子を利用することで、気体粒子の解離、励起を生じさせ、プラズマを生成し、成膜プロセスとして利用するものである。ここで、グロー放電の電圧を一時的に上げ、数A以上の電流を流すとアークに移行する（**図4**）。これは、先ほど述べたスパッタでの放電中に電荷が溜まり、アークが生じ

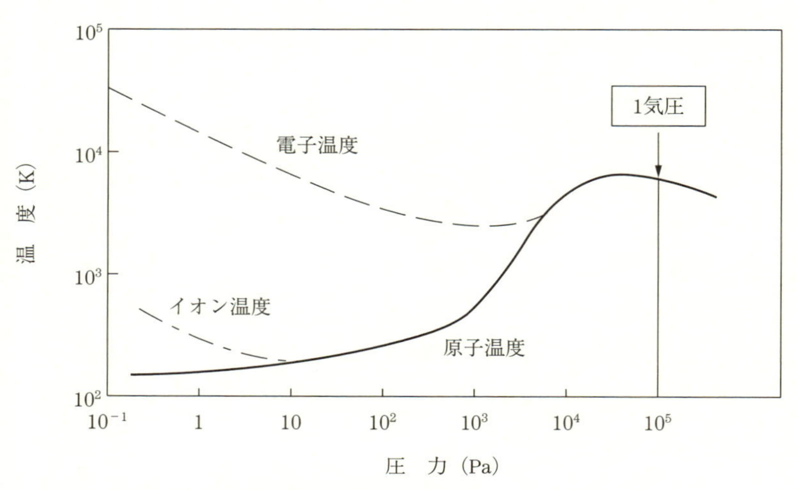

出典：飯島徹穂，近藤信一，青山隆司著
はじめてのプラズマ技術　工業調査会（1999）

図3　プラズマの圧力と各種温度との関係

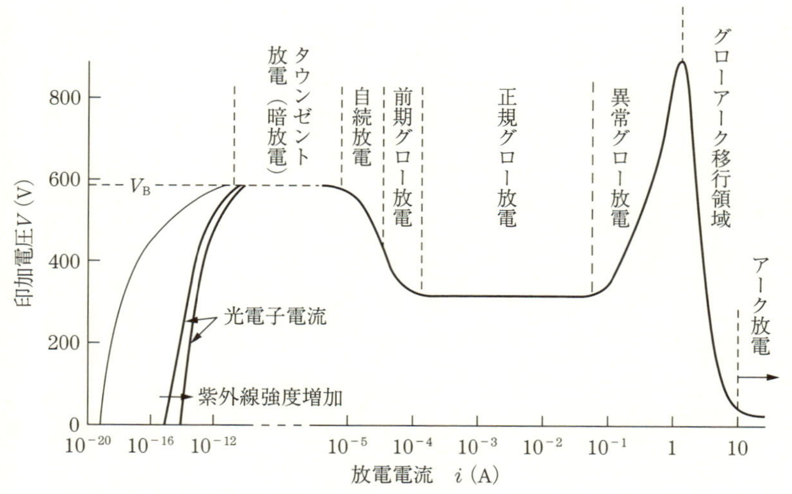

出典：飯島徹穂，近藤信一，青山隆司著
はじめてのプラズマ技術　工業調査会（1999）

図4　グロー放電からアーク放電への移行

た状態と同じである。

プラズマの状態としては、アーク放電は、放電電流が増えることにより電子密度が増え、中性粒子との衝突加熱が盛んになりガス温度が上昇する。ガス温度の上昇に伴って熱電離が上乗せされ、さらに電離と加熱がすすみ、完全電離に近い状態になり、熱平衡プラズマと呼ばれる状態になる[2)]。この場合の放電電圧は、数十Vと低くなる。

このアーク放電が一度起こると、カソードの表面すなわちターゲットの表面に局所的な加熱が起こりターゲットの損傷、溶解が生じ、また、メタルターゲットが一部蒸発することにより放電を助長する。反応性スパッタでのアーク発生では、アーク放電が定常的に発生するということではないが、帯電した電荷が、ターゲットの非エロージョン部、アノードなどに蓄積され、いったん発生するとそれがトリガーとなり、局所的なアークが、その帯電した電荷があるところに、次々と発生していく。アークを抑制することが、反応性スパッタでは重要である。ターゲットがSi、Crのようなもろい材料の場合は、アークが走った跡に亀裂が生じ、その部分が欠けたり、割れたりして脱落することがある。それはそのまま基板の膜へのピンホール、ドロップレットなどの欠陥となる。

アーク放電を人工的に作りだし、この放電を逆に有効利用したのがアーク蒸着である。アーク蒸着では、ターゲット部を溶解して、その溶解したものを成膜に利用するため、膜の状態は、原子状に綺麗に積層された膜はできずに、粗大な結晶で欠陥の多い膜、ドロップレットの膜ができ、ドリルなどのハードコーティングとしての特殊用途となる。成膜速度は、溶解した原料が塊で飛んでいくので、大変速いのと、プラズマ密度が高いので硬い膜ができるのが利点である。

15. プラズマ考

真空を使って成膜をするというのは、大変設備にお金がかかり、コスト的には不利である。それでも、真空を使った場合の利点があるからこその存在理由があるわけである。その大きな理由の一つがプラズマを容

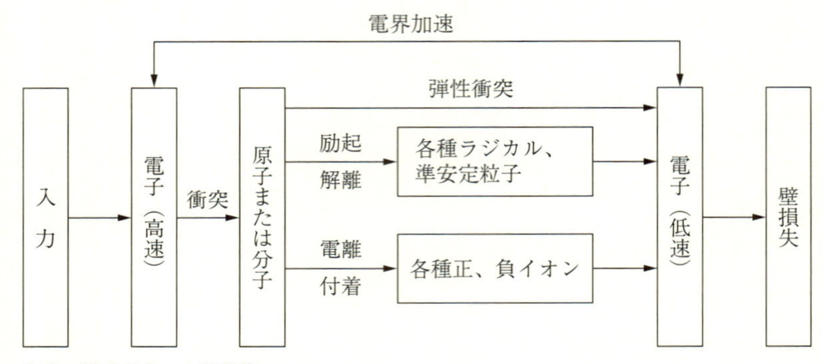

出典：堤井信力，小野茂著
プラズマ気相反応工学　内田老鶴圃（2000）

図5　電子によるエネルギーの輸送と分配

易に作れて、機能的な付加価値のある膜ができることが挙げられる。では真空でないと、プラズマはできないのであろうか？

大気圧プラズマを使った膜開発が行なわれた。大気圧プラズマと真空でのプラズマは何が違うのだろうか？

スパッタの場合には、およそ1〜5×10^{-1}Pa程度の中で行なわれる。このときの平均自由行程は、7〜1 cm程度（空気、Arなどの場合）である。同じように大気圧での平均自由行程を求めてみると、約0.1μm程度しかない。電子の平均自由行程は、これらの$4\sqrt{2}$倍となる。

成膜時プラズマをコントロールして、膜質向上に役立てようとする場合、この平均自由行程の違いは何を意味しているだろうか。**図5**は放電中における、電子によるエネルギー輸送と分配の主な過程の流れを示す[2)]。これを見ると、ある入力電界によって加速した電子が中性の原子、分子に衝突する。エネルギーが大きい電子の場合には、電離、励起または、解離反応によってエネルギーを失う代わりに、いろいろな粒子を新たに生成する。ここで反応によってエネルギーを失い低速になった電子は、再び電界によって加速される。このような循環が繰り返されることによって、反応が進行する。ここで電子にエネルギーを与えるためには、電界で加速されなければならないが、大気圧では、平均自由行程がわず

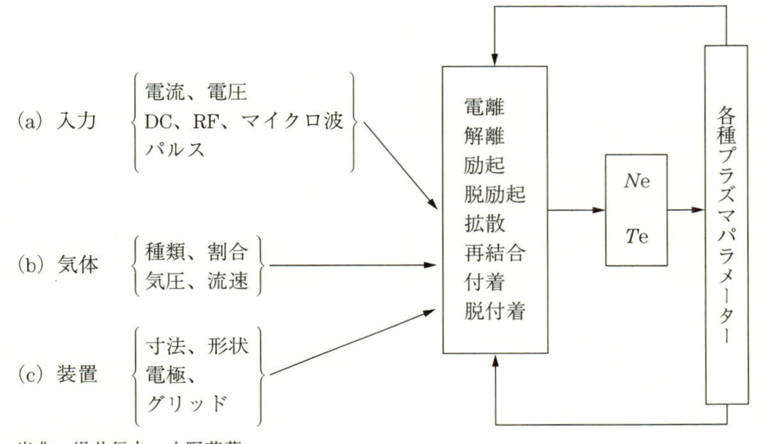

図6　プラズマパラメーターを支配する3つの要素

か0.1 μm 程度しかない。この加速が極めて足りないことになる。成膜で必要な膜の密度、反応性などを考えると、エネルギー的に不足してしまうことが考えられる。

成膜時のプラズマが膜に与える効果を考えるときに、最適プラズマ条件の探索と、その条件に合致したプラズマパラメーターを持つプラズマの生成が必要である。プラズマパラメーターには、電子温度、密度、イオン温度、蜜度、中性粒子の温度、密度などがあるが、重要なのは、電子温度、密度である。**図6**はプラズマパラメーターを支配する要素について図示したものである[2)]。プラズマパラメーターを最適化しようとした場合、工業的に利用できる手段は限られてくるが、まだまだ組み合わせを考えれば、多くの手段があると思われる。

近年、応用が広がってきたプラスチック基板への表面改質などでは、基板に対するダメージが問題となる場合が多い。この場合には、大気圧プラズマは真空に比べて電子温度が低く、電子密度を上げて行なうことができれば、適したプラズマになると思われる。

ネオンの哀愁

昼間の喧騒が終わり、徐々に暗くなっていく街並みには、そこに妖しく吸い寄せるように、ネオンサインの輝きが浮かび上がる。

ネオンサインは照明としては、LEDや蛍光灯などに取って代わられてきてしまったが、真空計にも使われているガイスラー管程度の圧力で放電可能で、ネオンガスで赤橙色に強い輝線スペクトルを持ち、それが蛍光灯と違って、放電光をそのまま使っているので、明るさがちょうど夜の暗さとマッチして、夜の帳に包み込まれるような色合いと、哀愁を含んでいる。

ところで、スパッタの放電ガスとしてはなぜあまりネオンを使わないのであろうか？　ネオンNeの原子量は20、Ar 40、Kr 84、Xe 131そしてHeは4である。Arは値段も安いし、ちょうど運動量、運動エネルギーにも手ごろである。また、このイオンの運動エネルギーなどを変えたらどういう現象が起こるかということを調べたいときには、重いXe、あるいは軽いHeを使う。同様に電離エネルギーは、He 24.6 eV、Ne 21.6、Ar 15.8、Kr 14.0、Xe 12.1電離させる場合のしやすさでみると、Xeを使って、その逆はHeとなる。

Neは昼間は似合わない、やはり夜の酒のつまみにとって置こう。

第2部

実践編

1. ターゲットとカソード
2. アーキング対策とアノード
3. コンポーネント
4. 膜　　質

1. ターゲットとカソード

1-1 ターゲット利用率とは何か？

スパッタ装置にて放電を行い、ターゲットを長時間使用するとだんだんスパッタ材料として利用した部分がエロージョン部となり掘れていくことになる。ターゲットのエロージョンは、最終的にバッキングプレート（以後 BP と表す）と呼ばれる裏板近くまで掘ることができるが、通常多少の余裕をみて 1 mm 程度残す形をとり、そこまでが使用限度となる。ここで交換を行なうことになる。

この状態で、最初のターゲットの容積、あるいは重量に対してどれだけ利用したかという比を％で表したものが利用率となる。エロージョンの形が尖った形で掘れていくと、すぐに BP に達してしまうので、できるだけこれを緩やかな形状にすることで、寿命を延ばすことができる。利用率が大きいと膜の材料としてのターゲット代が安くなり、ターゲットの交換頻度が少なくて済む。ターゲットの交換頻度は利用率だけではなく、最初のターゲットの厚さが大きければ大きいほど、掘れるまでの時間がかかるため少なくなる。

ターゲットの交換は、利用する装置が真空装置のため、一旦装置をリークしなければできないし、カソードの構造上カソード冷却水を抜かなくてはいけない場合が多いので、作業に時間と手間がかかり、そのぶんコストが上昇する。したがって、ターゲット利用率を上げ、ターゲット厚を大きくして、交換頻度を少なくすることが、ランニングコストの低下につながる。

ターゲットの利用率というのは、マグネトロン方式の放電が一般的になったことで、重要視されるようになってきた。すなわち2極の場合は全体的に掘れるので、ターゲット利用率という観点で考えると、70%程度の高い利用率となる。高速スパッタ方式で述べたガスフロースパッタは、2極方式の放電が上手く使われている例である。

通常マグネトロン放電では、20～30%程度のものが多く使われており、さらに改善され、70%程度のものまでできている。特殊な形状の円筒型では、さらに高いものもある。

ターゲット厚を大きくすると、交換頻度は低くなる。しかし、マグネトロン放電の場合は、ターゲット厚をあまり大きくするとターゲット表面から磁石までの距離が大きくなり、掘れるに従って、エロージョン表面の位置が下がって磁石強度が強くなり、初期状態から変化してしまうことになる。その場合には、スパッタの膜厚分布が変わったり、スパッタの成膜速度にも影響を与えることになる。そのため通常20 mm程度までにすることが多い。ただし、膜厚分布をあまり重視しない、また金属膜のみを付けるようなメタライゼーションの膜などでは、30 mm程度の厚さにする場合もある。

図1は、エロージョンの生じる様子を示した模式図である。図1(a)

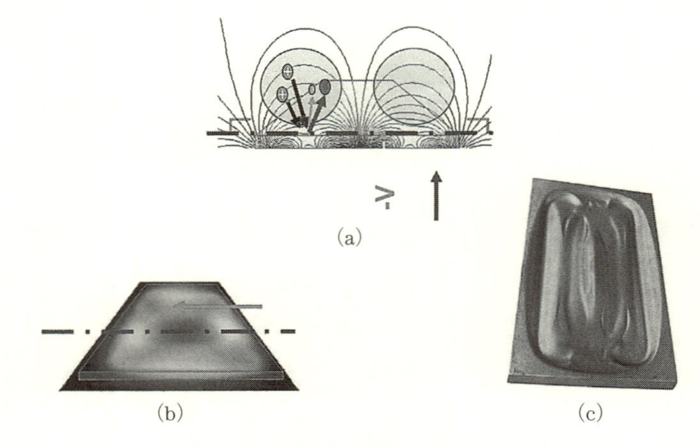

図1　磁力線と放電とエロージョンの比較

は磁力線の様子を示し、同図(b)はそれによる放電の様子であり(c)は生じたエロージョンの様子を示す。ターゲット上に生じる磁力線の形状と位置がプラズマを発生し、エロージョンを決める様子がわかる。平行磁場による磁気トンネル断面に大きな電子密度を生じ、電界により加速されたArイオンによるターゲット表面上のイオン電流の分布と同じと考えられる。

図2は、さらに放電と磁力線の視覚的な感じでわかるように、バランス型マグネトロンでの放電とそのときの磁力線を比較したものである。シミュレーションとの整合性がみてとれる。また、アノードの位置も重要である。アノードに電子がスムーズに流れるときには放電が安定し、アノードの大きさが適正であれば、エロージョンが広がる。**図3、4**は、シミュレーションと実験値を比較したものである[1)]。有限要素法によるシミュレーション技術の進歩により、エロージョン形状を磁場強度から予測し、利用効率のアップに繋げることができる。図4は、シミュレーションと比較したエロージョン、**図5**は、反応性スパッタでのエロージョン例を示す。磁場設計が良好な場合は、反応性膜のターゲット上への再付着が同図(a)のように少なくエロージョンが広がる。**図6**は、矩形の場合である。反応性膜の再付着を減らすには、磁場設計が重要である。アーキングの項で述べるように、再付着はアーキングの発生原因にもなり、エロージョンを広げて上手く管理することは、量産設備において、

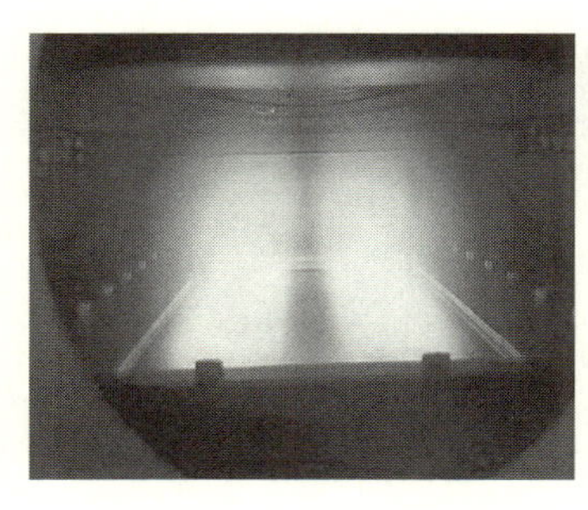

バランス型マグネトロン放電

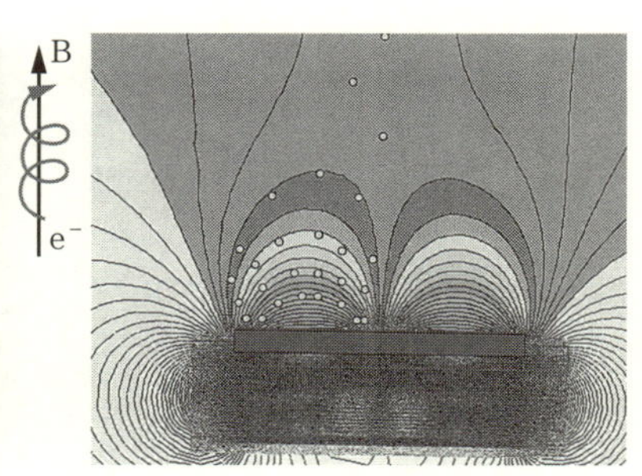

磁界シミュレーション

図2　放電と磁力線の関係

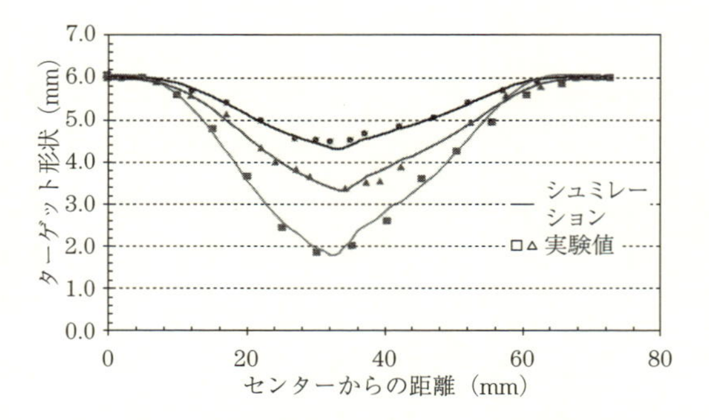

図3　エロージョンのシミュレーションと実験値[1)]

出典：Gencoa社技術資料

図4　エロージョン形状

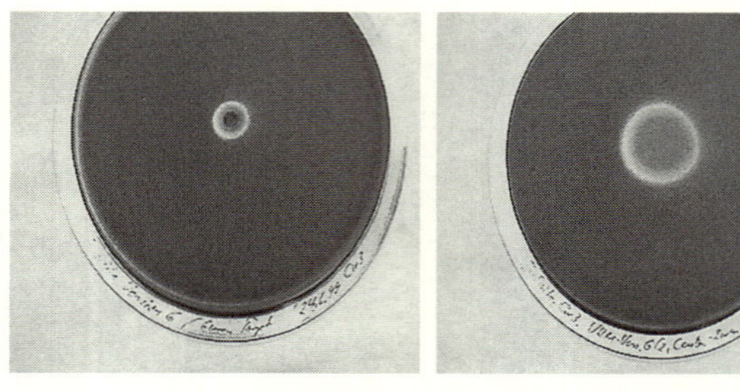

(a) ターゲット上への再付着が少ない例　　(b) 多い例

図5　反応性スパッタのエロージョン形状（丸型）

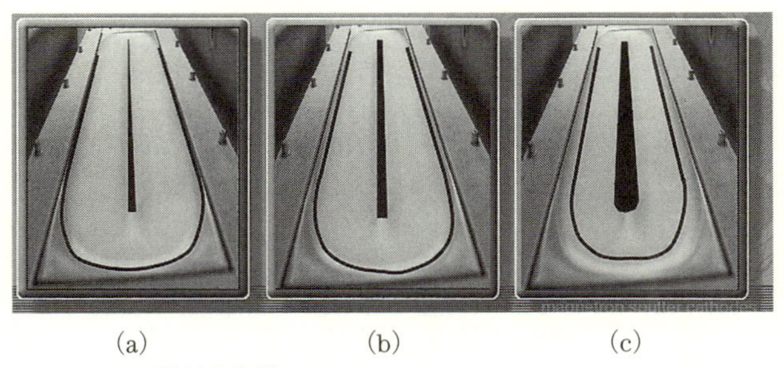

(a)　　　　　　(b)　　　　　　(c)

出典：Gencoa社技術資料

図6　反応性スパッタのエロージョン形状（矩形）

大変大きな課題である。

1-2 ターゲット利用率をあげるにはどうしたらよいか？

利用率を向上させるためには、2つの方法が考えられる。1つ目は、カソードの磁場設計の最適化によるターゲット上での平行磁場の拡大であり、2つ目は、磁石をターゲットの下で回転あるいは遥動させることによる平行磁場の拡大である。

マグネトロン方式の放電が普及してきたことによって、エロージョンの範囲がマグネトロンによる平行磁場により磁気トンネルができる。そこに電子が絡みつきドリフトすることによりプラズマが発生し、Ar ガスのイオン化が促され、Ar イオンが電界で引っ張られ、スパッタが集中し起きるものである。そのため、エロージョン範囲がターゲット上すべてには起きずに、限定される。この平行磁場を拡大させることが、エロージョンを広げるためには必要である。

図7は、1つ目の方法である。同図(a)は、磁石を多数用いた多極型による磁場分布を示す。(b)は、磁場 N、S を相対させる2極型で従来から用いられている一般的な方法である。およそ 50〜60% 程度のエロージョン範囲を示し、深さ方向にエロージョンは狭くなるので、利用率と

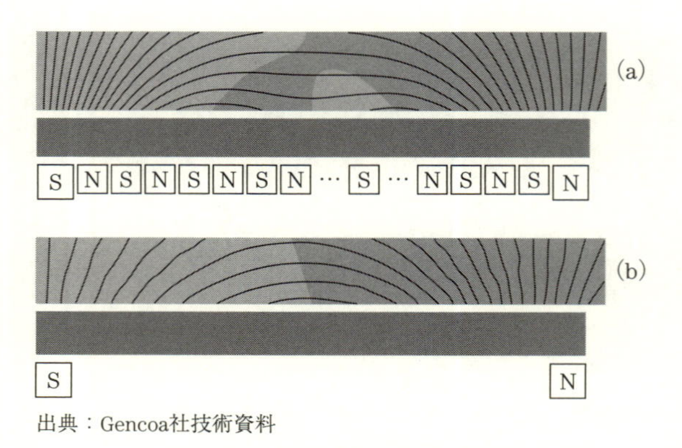

出典：Gencoa社技術資料

図7　2極型と多極型の磁場設計

しては20〜30％程度である。また図7(a)は小さな磁石を多数用いて磁場設計を行い平行磁場の拡大を行なった例である。いわゆるアンバランス型に近い磁場分布を行なうことで、平行磁場を広げ、利用率としては40％程度以上に上げることができる。

2つ目の方法は磁石の移動であるが、これには2つあり、磁石そのものを移動させるものと、ターゲットを移動させるものである。基本的にはターゲットと磁石の相対運動を行なえばよい。通常の平板型のターゲットは丸型と矩形のものがあるが、ターゲットを動かすのは、冷却水で冷却する必要性から難しい。この場合は、磁石を動かすことになるが、磁石を真空内で動かさなくてもよいように、磁石部分は真空の外に出して、そこで動かすことも可能になり、移動が容易になるという利点がある。

必ずしもターゲットは平板型であるとは限らないということで、特殊な形状を考えた例として円筒型がある。これについては、次の項で述べるので、ここでは省く。

丸型の場合には、ターゲットの下で、組み合わせた板上の磁石が300〜400 rpm程度高速回転して、エロージョンが固定しないように、またプラズマの発生を使った遷移領域制御などに対しても、プラズマの発光に影響しないように速く回転させる。**図8、9**にアイデアの例を示す[2,3]。

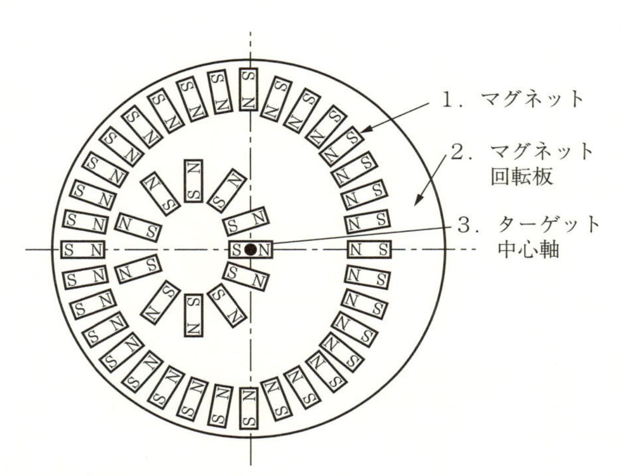

出典：特願平　6-208619

図8　磁石配置例

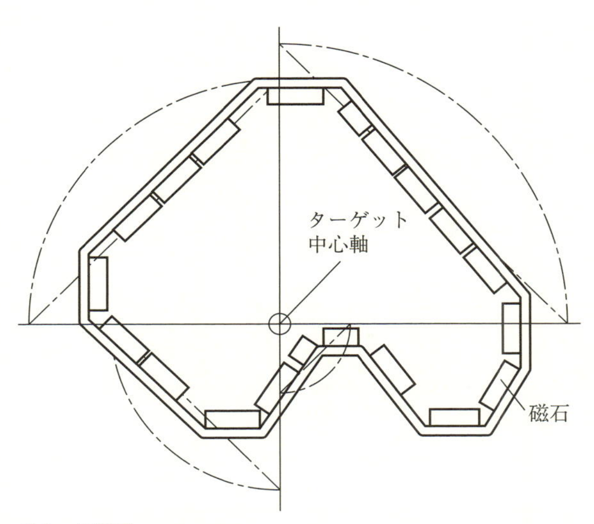

出典：特願平　4-129966

図9　磁石配置例

考え方としては、回転中心軸を磁石の配置の中心からずらして、オフアクシスとする。また磁石配置を楕円や非対称の形状にするなど、また遊星回転をするなどのアイデアも使えるが、基本的には、エロージョンを広げて均一にし、ターゲット利用率を上げ、結果として膜厚均一性の向上も期待できる。**図 10** に実際に全面エロージョンにした丸型カソード例を示す[1)]。

大面積の量産の場合には、矩形のカソードが使われることが多い。大型のカソードでは長さ 3～4 m にもなるので、これらの矩形カソードではインライン型の装置に使われる。磁石の遥動方式はいろいろ考えられ

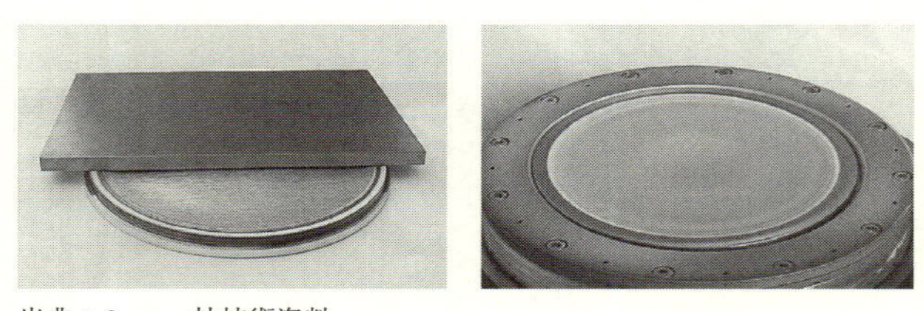

出典：Gencoa社技術資料

図 10　全面エロージョンターゲット、カソード例（丸形）

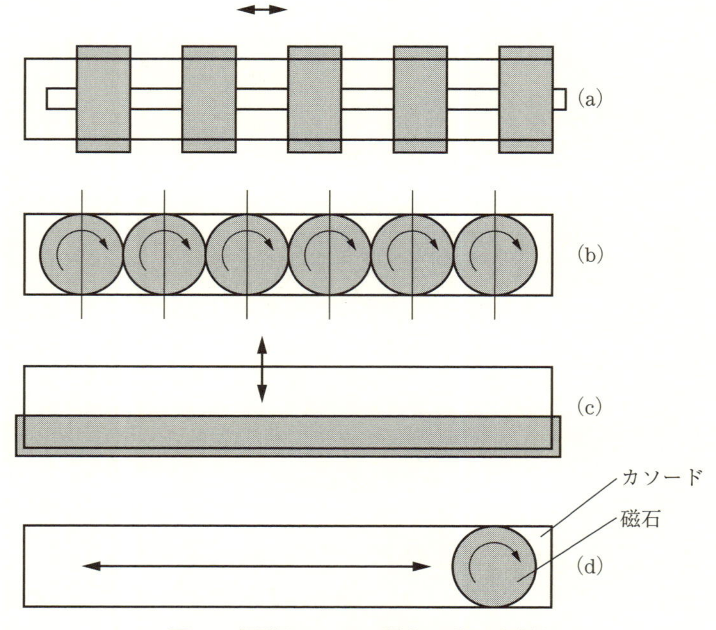

図 11　矩形カソードの場合の磁石遥動例

出典：Gencoa社技術資料

図 12　全面エロージョンターゲット、カソード例（矩形）[1)]

るが、基板の搬送方向および搬送速度に対して十分速い速度での回転と遥動をすることで、安定なエロージョンと膜厚均一性などが期待できる。**図 11** には遥動方法の例を示す。大型の磁石ユニットをゆっくり動かすか、高速回転を多数配置するか、一つの磁石を回転させながら、あるいはそのまま大きく動かす方法などがある。**図 12** は、矩形カソードでの全面エロージョン例である[1)]。

1–3 ロータリーカソードとは何か？

ターゲット表面を全面エロージョンにするために、ターゲット形状を円筒形にしたものである。平面ターゲットの全面エロージョンについては、過去においてなかなか難しかったため、この円筒型が開発された。

ターゲットを円筒型にする場合は、磁石を円筒の内側に入れ、ターゲットである円筒を回転する場合が一般的である。**図 13** にその断面図を示す。ターゲットの長さに相当する棒状磁石を中心に入れ、磁石とターゲットの水冷を兼ねて円筒内部に冷却水を流し、外周のターゲットが回転するタイプである。

図 14 は、その模式図である。エンドブロックと呼ばれる軸受で円筒ターゲットを支えて回転し、そこから電力、冷却水を導入し、真空シールを行なうことになる。中心部に棒状の磁石が入っており、固定されて

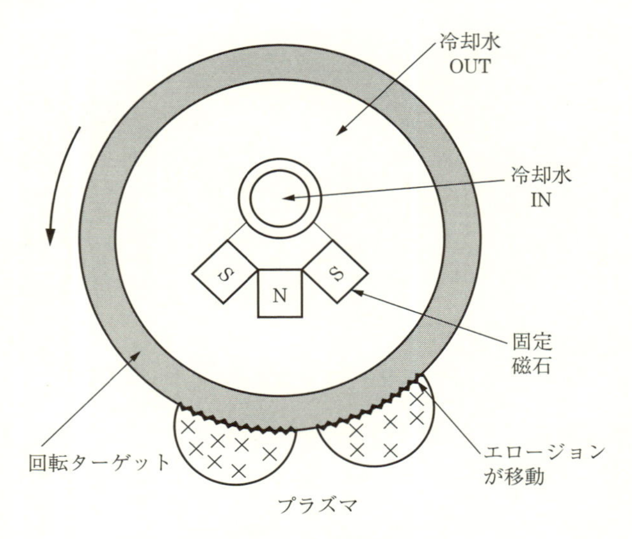

図 13　ロータリーカソード

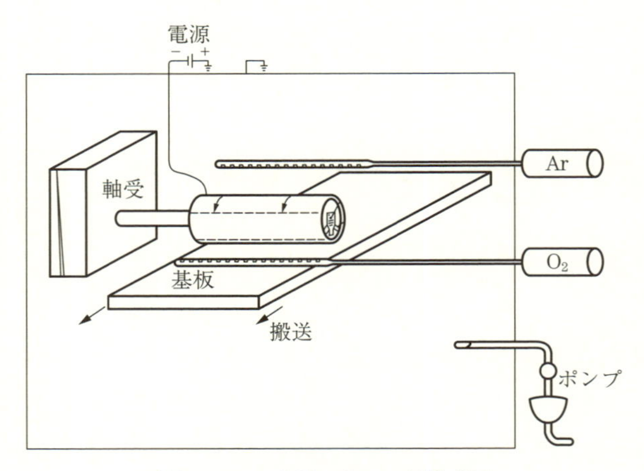

図 14　ロータリーカソード模式図

いる。そのため、外周のターゲットの回転とともに、エロージョンも同時に移動し、回転速度の調整により、全面エロージョンとなる。

1-4 ロータリーカソードの特徴は何か？

ロータリーカソードのメリットとして一般的には、

＊ターゲットの利用率が高く、連続して長時間の運転ができる。

＊ターゲットが回転し、表面が全面エロージョンになるのでクリーンな面が保たれ、アーキングが低減する。

＊直接冷却するため、冷却性能がよく、パワーを入れやすい。

＊カソード構成の中にアノードを持っておらず、チャンバーをアノードにしている。アノードをスパッタ空間に追加構成させる事ができ、最適プラズマを作りやすい。

＊ターゲット回りのシールド板が簡素化され、ゴミが出にくくなる。

などが考えられる。特に、ターゲット利用率が大きいことと、アーキングを低減できることが注目され、ロータリーカソードの開発が大きく加速した。

同時に、従来は価格が高く普及するのに壁になっていたロータリーカソード用ターゲットが、製造方法の進化、量産効果により低価格になってきた。そのためロータリーカソードのコストダウンとしてのメリットも、材料を選べば大きくなっている。利用目的、用途にあった使い方が必要である。

課題としては、

＊ターゲットの特殊な形状のために、製作時の原料利用率が低いため、通常コスト的に高いターゲットになる。そのため、ターゲット材料によりランニングコストを良く見極める必要がある。

＊ターゲットの製法を常圧溶射で行なう場合は、合金や微量元素の添加などでは、組成の均一性や微量制御、酸化の抑制が難しいなど、ターゲット材に制限がある。

ロータリーカソードを2台使った構成で、マグネトロンを工夫して、膜へのダメージの少ないカソードが開発され量産に使われているのでその具体例を述べる。

構造上、ほぼ全面エロージョンになるということから、アーキングを減らすことができ、またデュアル（次項参照）にすることで、2つの利点が加わる。まず、アノードレスに対応できること。これは反応性スパッタで、絶縁膜を製作するときに大変重要な点であり、アノード上に絶縁膜が堆積し、チャンバー内壁にも堆積すると、アノードが消失してしまうことが問題となるが、デュアルにして、矩形波、あるいはサイン波を用い交互にスイッチングすれば、両方のカソードがクリーニングされて、この問題は起こらない。次に、2台の磁極をリンクさせることで、プラズマを閉じ込め、同時にマグネトロンの角度を調節し、それによりプラズマの空間分布を変え、基板へのダメージを減らすカソードがGENCOA社から開発されたので紹介する[4]。

基本的には、どのようにしてプラズマ密度を上げ、それをカソード側に閉じ込めて、反応性は高くしながら、また、同時に高速のエネルギーをもつ粒子を基板に衝突させないようにし、しかも熱の影響を与えないようにするか、ということになる。

図15は、デュアルカソードでのAC放電を示す。同図(a)は、今回開発した左右のカソードのN、S極をリンクさせ、磁場が左右のカソードで（S極とN極が隣り合わせに）繋がった場合を示す。電子がカソード間の磁場に補足され、磁場に沿って移動するので、外に逃げないで閉じ

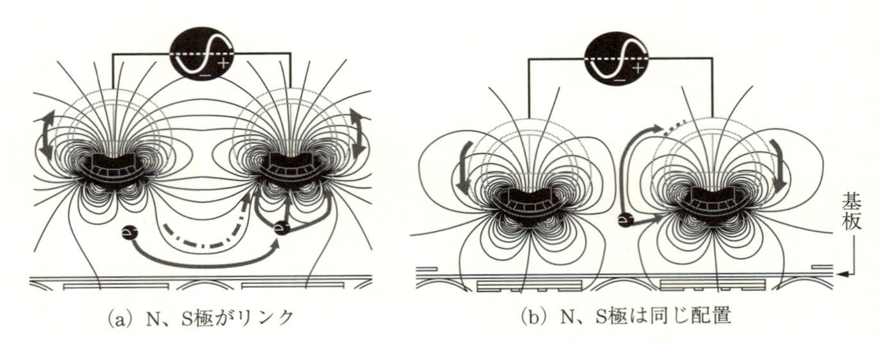

(a) N、S極がリンク　　(b) N、S極は同じ配置

図15　磁石のN極、S極をリンクした場合としない場合の磁力線密度と電子[7]

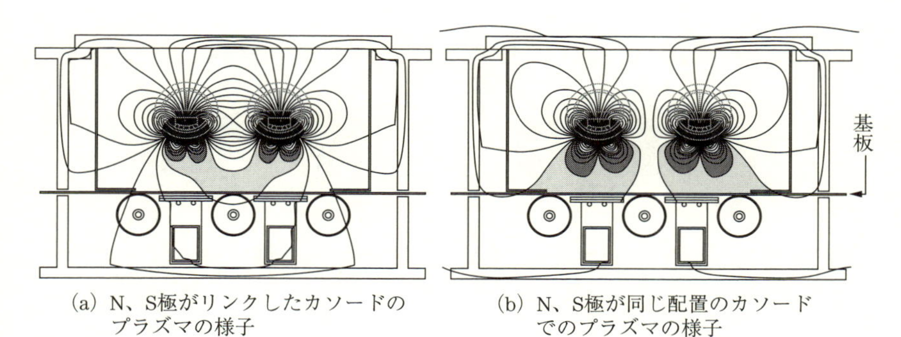

(a) N、S極がリンクしたカソードのプラズマの様子

(b) N、S極が同じ配置のカソードでのプラズマの様子

図 16　磁石のN極、S極をリンクした場合としない場合の磁力線密度とプラズマ[7)]

込められる。その結果、カソード間の下方に電子の流れができ、これにより基板表面を電子がたたく確率が減少し、基板温度の上昇や、ダメージを防ぐことができる。すなわち放電インピーダンスが下がり、アーキングが抑制されるため、ダメージが生じにくい状態となる。(b)は、リンクしていない一般のカソードの場合、AC電源で、電子は左右に高速に移動するが、各カソードの磁場には補足されずにその外側に逃げて行き、基板表面もたたくことになる。**図16**は、その様子を図解したものであり、同図(a)を見ると、プラズマが中心部に拘束されている様子が分かる。(b)は、逆に、そのまま基板側にプラズマが広がっている。また、ロータリーカソードは、円筒内部に磁石を傾斜させるスペースがあり、これを有効に活用している。**図17**(b)は、2つのカソードを内側に傾斜させることで、高いプラズマ密度がカソード側に生じ、基板側への各種ダメージを減少させることが可能となると同時に、反応性が向上し、化合物膜の形成が容易になる様子を示している。このマグネトロンの傾きを調整することで、プラズマの空間分布を変えることができ、プラズマインピーダンスも下がり、パワー効率も上がるので、成膜速度アップにも有利になる。

量産の場合には、アノードレス対策のみでなく、ターゲット交換頻度を減らすことができるため、デュアルでの利用が有利となり利用が広がっているが、AC放電、DC放電のどちらでも可能である。

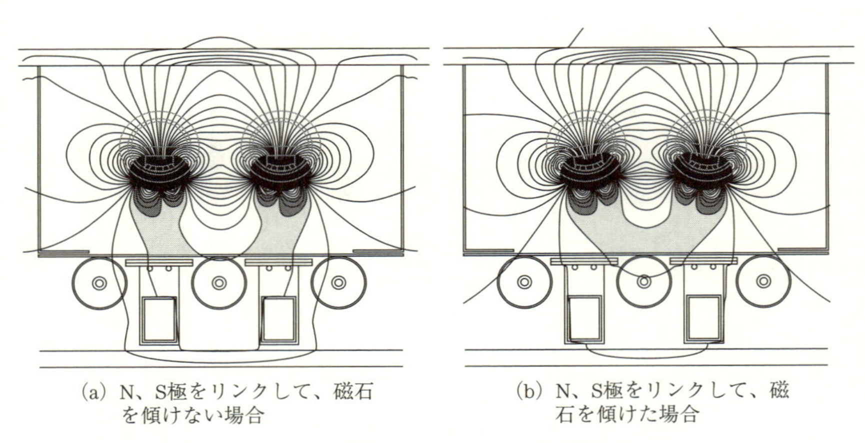

(a) N、S極をリンクして、磁石を傾けない場合

(b) N、S極をリンクして、磁石を傾けた場合

図17　磁石を傾けない場合と傾けた場合の磁力線密度とプラズマ[7)]

ITOやAZOなどの透明導電膜の場合には、絶縁物のアノードへの堆積による、アノードレスの問題や絶縁物上へのプラスイオンの帯電によるアーキングの問題が少ない分、AC放電ではなく、DC放電が有利になることがある。**図18**は、DC放電での追加アノードとの磁場リンクを示している。同図(a)は、シングルカソードの場合であり、(b)は、デュアルカソードの場合である。図の上部は、アクティブアノードの写真である。放電に伴って生じる2次電子をコントロールするために、アノードを適正配置し、アノードの磁場とカソードの磁場をリンクさせ電子の流れを作り、インピーダンスを低くできる。また、カソード内のマグネトロンの角度をアノードに対して調整して、基板への電子のボンバードが低くなるように調節することも可能となり、基板をよりカソードに近づけて、成膜レートを向上できる。この追加アノードの効果は、基板加熱を抑制することだけではなく、プロセスの安定性や膜の均一性にも貢献する。基板がターゲットの下を移動しても、電子がプラズマ中で完全に閉じた回路で移動でき、チャンバー壁がコートされても導電性が維持され、プラズマインピーダンスが影響を受けない。

次に、いくつかの実験データを示す[5)]。

図19は、セラミックターゲットを用いて、従来型マグネット

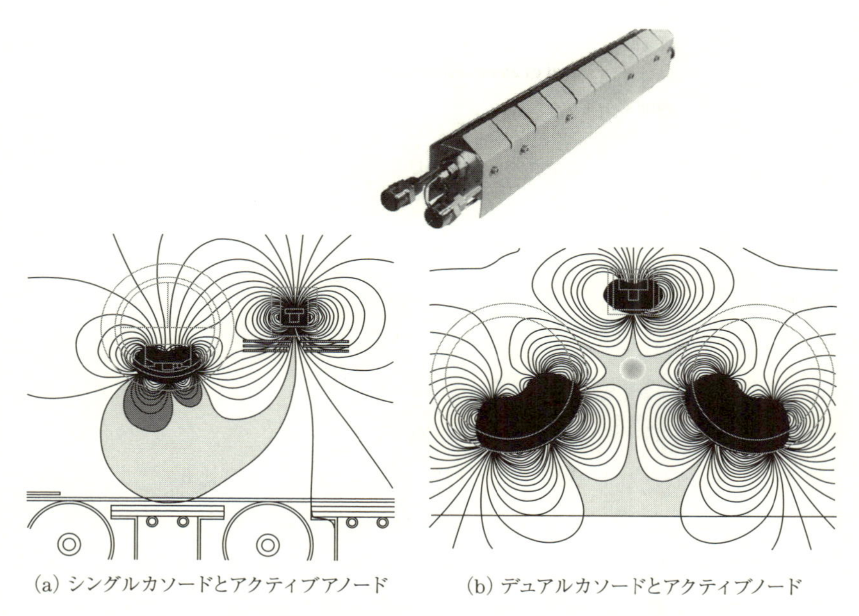

(a) シングルカソードとアクティブアノード　(b) デュアルカソードとアクティブノード

図 18　DC 放電での追加アクティブアノードとの磁場リンク

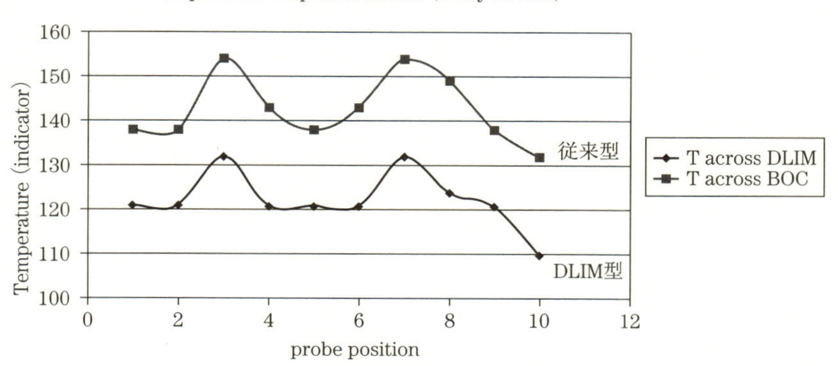

図 19　従来型と DLIM 型カソードを用いた場合の基板温度（セラミックターゲット）

(BOC) とデュアルカソード＋アクティブアノードを持つ DLIM (Double Cathode low Impedance Magnetics) 型と比較したものである。ガラス基板を用いて、基板静止で行った。カソード長は、475 mm である。

基本的な実験条件は、AC：5.3 KW、T–S 間距離：95 mm、回転速度：5 rpm、圧力：3×10^{-3} bar である。この図から、DLIM タイプは、従来型に比べて、20℃ 基板温度が低かった。**図 20** は、同一条件で、比抵抗を測定したものである。カソード長全体にわたって、従来型より比抵抗が下がっており、室温にて最小値はおよそ 1×10^{-3} Ωcm となっている。

図 21 は、AZ メタルターゲットを用いて、反応性スパッタにて行った場合の比較を示している。これは AC 放電で行った。DLIM 型で行った方が、比抵抗が低くなっている。

別途、反応性スパッタの方が、AZO セラミックターゲットを使った場合より、内部応力が低いことが分かった。密着性の比較では、500 nm 厚のセラミックターゲットでの成膜では、4 探針測定で、剥がれが生じたが、2000 nm 厚の反応性スパッタ成膜では、密着性の問題は生じなかった。光学的には、反応性スパッタの方が、透過率をガスフィードバック制御の仕方を変え成膜速度に対応して、かなり幅広く調整することが可能である。

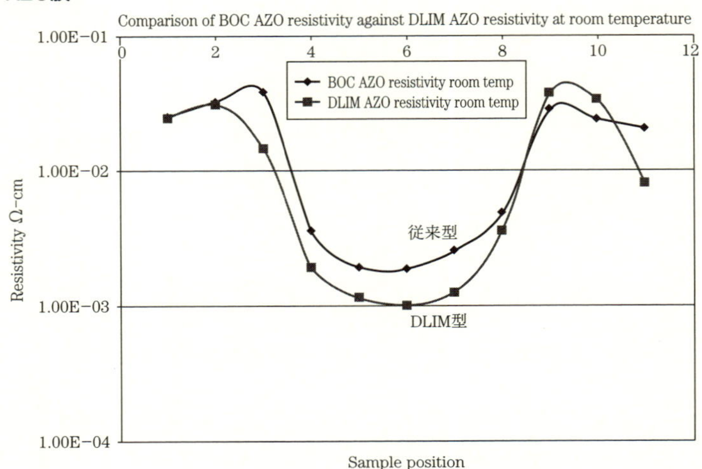

図 20　セラミックターゲットを用いた場合の比抵抗（AC）

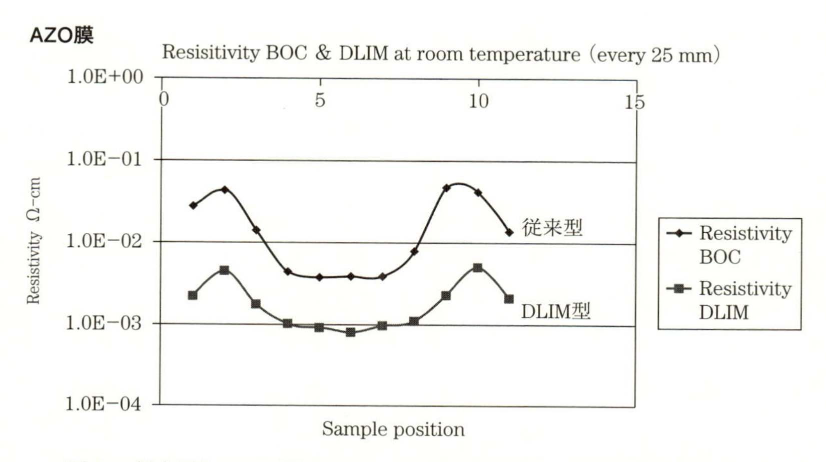

図21　従来型とDLIM型カソードでの反応性スパッタによる比抵抗（AC）

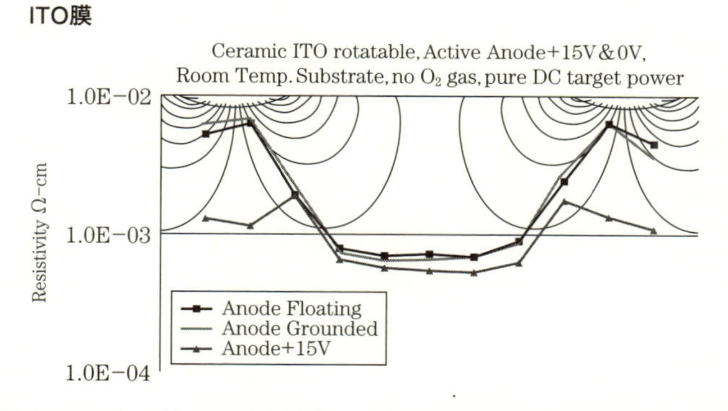

図22　ITOターゲットDLIM型のアノード変化による比較（DC、室温、O_2なし）：アクティブアノード15Vが低比抵抗

次にITO膜についての実験例を示す。

図22は、セラミックターゲットを使った場合の比較である。DC放電、室温、O_2なしの条件である。ここでは図18(b)に示したアクティブアノードを利用した場合に、フローティング、アース、+15Vをそれぞれ比較した。+15Vの場合が、最も比抵抗が低くなった。これは、プラズマを拘束し、高速粒子の発生を抑制できたことによる効果と考えられる。ITO膜の量産装置については、ITOターゲットを用いて行うの

が主流であり、プロセスの最適化の余地はまだあると考えられる。**図23、24**は、反応性スパッタの場合に従来型とDLIM型を比較した例である。図23は、室温でのスパッタであるが、カソードのないセンターにおいて、大きな差が出ている。これは、DLIM型と従来型の反応性の違いを示していると考えられる。図24は、150℃加熱した例であり、全体的にDLIM型の比抵抗が低い。ITO膜では、5~6倍程度、酸化物ターゲットを用いた場合より、反応性スパッタの遷移領域制御を行った場合の方が、同一パワー、同一装置で比較して高速の成膜が可能となる。コストと制御性を勘案して、成膜プロセスを選択することになる。また、ロータリーカソードの普及とともに、ロータリーカソード用の円筒型ITOターゲットのコストは、同一サイズのプレーナー型と比較して2倍程度にまで安価になってきたので、今後この方式も有効なプロセスの一つとなると思われる。

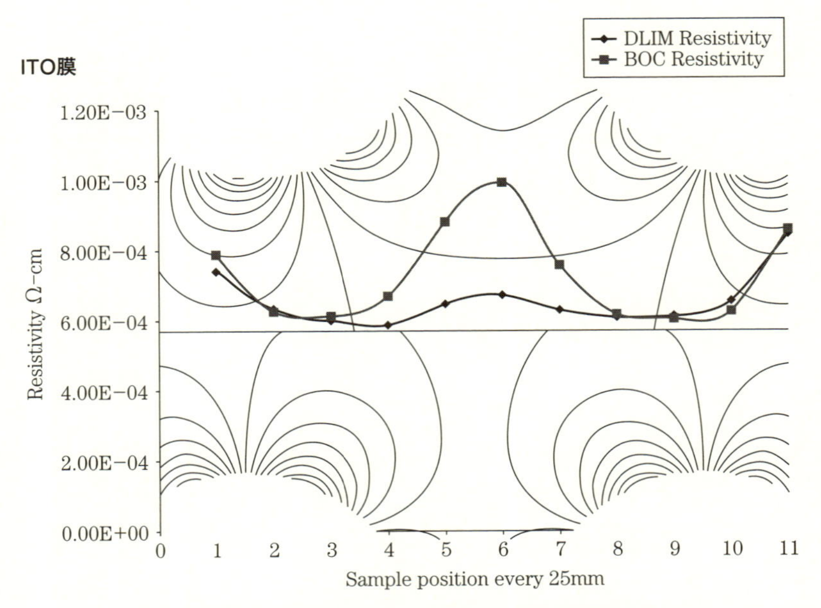

図23　反応性スパッタによるDLIM型と従来型の比抵抗の比較（AC、室温）：DLIM型の方が従来型より低比抵抗
DLIM：dual low impedance magnetron

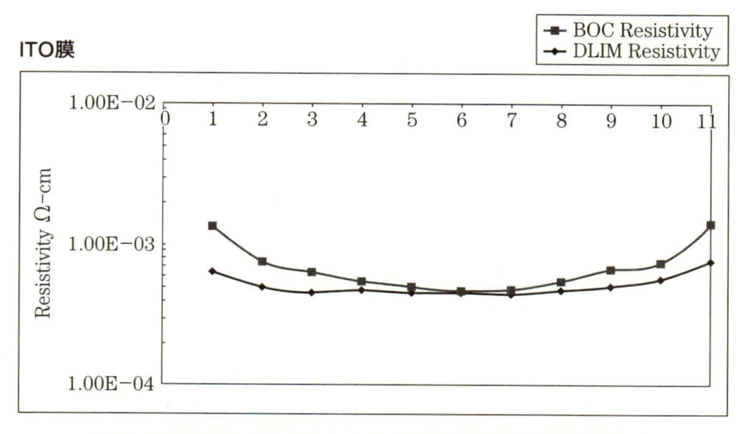

図 24　反応性スパッタによる DLIM 型と従来型の比抵抗比較（AC、150℃）：150℃ でも同様な傾向

1–5 デュアルカソードとは何か？

デュアルカソードは、カソードを２台で１セットとして使うようにしたカソードユニットのことである。通常は１台のカソードで放電をするのが一般的であるが、２台利用する利点は、絶縁物膜の反応性スパッタを行なうようになったことである。反応性スパッタの場合は、エロージョンと非エロージョンがターゲット上に生成する。絶縁物膜の非エロージョンで生じる Ar イオンのチャージアップによるアークの発生を防ぐには、チャージアップそのものを無くすることが、一番わかりやすい対策の１つである。デュアルカソードは**図 25** に示すように、カソードを２台にして各カソードに位相が反転したサイン波、またはパルスをかける。それぞれ１台が放電しているときは、他の１台はプラス電荷がかかり、電子を引き付けることにより、そのターゲットの非エロージョンに生じたプラス電荷のチャージアップを中和する。それを周波数ごとに繰り返して、放電を継続したものである。

すなわち、周波数ごとにアノードとカソードの役割が入れ替わること

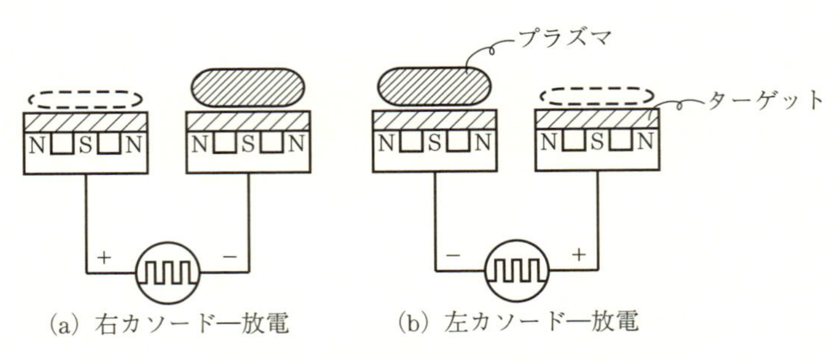

図 25 デュアルカソードの模式図

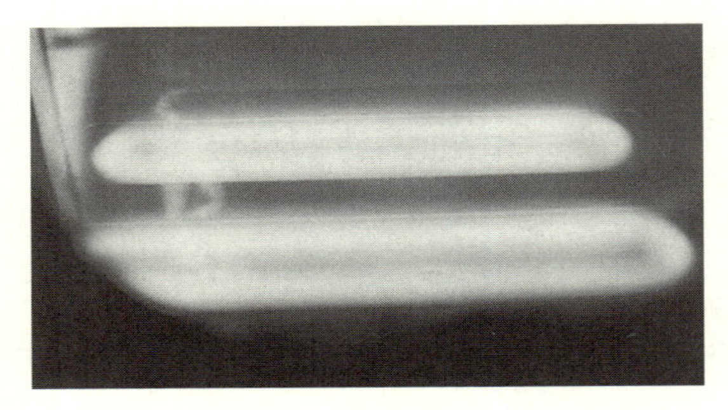

図 26 デュアル型カソードの放電（バランス型磁石）

である。放電を外から見ると、**図 26** のように、2 台同時に放電しているように見える。

図 27 は、エロージョンを広げるために、磁石の配置をターゲットの後ろではなく、ターゲットのサイド側に持ってきて、ターゲットの高さと磁石高さを並べたカソードが提案されている[6)]。インターポール型と称しており、この場合は、比較的大きな電力が均一に投入できることにより、エロージョン量が 60% 程度になる。これを 2 台並べて、サイン波、パルス波などをかけることにより、エロージョンを広げることと、チャージアップをなくすることを兼ねている。アーキングが起こりにくいカソード構成と考えられる。

デュアルカソードでかける電力の周波数は 50〜100 kHz 程度であり、膜中の欠陥数から測定した例では、透明膜では 50 kHz 程度、吸収膜で

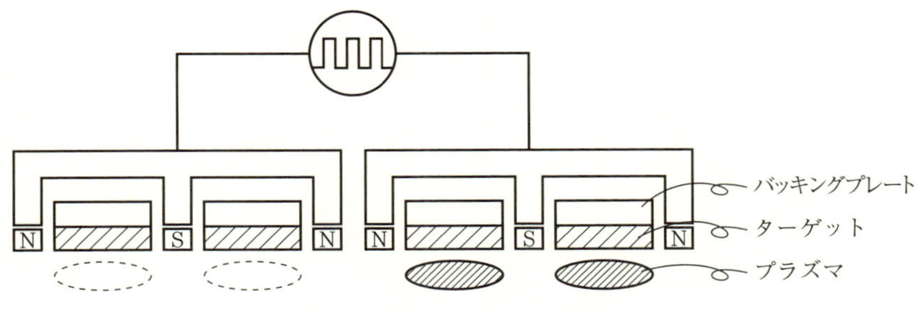

図 27　インターポール型デュアルカソード

は 70 kHz 程度を境として、それ以上の周波数では、欠陥数は急激に減っている[7]。これは、この周波数で十分チャージアップをなくし、アーキングが減少したことを示している。

デュアルカソードの場合の電位は、交互に正負の電圧を交換するために、フローティングで行なっている。この場合、正電位がかかった瞬間は、プラス側に放電電位分がそのままかかり、その後の放電中はプラズマ中にさらされることにより、アノード電位となる。

図 28 は、デュアルカソードで放電したときの、電位の変化とプラズマ中のプローブ変化を測定したものである[8]。同図(b)から極性が切り替わった瞬間での電位の振れが大きいことがわかる。プラズマ中でのプローブの振れからは、プラズマ中での極性の切り替わり時での瞬間値からプラズマ電位に戻り、また逆に振れる様子が現れている。正極に切り替わったときの瞬間値が大きい場合に、基板側に荷電粒子特にイオンの衝撃が考えられる。これはダメージに弱い基板の場合には、問題となる可能性がある。そこで正極時には、アース電位となるように、正極側をダイオードによって接地することが提案されている[8]（**図 29**）。

逆に、放電時の衝撃を上手く利用して、緻密な膜を作れる可能性もある。**図 30** は、デュアルカソードでの放電の様子を示したものであるが、同図(a)はパルスでの放電状態を示し、(b)はサイン波での放電状態を示す。この図は、同じカソードを 2 台並べたのではなく、磁石をリンクさせている。すなわち 1 台のカソードが NSN の場合は、もう一方を SNS

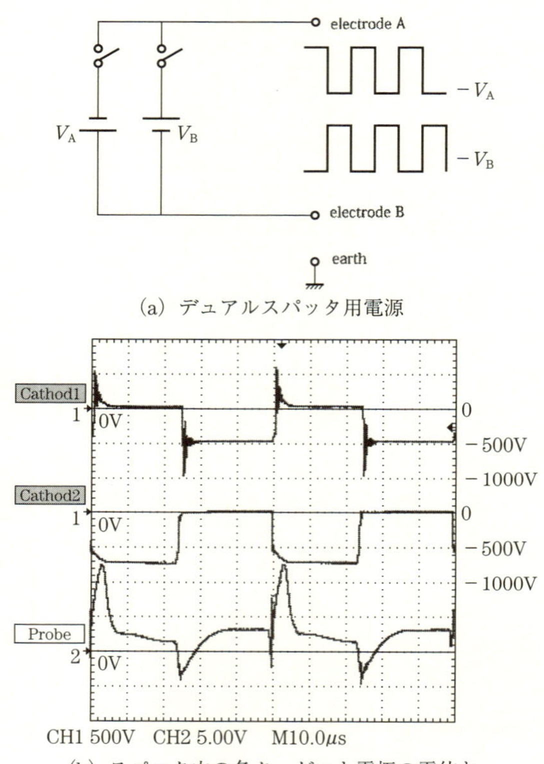

(a) デュアルスパッタ用電源

(b) スパッタ中の各ターゲット電極の電位と
プラズマ中のプローブの電位の変化

出典：星陽一「スパッタリング法による薄膜作成、制御技術」
技術情報協会（2006）

図 28 デュアルスパッタフローティング形パルス電源と電位変化

の順にリンクさせ、さらにアンバランス型の磁石配置にし、基板近くが高いプラズマ密度になるようにしたものである。図 30(a)、(b) 共に、基板の近くまで強いプラズマが発生していることがわかるが、さらにパルスとサイン波での違いもあり、パルスの方がサイン波より、2 つのプラズマが重なり、より強く作用していると思われる。図 26 の場合と比較すると、違いがより明瞭である。

デュアルカソードの利点としては、カソードとアノードが常にその役割を交換して放電しているために、ターゲット上の非エロージョンへの

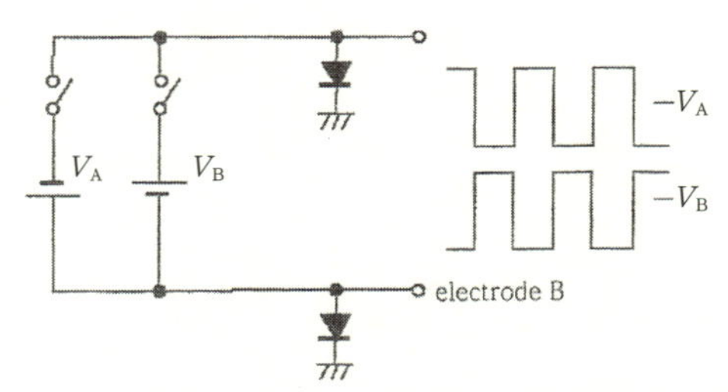

出典：星陽一「スパッタリング法による薄膜作成、制御技術」
技術情報協会（2006）

図 29　ダイオードにより陽極接地したデュアルスパッタ電源

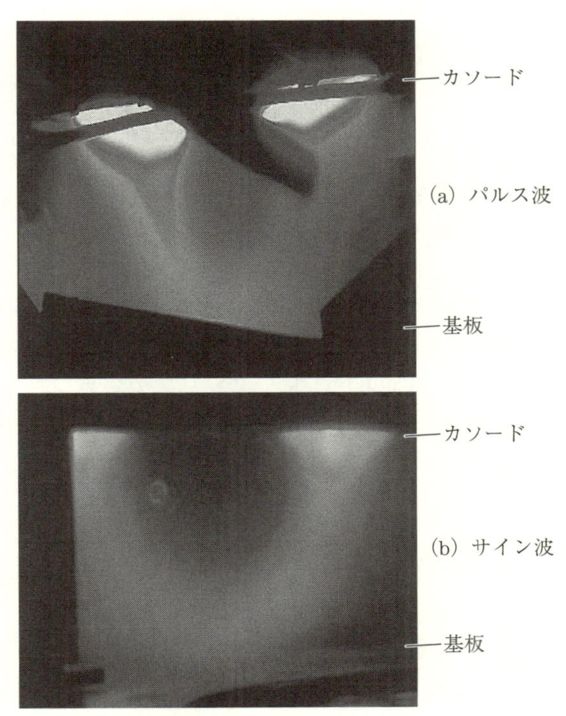

出典：Gencoa社技術資料

図 30　磁界をリンクしたデュアルカソード放電

出典：Gencoa社技術資料

図 31　デュアルカソード外観図

絶縁物堆積によるチャージアップをなくせること、また加えて、アノード上への絶縁物堆積は、アーキングを生じる大きな原因の一つであるが、アノード上への絶縁物堆積も同時になくせることである。非常にシンプルなアイデアであるが、アーキング対策としては、よい方法の一つである。(実践編第２章アーキング対策とカソード参照)。

２台をセットで使う別の用途として、異なる材料を各ターゲットに使用すれば、２つの材料の合金、あるいは化合物薄膜が成膜できる。**図 31** は、デュアルカソードの外観図である。多少２つのカソードを傾けることにより、２種のスパッタ膜を同時に放電し、電源をそれぞれ別にすれば、電力を調整することにより、あるいはデューティー比を変えることにより自由に組成比を変えることが可能となる。

また、生産上では、２台が同じ材料であれば、１台に比べて、ターゲット消費による交換頻度は半分になる。逆に、同じカソードが２台必要となるために、スペースも２倍必要になり、スパッタ装置内の空間を多く占有してしまい、装置設計上の制約が多くなるという不利な点もある。

1-6 対向型カソードとは何か？

2つのターゲットが向かい合った状態で放電を行ない、基板は直角方向に置いたスパッタ方式である。**図32**(a)は通常のマグネトロンスパッタ法を示しており、同図(b)は対向ターゲットを示している[9)]。通常はターゲットに向かい合って基板があるため、放電電圧が高いときには、基板に高速の反跳Arや高速の中性粒子、あるいは酸化物の膜などの場合は、高速の酸素負イオンなどが基板に直接衝撃を与えることになる。対向型の場合は、2つのターゲット間で放電が起こるため、放電スペースと成膜スペースが分離できることになり、これらの高速粒子による直接の衝撃が基板に働かないのが利点となる。それは同時に、スパッタ粒子も直接基板に入ってくる量が減少することとなる。対向型スパッタは基板が直角方向にあるため、ターゲット面積当たりの電力密度を同じにして成膜速度を求めると、基板が直角方向を向いているため、通常のマグネトロンと比べて、成膜速度はかなり遅くなる。

表1は、ITO膜を成膜した例であり、**図33**に成膜速度と比抵抗、キャリアー密度、移動度を示す[9)]。

この対向型の成膜速度を改善し、スパッタ空間のプラズマ密度の向上を図ったのが、V型カソードである[10)]。**図34**は、(a)旧FTSカソー

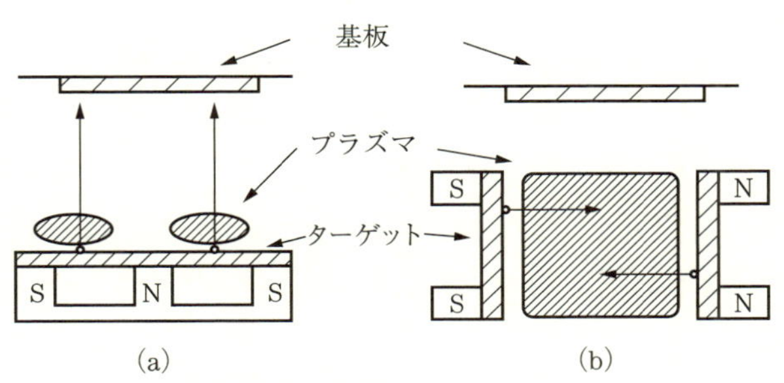

出典：星陽一、加藤博臣　信学技報　CPM2002-61

図32 (a)通常のマグネトロン、(b)対向ターゲット

表1　成膜条件

Discharge current	400～1000（mA）
Sputtering voltage	470～490（V）
Ar gas pressure	2×10^{-4}（Torr）
Sputter gas pressue	2（mTorr）
Substrate	Glass
Substrate temperatur	Room temperature

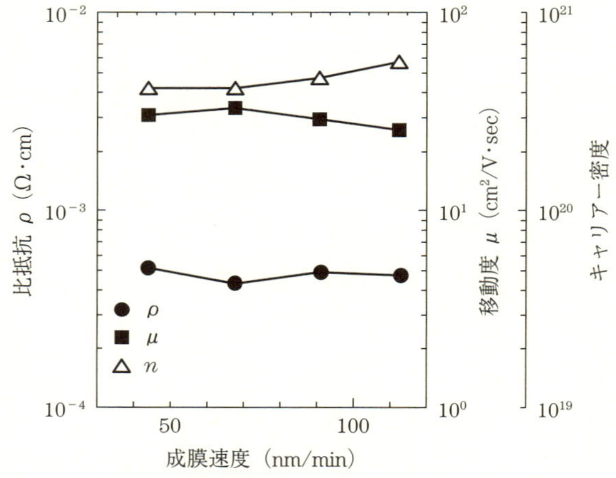

出典：星陽一、加藤博臣　信学技報　CPM2002-61

図33　電気特性の成膜速度依存性

ド、(b)新V型カソードの構成例である。特徴は、通常の平行カソードを基板側に開口（片側5度）させて基板側へのスパッタ粒子を増加させ、成膜速度として従来のFTSカソードの1.5倍～2倍程度の成膜速度を得たことだ。また、ターゲットを囲むように外部磁場を配置し強化して、二次電子などの荷電粒子を有効に閉じ込め、プラズマ密度を向上させている。**図35**は、ITOターゲットを用いて、FTSとV型のI–V特性を比較した。放電開始電圧で約100V程度の低電圧化が可能となり、高真空領域で放電時の電圧上昇が少ない。

図36は、圧力をパラメーターとしてO_2ガス流量を変えた時の比抵抗を示している。いずれの圧力においてもO_2流量に対して、極小値を持

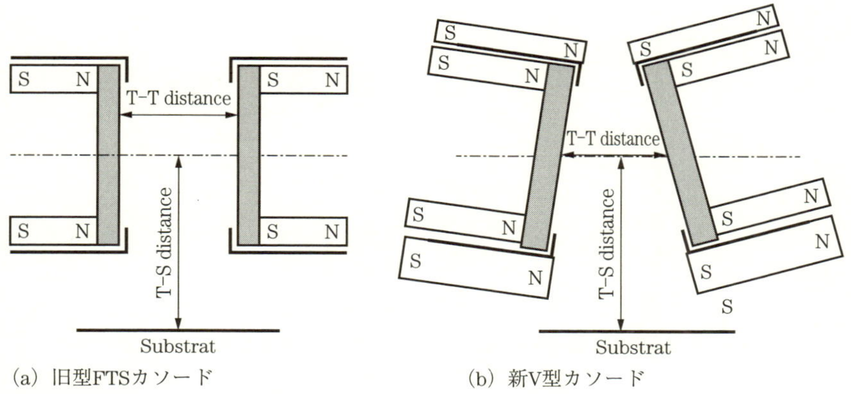

図 34　新 V 型カソードと旧型（FTS）カソードの構成

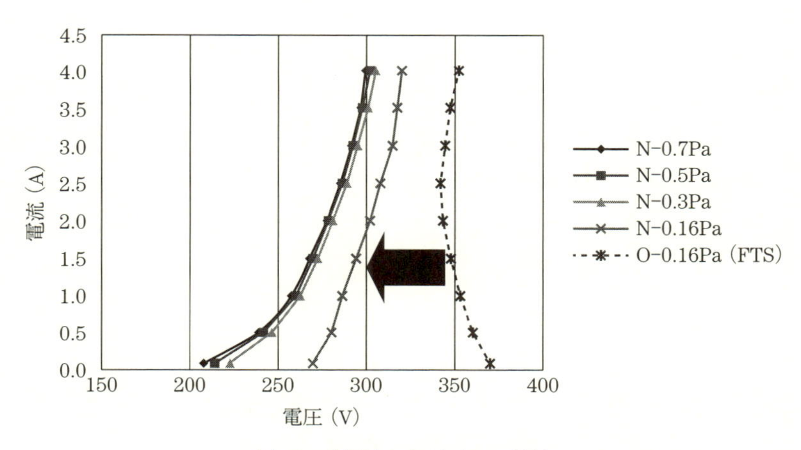

図 35　各圧力における I–V 特性

ち、高真空領域になるほど最適値は下がり 0.16 Pa に対しては、ρ：3.36 $\times 10^{-4}$ Ωcm と良好な結果となった。

これらの対向型の特徴としては、箱型あるいは円筒型というようにカソードがプラズマを閉じ込める形になっているのが共通しており利点としては、

① 高いプラズマ密度が得られる

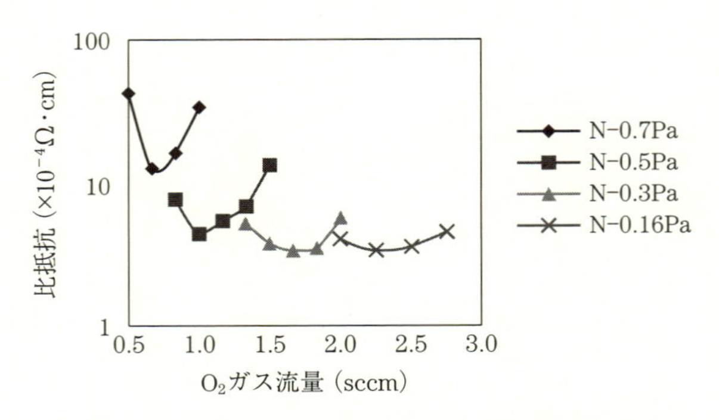

図 36　各圧力における比抵抗と O_2 ガス量の関係

② 低圧力で放電ができる

③ 酸化物などの反応性スパッタに適している

④ 低ダメージでのスパッタに適している

などがある。用途としては、磁性膜、ITO 膜などがある。

一方、不利な点としては、箱型のためにプラズマの均一性をどうするかなどの難しさから、装置の大型化には向いていない面があり、大面積化には困難が伴う。また、成膜速度を増加させるためには、電力密度を上げる必要があるが、そのためのカソード冷却性能の向上には限度があり、したがって成膜速度の増加にも制約がある。メモリーやセンサーなどの比較的小型の高機能膜への応用には適していると思われる。

1-7 反応性スパッタで SiO_2 を成膜したいときは、Si はウエハーでよいか？

反応性スパッタの場合は、ターゲットが導電性を持つことが必要である。通常は 3〜4 ナイン程度の金属を使うが、Si の場合は、B あるいは Al を入れて、比抵抗を下げたターゲットを用いる必要がある。抵抗が高いと放電電圧が上がってしまい、通常使われている DC 電源、パルス電源などでは、放電開始のイグニッション電圧が 1500 V 程度あっても、その後の放電電圧の上限値が 650 V 程度のものが多いので、放電を継続できない場合がある。

Siの場合は、1Ωcm程度以下にする必要がある。また多結晶のもので構わないが、ターゲット密度は高い方がよい。密度が低いと成膜速度が遅くなり、また膜厚再現性に難がある。また、Siに限らずITOやCrなども含めて、脆い材料のターゲットは、必ずしも1枚のターゲットではなくて、タイル上にして3〜4等分でBP（バンキングプレート）に貼り付けることができる。小さなアークは常に生じるので、ターゲットのコーナー部は時々チェックが必要である。タイル状にする場合は、タイル間の隙間に注意する。隙間が小さいと放電時に膨張して割れたり、大きいとBPとターゲットを接着しているInがスパッタされたりするからである。また、特に大きなアーキングは起きないように、注意しなければならない。

1–8 ターゲットはどこまで深く使えるか？成膜速度は深さで変わるのか？

ターゲットの厚みは通常15 mm以下であり、この範囲であれば、ターゲットが掘れたとしてもターゲットのエロージョン底部と磁石間が狭まることによるスパッタの成膜速度の変化は、生産上では大きくないと考えられる。通常1 mm程度残すまで掘って交換となる。生産上はいちいち測るわけにはいかないので、消費電力として電力×時間を管理して、メンテナンス時にチェックする。

図37は、メタライジング用のカソードで、この場合は25 mm程度の厚いものもあるが、この用途では、膜厚分布、成膜速度の変化はあまり問題にならない。

ターゲット粒子の飛んでいく方向による膜厚均一性と掘れ量の違いなども、成膜条件、特にガス圧力の違いなどの方が大きく影響する。掘れ量の違いでは、磁力の違いによりむしろプラズマの密度、放電電圧、プラズマの広がりなどに影響する場合は、膜質に注意が必要になる。カソ

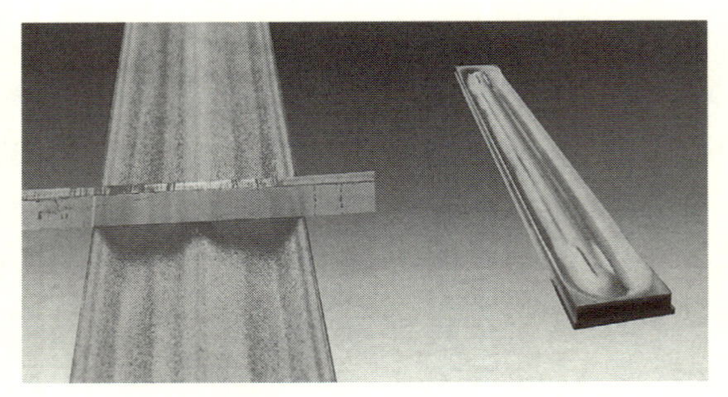

出典：Gencoa社技術資料

図 37　メタライジング用ターゲット（カソード）

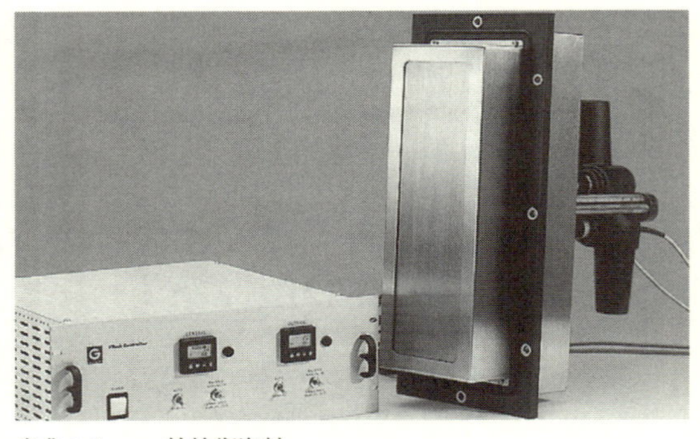

出典：Gencoa社技術資料

図 38　V Tech カソードおよびコントローラ（Gencoa 製）

ードによっては、ターゲット下の磁石位置を、放電電圧をキャッチして、自動的に下げる機構が付いたものもある。また、手動により、磁石の位置変化がプラズマや膜質にどのように影響するか実験できるようにしたものもある[1)]。

図 38 は、中心の磁石と左右の磁石の位置をそれぞれ降下できるようになっており、主としてバランスからアンバランスの変化を調節できるようにしたものであるが、両方同時に下げることで、磁石の位置をエロージョンの深さに応じて下げることができるようになっている。

1-9 ターゲットの冷却にはどんな方法があるか？

ターゲットの冷却方法は、カソードメーカーによっていくつか違いがあるが、**図39**に構造例を示す。基本的には板状ターゲットがあり、その下にターゲットの剛性を上げるためと、冷却効率をよくするために、Cuでできた裏板（通常バッキングプレート：BP）をInなどでろう付けし、その下には、ダイアフラムという薄い板を置いて、冷却水がたれるのを防いだり、あるいはダイアフラムをなくして、直接冷却水でBPを冷却する方法などがある。

生産ラインなどでは、スループットを上げるために、電力はどんどん上げていきたくなるので、ターゲットの冷却は大変重要である。ターゲットの冷却が悪いと、電力を上げていった場合に、ターゲットの冷却が追いつかず、冷却水が沸騰したり、あるいはその前に、インターロック機構が働いて、自動停止してしまったりということがある。Snターゲットのような低融点ターゲットの場合は、最悪の場合、メルティングして落下してしまうこともある。

冷却水を流すので、水漏れにも注意が必要である。水のシール部は通常O-リングを使ってリークしないようにするが、O-リングは傷がつかないように、ゴミなどの付着がないように注意する必要がある。

図40に、各種のターゲット冷却構造を示す。図には描いていないが、この下にO-リングを介して、冷却水、磁石などが配置される。磁石は

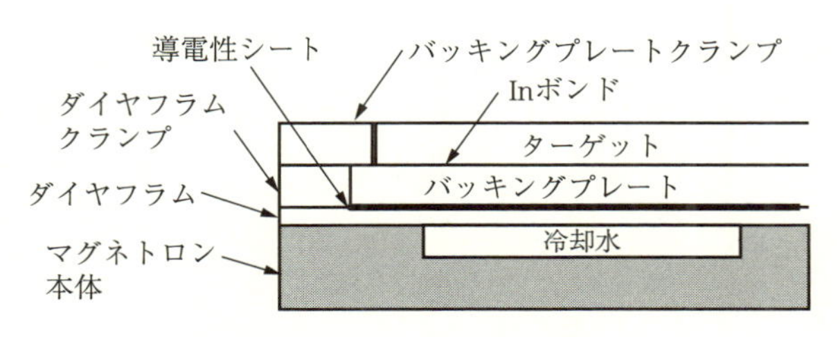

図39　ターゲット冷却構造

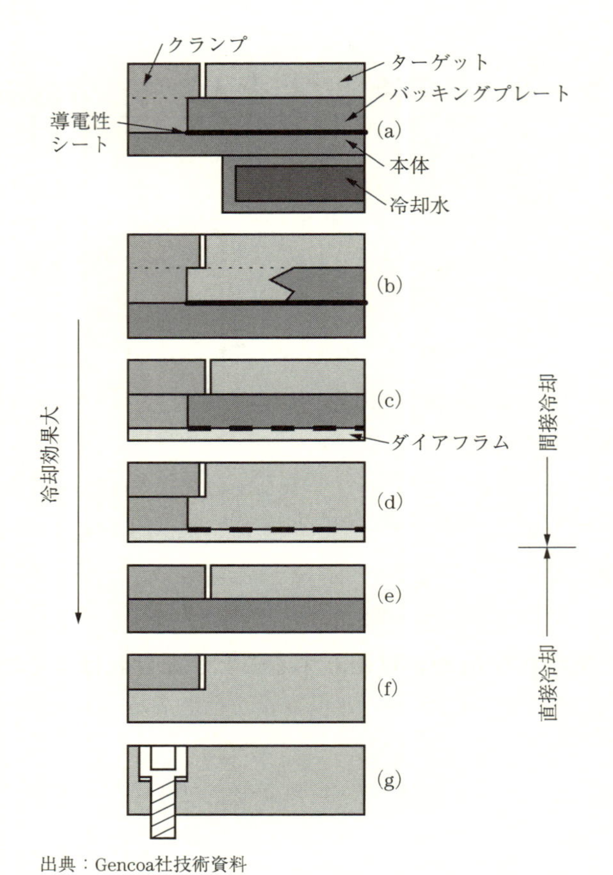

出典：Gencoa社技術資料

図 40　各種ターゲット冷却構成

冷却水の中に入れて、磁石も同時に冷却する場合と、大気外に出して回転、移動が可能にすることもできる。図 40(a) から (d) までが、間接冷却で、(e) からが直接冷却といえる。間接冷却の場合は、ターゲットあるいは BP の裏面が冷却水に効率よく冷却されるために、接触面の表面平滑性がよくないと、冷却性能に問題が起きる。(f)、(g) は BP を使わずに、BP 部を含めてターゲット材料で一体に作ってしまう例である。Al を反射ミラー用にスパッタする場合など、金属膜を次々に厚く付ける用途の場合は、できるだけターゲットを厚くしたい。ターゲットの材料が安く、加工が容易な場合は、ターゲット材をBPを兼ねた形にした構造が可能となる。

水漏れをしないようにするために、クランプ部は、全体にわたって、均一に締めるように注意が必要である。

1–10 電力はどのくらいまで投入できるのか？

通常は、投入電力をターゲット面積当たりで計算して、10 W/cm^{2}程度を標準に計算することが多い。したがって、長さ50 cm、幅10 cmの矩形ターゲットの場合は、5000 Wすなわち5 kW程度ということになる。

生産で使う量産機の場合には、コストを考えると大きな電力で、成膜速度を上げてスループットを上昇し、コストを下げることが要求される。その場合の最大投入電力は、カソードの冷却速度で制限される。冷却速度が速くて、電力を投入しても、ターゲットが過熱されて割れたり、BPとの接着で使われるInが溶けたりすることがなければ、そこまで投入できることになる。

コストからの要求だけではなく、性能的にも、Alミラーのように、Al金属のスパッタをする場合などでは、ミラーの反射率を上げるためには、できるだけ電力密度を上げ、放電ガス圧力を下げ、すなわち高真空で行ない、短時間での成膜が要求される。このような場合は、短時間の繰り返しではあるが、70〜80 W/cm^{2}程度になることもある。

また、スパッタカソードやプロセスの成膜速度の違いを比較する場合には、単純に速いといっても比較できないので、同じ電力密度に換算して比較しないと意味がない。スパッタの場合は、電力に成膜速度が比例するので、2倍の電力密度にすれば、2倍になる。また、T–S間距離（ターゲットと基板間距離）も同様に換算が必要である。通常の放電条件では、およそ反比例に近い場合が多い。ただし、装置が異なっている場合のT–S間距離の違うデータの比較のための換算は難しいので、正確に比較したい場合は、同じ装置で行なうしか方法がない。

2. アーキング対策とアノード

2-1 アーキングとは何か？

アーキングというのは、ターゲットの一部から、さまざまな原因により瞬間的にアーク放電を生じ、異常に大きな電流が流れることにより、電圧が落ちてターゲットの一部などが溶け、スプラッシュを生じるような状態を指している。

アーキングが発生すると、スパッタで必要な安定したグロー放電ができずに、脆いターゲットの場合は、ターゲットにクラックが生じたり、割れたり、溶けたりする。また、膜はドロップレットのような塊になって基板に達するため、膜の欠陥の原因となり、膜のクラック、ピンホールなども生じることがある。いずれにしても、本来の安定したスパッタができないので、膜質も膜厚もコントロールできない。

アーキングの生じる状態を大きく分けると、

① 反応性スパッタ中に、金属ターゲットを使用し、DC 電源を使い、反応性ガスとして O_2、N_2 ガスなどを導入して、絶縁体の膜を作製中

② Al のような非常に酸化しやすい金属ターゲットなどで、空気中あるいは、真空チャンバー中の残留水分により表面に薄く酸化物などの皮膜が生じている場合に、金属膜のスパッタ中

③ ITO などの導電性セラミックターゲットなどで、微量 O_2 を加えて行うような、反応性スパッタ中

などに分けられる。

通常アーキングといった場合に、①を指す場合が多いが、それは、大面積に均一に絶縁膜をスパッタするニーズが増え、大きなDC（パルス）電源を使い、金属ターゲットからスパッタすることで、コストダウンが可能になるということがある。この場合は、DC電源を使うため、アーキングが最も大きなトラブルとなり、アーキングを減らすことが、この方式のスパッタにおいて、最も重要な課題であるからである。RF電源を使った場合は、このアーキング問題からは逃れられるが、RF電源は、50 kWを超えるような大きな電源は、価格や電源の大きさなどの問題から実用的には使えない。

2–2 アーキングはなぜ起きるのか？

ここでは、前項①に挙げた、反応性スパッタでの絶縁膜を作製する場合を中心として解説する。

アーキングの生じる原因については諸説あるが[1–3]、現在考えられている代表的なものについて述べる。**図1**は、反応性スパッタで絶縁物の成膜を行なうときに、ターゲット上に生じる絶縁物の堆積の様子と、そこに生じている電荷の堆積（チャージアップ）の様子を模式的に示したものである。現在ほとんどのカソードで使われているマグネトロン放電では、ターゲット上は、Arイオンによりスパッタされ、スパッタ粒子が飛んでいくエロージョン領域とその周辺に広がる非エロージョン領域

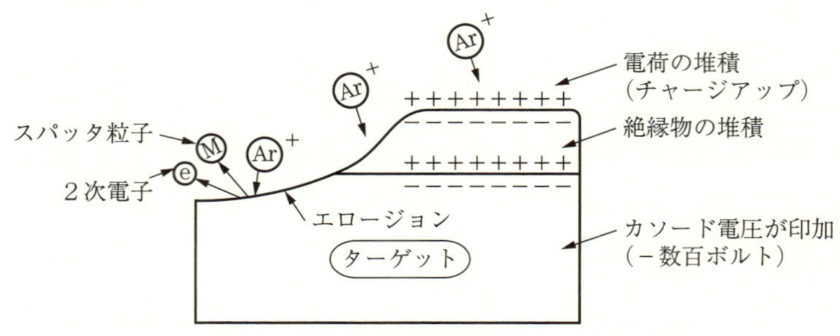

図1　ターゲット上での堆積物のチャージアップ

とに分かれる。非エロージョン領域には、エロージョン領域でスパッタされた金属原子が酸素、窒素などと反応した絶縁物が、基板だけでなく、自らのターゲット表面にも堆積する。堆積した絶縁物の上にもArイオンは降り注ぐために、その表面にはAr^+のプラスイオンが蓄積する。スパッタが進行するとともに、このチャージアップも増加する。カソードに加えられている負の電圧が、ここに堆積している絶縁膜の耐圧を超えたときには、チャージアップした電荷により、絶縁破壊を起こしてアーキングが生じる。絶縁物がSiO_2で100 nm厚の堆積があった場合を例にとると、もしカソードに働いている負電圧が500 Vの場合、5×10^7 V/cmの電界がかかり、常温でのSiO_2やSiOなどの耐電圧は、それぞれ7×10^6 V/cm、10^6 V/cmである。すなわち、耐電圧より一桁、あるいは二桁大きい電界がかかることになり、絶縁破壊が生じる[2)]。

アーキングの発生は、図1に示したような絶縁破壊ばかりではない。**図2**は、アーキングが発生すると考えられる様子を示した模式図である。同図(a)は絶縁破壊の場合を示している。(b)は堆積した膜がもっと厚くなり、絶縁破壊ではなくチャージアップした電荷が、その一番近い負電圧が働くエロージョンの表面とアーキングを起こした場合である。絶縁

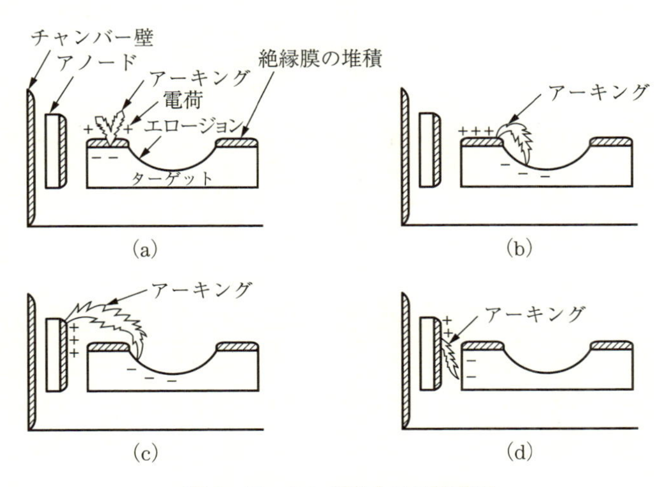

図2　アーキングの生じる模式図

物の堆積は、アノード上にも生じる。(c)はアノード上に堆積した絶縁膜のチャージアップとエロージョンとの間に生じるアーキングを示している。(d)はアノードでのチャージアップが、エロージョン側ではなく、カソード側面とアーキングを起こした場合である。

また、この図にあるように、チャンバー壁も絶縁物が堆積する。バッチ装置などで、厚膜を長時間スパッタしたような場合には、チャンバー壁との間にもアーキングが生じる場合がある。アーキングの発生について、反応性スパッタの場合を中心に説明したが、(d)の場合は、Alなどの酸化されやすいターゲットを用いて、金属スパッタを行なう場合に生じやすい例である。メタライジング用に金属膜をスパッタする場合は、大きな電力を投入し、また金属膜であるため、導電性の膜と残留水分などでの絶縁膜との組み合わせになり、大きなアーキングがカソード表面やアノードとカソードの間など一箇所にとどまらずに暴れまわることがある。この原因は、残留水分による絶縁膜が薄くターゲット表面を覆うことによるチャージアップが主たる要因と考えられる。

ITO膜などで見られるアーキングは、主としてマイクロアークのような、小さなアーキングの症状を示す。これは主として、ターゲットのエロージョンやエロージョンと非エロージョンの境界に生成する特有な突起物であるノジュールに関係していると考えられている。ノジュールはターゲット表面へのスパッタ膜再付着や防着板などから剥離したITOパーティクルなどの落下、Arイオンエッチングによるスパッタリングコーンの発生などが誘引となり、酸素分圧の増加により多く発生すると見られている[4,5]。

2–3 アーキングを減らすにはどうすればよいか？

ここでは反応性スパッタでのアーキングから検討する。アーキングが起きる原因が、非エロージョン領域での絶縁物堆積によるチャージアップであることがかなり明確である。したがってチャージアップをなくす

るには、どうしたら良いかということになる。これには、

① 非エロージョン領域をなくして、チャージアップが生じる絶縁物の堆積が起こらないようにする

② 絶縁物のチャージアップを電気的に中和する

という2つの方法がある。

また、対症療法的な手段ではあるが、これに加えて

③ アーキングが起こった瞬間に、電源をOFFにしてアーキングを停止する

という方法もある。

①については、カソード側からのアプローチとして、円筒型カソードを使う場合とフルエロージョン型の平板型カソードを使う方法がある。どちらについても考え方は、もともと非エロージョンが生じる原因が、マグネトロンで発生させる平行磁場によるプラズマのターゲットへの集中から起きているわけであるから、マグネトロンによるプラズマの集中がターゲットの狭い領域に固定しないようにすればよい。すなわちマグネトロンとターゲットを相対的に動かすことができれば、非エロージョンの堆積が生じなくなる。

円筒型のカソードの場合は、カソードの項で述べたように、相対運動を行なう際に、そのカソード形状が特殊であるために、コストやターゲットの種類、純度などいくつかの課題があるが、非エロージョンをなくするという面では効果的である。ただし、Siなどのターゲットの場合は、導電性のための不純物の入れ方によっては、そこからのアーキングがありうるので、注意が必要である。

平板型カソードに磁石移動機構を付ける場合は、ターゲット形状が従来と同様なため、一般的に多くのプロセスで用いられているが、磁石回転、移動の仕方などにそれぞれ特徴があるので、用途に適したカソードを選択することが重要である。

②については、主として電源側からのアプローチとなる。1つ目は、カソードを2台用いて、交互にサイン波またはパルス波をかける方法で

ある。すなわちデュアルカソードである。カソードの項で述べたように、片方がカソードとして放電している間に、他方はアノードとして働きそのときには電子が流入するので、チャージアップは中和される。その繰り返しとなるので、常に両方のカソードは電位が入れ替わりチャージアップは生じない。

2つ目は、カソードは1台のままでパルス電源を使い、パルスの波形を単に繰り返すのではなく、瞬間的にプラスにした時間を挿入して電子を引っ張り中和する方法である。**図3**に波形を示す。同図(a)はt_1–t_2にはマイナス電位がかかり、スパッタが生じ、t_0–t_1間はプラス側にわずかに持っていった電位にすることで、電子を呼び込みチャージアップを中和している。(b)はあえてプラスまでしていないが、0Vになった時点で電子の動きは速いので、中和が期待できる。

Alなどの金属膜をスパッタする場合のアーキングについては、基本的には残留水分が影響しているため、スパッタ前の背圧を十分低くすることが重要であり、さらにプリスパッタを行なってターゲット表面をクリーンにすることで対策可能である。チャンバー解放時は、チャンバー内部が冷えて水分の凝縮がないように、冷却水の代わりに温水に切り替える方法も有効である。

ITOなどでは、ターゲット密度を上げて電気伝導度を向上させ、またパーティクルの発生を防ぐことが重要であると考えられている[4,5]。ま

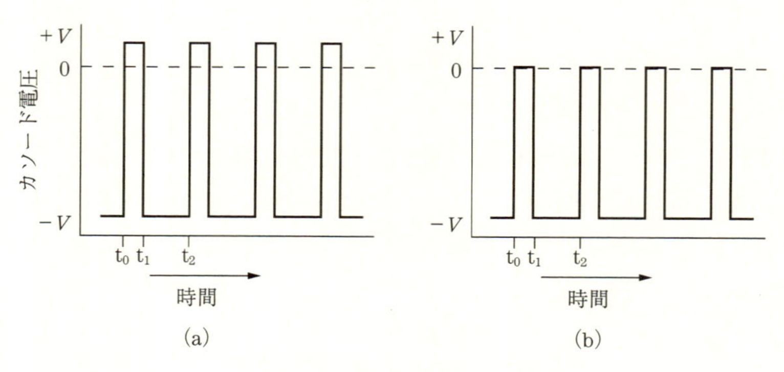

図3 カソードへのパルス波形

た、ITO膜をRF電源でスパッタするときに、特徴的に現れるアーキングとして、ターゲットのエロージョン最深部に沿ってアークが回転するような独特の形が現れる。この場合はRF電力を100〜200 Hzの周期、75〜90%のデューティー比にて時間変調することで、このようなアーキングを抑制することが可能である[6]。

2-4 アノード消失とは何か？

絶縁膜を反応性スパッタで成膜するときには、図2に示したようにカソードの非エロージョンのみでなく、アノード、チャンバー壁も徐々に絶縁物で覆われてしまう。アノードに電子が流れ、カソードにイオンが流れて回路が形成でき、放電が継続できるが、アノード、チャンバー壁が絶縁膜ですべて覆われると、電子の通路がなくなってしまい、放電が継続するために必要な流れの一部が閉ざされてしまうことになる。これをアノード消失という。プラズマからイオンがカソードにボンバードのために出ていくので、プラズマからアノードに電子を集めることにより、プラズマの中性を保つと考えることもできる。

通常はカソード近傍に置かれたアノードのみでなく、チャンバーも接地してあり、アノードの一部を担っている場合が多い。そのため、アノードがすべて絶縁膜に覆われても、チャンバー壁が大きいので、すぐにアノードがなくなってしまうことはないが、そのまま放電を継続していると、チャンバー壁も絶縁物で覆われることになる。

アノードに絶縁物が堆積すると、アーキングが生じたり、アノード近傍の電界が変わってプラズマ形状が変わり、膜厚均一性に影響したりする。

2–5 アノード消失を防ぐには、どんな方法があるか？

アノードに絶縁物の堆積が起こって、電子の通路がなくならないようにする方法としては、

① デュアルカソードを使う

② ヒデュンアノードあるいはカバーアノードを用いる

が考えられる。

また、アイデアとしてデュアルアノードにするという方法などがある。

①はカソードの項で述べたようにカソードを2台使い、交互にカソードとアノードの役割交換をして放電する方式のため、Arイオンによるボンバードが常時両方のターゲット表面に行なわれる。両方のカソードともエロージョンが生じており、すべて非エロージョンになることはない。そのため、非エロージョンに絶縁物が堆積してもエロージョン部が確保されており、したがって、アノードになったときには電子の通路は確保されている。これは大変シンプルな発想で、上手くできている方法である。ただし、2台使うことにより、コスト面と真空装置の中でのサイズを大きくとる必要性から、装置設計上の制約が出てくる点は不利である。

②は、通常の1台のカソードを使って、絶縁膜がアノードに堆積しない方法の一つである。ヒデュンアノードというのは、文字どおり隠されたアノードということであり、アノードをカソードの近傍に置くことは同じであるが、絶縁物の堆積が起こるアノードとは別に、カソード側から見たらアノードの影になるような位置に多層のフィンが付いたような構造にして設置したものである。**図4**に模式図を示す。同図(a)は従来のアノードを示している。絶縁膜がその表面に堆積してしまう。(b)はヒデュンアノードを設置した場合である。フィンを多層に重ねるのは、フィンの入り口の隙間に対して奥行きを深くとることにより、いわゆる

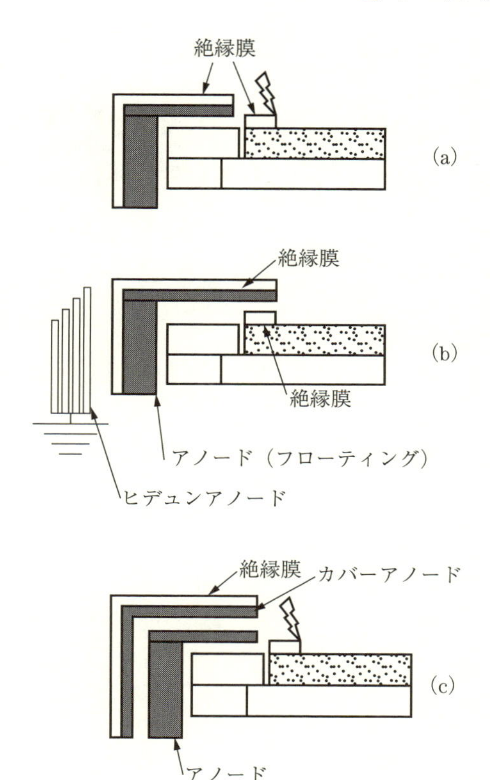

図4　ヒデュンアノード模式図

高アスペクト比になっているため、絶縁膜が付着しにくくなっているからである。フィンの向きも膜がくる方向からは、直角にとればさらに効果的である。**図5**に実際にヒデュンアノードを取り入れたカソード例を示す[7)]。同図(a)は矩形のカソードで、長手方向の外側に平行して出っ張った形にでている部分がヒデュンアノードであり、(b)は丸型カソードの一番外側のシールド板の内側に入っているためシールド板がヒデュンアノードぶんだけ大きくなっている。図4(c)はアノードをアノードシールドでカバーした形になっており、アノードに堆積しにくくなっている。この場合は短時間の使用しかできない。

また、①のデュアルカソードを使った場合には、

(a) 矩形ヒデュンアノード付きカソード

(b) 丸形ヒデュンアノード付きカソード

出典：Gencoa社技術資料

図5　ヒデュンアノード付カソード

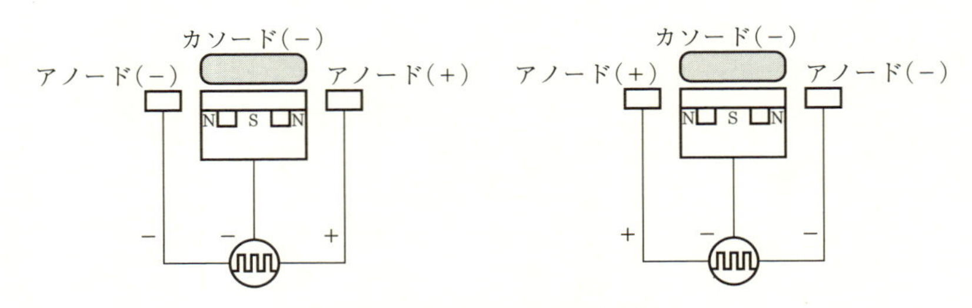

図6　デュアルアノードの模式図

＊プラズマの広がりで、基板が加熱される

＊電力損失が大きい

＊2つのカソードの磁界がまったく同じでなければターゲットの減り方が違ってくる

＊既製品のカソードを変えたい場合、スペース的に合わない

など、不便さも指摘される。

デュアルアノードという構成も提案されている[8)]。

図6は、デュアルアノードの考え方を模式的に表したものである。1台のカソードを使い、カソードにはパルス電源をかけプラスにはならないようにする。2つのアノードの電位を交互にスイッチングさせて、カソードと同じ電位になったり、アノードの電位になったりする。この場

合はアノードがマイナスになって、カソードと同じ電位になったときにはアノード表面がスパッタされて、汚れとして基板に膜が付く可能性があるため、実際に使われている例はまれである。アノードの構成材料をターゲットと同じ材料にする必要がある。

2-6 アノードにはどんな形状があるか？また、プラズマにどんな影響を与えるか？

スパッタを安定に継続することが、量産装置では重要であるが、カソードと同様にアノードがなければ、安定した放電はできない。また膜質

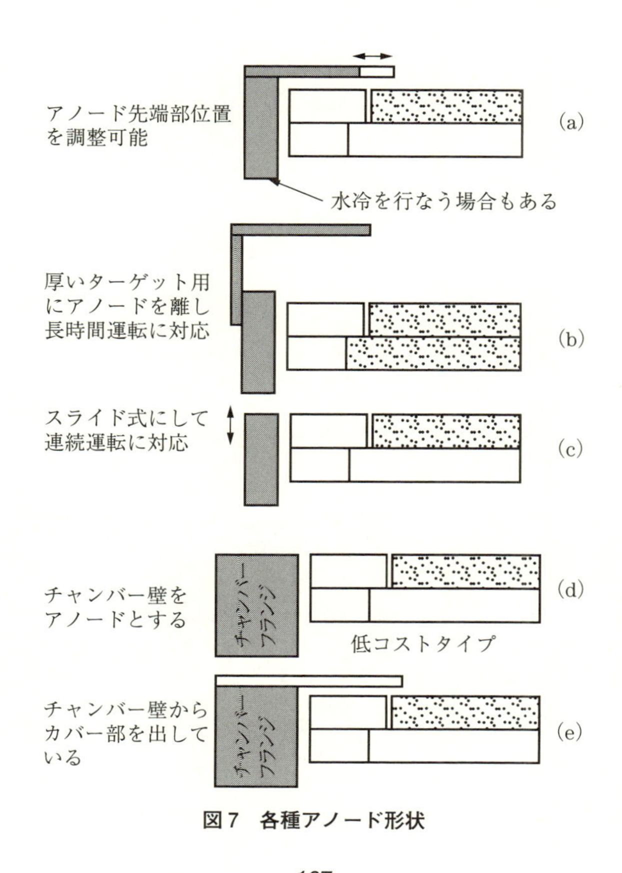

図7　各種アノード形状

にも影響してくる。**図7**はアノードの形状を示したものである[7)]。同図(a)は、電子の入射のためのカバー部を調整できるようにしている。また、アノードには電子が流れ込んでくるため加熱され、スパッタ電力によっては、アノード部も冷却をする必要がある。ターゲット上でのプラズマ形成にアノード位置は重要である。(c)はエロージョンに応じて、アノード位置をスライドして合わせるようにしたものである。

図8は、スパッタ時における電子の受け皿となるアノード先端部とマグネトロンとの兼ね合いを模式的に示している[7)]。アノード位置は両方とも同じであるが、バランス型では電子がアノードにすべて捕捉され基板には入射しない。アンバランス型では、電子がマグネトロンプラズマに逃げ、プラズマが基板側に広がる。基板が加熱されるが、プラズマにより膜質にも影響を与える。このように、アノードの位置はマグネトロ

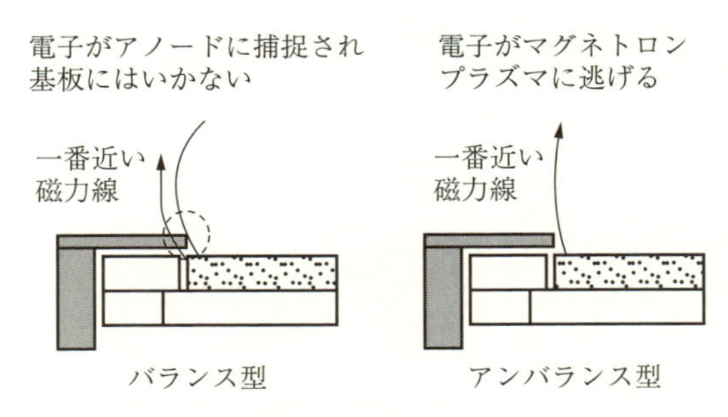

図8　バランス型とアンバラス型でのアノード

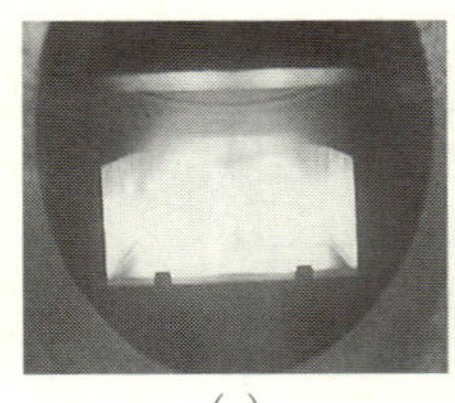
(a)
アノード開口幅
147mm
アノード接地

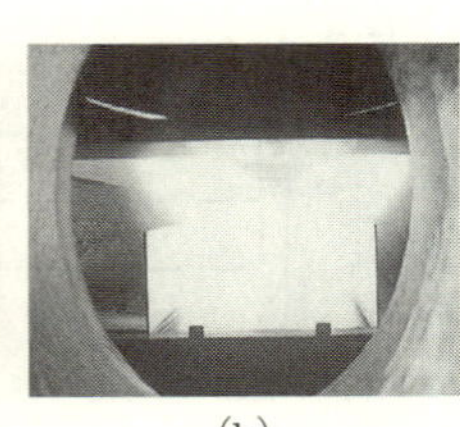
(b)
アノード開口幅
149mm
アノード接地

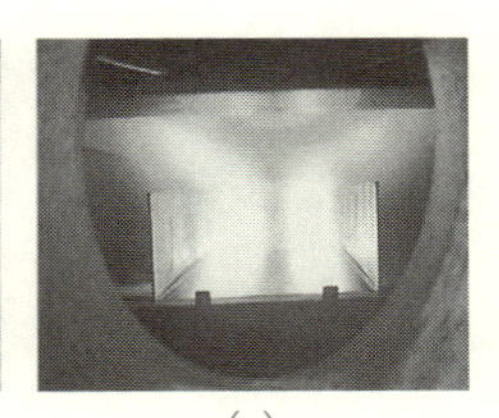
(c)
アノード開口幅
147mm
フローティングアノード

図9　アノードによるプラズマへの影響

ンとの相対的な関係になるので、アノード形状には用途を含めて吟味する必要がある。

図9は、アノード間距離、接地、フローティングのプラズマへの影響を見た例である[7)]。同図(a)はターゲット幅に合わせて、アノード接地でアノード間距離147 mmの場合を示している。アノードが近いことにより、電子がアノードへ捕捉され、プラズマがターゲット上に小さく閉じ込められる。(b)はわずかにアノードを広げたことで、プラズマの広がりが大きくなり、基板に近づいているのがわかる。(c)はフローティングにした場合である。プラズマがさらに基板近くに広がり、そのため密度は低くなり全体に拡散した様子が見える。

図10は、反応性スパッタのアノード間隔を変化させた場合の、電子の流れと絶縁物の堆積の様子を示した模式図である[7)]。同図(a)はアノード間が適正の場合である。(b)はアノード間を広げた場合を示し、絶縁物の堆積が増え、エロージョンとの間でアーキングが生じ始めている。(c)でさらにアノード間を広げていくと、電子がアノードに流れず、放電のための抵抗が上昇し、チャージアップがさらに進んでアーキングが多くなる。

図11は、TiO_2膜を成膜して、図10に示した状態でのスパッタを行

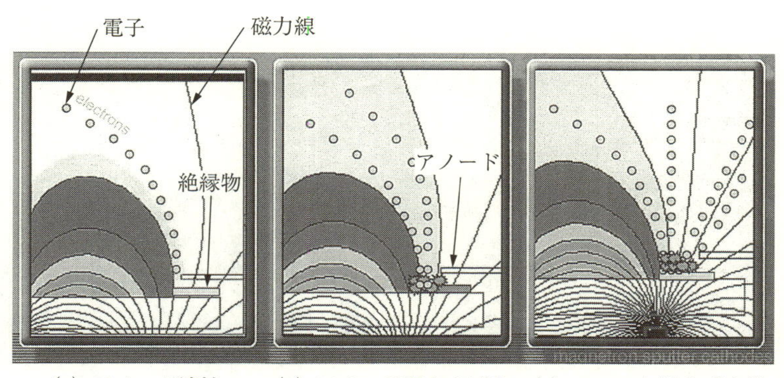

図10　アノード位置と電子の流れの模式図

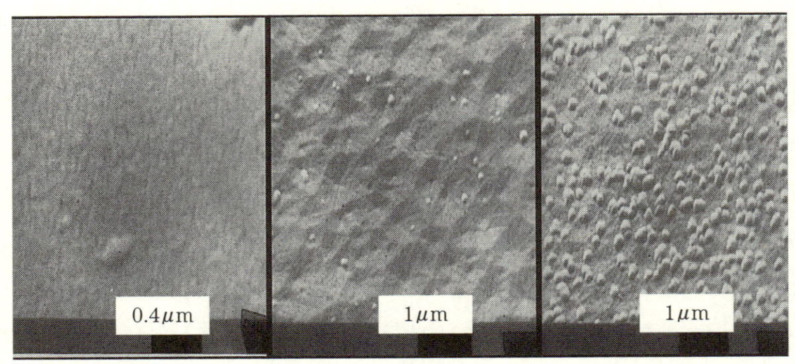

(a) アノード適性　(d) アノード間を広げる　(c) アノード間広げすぎ

図 11　TiO_2 膜の欠陥

ない、アノード間距離の適正な場合と適正でない場合の違いによる膜欠陥の量をチェックした例である[7]。図 11(a) はほとんど欠陥は見えないが、同図(c) のアノード間を広げてアーキングが多発した場合は、粒状の欠陥が多数生じているのがわかる。

3. コンポーネント

3-1 スパッタ用電源にはどんな種類があるか？

スパッタプロセスでは、電源によってどのようなエネルギーを加えるかで、放電中の膜質に大きく影響する。電源としては、すでに放電の項で述べたRF電源DC電源、パルス電源、AC電源などがある。**図1**に電源の電圧波形を示す[1)]。

AC電源の周波数は、パルスと同程度の50 kHzから100 kHz程度の周波数がよく使われる。AC電源をカソード1台で利用することは少ない。波形を見るとわかるように、電力量がDCやパルスに比べて不利であることやパルスのように波形を変えて、デューティー比を変えたりすることができないために、膜質への効果という面でパラメーターを増やせないということに起因している。化合物膜を反応性スパッタで成膜する場合には、アーキングの問題があるために、その対策として2台のカソードを使い、同図(e)のように位相を反転して行なうデュアルカソードの方式には都合がよいためによく使われる。

金属膜では、RF、DC、パルス、ACのどれを利用してもスパッタは可能であるが、膜質を制御するための手段で使い方が分かれる。

化合物膜では、RF、パルス、ACを使うことになる。RF電源を使った場合は、通常13.56 MHzあり周波数が大きい。そのため、RF放電領域ではイオンは動けず、電子だけが周波数に追従可能なために、Arイオンによるターゲット上の非エロージョン領域へのチャージアップという問題が起きない。つまり、どのようなターゲットでも放電可能である。

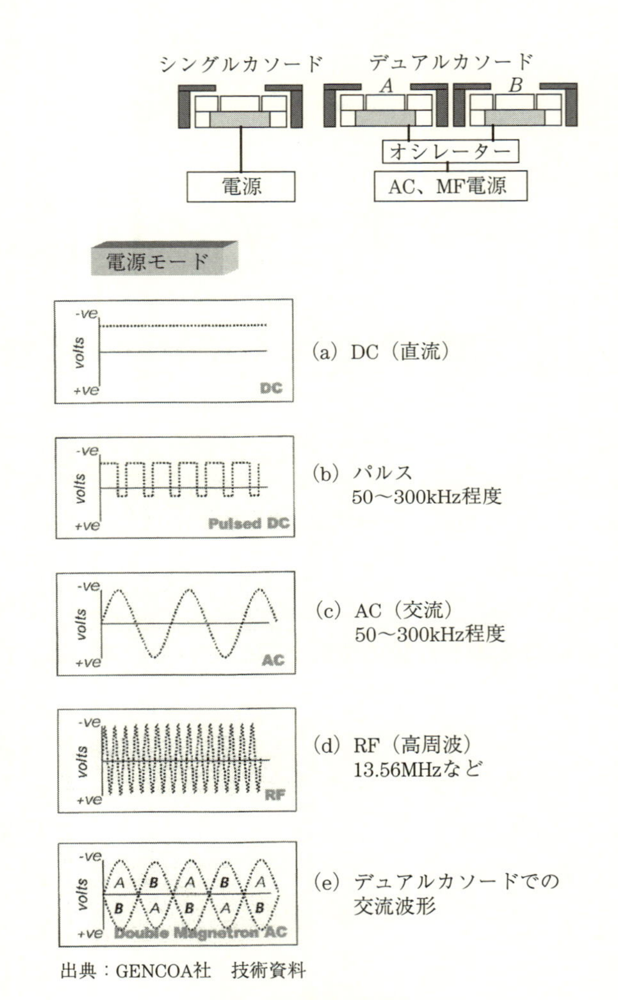

図1　各種電源の波形

そのため、作りたい膜と同じターゲットを作れば、その膜ができるという利点がある。ただし、大きな基板に大電力で付けるというには、kW当たりの価格がDCなどに比べて高く、サイズも大きくなり、大きい電源でも30 kW程度までである。また、成膜速度が遅いということや欲しい化合物ターゲットの製作が厄介なことも多く、コストも高い。

最近のディスプレー用の膜などでは、大面積での均一成膜を要求されるため、パルス電源を使った反応性スパッタを利用することになる。この場合は、ターゲットとしては、導電性ターゲットが必要になる。

スパッタプロセスにおいて、エネルギーを投入する手段としての電源は重要である。近年多く使われる電源として、デュアルカソードでのAC電源、パルスDC電源、また将来的に可能性を秘めたHIPIMS電源などがあるが、ヒュッティンガー社は、この分野で多くの実績を持っている。

スパッタプロセスにおける機能膜作製には、スパッタ粒子のイオン化率を上げることが重要であり、HIPIMSはその候補の一つであるが、成膜速度の低下が課題であった。

HIPIMS（High power impulse magnetron sputtering）において、各パルスを変調させて成膜速度を向上させた例を紹介する[2)]。

図2は、従来のHIPIMSと変調したMPP（Modulated pulsed power）HIPIMSを示している。(a)は従来の波形であり、デューティー比は10%程度である。(b)は変調した後の波形を示している。違いは、1つのパル

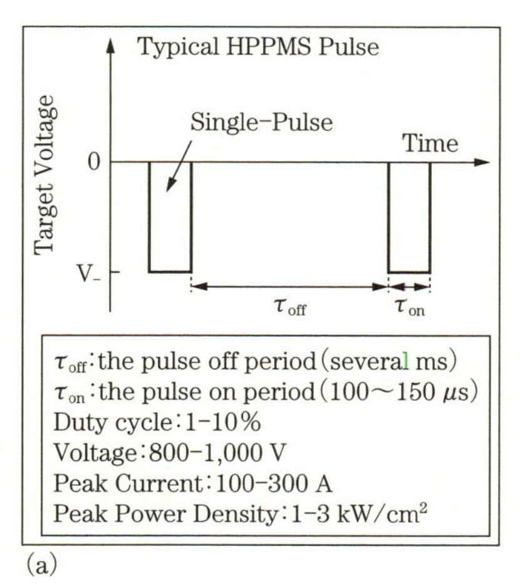

(a)

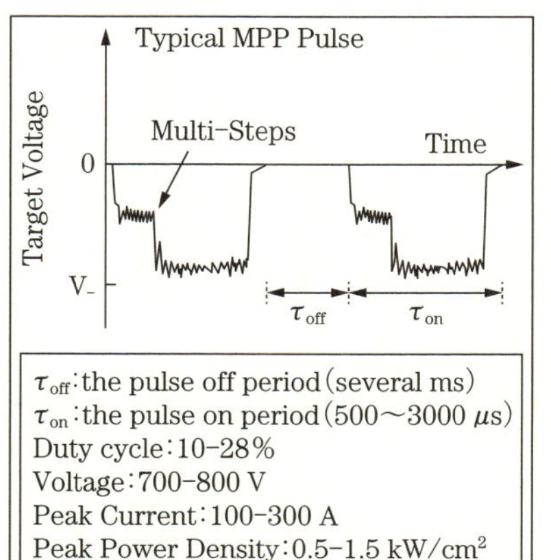

(b)

出典：メンテナンスリサーチ社技術資料

図2　典型的なターゲット電圧波形とパラメーター
(a) HPPMS（High power pulsed magnetron sputtering）
(b) MPP（Modulated pulsed power）

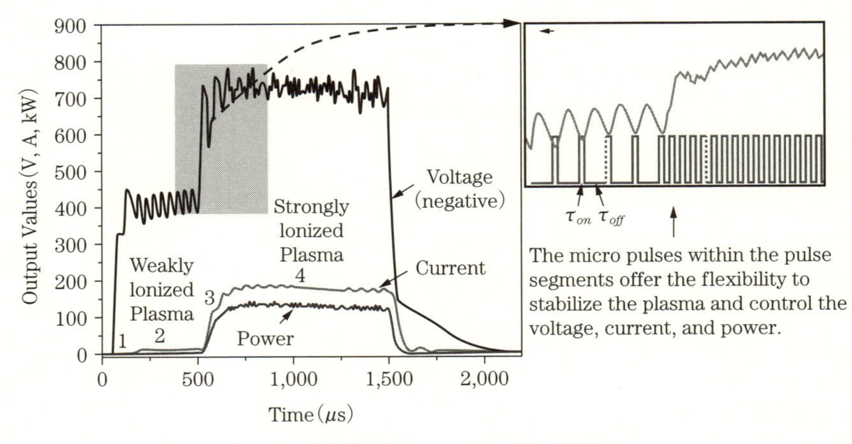

図 3　パルス中の典型的なターゲット電圧、電流、パワー
1：低いイオン化放電部　2：低い放電
3：低電力から高電力イオン化放電への移動
4：強いイオン化部

スに2段階のステップを作り、デューティー比も大きくなっているところだ。変調の仕方は**図 3** の右の詳細図に示している。1つのパルスの中を非常に微細なパルスを導入して、その微細パルス間隔を荒くすると電圧が下がり、次に微細パルス間隔を密にして電圧の高いパルスを作っている。こうすることで、各パルスの最初のステップで安定に放電開始して、次のステップで高いイオン化率を達成するという合理的な電力投入ができる。**図 4** は、Cr 金属膜で DC 電源と比べた場合の主要なスパッタ粒子のイオン化量を示している。(a) は DC の場合であり、(b) は MPP-HIPIMS での Cr 金属膜、(c) はさらに N_2 ガスを導入し、反応性スパッタとして CrN 膜を成膜した場合である。DC の場合は、Ar ガスが主たるイオンになるが、MPP にすると、Ar イオンとともに Cr イオンが大きく増加しているのがわかる。(c) は、N_2 ガスの増加により、N_2 ガスのイオン化も進むことがわかり、化学量論性化合物の作製に有効と考えられる。**図 5** は、スパッタ粒子のエネルギー分布を示しており、一般のパルスの場合には、100 eV 位まで高い粒子が分布している。MPP の場合には、4 eV 程度と低いエネルギーにピークがあり、欠陥の少ない、内

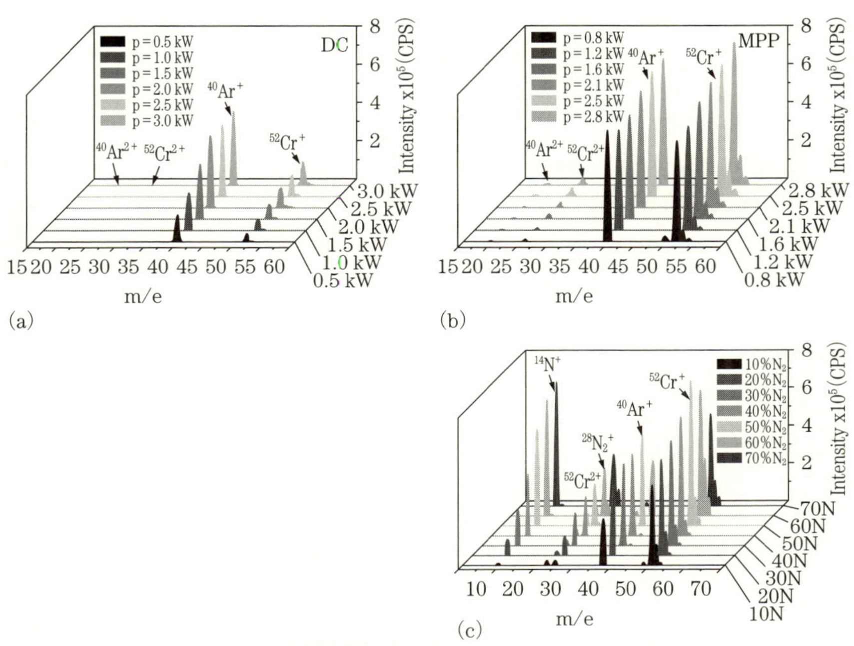

図4　イオンの質量分布
(a) DCMS (b) MPP (Cr 膜) (c) MPP (CrN 膜)

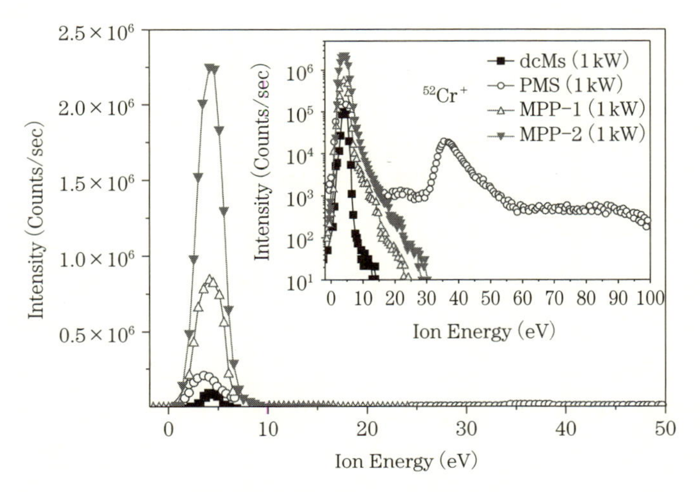

図5　イオンエネルギー分布 (Cr^{+})

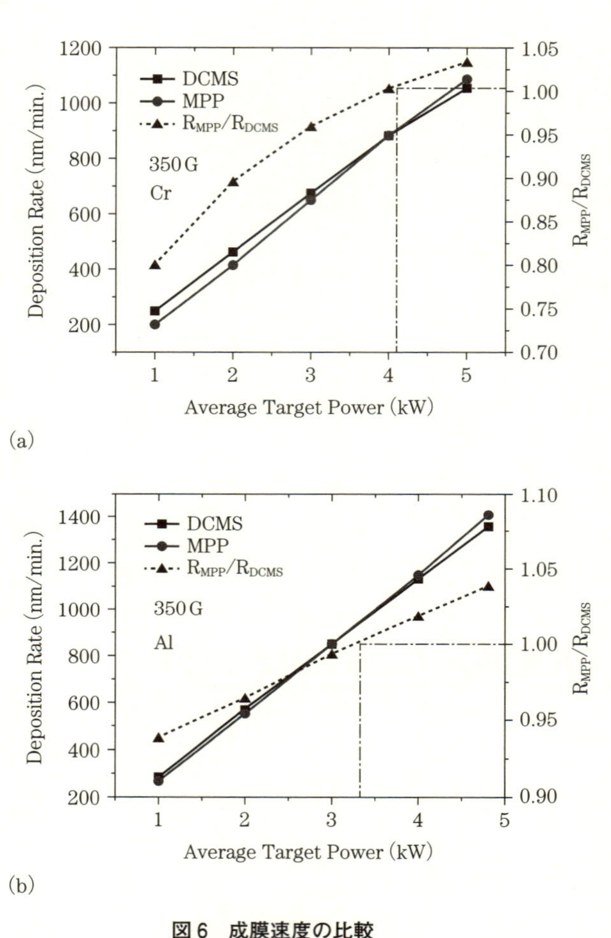

図 6　成膜速度の比較
(a) Cr 膜、(b) Al 膜

部応力の低い膜が作製できる。成膜速度に関して、HIPIMS は、平均パワーにおいて DC よりかなり低いといわれているが、MPP を用いることで大幅に改善し、DC に近づいている[3, 4] (**図 6**)。**図 7** に示すように、Cr 膜での微細構造を比較すると、DC の場合には大きな結晶粒子になっているが、MPP の場合には微細粒子になり、たとえば硬さ試験において、4–5 GPa（DC）から 8–15 GPa（MPP）に向上している。低いイオ

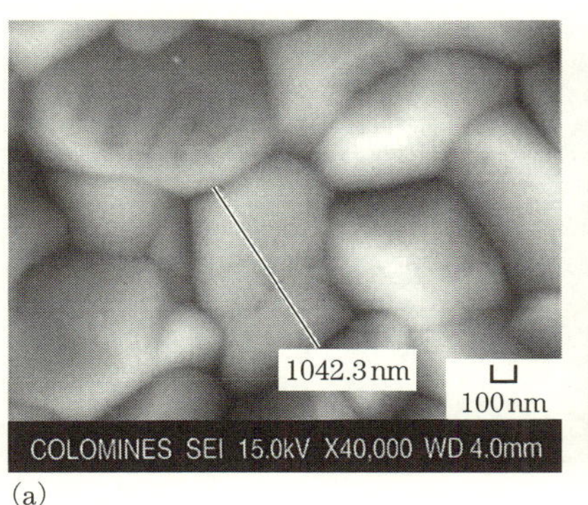

(a)

(b)

図 7　Cr 膜の表面 SEM 像
(a) DCMS（P＝3 kW）、
(b) MPP（Pa＝4 kW　Pp＝135 kW）

ンエネルギー、高い金属イオン量が、膜密度を高め、密着性を改善し、微細構造制御を可能にしている。

3-2 RF 電源は 13.56 MHz だけか？

RF 電源で一般的な周波数は 13.56 MHz である。これは、産業用として割り当てられた周波数ということで使われている。スパッタするための放電という観点で考えれば、高周波放電を行なうための必要な周波数はおよそ 1 MHz 以上であり、特に 13.56 MHz に特別な意味があるわけではない。そのため、高周波放電ということでは、いろいろな周波数が使われている。通常電源メーカーから販売されている周波数は、この整数倍の周波数である 27.12 MHz、40.68 MHz などがある。また別途、きりがよいところで 60 MHz などもある。40 MHz 程度以上の周波数になると、マッチングをとるのになかなか大変になってくる。場合によっては装置の改造も必要になる。

高周波を使う場合には、電波法による届けが必要である。高周波は、外部の機器に障害を起こしたり、誤作動させたりする可能性があるため、漏れないように注意する必要があり、特にマッチングボックスとカソードをつなぐ部分からの漏洩が起こりやすいので、注意が必要である。

高周波放電を行なう場合には、整合器（マッチングボックス）を使う必要がある。放電で消費される電力を増すことと、すなわち発振器を電源として有効に使うためと、発振器の保護のためである[5]。この整合器自身の電力消費を減らすこととノイズの漏えいを防ぐために、できるだけカソードの近くに取り付ける必要がある。通常はカソードを取り付けたチャンバーの裏側に取り付けることが多い。

膜質を改善する目的で、プラズマ密度を向上させたい場合に、周波数を上げて使われる場合がある。周波数が高くなると電離を促し、放電の最小ガス圧力は小さくなり、13.56 MHz 程度で 1 mTorr 以下の放電ができるようになる。圧力一定で周波数を高くすると放電インピーダンスは減少する。これらは、高周波放電がプラズマ密度を向上していることを示している。

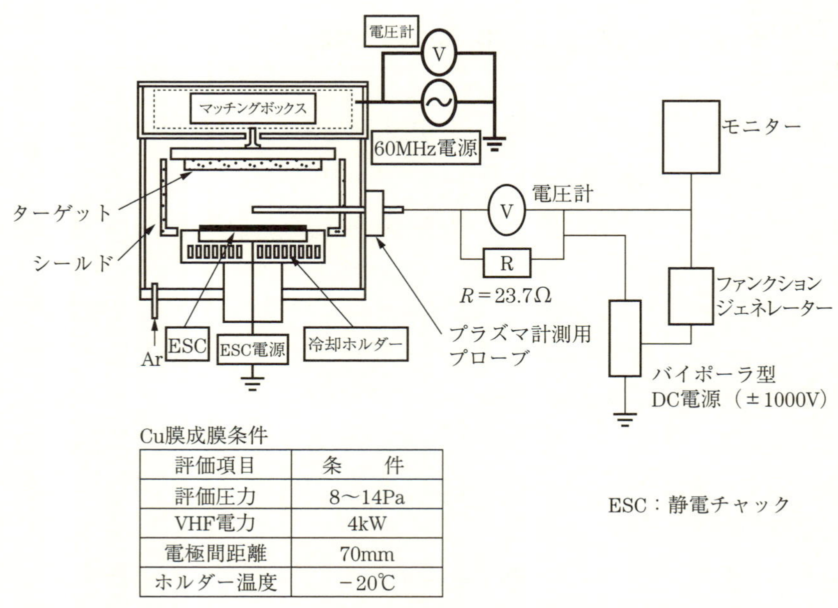

Cu膜成膜条件

評価項目	条　　件
評価圧力	8～14Pa
VHF電力	4kW
電極間距離	70mm
ホルダー温度	−20℃

出典：佐藤誠ら　スパッタリング＆プラズマプロセス部会　15. 5. (2000)35

図 8　60 MHz を用いた装置例

図8は、デバイス配線に使われるCu膜のスパッタリングに、60 MHz周波数での高周波を適用した場合の装置例とその成膜条件である[6]。60 MHzを使った理由は、周波数を上げたことによるCu粒子の電離度の増加とそれによるアスペクト比の大きい細い穴（アスペクト比：入り口の径に対する穴の深さ）、にCu膜を万遍なく、また密着性よく成膜できることを期待している。**図9**は、電子密度との圧力依存性、**図10**に電子密度のパワー依存性を示している。

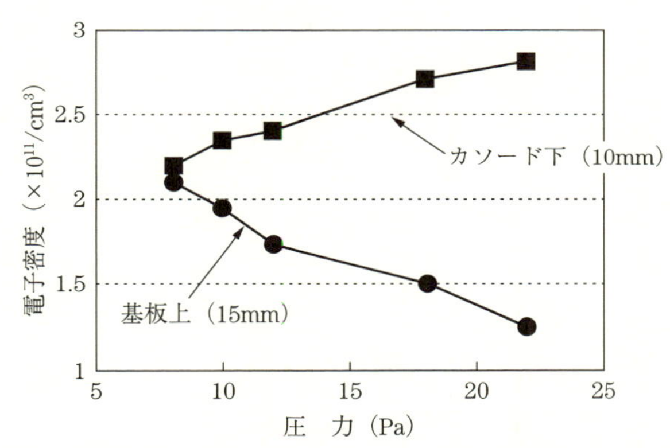

出典：佐藤誠ら　スパッタリング&プラズマプロセス部会　15. 5.（2000)35

図9　電子密度の圧力依存性（VHF＝2.0 kW）

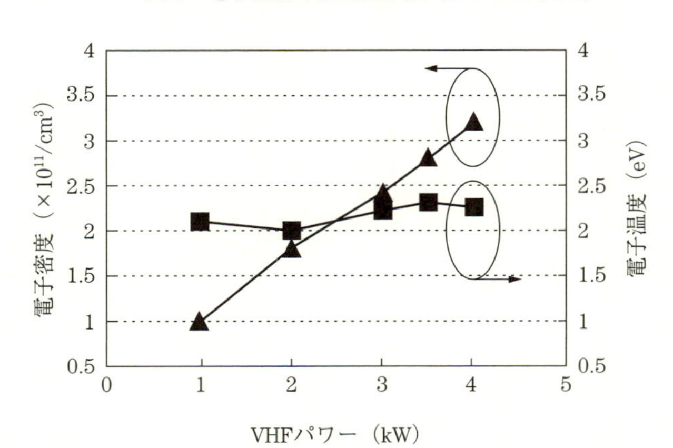

出典：佐藤誠ら　スパッタリング&プラズマプロセス部会　15. 5.（2000)35

図10　電子密度、電子温度のVHFパワー依存性（圧力＝14 Pa）

3-3 DCとRFの重畳は何のために行なうか？ どうすればできるのか？

成膜をするためのスパッタプロセスで、できるだけ低温で膜質のよいものを作るというのは、コストダウンの点だけでなく、どんな基板を使えるかという選択肢において大変重要である。たとえばプラスチックフィルムに成膜したい場合は、100℃というのが一つの目安であり、それより低いことがプラスチック材料を基板として使えるかどうかの境となることが多い。また、ガラス基板を使いたいときには、400℃が大まかな上限となる。この温度より低ければ、ガラスが使えるようになる。

低温化の場合には、温度による膜質改善、結晶化などは使えないので、プラズマを使うことになるが、この場合もできるだけ成膜過程で膜にダメージを与えないで積層したいということが生ずる。そのために、成膜過程で膜材料の結合エネルギーと同じようなエネルギーを加えて制御できれば、所定の膜が得られる可能性が高くなる。

通常は膜厚の再現性をよくするために、電力を調整して、電力一定で行なうことが多い。その場合には電力値を変えることにより、間接的にプラズマも変わる。また、RF電力とDC電力を同時にターゲットにかけることにより、RFでプラズマを立て、DCはスパッタするときのArイオンを加速するエネルギーを調整する役目を持たせることができれば、スパッタされた粒子のエネルギーも調節可能ではないかという発想である。

図11はSiの例である[7)]。装置構成としては、100 MHzの高周波をかけ、同時にDC電源を重畳して使っている。ガスはArのみで8×10^{-3}Torrである。DC電源は、基板のバイアスとしても使っている。DC電源を高周波からのノイズによって壊されないようにするために、DC電源の手前にはローパスフィルターをおいて、DC電源を保護している。従来はCVD（Chemical Vapor Deposition）法により、Siの結晶を高温中た

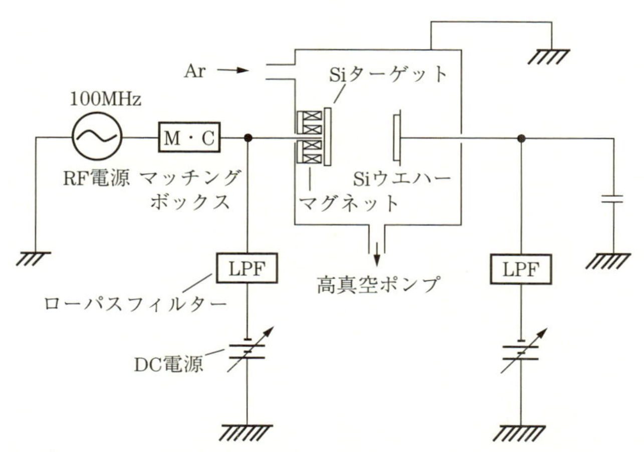

出典：T.Ohmi, K.Matsudo, T.Shibata T.Ichikawa, and H.Iwabuchi
Appl. Phys. Lett. 53 (5) 1988 364

図 11 DC–RF 重畳による Si 膜作成

とえば1000℃ 近くでエピタキシャル成長（基板の結晶方位をなぞって膜成長させる）させてきた。この方法では、350℃ 程度で可能であるといわれる。**図 12** は、DC 電圧を縦軸にとり、基板バイアスを横軸にとって、どのような膜成長をするかを表したものである[7)]。基板上の膜成長は、単結晶からアモルファスまでどのようなエネルギーを成膜中にボンバーディングするかによって、ドラスチックに変わっていることがわかる。

図 13 は ITO 膜の例である[8)]。周波数を増加することにより、DC と同じ投入電力で比較した場合に、セルフバイアス電圧が、周波数の増加とともに減少することがわかる。**図 14** はそのときの装置の模式図であり、**図 15** はターゲット電圧を変えた場合に、周波数を一定にして電力を上昇させて、そのときのプラズマ密度を測った例である[8)]。高周波電力と周波数を変えるだけで、プラズマ密度の調整がより容易になることがわかる。ITO 膜の場合には、この RF、DC の重畳効果は、比抵抗の低い透明導電膜の作製に寄与している。

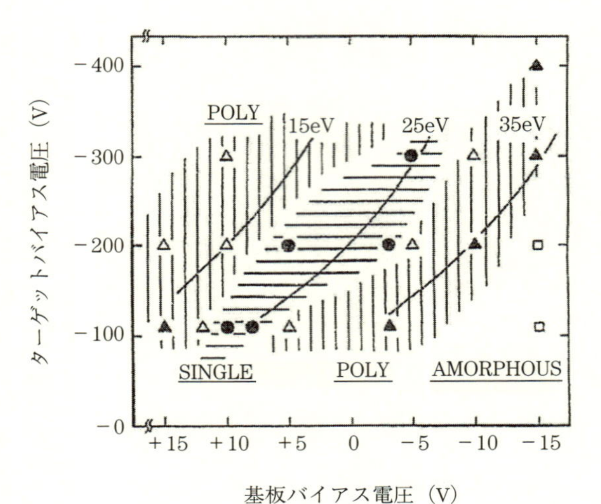

出典：T.Ohmi, K.Matsudo, T.Shibata T.Ichikawa, and H.Iwabuchi
Appl. Phys. Lett. 53(5) 1988 364

図 12　Si 膜のターゲット電圧、基板バイアス依存性

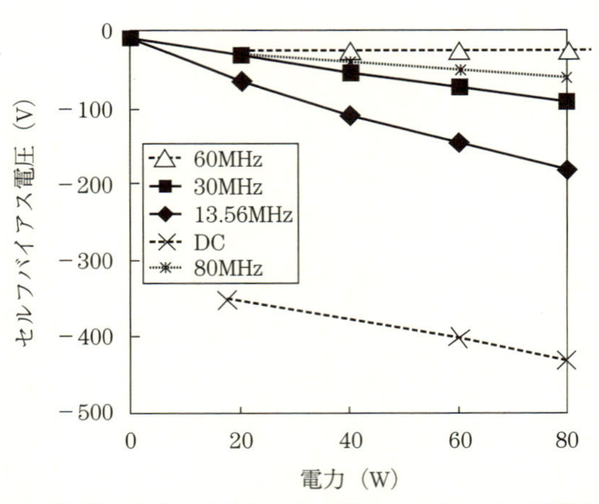

周波数によるマグネトロン電極上のセルバイアス電圧の変化

出典：星陽一　「スパッタリング法による薄膜作製、制御技術」
技術情報協会　(2006). p.49

図 13　高周波電源の周波数によるスパッタ中のセルフバイアス電圧の変化

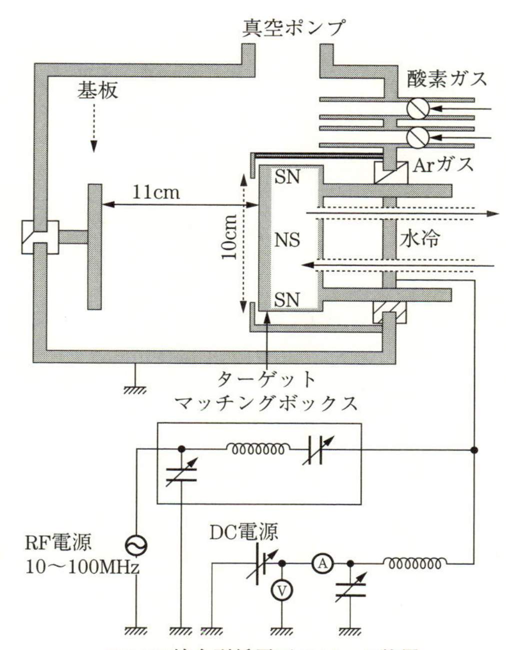

出典：星陽一「スパッタリング法による薄膜作成、制御技術」
技術情報協会（2006）

図 14　RF-DC 結合形低電圧スパッタ法

3-4　DC 電源には電力、電圧、電流一定モードがあるがどれを使えばよいか？

電源の設定モードには、電力一定モード、電圧一定モード、電流一定モードの３種があるが、通常は電力一定モードでの使用となる。これは、膜厚が電力におよそ比例するために、電力設定がしてあれば、容易に膜厚変化に対応できるからである。高周波との重畳や基板バイアスでのバイアスとしてかける場合には、電圧値が必要なパラメーターになるために、電圧一定モードを使うことになる。

電流一定モードは、電流値を大きく変動させたくない場合に、特にア

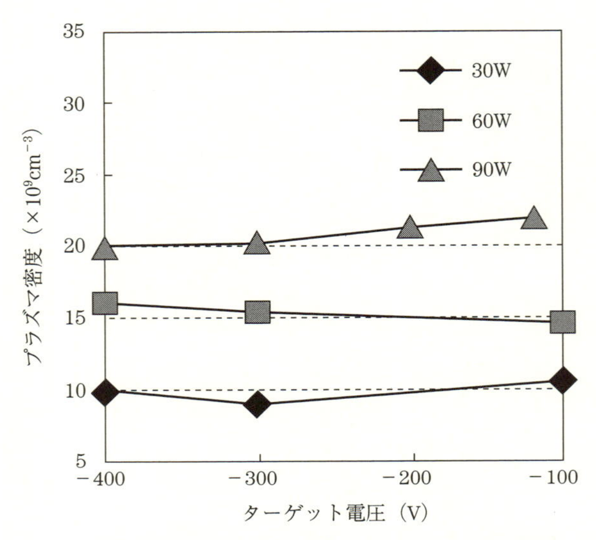

高周波電源からの投入電力によるプラズマ密度の変化

出典：星陽一「スパッタリング法による薄膜作成、制御技術」
技術情報協会（2006）

図 15　RF 投入電力の増加によるプラズマ密度の増加

ーキングを抑えるために使われたが、アーキング対策は、パルスをかけたり交流をかけたりということが対策として行なわれるようになったため、実際には電流一定モードでの使用は少ないと思われる。

3–5 電源を ON にしても放電しないときはどうすればよいか？

DC 電源を使って、放電しようとするときに起こりやすい。ターゲットがたとえば Si のような場合に、抵抗値が高いと放電開始電圧がかなり高くなる。電源メーカーによってイグニッション電圧の設計が異なっているために、このイグニッション電圧を超えてしまうと放電ができない。また放電を開始しても、放電電圧として設計している電圧以上の放電電圧が必要な場合は、やはり消えてしまう。

電源の容量が十分な場合は、放電をさせるためのテクニックとして、シャッターを開け閉めしたり、ヒーターを使ったり、イオンゲージをON、OFFにしたり、電子やイオンの発生を試みることになる。

よくある放電ができない原因はカソードの短絡である。カソード周りを掃除したり、ターゲットの交換を行なったときに、アノードとの隙間に、ボルトやネジが落ちていたり、長時間メタル膜などをスパッタした場合などに、短絡していることがあるので、導通チェックは欠かせない。

3–6 基板の冷却は可能か?

基板が一様で面がしっかり出ている場合は可能である。フィルムをスパッタするためのロールコーターなどは、フィルムを巻き出し、巻き取りするロールの間にあるドラムが冷却してあり、そこに押し付けるように基板のフィルムが移動するので冷却される。ドラムは鏡面に近いように平滑であり、フィルムが密着している必要がある。また、図2の装置例に使っているが、Siウエハーのような平らな基板の場合もホルダーを冷却し、そこに密着させれば冷却可能である。

ただし、実際の多くの場合においては、基板の形状が3次元的になっている場合が多いので、冷却はなかなか難しい。

プラスチックなどの基板に化合物膜などの成膜がなかなかできなかったのは、スパッタ時間が長いことによる基板の温度上昇も原因の一つであった。冷却を考えるよりも、スパッタの成膜速度を高速化し、スパッタ時間を短くすることが重要である。そうすれば、コストダウンにもつながる。

3–7 シャッターは必要か?

通常の実験用あるいはバッチ式の装置の場合は、一回の成膜ごとに真空チャンバーを大気に開放することになるので、ターゲットの表面をクリーニングするためのプリスパッタという工程が入るために、シャッターが必要である。

しかし、インライン式のスパッタの量産装置では、1週間程度は連続運転することが多いので、シャッターは使わないことが多い。また、半導体のデバイスなどの工程で、パーティクルを極度に押さえたい場合には、できるだけ可動部をなくしたいということがある。その場合には、ゴミの出る原因を減らす意味から、シャッターを使わないことが多い。

3-8 防着板はどんなものがよいか？

防着板の目的は、ゴミとなるスパッタの残渣をいかに基板側に持っていかないようにするかということである。そのために、防着板に付いたスパッタ膜が落ちないように、表面はできるだけ膜が脱落しないようにするために、凹凸が付いたものが好ましい。Al膜の溶射などの表面処理をする場合もある。

また、メンテナンスのためにサンドブラストなどでクリーニングするときに、形状が変わってしまうようでは、その後に使いにくくなる。

実験などでは、アルミ箔などで代用し、交換するということも行なわれている。いずれにしても定期的なメンテナンスが不可欠である。

3-9 成膜中のプロセスを制御するモニターなどにはどんなものがあるか？

1. 温　度

基板の膜質を管理するために、温度の計測は重要である。熱伝対、赤外線センサーなどにより管理する。赤外線センサーは、のぞき窓を通して、外から測定することも可能であるが、その場合は窓材には、MgF_2、CaF_2などの赤外線を吸収しないものを使う必要がある。動いている基板の温度測定には、熱伝対は使いにくいのでこの方式の方が優れている。

熱電対は昔からよく使われている方法であるが、特に基板の温度測定には注意をした方がよい。基板の温度測定時に、熱電対の先端をカプトンテープや、接着剤で固定すると熱伝導性が悪くなり、実際の温度より20℃ 程度も高く出てしまうことがある。また、アルミ箔などでの押さえなどを使うと熱線を反射してしまい、これも実際の温度とはズレが生じる。基本的には、基板に溝を付けて、そこに挟むようにし、余分な材料は極力使わないで測定することが望ましい。

2. 圧　力

スパッタ領域での真空計と呼ばれる真空チャンバー内の圧力を測定するものであるが、これには大きく分けてイオンゲージという放電により残留ガスの電離のしやすさから圧力を換算するものと、隔膜真空計と呼ばれる物理的な圧力を検知するものがある。

イオンゲージ（電離真空計）はフィラメントから放射された電子がグリッドの周りを高速で行き来し、電離したイオンがコレクターに集められイオンの数が多いほど気体の密度が多いことになり、圧力が高いことになる。この方式は精度はよいが、電離状態を検知しているため、スパッタでチャンバー内のプラズマ密度を高くした場合や、プラズマの近くに設置した場合などでは、残留ガス量に比べて真空計の電離度が大きくなり、誤差が出やすくなる。プラズマが強い場合に、イオンゲージがOFFになっていても、勝手に内部で放電を起こしてしまう場合もある。プラズマの近傍に設置しない方がよい。

積極的には、高速スパッタ法のところで述べたように、ペニング真空計などは、遷移領域制御のための信号としても使っている。

隔膜真空計は、薄い膜が圧力でわずかに変形するのを、静電容量の変化として捕らえて圧力を測定するものである。バラトロンという商品名で売られている。精度はやや落ちるが、プラズマの近傍に置いても影響を受けずに測定できるので、プラズマを使う場合には重要な真空計である。

3. 残留ガス：四重極型質量分析計（コントローラー）

マスフィルターと呼ばれるものである。真空チャンバー内の残留ガスを測定し、またそれを一定に保つようにコントローラーとして機能するものもある。

原理は、

① イオン源：フィラメントから放出された熱電子と衝突し気体分子をイオン化する、

② 四重極部：加速されたイオンに4本の電極にDCと交流電圧をかけて質量分離、

③ 2次電子増倍管：電流の取出し量が少ない場合に、増倍する、

④ ファラデーカップ部：イオンを電流に変換して測定

という順序になる。

半導体の製造工程などでは、これをプロセス中に入れることで、工程中の不純物、炭素、窒素、酸素および水などをチェックするために導入するが、スパッタの場合には、必要なガスが、どの程度入っているかをチェックする大きな手段となっている。

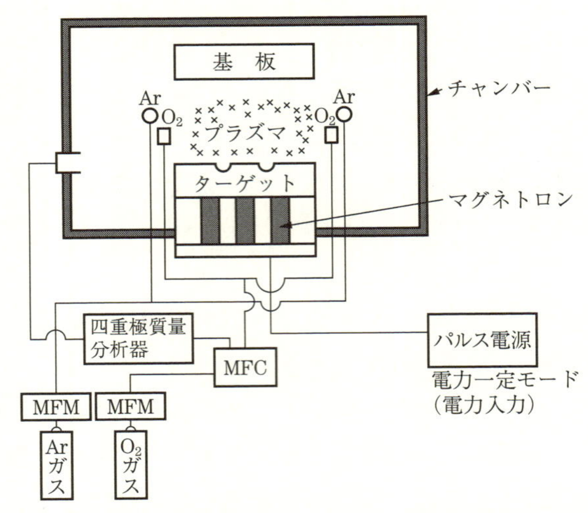

図16 四重極型質量分析器（コントローラー）を利用した制御系

図 16 は装置に取り付けた見取り図である。ITO の場合の H_2O 量の測定およびコントロール、反応性スパッタの O_2、N_2 ガスなどの分圧制御に用いれば、再現性のよい化合物膜の作製に使える。図は反応性ガスとして O_2 を入れ、それを制御する例を示した。図を見てもわかるように、どこで測定するかという位置が重要になってくる。残留ガスはわずかな量しかないので、測定位置とその感度を適正なものにする必要がある。

四重極質量分析計を利用した遷移領域制御によるスパッタの高速化も検討されたことがあったが[9)]、信号量とそのレスポンスに難しさがあったため、現在はあまり使用されていない。

図 17 は、ITO 膜スパッタ中に起きる酸素と水素の発生を観測した例

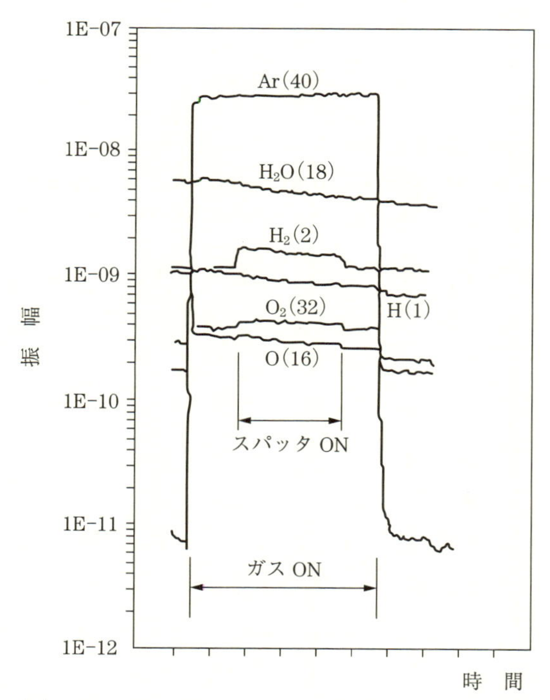

出典：北原洋明　スパッタリング&プラズマプロセス部会
10. 1.(1995)1

図 17　差動排気系による ITO スパッタリング中のガス分析
(スパッタ室の到達圧力：5×10^{-3}Pa)

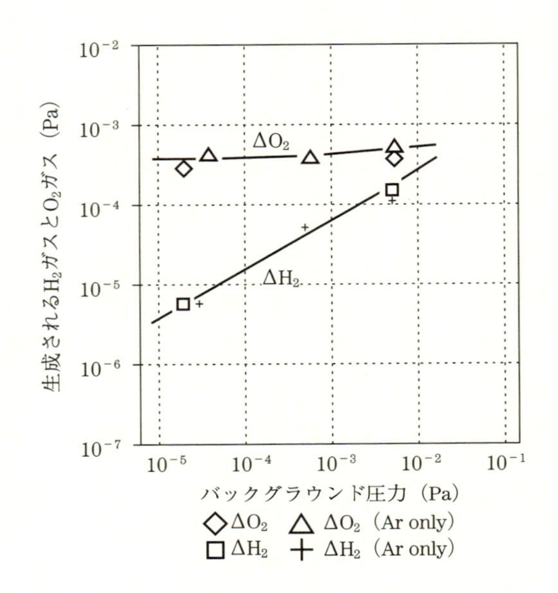

出典：北原洋明　スパッタリング＆プラズマプロセス部会
10. 1.（1995）1

図 18　ITO スパッタリング中に生成される H_2 ガスと O_2 ガス

である[10)]。放電が ON したときに、水蒸気の緩やかな減少と、酸素と水素の急峻な増加が観測される。これは、放電が開始したことにより、残留水分が分解して発生したことを示している。

図 18 は、ITO 膜の成膜中でのバックグラウンドに対応して生成する H_2 と O_2 を示している[10)]。バックグラウンドの大半は水であるために、水素はバックグラウンドに比例して増加している。酸素の場合は、あまりバックグラウンドには依存していない。これは増加する酸素の大部分がターゲットから放出されているためと考えられている。

このモニターは、以前に比べると機器の小型化、高性能化が進み、また値段も安くなってきて使い勝手がよくなったといえる。

4. 残留ガス：PEM（プラズマエミッションモニター）コントローラー

プラズマエミッションモニターは、四重極質量分析計がない場合でも、

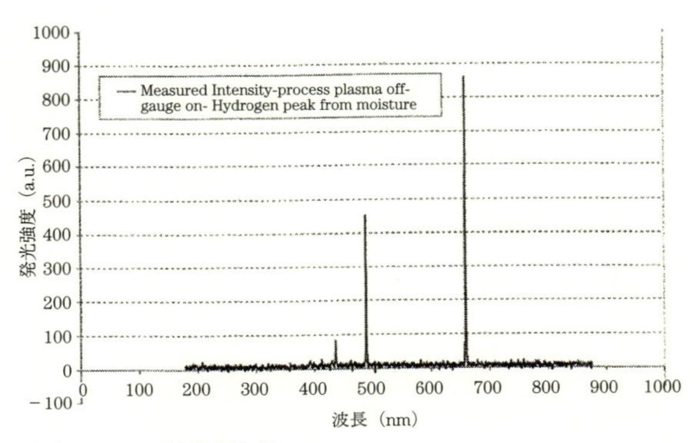

出典：Gencoa社技術資料

図 19　残留水分からの H_2 ピーク（PEM）

各残留ガスに対応したスペクトルをチェックすることにより、残留ガスの変化をモニターすることができる。

図 19 は、高速スパッタの項で述べたペニング型を使った場合の、スパッタの放電がないときの、H_2 のピークであるが[1)]、これは残留水分からのピークと考えられ、これをモニターすることで水分管理ができる。プラスチックフィルムなどのスパッタでは、フィルム中に含有されていた水分が成膜中にアウトガスとなって放出されることで、成膜に影響することがある。アウトガスを含めたチャンバー中の全水分あるいは全 O_2 ガス分圧を一定にすることが、膜質を安定にすることにつながるような場合には、全量の分圧管理として、コントロール系に入れることは可能である。

次に PEM（プラズマエミッションモニター）を利用した他の使い方を紹介する。

5. リークチェック

水分をチェックすることができれば、リークチェックとしても使える。上述したペニング放電を使った発光を用いることにより、H_2 の発光変化を読み取る方法もあるが、スパッタ放電中での微小リークは、Ar ガスでの放電ピークあるいは、スパッタしている金属ターゲットの発光を見ることで応用できる。高速スパッタの項では、たとえばTi酸化物の場合、ArとO_2分圧の比のコントロールとしてターゲット上10 cm程度の部分でTi発光をモニターするが、これを継続して観察する。O_2ガスのガス導入がゼロの場合に、はじめはチャンバー内の水分が放出することで、緩やかにTiの発光は低下するが、さらに継続して低下し続ける場合には、リークによるO_2放出の可能性が考えられる。

6. エンドポイント

エッチング工程で使われるエンドポイントのディテクターとしても使われる。初期に出ている発光パターンを記録しておき、工程が進んで下地が出てきたときの発光パターンを解析することで、リアルタイムにエンドポイントを検出することに使われる。

7. 光学特性

プラズマの発光をモニターすること以外に、分光測定も可能である。

プラズマをモニターする場合は光源は必要ないが、液晶用、あるいは複写機やカメラなどのAlミラー、Agミラーなどを量産するプロセスでは、インライン上でプロセス管理するために、発光モニターを利用して、ライン上に流れるサンプルに光源を当て、その反射光、透過光を測定することにより、光学特性をライン上でモニターし、記録をしておけば、品質管理にもそのまま使える。

3-10 ガス配管はどんな点に気をつければよいか？

ガス配管は、膜厚分布、膜質分布、再現性などに対して間接的に大変重要である。反応性スパッタでは、スパッタガスであるArと反応性ガスは基本的に別々にMFC（マスフローコントローラー）から導入する。MFCを通したあと、チャンバーまでの配管距離はできるだけ短くする。

これは、ガス導入のレスポンスを速くするためとチャンバーを大気開放したりした場合に、大気中のガスが配管中に入ってきても本来のガスに交換がスムーズにいくために必要である。配管からガスを導入する場合に、管に穴をあけてできるだけ、ターゲット上に均一にガスを拡散させたいが、ガスを均一に放出させるための方法としては、排気ポンプの位置、ガス配管、シールド板などを効果的に使うことである。

* ガス穴径調整：ガスの放出口の穴径を装置の排気にあわせなくてはいけないが、穴の個数は多めにあけて、穴位置には穴のあいたボルト、ネジなどが入るようにし、ボルトの穴径は、いろいろなサイズを用意して、後で変えられるようにしておく。実際に、膜を付けて膜厚を調整するときに、ボルトを交換することで穴径を調整できるようにしておくと便利である。
* シールド板：ポンプが直接カソード、基板側から排気されるようになっていると、ポンプの影響がでて、ガスの流れを均一にするのが難しい。基本的には、シールド板でカソード周りを取り囲むように取り付ける。これは防着板と兼用してもよいし、アノードシールドとしてもよい。
* 排気速度：同じ圧力で成膜する場合には、排気速度を大きくして導入ガスも大きくする方法と、排気速度を押さえてガス導入を減らす方法がある。安定なプラズマを立てるためには、後者の方がよいと思われるが、シールド板で囲われたカソード側からの排気が均一になるように、シールド板の周囲と排気ポンプの位置が各基板に対して均一になるように注意する。
* ガス配管：ガスの配管の位置はカソードを取り囲むシールド板の内側に配置する。デュアルカソードの場合はデュアルの中央からガスを導入することも可能である。またカソードの中心部へ配管したものを、T字型に広げて各端部をふさぎ、できるだけ均等になるように導入する。
* シミュレーション：希薄流体としてガスを扱いカソード周りのガスの

流れを解析して、膜厚分布、装置設計に生かすということも試みられている。これらのソフトを使って、実際の実験と比較し、最適構造を検討することも、役に立つと思われる。

4. 膜　質

4-1 プリスパッタとは何か？

スパッタ膜を成膜する場合に、膜材料としてターゲットを使うが、通常はこのターゲットはターゲットメーカーから購入することになる。まれに、Al や Cu などの場合に、構造材を加工して、バッキングプレートと一体の構造として作る場合もある。いずれの場合も、ターゲット表面には、加工したときの加工層や表面酸化皮膜が付いていたりするので、その表面を削りとり、純粋な表面を出す必要がある。通常は、Ar ガスを用いて、成膜したい圧力でターゲット表面をスパッタする。およそ5分程度のスパッタをすることで、表面の酸化皮膜などはスパッタされて清浄な表面が得られる。

プリスパッタは、ターゲットを新規に使う場合だけではなく、実験データをとる場合には、各実験ごとに通常行なう必要がある。それは、直前の実験でターゲット表面に酸化物などが生成したりして、残ってしまうからである。

この場合は、ターゲットの種類によってもプリスパッタの時間は注意が必要である。たとえば、Cr は、酸化が内部に及ぶので、厳密な実験を行なう場合、30 分程度のプリスパッタを行なって表面を清浄化する必要がある。特に膜の光学定数などを求める場合には、注意が必要である。

4–2 背圧は低ければ低いほどよいか？

背圧というのは、スパッタする場合に、真空装置をポンプで排気したときの到達真空度のことである。これは、真空装置を大気開放した後、基板を入れて、チャンバーを排気したときの、どこまで内部を清浄にするかの作業である。基本的には、清浄化のための排気であるために、背圧は低ければ低いほどよい。内部にある残留ガスを少なくしておけば、再現性は向上し、膜質の安定化につながることになる。

ただし、プラスチックなどの材料は、材料内に空孔がたくさんあり、未反応のモノマーなどが残留していることや、水分が多く含まれていたりするために排気に時間がかかり、生産効率が落ちたりするので、基板の種類にかかわらず、経済的なコストと必要な膜質とを勘案して、最適な背圧および排気時間を決める必要がある。

チャンバーは、定期的に掃除を行なって、汚れが一定以上に悪くならないようにメンテナンスすることが重要であるが、新設したときに比べると汚れてくるので、ポンプは当初予定したよりも、大き目の容量のものを選択した方がよい。

4–3 放電ガス圧力はどの程度がよいか？

放電ガス圧力は、通常スパッタの場合は、1～5×10^{-1}Pa 程度の範囲で行なうことが多い。この値は、Ar の平均自由行程で、およそ 6.4 cm から 1.3 cm であり、ターゲットと基板の距離（T–S 間距離という）10～5 cm 程度に比べてやや短いが、およそ対応している距離である。すなわち、スパッタされた粒子が基板に到着するまでに、おおよそ他の粒子に衝突しないで到達できる程度になっている。

放電ガス圧力が大きい場合は、基礎編第 3 章「いろいろなスパッタ法」、図 25 に示したように放電電圧が低くなり、また内部応力は小さくなる。

放電ガス圧力が小さい場合はその逆になる。

同じ圧力でも、ガス導入を多くして、同時に排気を大きくする場合と、ガス導入を少なくして、排気を減らす方法がある。反応性スパッタで、放電を安定させる場合には、Ar ガスと反応性ガスの比を一定に保つ、基板のサイズに対して均一な圧力を保持するなど制御性を考えた場合には、ガス導入を減らし、排気も少なくした方が制御しやすい。

高品質なメタルなどのスパッタを行なう場合には、水、酸素、窒素、炭素などの残留ガスを減らすか、またはスパッタされた粒子の散乱を減らすなどのために、スパッタの圧力の小さい高真空の条件で行なうことがある。たとえば、デバイスなどへの応用で、配線用の Al、Cu などのスパッタにより、微細な孔への埋め込みをする場合には、長距離スパッタといって高真空にして、T–S 間距離を延ばし、スパッタ膜が直線性を持つようにする。**図 1** はこれに使う高真空マグネトロンの磁石配置を示す[1)]。強い補助マグネットを追加して、基板側でも 360 mT が得られるようになっている。すなわち、このときの放電電圧、磁束密度を従来の 10 倍にすることで、10^{-5}Pa の圧力で動作できるようになっている。**図 2** は、そのときのスパッタの成膜速度と圧力の関係を示す[1)]。スパッタの圧力が大幅に低下すると成膜速度の低下は避けられない。

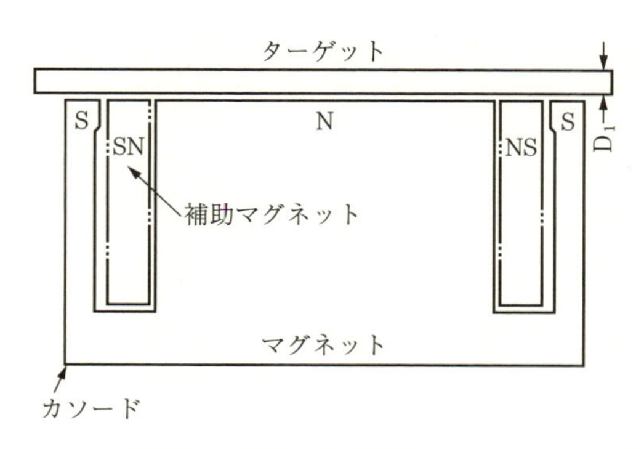

出典：麻蒔立男　薄膜作成の基礎　第４版
日刊工業新聞社　(2005)

図 1　高真空マグネトロンの電極の構造

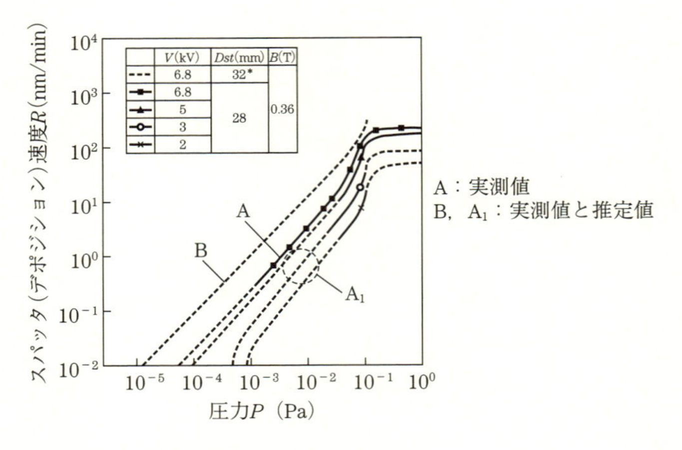

出典：麻蒔立男　薄膜作成の基礎　第４版
日刊工業新聞社　(2005)

図２　スパッタ速度 R と圧力 P

圧力を下げると放電電圧が上がるが、圧力を上げると放電電圧は下がる。圧力を上げた場合の例としては、たとえば光触媒などで、膜に格子欠陥などのダメージを減らしたい場合には、反跳 Ar やスパッタされた粒子のエネルギーを低くするために、圧力を上げている。およそ 3 Pa 程度の場合に、光触媒性能の向上が見られる[2,3]。

4-4　緻密な膜を作るにはどうすればよいか？

スパッタされた粒子は、**図３**に示すような過程を経て薄膜が形成されるとされる[4]。すなわち、輸送、表面拡散、バルク拡散である。ここでスパッタ原子が緻密に膜として形成されるためには、図３②の基板に到達したスパッタ粒子が表面の拡散を十分に可能で、隙間なく膜を埋めていくことが必要である。表面拡散を十分に行なうためには、スパッタ粒子が表面拡散を行なえる十分なエネルギーを持っていることである。

基板へのエネルギー粒子を付加する方法として、

①　基板上へのイオンの照射

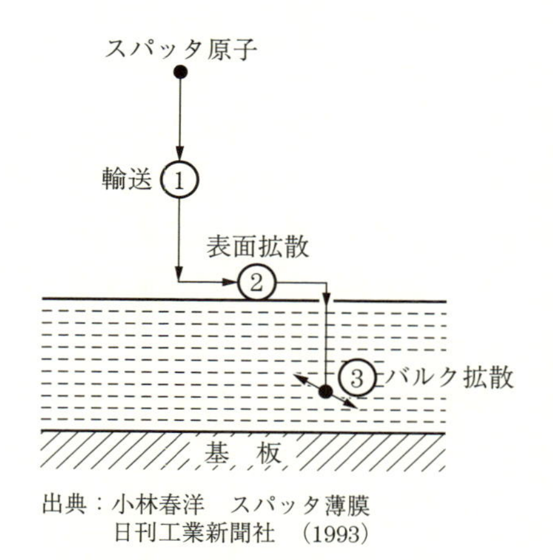

出典：小林春洋　スパッタ薄膜
日刊工業新聞社　(1993)

図 3　薄膜成長の 3 過程

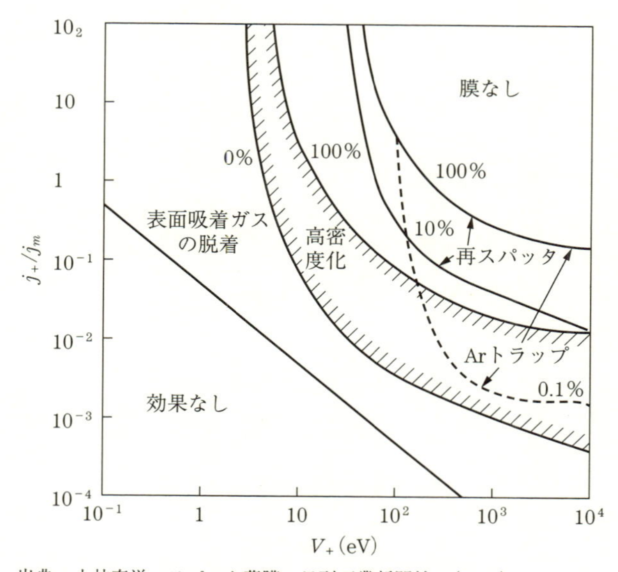

出典：小林春洋　スパッタ薄膜　日刊工業新聞社　(1993)

図 4　イオン・エネルギー V_+ とイオンおよびスパッタ原子入射束比の関数としての照射効果

② イオン化の促進と基板バイアス付加によるボンバードメント

③ 基板温度の制御

などが考えられる。**図4**は、イオン照射による緻密な膜を作るための効果を示しているが、縦軸にスパッタ粒子の数とイオン照射数の比、横軸にイオンエネルギーをとっている[4)]。これからイオンエネルギーが大きすぎると、再スパッタや、Arトラップが増え欠陥が多くなる可能性があるが、イオンエネルギーを小さくして、イオン化粒子の数がスパッタ数に対して多いと、緻密な膜ができやすいことがわかる。

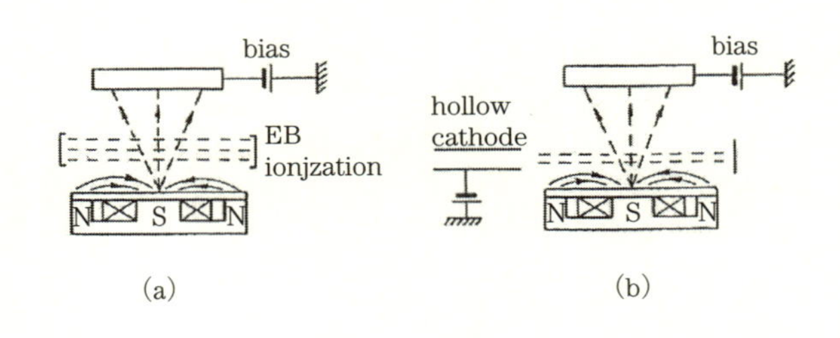

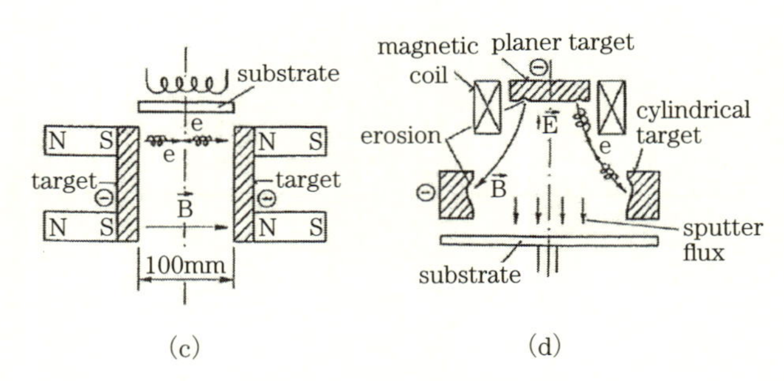

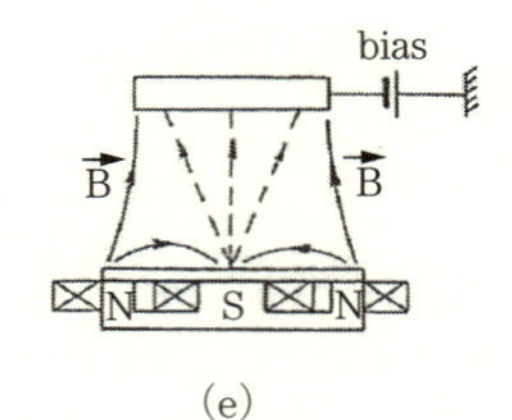

出典：J Musil and S Kadlec
Vacuum, 40, 5, (1990) 435

図5 イオン化促進のためのスパッタシステム

次に、ボンバードメント効果をコントロールするためには、スパッタ粒子がイオン化していることが望ましい。

図5は、スパッタ粒子のイオン化を促進するためのイオン化手段と基板バイアスをかけた場合の構成例を示したものである[5)]。カソードと基板との間にプラズマ密度を上げるための手段として(a)、(b)はバランス型に加えて、図5(a)は電子ビーム、(b)はホローカソード型のプラズマ源、(c)は対向ターゲット型にして、プラズマの閉じ込めを行い、(d)は(c)の変形タイプ、(e)はカソード磁石のアンバランス型を示している。

図6は、基板バイアス−100 V をかけた場合の、ターゲットと基板間距離に対して、Ti 粒子に対するイオン化率を示す。対向型カソードがイオン化率について、高い値を示している[5)]。

この他には、高いエネルギーを持った反跳 Ar などが存在するが、反跳 Ar は中性化している場合が多く、その多くはコントロールすること

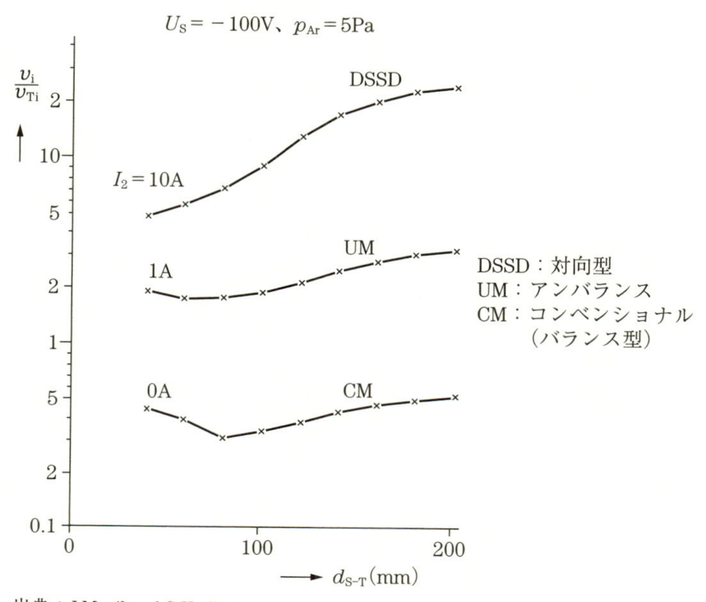

出典：J Musil and S Kadlec
Vacuum, 40, 5, (1990) 435

図6　各スパッタシステムでのイオン化率

が難しい。そのため、ハードコーティングのように基板が金属の場合で、数百℃以上の高い温度に加熱して密着性が十分な場合は積極的に利用できるが、その他の基板の場合には、むしろ欠陥を作ったり、膜中に入り込んで、内部応力の原因として作用することが多く、有効に利用することが難しい。また、放電時の Ar ガス圧力によるスパッタ粒子のエネルギー変化、基板温度を上げることによる表面拡散の効果もある。

この Ar 圧力と基板温度の効果について見てみよう。**図 7** は、Thornton モデルと呼ばれている膜の構造とスパッタ条件を示したものである[6)]。

縦軸は放電ガスである Ar 圧力で横軸に絶対温度で表した薄膜の融点に対する基板温度の比をとっている。図 7 は金属膜について表したものであるが、化合物膜についても、おおよそ成り立つといわれている。緻密な膜は、この図で表されるところの、ゾーン T あるいはゾーン 2 と考えられるが、Ar 圧力を低くし、基板温度は粗大結晶にならない程度に高めにして、欠陥の少ない膜構造にするということである。

基板温度の緻密性への影響は、基板温度が高いことによる固相成分の

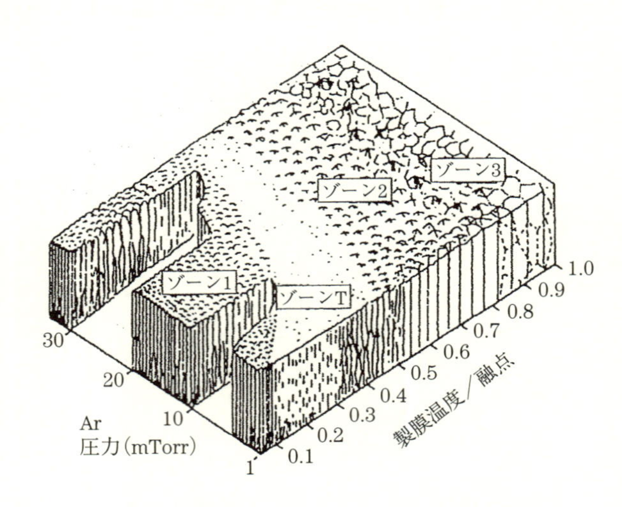

出典：市村博司、池永勝　プラズマプロセスによる薄膜の基礎と応用　日刊工業新聞社　(2005)

図 7　薄膜のモルフォロジー

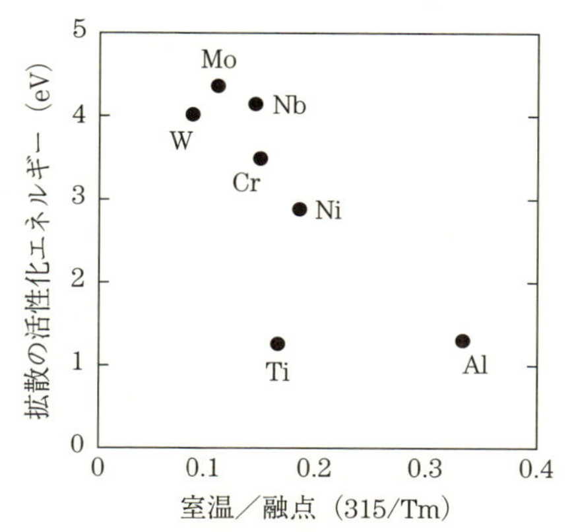

出典：市村博司、池永勝　プラズマプロセスによる薄膜の基礎と応用　日刊工業新聞社（2005）

図 8　拡散の活性化エネルギーは融点に反比例する

動きやすさということであり、拡散の活性化エネルギーが小さいほど拡散しやすい。

図 8 は、各種金属の拡散の活性化エネルギーと融点との関係を見た例である[6)]。融点が低い金属の方が、活性化エネルギーが小さく、動きやすいことを示している。

成膜を考えた場合に、基本的には緻密な膜を目指すことになるが、基板温度には制約があり、また緻密な膜が製品の目的とする機能を持っているとは限らない。必要な膜の特性と応用を常に対応させることと、制御できるためのパラメーターを多くとれる装置構成の構築が重要である。

4–5　基板バイアスとは何か？どんな方法があるのか？

基板バイアスとは、基板をフローティングにして、そこに DC、パルス、RF などを付加し、基板近傍に存在するイオンを制御する、あるいはプラズマを生成しそれを制御することで、膜質の改善を行なうことである。

前項でバイアスをかける構成について紹介しているが、さまざまな方法がある。DC バイアスの場合には、すでに基板の近傍にイオンが生成していないと効果が出ないが、最近は基板バイアスとしてパルスや RF などが使われるようになり、基板近傍でのプラズマ生成やイオン化の促進も可能となってきて、膜質の制御のパラメーターが増えている。

図 9 は基板バイアスにパルスを使った例である。パルスの周波数が高いほど、バイアス電圧の高いほど、基板でのイオン電流が上昇し、基板に入射する粒子のエネルギーとイオン数に影響を与えていることがわかる。**図 10** は、そのときのパルスの I–V 波形を示している[7]。I–V 波形から、パルスオフタイムでは、電子電流が流れ、オンタイムにはイオン電流が流れていることがわかる。これらのことは、基板周辺に付加的プラズマの生成が起きており、それによるプラズマ密度の増加と膜への効果が期待できる。**図 11** は、TiO_2 膜の場合の構造変化への影響を示したものであり、−100 V DC バイアスでの“低温度”のアナターゼ構造から −300 V バイアス 350 kHz での“高温度”のルチル構造への変化と対応している。

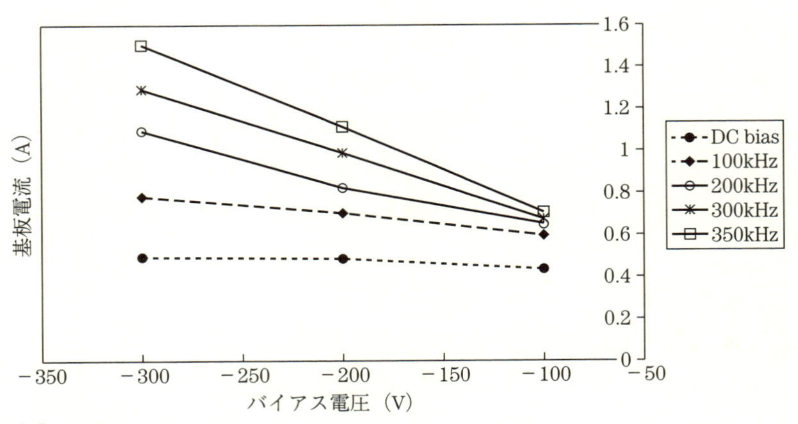

出典：P.J.Kelly.et al.,
Surface and Coatings Technol.142(2001)635

図 9　基板イオン電流のパルス周波数バイアス依存性（デューティー比 50%）

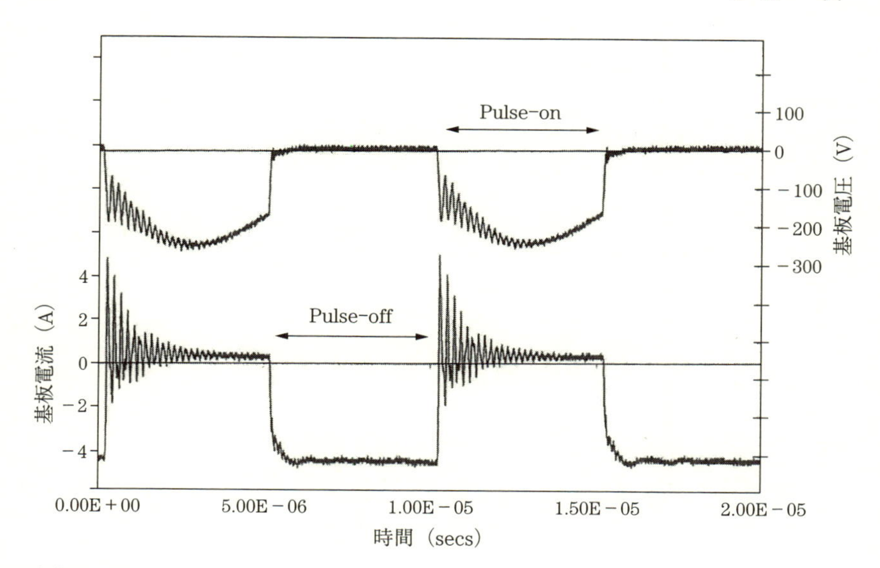

出典：P.J.Kelly.et al.,
Surface and Coatings Technol.142(2001)635

図 10　電圧、電流波形（バイアス−100 V 100 kHz デューティー比 50%）

次の例は、基板バイアスは−30 V DC で、この値は十分フローティング電位を上回る（電位が低い）であるということで選んであり、カソードに 60 kHz パルスをかけた場合の、基板へ入ってくる Ar イオンのエネルギー分布を示したものである[8)]。

図 12(a)は、カソード電圧−380 V DC とその場合の Ar イオンのエネルギー分布、(b)は 60 kHz パルス電圧でオフタイム 6 μs（すなわちデューティー比 64%）の場合を示しており、(c)はオフタイム 1 μs（デューティー比 94%）の場合である。成膜速度はデューティー比が低くなるにつれて小さくなる。

ここで、オフタイム時の逆電位を見ると、6 μs の場合は+60 V あり、エネルギー分布は 45 V、70 V に 2 つのピークがある。1 μs の場合は、逆電位が+160 V あり、そのときは 135 V 程度にピークがある。これは、オフタイムのときの逆電位がプラズマポテンシャルになっており、そこから基板に対してグランドやバイアス電圧に落ちる分の電圧が加速され

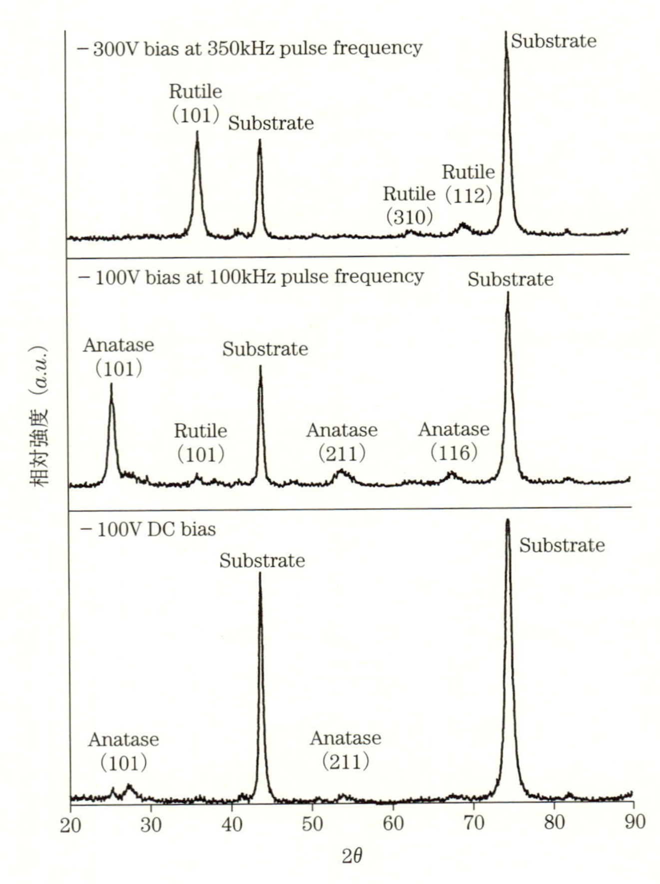

出典：P.J.Kelly.et al.,
Surface and Coatings Technol.142(2001)635

図 11　基板バイアス変化による TiO_2 結晶性変化

ることになると考えると説明がつきやすい。**図 13** は他のイオンのエネルギー分布を見たものである。同様な分布が観測されているが、プラズマポテンシャルの増加に対して TiO_x 成膜での結晶に優先配向が見られた。

図 14 は、Cu の金属膜の場合に、基板にパルスバイアス付加による膜特性の変化を見たものであり、DC バイアスと比較している[9]。横軸に

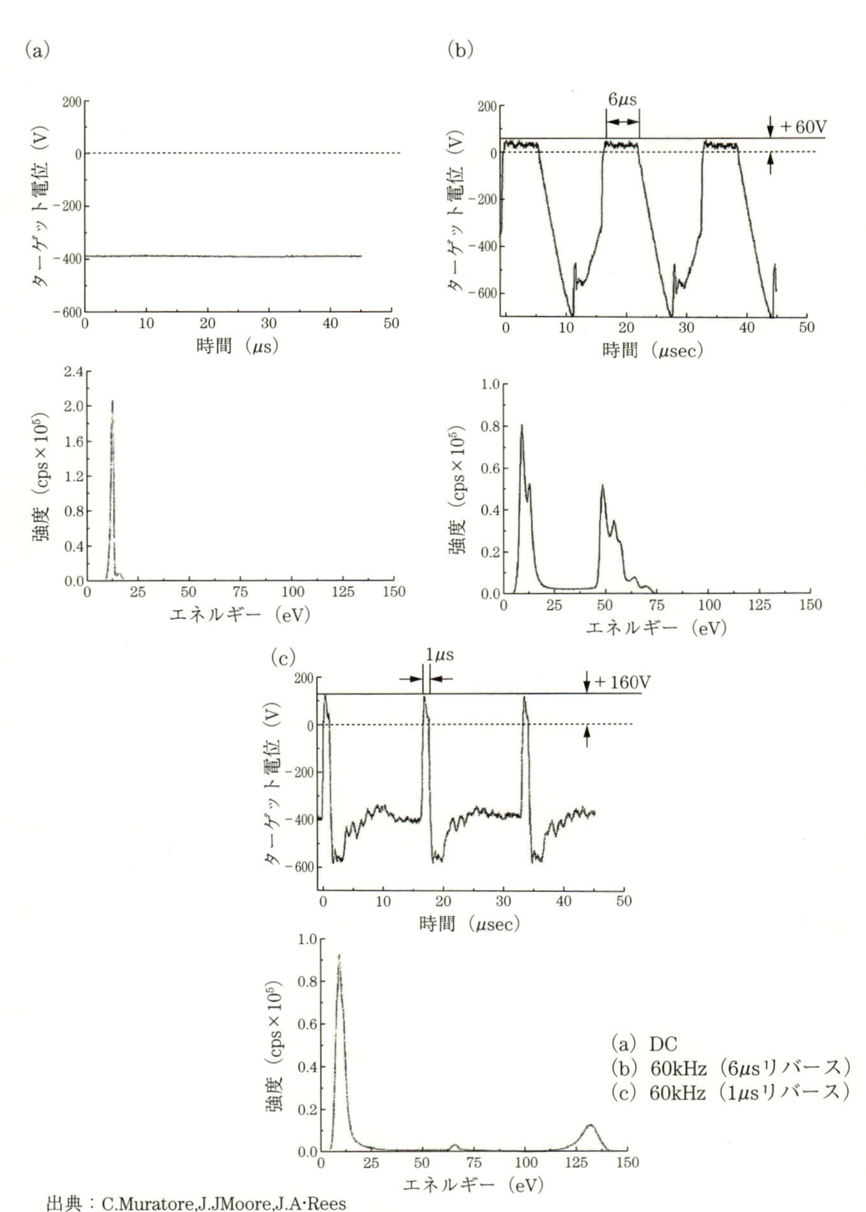

出典：C.Muratore,J.JMoore,J.A·Rees
Surface and Coatings Technol.163-164(2003)12

図 12　カソード電圧とアルゴンイオンエネルギー分布

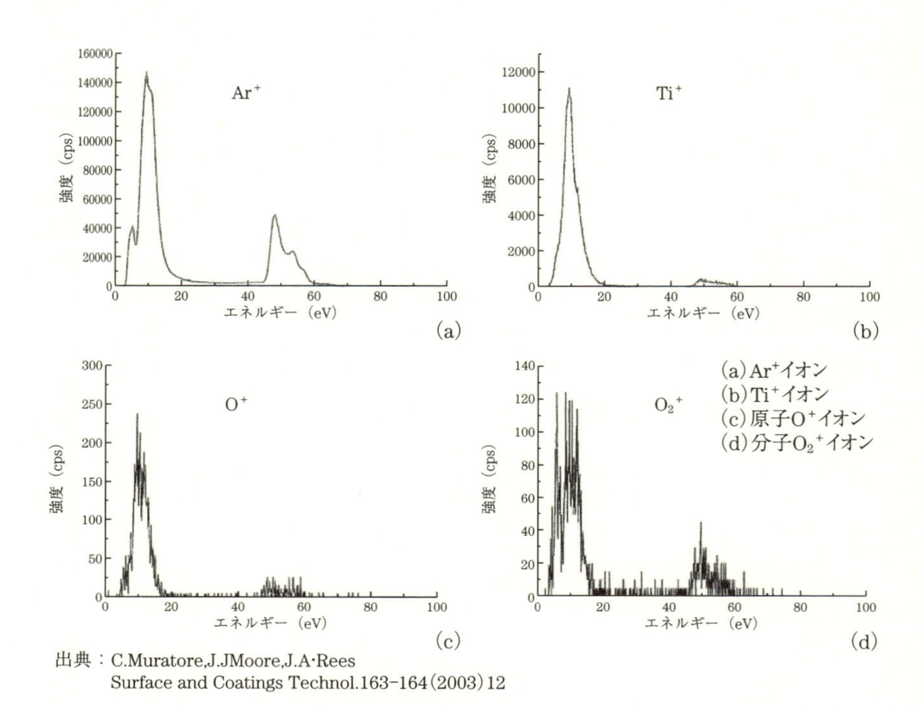

出典：C.Muratore,J.JMoore,J.A·Rees
Surface and Coatings Technol.163-164(2003)12

**図 13　4 重極分析器によるイオンエネルギー分布
(60 kHz、6μS リバース)**

パルスによる Ar の平均イオンエネルギーを示しており、縦軸に各特性をとっている。図 14(a)は成膜速度で、基板バイアスをかけることで、成膜速度はイオンエネルギーとともに緩やかに減少する。基板にかけられたバイアスにより、イオン化した Cu 膜の抑制が生じたことによると考えられる。同図(b)は膜の優先配向を示しており、エネルギーが高い方が稠密面の配向となっている。(c)は表面平滑性であるが、ちょうどよいところが存在し、(d)は比抵抗であり、これも最適地が存在する。イオンのエネルギー分布は膜特性に影響を及ぼすが、平均エネルギーによっても、膜の特性制御ができる可能性を示している。

表 1 は、RF バイアスを基板にかけた例であり、Al ターゲットを用いて、Ar と O_2 導入し反応性スパッタにより、Al の酸化物を成膜した例で

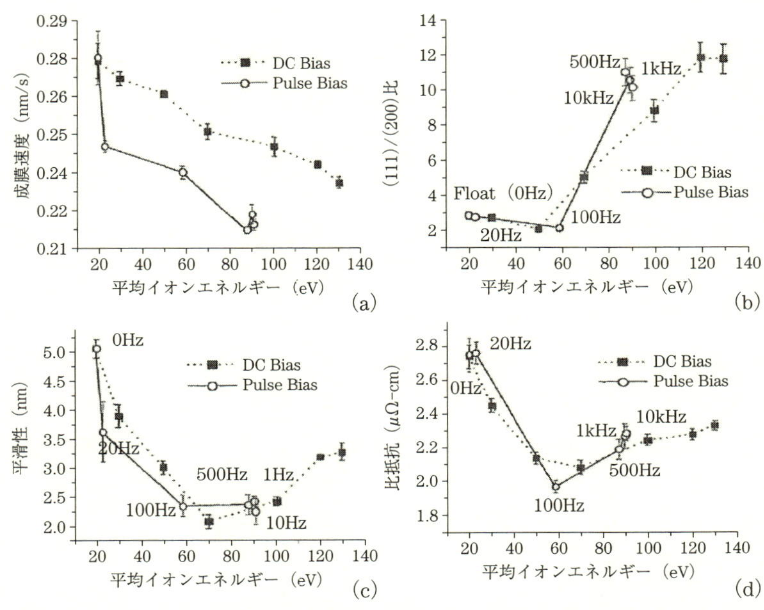

出典：Edward V.Barnat and Toh-Ming Lu,Pulsed and Pulsed Bias Sputtering Principles and Applications,Kluwer Academic Publishers (2003)

図 14　基板バイアスと膜特性（Cu）
パルス（−100 V、デューティー比 80%）

表 1　DC とパルス成膜した Al_2O_3 膜の成膜条件と膜特性

Run no.	Target current (A)	Substrate bias (V)	Turn down signal (%)	Thickness (μm)	Dep. rate (μm min^{-1})	Hk (kg mm^{-2})	Al/O (at. %)	Power supply
1	6	−50 rf	60	13.9	0.52	90	51/49	d. c. only
2	6	−50 rf	50	7.7	0.28	210	51/49	d. c. only
3	6	−50 rf	50	5.3	0.19	320	58/42	d. c. + SPARC-LE
4	6	−30 rf	30	3.1	0.11	2650	45/55	d. c. + SPARC-LE
5	6	−30 rf	30	2.0	0.07	1240	44/56	d. c. + SPARC-LE
6	6	−100 rf	15	3.3	0.07	1180	37/63	d. c. + SPARC-LE
7	8	−50 rf	15	3.8	0.07	2480	41/59	d. c. + SPARC-LE
8	6	self-bias (−19)	25	40.0	0.31	270	54/46	Magtron 15.4 kHz
9	6	−50 dc	20	13.0	0.13	1940	42/58	d. c. + SPARC-LE
10	6	−50 dc	20	10.0	0.18	1710	43/57	Magtron (15.4 kHz)
11	3	−100 dc	15	4.9	0.06	1020	41/59	Magtron (15.4 kHz)
12	3	−50 dc	20	8.1	0.07	1510	40/60	Magtron (25 kHz)
13	3	−30 dc	15	5.0	0.06	2010	37/63	Magtron (25 kHz)

出典：P. J. Kelly, et al Surface and Coatings Technol. 86-87 (1996) 28-32

ある[10]。ここでの Turn down signal（％）というのはセットポイントと呼んでいるものであり、反応性スパッタで高速成膜を行なうときの、遷移領域制御における Al 金属の発光強度に対する制御を行った発光比である。この数字が小さいほど酸化物に近づくことになる。ターゲットにかける電力は、パルスを使っている。発光比が 50％ 以上の膜では、ヌープ（Hk）硬さは小さく、組成比も Al の方が大きい膜である。発光比 30％ 以下では、バイアス付加により、おおよそ硬い膜ができている。最大の硬い膜は、RF バイアスで生じているが、DC バイアスと RF バイアスでは、酸化アルミニュムの場合は、あまり変化がないと思われる。

スパッタプロセスの中で、カソードについての電力としてパルスが多く使われるようになってきたが、基板バイアスとしても、膜質改良の可能性が大きくなってきた。今後、パルス技術は、カソードと基板バイアスの組み合わせとして使うことで、ますますその効果が見えてくることが期待される。

4-6 膜の内部応力とは何か？どんな原因で起こるか？

スパッタ膜に限らず、薄膜を基板の上に付けた場合に、たとえばフィルムのような薄い基板の場合には、その基板が反ったり、シワができたりして、応力が働いているのがわかる。基板がガラスや、金属のような硬い材料の場合には、付けた薄膜にマイクロクラックが入ったり、放置して置いただけで、膜がはがれたりすることがある。このように、成膜過程での熱あるいは、飛んでくる粒子のエネルギーなどにより膜に働く応力を総称して内部応力という。内部応力は、通常小さい方がいいが、ハードコート膜のような場合は、内部応力が高い方が硬くなるので、この場合は内部応力は大きい条件が使われる。

内部応力には、引張り応力と圧縮応力がある。引張り応力というのは、基板から薄膜が引っ張られる状態になる場合であるから、膜が内側にして曲がっているような状態の場合は、薄膜が基板から引っ張られている形になるので、引張り応力が働き、圧縮応力は、その逆に膜が外側で伸びている状態の場合に、基板から圧縮されるようになるため圧縮応力が働く（**図 15** 参照）。

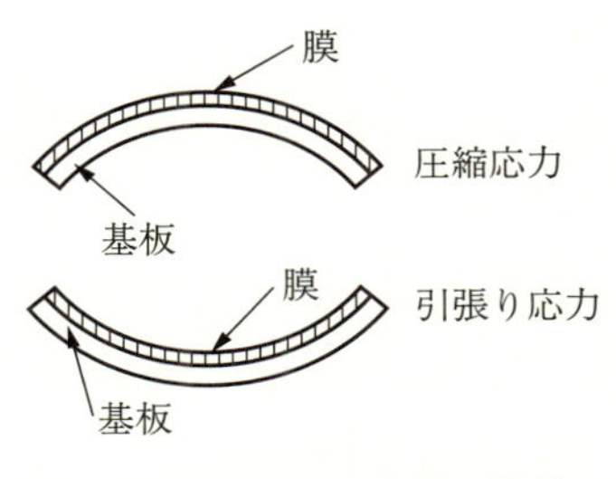

図 15　内部応力と基板の関係

内部応力は、基板上での成膜過程で生じる基板と膜との線膨張係数の違いによって生じる熱応力と、膜に生じている各種歪みによって生じる応力とに分けられ、後者を真応力と呼んでいる。真応力の発生原因は複雑で、いくつかの要因が複雑に組み合わされているが、**図 16** はそれをまとめたものである[11]。

この図で相転移というのは、非晶質から結晶への変化や、液相から固相への変化に伴う体積膨張や収縮を指し、界面不一致というのは、基板と薄膜の材料の違いによる、結晶構造や格子定数の違いによるものであり、基板の構造に膜構造が近づいた場合に生ずる歪みが原因となる。

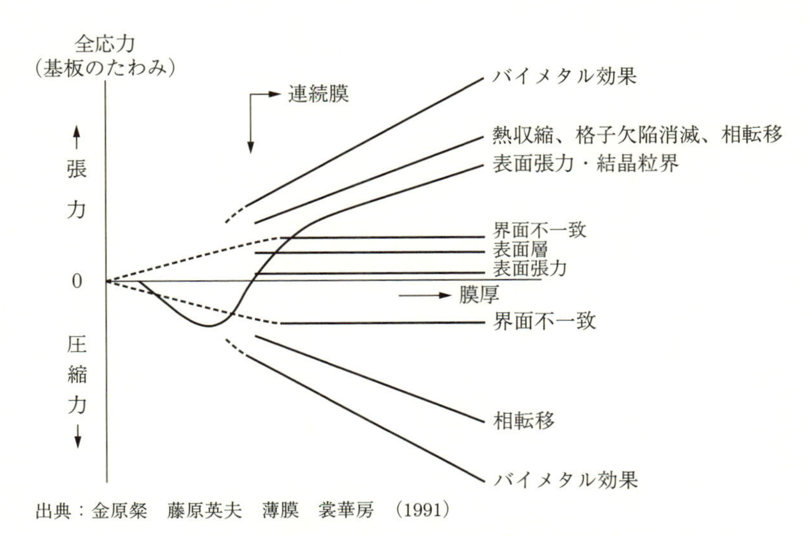

出典：金原粲　藤原英夫　薄膜　裳華房　(1991)

図 16　各種のモデルから予想される全応力値の膜厚による変化
（大きさには大きな意味はない）

バイメタル効果というのは、基板と薄膜の熱膨張による差によって現れることを指し、いわゆる熱応力のことである。これ以外の重要な要因としては、ピーニング効果がある。スパッタ工程では、電界をかけてスパッタした粒子が基板に飛んでくるが、その持っているエネルギーによって、膜表面がたたかれる。前項で述べたように、薄膜の性質改善のために基板にバイアスをかけて、イオンを加速するような場合は、よりいっそうこの効果が大きくなる。

図 17 は、金属膜の場合にスパッタガス圧の変化による圧縮応力から引張り応力に変わる変化点の圧力を原子量に対してとったものである[6)]。通常使用することが多い 0.1～0.5 Pa 程度の圧力の場合は、原子量の多い重い金属の方が、応力が高いことを示している。また原子量が大きくなるほど内部応力を減らすには放電圧力を大きくすることが必要になっている。

図 18 は、反応性スパッタで成膜した酸化物膜での放電ガス圧力と応力との関係を示した例である[6)]。放電ガス圧が高いほど、内部応力は小

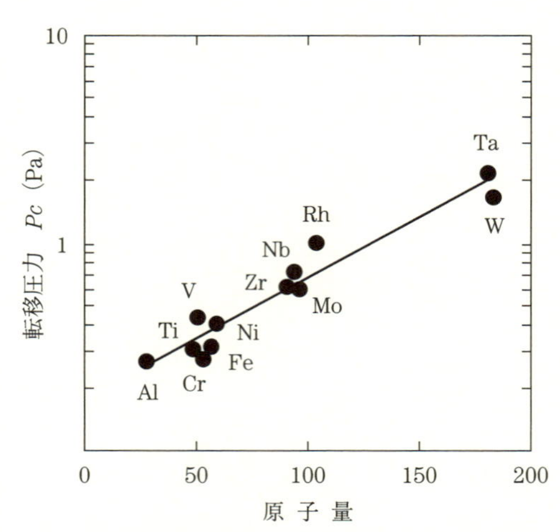

出典：市村博司、池永勝　プラズマプロセスによる薄膜の基礎と応用　日刊工業新聞社　(2005)

図 17　スパッタリング金属膜の真応力が圧縮から引っ張りに変わる転移圧力のターゲット金属の原子量依存性

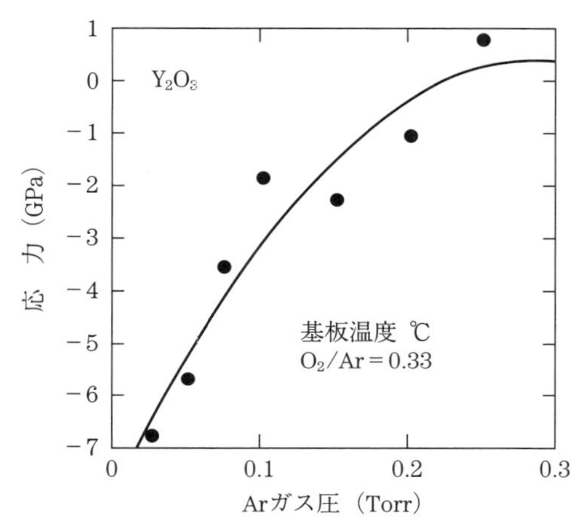

出典：市村博司、池永勝　プラズマプロセスによる薄膜の基礎と応用　日刊工業新聞社　(2005)

図 18　スパッタリング Y_2O_3 膜応力の Ar 圧力依存性

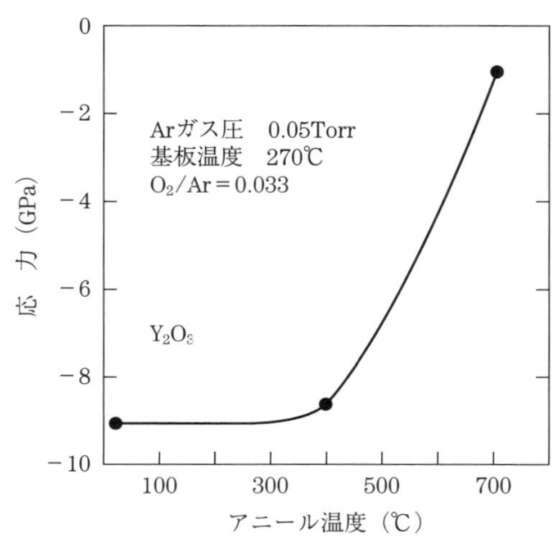

出典：市村博司、池永勝　プラズマプロセスによる薄膜の基礎と応用　日刊工業新聞社　(2005)

図 19　スパッタリング Y_2O_3 膜の応力のアニール温度依存性

さくなっている。これはスパッタ粒子の持っているエネルギーがガス圧力の増加に伴い小さくなり、その効果が出たものと考えられる。**図 19**は、応力の緩和と熱処理効果を示した例である[6)]。室温で成膜したあとアニール温度の上昇とともに、応力が減少していくのがわかる。

内部応力は、膜全体に均一に発生するわけではなく、面内、深さ方向とも局所的にばらついて発生する。特に基板との界面に集中することが多く、密着性との兼ね合いで膜剥がれが生じたりするため、基板のクリーニングは重要である。内部応力は、膜厚方向での単位厚さ当たりで求めている。密着性との関係では、全応力を小さくすることが大事であるが、膜が多層であれば、各層での材料あるいは放電ガス圧力などの組み合わせを行ない、圧縮応力と引張り応力とバランスをとれれば、全応力を小さくすることができる。

4-7 膜中に Ar はどの程度混入するか？

Ar ガスを放電ガスとして用いるために、Ar ガスがスパッタ中に膜中にも混入してしまうことになる。前項で述べた内部応力とも関連した要因の一つであり、Arガスが多く膜中に混入すると内部応力の原因ともなる。

図 20[4)]、**21**[12)]は、放電ガス圧力に対しての Ar ガス混入量を示した例である。ここからは、放電ガス圧力の低い方が Ar 混入量が増加することがわかる。また、原子量が大きい材料ほど混入量も増えるという傾向がある。

圧力の低い方が混入量が大きいというのは、混入する条件として、そこに存在する Ar の量ではなく、Ar の持っているエネルギーが大きい要素であることが推測される。**図 22** は基板バイアス電圧と放電ガスの膜中への混入量を示したものである[12)]。基板バイアスを加えることによって、放電ガス混入量が増加傾向を示す。その場合はイオン化していないと効果がないが、バイアスのかけ方で方向が変わり、負バイアスでは促進し、正バイアスでは抑制することになる。Ar 混入量を減らしたい場合は、イオン化を促進し、基板に正バイアスをかければ効果があること

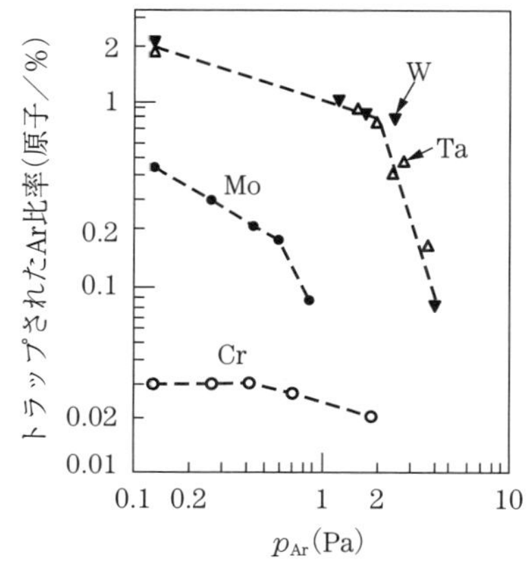

出典：小林春洋　スパッタ薄膜
日刊工業新聞社　(1993)

図 20　各種金属薄膜にトラップされた Ar 比率と Ar 圧力。円筒状 DC マグネトロン使用

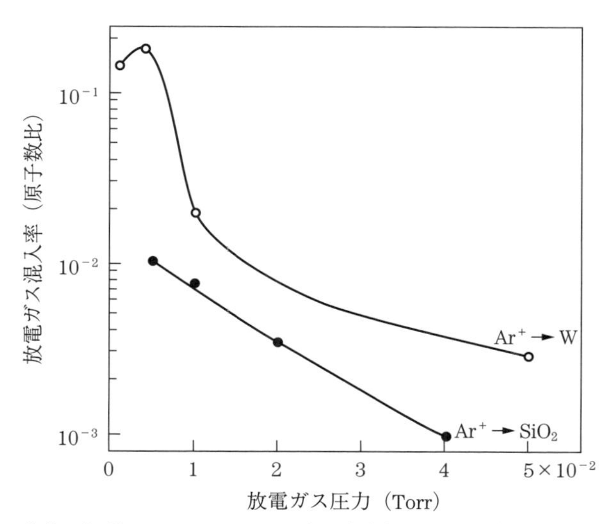

出典：金原粲、スパッタリング現象　東京大学出版会　(1984)

図 21　放電ガスの圧力を変えたときのガス原子の薄膜中への混入率の変化の例

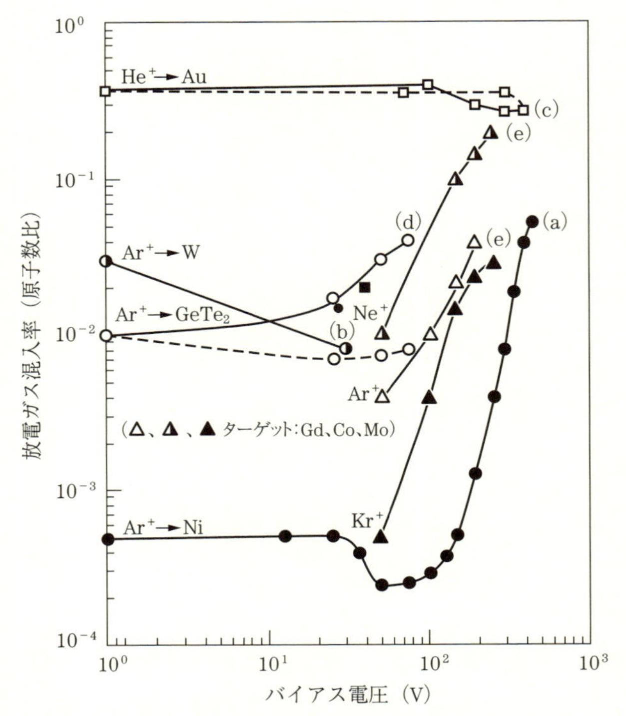

出典：金原粲、スパッタリング現象　東京大学出版会 （1984）

図 22　基板バイアス電圧と薄膜中への放電ガス原子の混入率の関係
(b)、(c) は正バイアス、他は負バイアス

になる。また、DC とパルスの基板バイアスとの比較例では、－100 V DC：0.2 at%、－100 V/100 kHz：1.1%、－300 V/350 kHz：2.5% という例がある[7)]。

Ar 混入により、膜質がどう変わるかという検討はあまりされていない。Ar の混入が多くなると、直ちに膜質が悪くなるというものではないが、格子欠陥であるために、内部応力の増大を招き、透明導電膜のような導電性が必要な場合は、伝導電子の散乱要因になり、あまり好ましいものではない。

Ar の混入はスパッタプロセスで生じるので、たとえばプロセスが不明な薄膜サンプルの場合に、Ar 混入を調べることによって、スパッタプロセスかどうか推測する有力な手段となりうる。

4–8 密着性を向上させるにはどうすればよいか？

薄膜はバルクと違って、基板に付着することで機能を発揮することになる。密着性能が悪ければ、折角の膜も用をなさない。

密着性を考えるときには、その測定方法ごとに、異なる性質を測っているので、作製している膜に必要な膜の密着性に対応していると思われる試験法の選択が重要である。

たとえば、自動車用ガラスのスパッタ膜の密着性を測定する場合に、消しゴム、不織布、ステンレスワイヤなどで表面を 1000 回、あるいはそれ以上摩耗させる試験がある。消しゴムが砂消しゴムになったり、荷重を変えたりするが、これは車の窓を開け閉めするときを想定してそれに近い耐久性を持っているかどうかを調べるために行なっている。

この場合は、表面の耐摩耗性、硬さ、密着性の総合した結果としての、性能を測ったことになる。また、引っかき試験の場合には、表面平滑性である摩擦係数などが小さいことが、傷のつきにくさに対応しており、密着性との総合評価をテストしているとも考えられる。よく行なう簡便な方法としてテープテストがあるが、基板表面の洗浄度がよかったかどうかの判定にちょうど合っている方法ともいえる。逆にドリルのハードコートなどは実際に金属を削ったテストでの寿命試験をしないとなかなか性能が見えてこない。

また、密着強度を上げるというときに、基板材料との組み合わせが重要となる。

密着性に影響を与える要因としては、①膜の内部応力、②基板の清浄度、③基板と膜の化学的、物理的相互作用というように分けられると思うが、いわゆる密着強度は、このうちの②と③に対応している。ただし、実際には膜の剥がれやマイクロクラックの発生は応力緩和現象の一形態であることを考えると、①が重要になる。

1. 内部応力

内部応力が大きすぎると、わずかな刺激で膜がはがれてしまったり、マイクロクラックが発生する。膜の応力を小さくするためのスパッタの条件としては、

* 放電ガス圧力を大きくする、
* T–S（ターゲットと基板）間距離を広げてボンバードメントのエネルギーを下げる、
* 基板温度を上げてアニール効果を持たせ、格子間原子の移動を促進したり、欠陥の消滅を図ったりする、
* 膜を複数に分けて、別の膜を加えることで、応力の向きを変える。すなわち圧縮応力と引張り応力を組み合わせる、
* 傾斜膜を使う。これは緻密な膜、硬い膜ほど応力が高くなるので、表面は硬くしても、内部は柔らかくてよい場合が多いので、傾斜構造をとることで緩和する、

などが挙げられる。

2. 基板の清浄度

いわゆる洗浄ということであるが、基板ごとにその特性に合わせた注意が必要である。

* プラスチック：脱ガスをよくして、残留水分、未反応モノマーなどできるだけ放出しておく必要がある。その後、ボンバードメントというプラズマによる表面改質を行なう。これには、ガスの種類（O_2、N_2、Ar）、ガス圧、放電時間、放電の種類（DC、パルス、RF）と電力など最適条件の探索が重要である。
* ガラス：古い基板では、表面に存在するヤケがないかどうかが重要である。必要な場合は、酸化セリウムなどでみがくが、新しい基板を使うようにする。

＊金属：表面が酸化されやすい材料の場合は、酸化物をとったり、油脂汚れに注意する。スパッタの場合は、ガラスを含めて成膜前のボンバードメントは必要ないことが多いが、場合によっては逆スパッタやアンバランス型カソードによるプラズマクリーニングを行なう。

3. 膜と基板の相互作用

基本的には表面エネルギーを大きくして、表面の活性化を図るということが、密着性を上げる方向であると思われる[13)]。わかりやすい例では、フッ素樹脂のような表面エネルギーの小さい材料は、濡れ性が悪く、接触角も大きく密着性が悪い。この逆になるように、基板表面と膜との間を活性化させるための方法を考えることになる。

① 基板と膜の接触面積が増えるように、凹凸を付ける

これはアンカー効果とも呼ばれるが、基板バイアスをかけて、イオンを膜と同時に、あるいは前、後で行なうことにより、膜を基板の中に押し込んで、膜がはがれにくくするということである。

② 中間層を設けて、膜と基板との親和性を増加させる

Cr、Ti などの金属膜、TiN のような窒化物膜、SiOxNy のような酸窒化膜などがあるが、柔らかい材料、物性的に中間的な材料、傾斜材料などが用いられることが多い。

密着性は、実用上大変重要ではあるが、それゆえに実用的な各個別製品としてのノウハウとしての側面を持ち、通常は工場の中の品質管理の問題として扱われることが多く、技術開発のテーマにはなりにくいところがあった。そのため、ラインに流れている個別製品での密着性のトラブル対策は、以前の製品の工程と比べて、洗浄方法やプロセスパラメーターの変更、その他の違いを探すことが主体となっていたが、今後、成膜方式や新しいアイデアなどを含んだ検討が期待される。

4–9 基板加熱はした方がよいか？

基板を加熱させる効果としては、加熱による基板表面からの水分、有機物除去などによるクリーニング効果、膜の欠陥の減少などによる内部応力低減、結晶構造の改良などによる物性の改善などが考えられる。

図7のThorntonモデルでは、基板温度との関係からすると、ゾーンTからゾーン2にかけての領域は低温からやや加熱した領域になり、緻密な膜ができている。

膜質改善を、基板温度だけで行なうには、限界があるため、プラズマ技術、電源からの電力供給方法、基板バイアスなどの探索が行なわれている。

すなわち、加熱することによるメリットはあるが、基板に依存して加熱できる温度も変わる。プラスチック基板の場合は、多くの場合100℃以下である。ガラスの場合は400℃程度までであるが、この場合の問題点は、ガラスを真空中で加熱した場合、熱いガラスのハンドリングは難しいので、真空中で冷却することになり、長い時間がかかり、量産性が悪くなる。金属の場合は、変態点を超えた場合に、硬さが落ちるので、変態点以上に加熱できない。

最近は、プラスチック基板や熱に弱い有機ELなどへの応用が検討される例が増えていることもあり、基本的にはいかに基板温度を上げずに特性を出すかということが、大きなテーマの一つになっている。低温スパッタというカテゴリーの技術である。これは特に基板を冷却するということではなく、基板加熱をしないで成膜することを指している。

注意すべきことは、膜質改善のエネルギーとしてヒーターの代わりにプラズマを使う成膜が増えており、そこで加熱される場合である。**図23**は基板バイアスをかけた場合の温度上昇についての例である[7]。パルスとDCの比較があるが、ここでのパルスの場合は1分足らずで200℃に達している。

用途に合わせた、最適条件の探索が重要である。

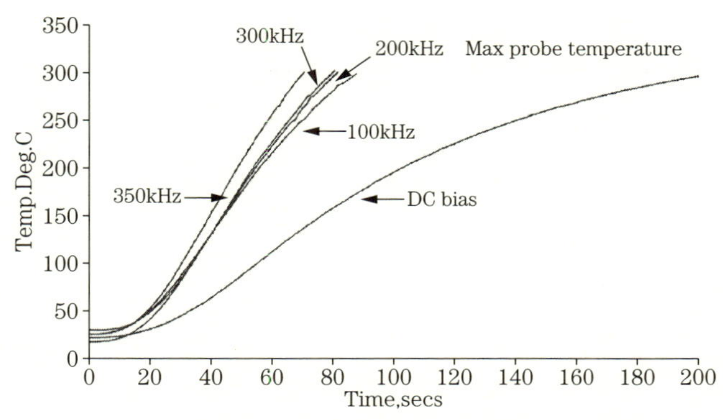

出典：P.J.Kelly et al.,Surface and Coatings Technol.142-144(2001)635-641

図 23　基板バイアスでの基板温度上昇

4-10 プラズマ密度を上げるにはどうすればよいか？

マグネトロンカソードを考えてみたい。現在のスパッタプロセスはほとんどがこのマグネトロンを使っているが、これはターゲットの上に並行磁場を作りそこにプラズマが集中することで、成膜速度が上がり、放電電圧を下げることに成功した。ここでの主役は、ターゲットの下に配置した磁石である。この原理は、**図 24** に示すように、速度を持った電子、イオンが磁界の中に入った場合にどのような運動をするかを示したものである。磁界のみが存在する場合は、円運動、斜めになった場合は、螺旋運動をして磁界方向に移動する。直交する電界、磁界がある場合は、サイクロイド運動をし、電界、磁界各ベクトルの外積の方向へ移動する。数値例として、電子が、電圧 400 V、300 ガウスの直交磁場に入るとき、電子のサイクロイド運動のラーマ半径は、2. 3 mm、振動の周波数は 840 MHz にもなる[4)]。

電子は軽いためこの回転半径を維持するが、イオンは重いために、磁力線からは離れてしまう。すなわち、電子が磁力線の周りを高速回転して、周囲にいる粒子とぶつかることにより、イオン化しプラズマを生成

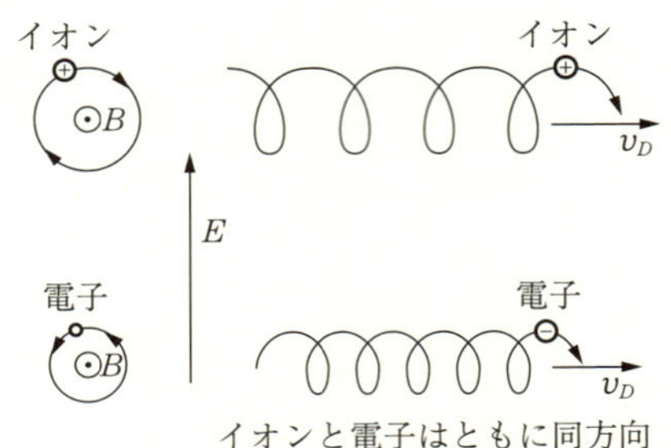

出典：小林春洋　スパッタ薄膜　日刊工業新聞社　(1993)

図 24　直交電磁場（$E \times B$）内の電子とイオンの運動

している。プラズマの発生には、この高速電子と磁界の2つをどう発生し、導入するかということが重要である。

したがって、強いプラズマ形成には強い磁界と高速電子の発生をどうするかということである。ここでは、カソードにはDCまたはパルスを使っており、さらにプラズマ密度を上げる場合について述べる。また、すでに述べたカソードにDC＋RFを重畳する方法、基板にパルスやRFをかける方法もあるが、これらにはついては、各項を参照されたい。

① 磁石（電磁石）の磁界強度を上げる

② 磁石配置をプラズマの必要なところに持ってくる

③ 複数の磁石を使ってリンクさせる

④ 電子を十分加速できるエネルギーを入れてやる

ということが考えられる。

① 透明導電膜のプロセスとして、すでに量産装置の中で使われている。**図25**は、マグネトロン磁場強度に対する放電電圧依存性、**図26**は、磁場強度をパラメーターとしたITO膜の比抵抗依存性をとった例である[14)]。透明導電膜は、ダメージを減らして、反応性を高めることが成膜の方向性となっているために、高いプラズマ密度を作り、放電電圧を下げることが、比抵抗を下げることに直接つながっている。また、磁場強度を上げることで、最適O_2分圧の幅が広がっている。

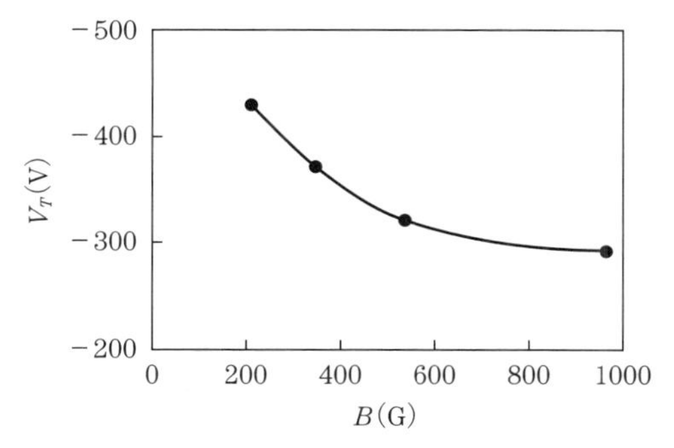

出典：Ishibashi et al.The Proc.3 rd ISSP (1995) Tokyo

図 25　マグネトロン磁場強度に対する放電電圧の依存性

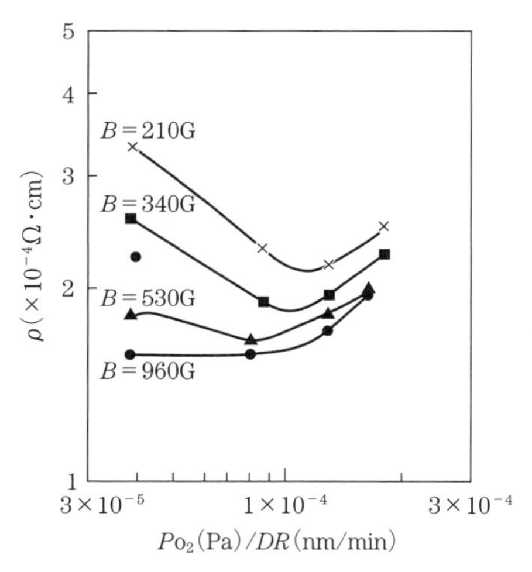

出典：Ishibashi et al.The Proc.3 rd ISSP (1995) Tokyo

図 26　マグネトロン磁場強度をパラメーターとして作成した ITO 膜抵抗率の成膜速度 *DR* で規格化した酸素分圧（P_{O_2}/*DR*）に対する依存性

② すでにアンバランスマグネトロンの項で述べたように、磁界強度を高め、配置を工夫することにより、ターゲットの直上だけでなく、成膜する基板側にも磁界が広がるようにし、プラズマ密度を上げ、成膜時における基板表面でのスパッタ粒子の拡散と反応性の向上を

行なっている。

③　磁石のリンクというのは、2台のカソードを使ったデュアルカソードの項で紹介しているが、磁石のNS極性を使い、同じ極性ではなくちょうど反対の極性に並べることで、プラズマが変わる。**図27**は、バッチタイプのチャンバー内で対向した方向にカソードが2台あり、その極性を変えた場合の放電の様子を示す[15)]。同図(a)は対向した側のカソードの幅方向に対して、NSNの場合はNSNというように、同じ極性が向き合っており、(b)は向き合った極性はNSNに対してSNSと逆になっている。磁石配置をもっと変えてリンクさせた例が、**図28**に示すような、EFSと称する方式である[15)]。

これは、やはりバッチ式のチャンバー例であるが、チャンバーの

(a) 対向した側が同じ極性

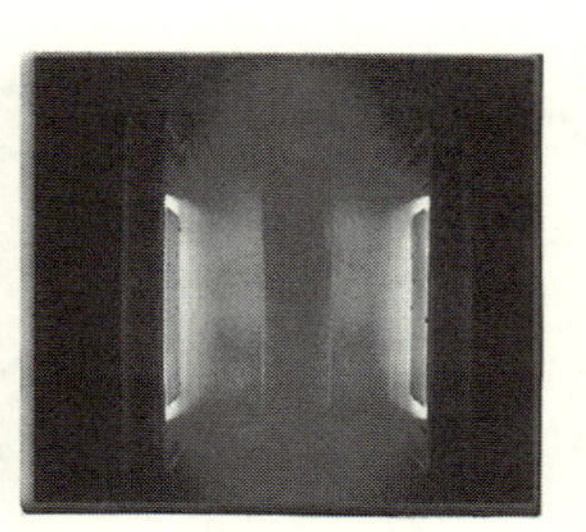
(b) 対向側が逆の極性
(リンク型)

図27　マグネトロンの極性変化による放電

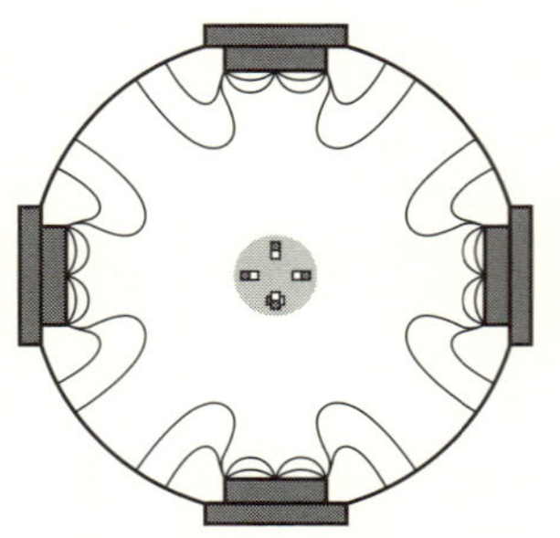
(a) 極性リンクなし

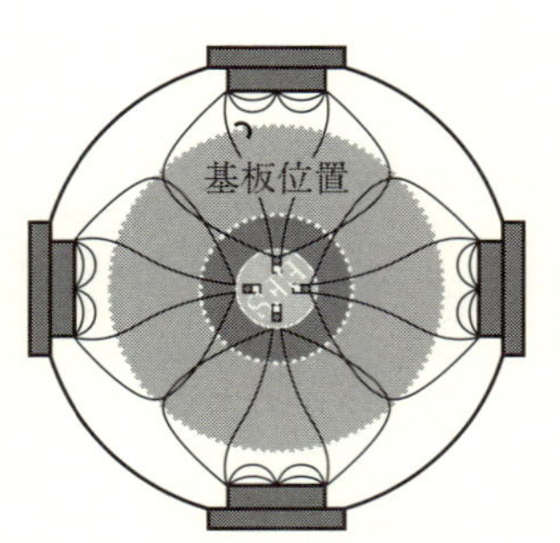

(b) 極性リンクあり

図28　中心磁石との極性の向き

出典：Gencoa社技術資料

図 29　4 マグネトロン間の極性リンクと磁力線

中心に磁石を配置し、カソードの磁界とのリンクをとっている。同図(a)は中心にある磁石のカソード側を向いた極性が、カソードの外側磁石の極性と同じになっており、反発していることで、プラズマ発生が抑えられている。(b)はその逆にリンクさせたものを示す。**図 29** も同様であるが、4 台のカソード例であり、上部にある 2 つのカソードも隣同士の極性は逆になってリンクし、下部のカソードとも、リンクした場合を示す。

図 30 は 6 台のカソードの例で、上部 3 台は同じ極性のカソードが 3 台並び、リンクしていないが、下部 3 台とはリンクした例である。

ここには示していないが、基板の裏側にあたるチャンバー部分に磁石をおくことも可能である。これは直接的に、プラズマ密度の向上を基板にもたらすことになる。

④　RF などの高周波放電を入れてやることで、電子を高速に加速、反転を繰り返してプラズマを発生させる方法である。容量結合型は一般的に、RF スパッタとして使われているが、**図 31** は、誘導結合型の高周波放電を示している[16]。誘導結合型は、アンテナを使い、そこに流れる高周波により電磁誘導を起こし磁場が発生する。それ

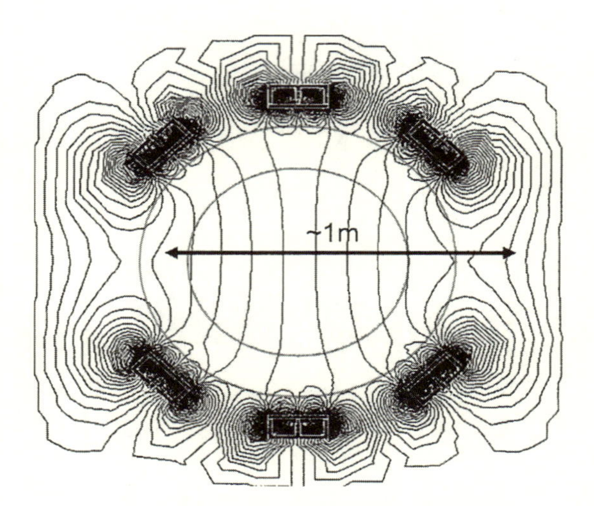

図 30　6マグネトロン間の極性リンクと磁力線

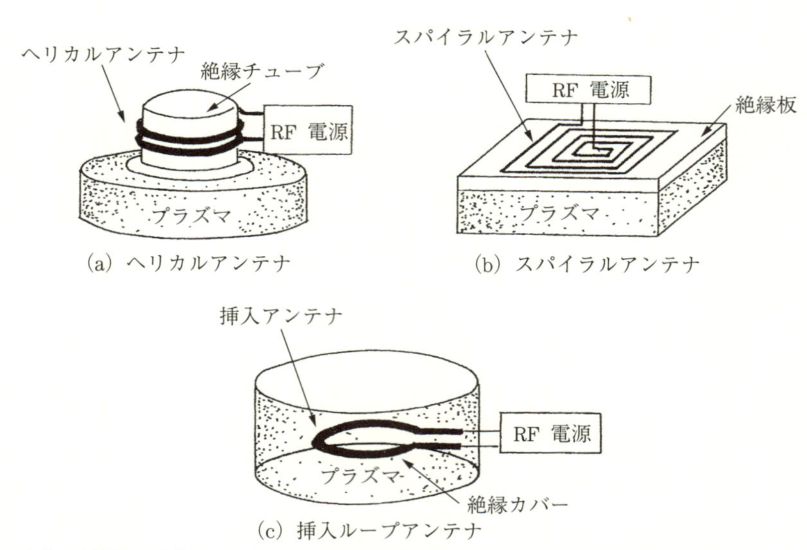

出典：島徹穂・近藤信一・青山隆司、はじめてのプラズマ技術、工業調査会 (1999)

図 31　誘導結合型プラズマ発生の概念図

を利用してプラズマを発生させるが、同図(a)、(b)はチャンバー外部から導入するタイプであり、(c)はチャンバー内部に導入して使うタイプである。(c)のループは一重ではなく、何重かにしてもよい。これはカソードと基板の間に入れることで、プラズマ密度の向上を行なうことができる。

高周波よりさらに周波数が大きいマイクロ波を入れるという方法は、ECR 放電としてすでにスパッタ装置に使われている。これは既存のスパッタ装置にさらにプラズマを加えるということは難しいが、プラズマ密度を高める方法である。

磁場により電子が磁力線の周りを回転するサイクロトロン周波数は、磁場が 875 ガウスのときに 2.45 GHz となる。外からこれと同じ振動電場を加えれば、電子サイクロトロン共鳴と呼ぶ電子の共鳴的加速を呼び、高い運動エネルギーを得て、プラズマの発生が起こる。**図 32** に示したのは ECR スパッタ装置の一例である[17)]。ECR スパッタ装置は、電磁石により ECR の磁場をかけるので、その部分が大型化し、そこに閉じ込めるので大面積には難しい。ターゲットは、穴のあいたすり鉢状を使うなど特殊な形状をしているため、

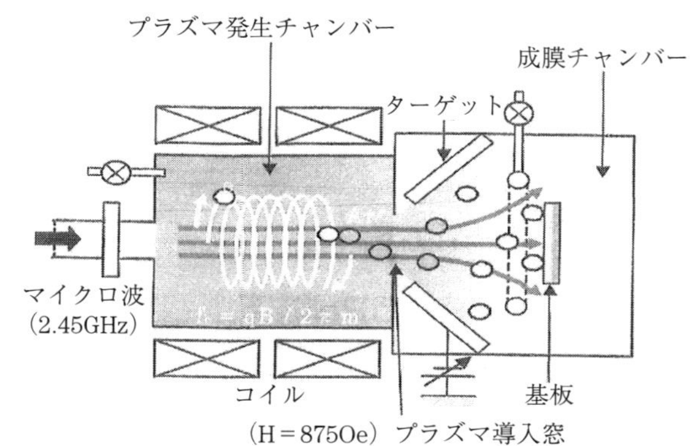

出典：岡田繁信　技術情報協会「反応性スパッタ法による酸化物薄膜の低温高速作製」技術情報協会セミナー　(2006)

図 32　ECR スパッタ装置の主要部の断面構造図

コスト的には改善の余地がある。

また、装置のコンパクト化のために、電磁石を永久磁石に変えたり、周波数を 450 MHz に下げる方法が開発されている[18]。

4–11 傾斜膜とは何か？ どうすればできるか？

傾斜膜というのは、明確に定義されているわけではないが、通常組成が徐々に変化していき、光学的な屈折率や硬さなどを変えることによって、1 層ではできない特性を持たせた膜のことを指している。この目的は、光学的な屈折率を徐々に上げたり下げたりすることにより、膜数を減らして光学特性を向上させたり、内部応力が高い膜について応力を徐々に下げて、表面は硬い膜、内部は比較的柔らかい膜にして、密着性の向上を図ったりしており、すでに実用的に使われている手法である。

ここでは、**図 33** に示すような、SiO_2 から Si_3N_4 までの変化する傾斜膜の場合について、その方法の一例を述べる。

SiO_2 は、低屈折率側の光学膜として重要であり、バリアー膜、デバイスのパッシベーション膜としても使われる応用範囲の広い膜である。一方、Si_3N_4 膜も SiO_2 膜と同様に透明膜であり、同じような用途に使われるが、緻密な膜であり内部応力が高く、硬い膜としても知られている。

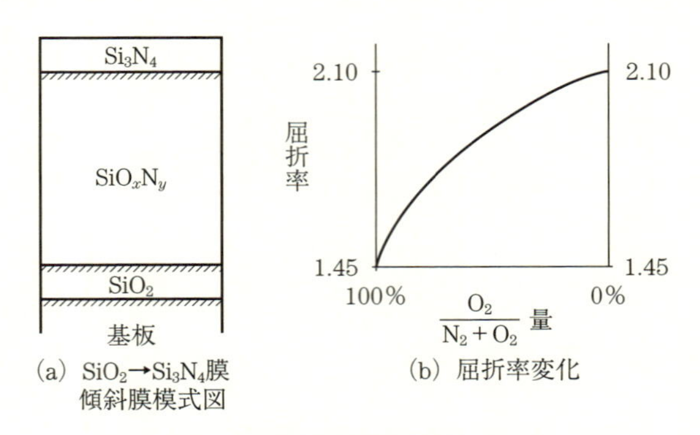

(a) SiO_2→Si_3N_4膜 傾斜膜模式図

(b) 屈折率変化

図 33　SiO_2→Si_3N_4 膜傾斜膜

屈折率は、SiO_2 は 1.45 程度、Si_3N_4 は 2.1 程度である。SiO_2 膜から Si_3N_4 膜までの変化を持たせる場合は、酸化物から窒化物まで変化しているが、これを反応性スパッタで行なう場合は、比較的容易に行なうことができる。

作製方法は、Si（比抵抗 1 Ωcm 以下）をターゲットとして用い、パルスをかける。放電ガスは Ar を用いて反応性ガスとして O_2 を入れ、SiO_2 膜を作製し、徐々に O_2 量を減らして N_2 量を増やしていく。全ガス量は常に同じになるようにしておき、最終的には、反応性ガスとしては、O_2 の変わりに N_2 のみにして、Si_3N_4 膜になるようにする。このようにガス量の変化のみで傾斜膜は作製可能であるが、SiO_2 の場合は、カソードでのアーキングを抑制する工夫や、絶縁膜を成膜するときに長時間にわたる場合は、アノード消失の問題があるため注意を要する。この対策などについては、アーキング対策およびアノードの項について参照されたい。

この膜の特徴としては、緻密であるが内部応力の高い Si_3N_4 と緻密ではないが内部応力を調整可能な SiO_2 が入っているために、1 つの膜としては、内部応力を高くしないで、緻密な層を中に持つ、用途の広い膜として使えることである。

プラスチックフィルムなどの剛性のない基板に、密着性のよい膜を作りたい場合には、フィルムとの中間膜として、このような傾斜膜や Si-O_xN_y として表されるような混合膜が使われることが多い。ここでの x、y は膜の作製における O_2 量と N_2 量のガス比を変えることにより、調整可能である。

また、プラスチック基板のように熱に弱い場合には、放電中に加熱されて温度が高くならないようにしないといけない。この場合は、スパッタの成膜速度を高速にして、短い時間で成膜することが必要になる。SiO_2、Si_3N_4 などの単膜では、PEM（プラズマエミッションモニター）を使った、遷移領域制御による高速スパッタが、ロールコーターと呼ばれる量産装置に一般的にすでに普及しているが、傾斜膜にも応用可能である。

SiOxNy 膜は、O_2 と N_2 の 2 種類のガスが使われているが、このような場合の遷移領域による高速成膜制御は、N_2 ガスを固定して、O_2 ガスをフィードバックして制御することで上手く制御できる。

4–12 合金の酸化膜、窒化膜を作りたいが、どうすればよいか？

RF を用いたスパッタの場合は、絶縁性の酸化物や窒化物、炭化物などでもそのままスパッタが可能なため、作りたい膜と同じ組成のターゲットを作ってスパッタすることになる。ただし、酸素や窒素などが分解して気化した場合には、その不足分を補う必要があり、酸素や窒素などを Ar に加えて放電する必要がある場合が多い。この方法は、ターゲットコストが高くなることや、成膜速度が遅い、大面積には向かないなどが弱点であるが、スパッタそのものは単純であり、再現性もとりやすいといえる。また、RF を用いた反応性スパッタも可能であるが、RF のメリットは絶縁性ターゲットが使えることである。逆にパワーは小さいので、反応性スパッタを作った時の成膜速度はかなり低いので、あまり使われることはない。

パルスを用いた反応性スパッタの場合には、合金組成のターゲットを作り、Ar 以外に反応性ガスである酸素や窒素などを加えてスパッタする。合金組成であるそれぞれの金属の融点が大きく違う場合には、ターゲットの作製は焼結方式で作ることになり、その場合のターゲットコストは、酸化物や窒化物ターゲットなどとあまり変わらなくなる場合があるので、ターゲットメーカーとよく相談した方がよい。

この方式の場合のメリットとして合金組成を変えたい場合には、**図 34** のように変化させたい組成の金属ターゲットを元のターゲットの上に載せて、スパッタすることで、容易にその組成を変えることができる。これは、最適組成を調べる実験などでは大変便利な方法であり、電力を決めれば、おおよそエロージョン面積が決まり、そのエロージョン面積

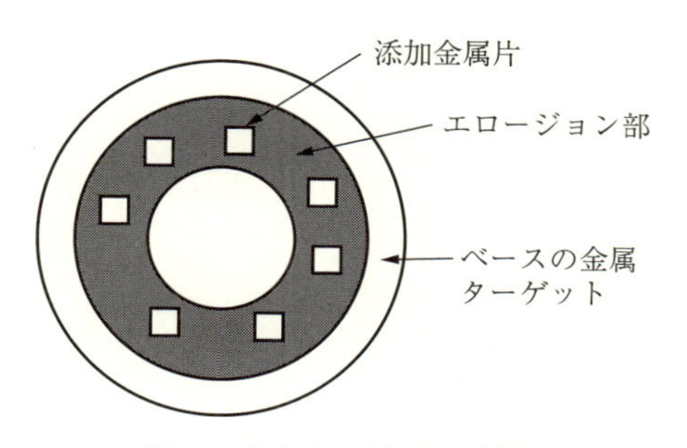

図 34　合金ターゲット調整例

に対して、そこに載せる金属ターゲット片の面積を計算し、組成を調節することが可能である。それぞれの金属のスパッタ率には差がでるが、およその組成を調べるには便利である。

その他の方法としては、ターゲットで組成を調整するのではなく、カソードを必要な元素分揃えて、多元スパッタをする方法がある。この場合の組成調整は、それぞれのカソードにかける電力を調節することによって行なう。基本的には、電力量が成膜速度に比例するとして、各カソードの材料について単位電力当たりの成膜速度をそれぞれ予備的に測定しておき、合成した場合の組成をおおよそ調整することはできる。これは、カソードが2台以上必要になり、装置価格が高くなるが、ターゲットで組成を合わせるより、さらに自由に組成調整が可能となる。

いずれの場合も、組成調整は基礎実験として行なうことが多いので、量産の場合は、最適値であるカソード組成にて、コストダウンを考えながら、最適なスパッタ方式をとることになる。

スパッタ方式での酸化物や窒化物などの最大の弱点は、成膜速度が遅いことであった。これらの合金の酸化膜、窒化膜についても、遷移領域制御により高速化が可能であり、既存の装置を改良して行なうことができる。合金の酸化物、窒化物などの場合は、主たる金属の方を選んで、そのプラズマの発光を制御することで適用可能である。また、その発光が弱い場合には、放電ガス、合金の他方の金属の発光を利用することもできる。

Part 2

現場のケーススタディー

1. Snの融点は100℃以下？

生産になるとどうしてもスループットを早くしたいのは、現場の人情でもあるし、企業の要請でもある。成膜条件として、ArガスやN_2ガス、O_2ガスなどのガス量やパワー、搬送速度などの条件が決まり、さて生産ということになると、何時間で何枚できるかというタクトが気になってくる。単純に生産能力を上げるには、スパッタの利点を生かしてパワーを上げることである。ところが、ここで大きな問題が一つある。どこまでパワーを上げられるかという場合に、上限はどこかということをよく考えておかなくてはいけない。上限は、冷却速度で決まるというのが普通である。冷却は通常水で行なう。水道水を使うと、中に入っている不純物により配管が詰まって流れが悪くなったり、イオンが入っていれば絶縁性が悪くなって、カソードとアノードの導通が起こったりするため、蒸留水を使ってクローズドタイプのクーリングを行なうのが望ましい。

しかし、もうひとつ気を付けなければいけない点がある。それはターゲットと冷却水との熱伝導の問題である。ターゲットを冷却する場合、通常ターゲットをバッキングプレート（銅の板）にInベースのメタルでボンディング（接着）して、それを冷却水で直接冷やす。通常O–リングを付けてボルトで締めることになる。この部分は丁寧に行なわないと、O–リングの部分とバッキングプレートの間から水が染み出してリークの原因になる。この場合は、ターゲット交換をするときには、冷却水を抜いてから新しいものとの交換となる。この動作が厄介であるのは、確かにそうである。そのためクランプ方式というのがある。

これにはダイヤフラムという薄い真鍮板を冷却水側に置いて、バッキ

CASE STUDY

ングプレートを付けたターゲットを使う冷却水を抜くタイプと、完全にバッキングプレートの部分を冷却水側に持ってきて、ターゲットをそこに載せクランプするので、冷却水を抜かなくていいタイプがある。クランプの場合に注意しなければならないのは、直接冷却ではないので、その接触部の冷却が十分かどうかである。特に冷却水を抜かないタイプの固定型は、バッキングプレート相当部分の表面が、鏡面に近いほど平滑にしないと、ターゲットとの接触が点接触になってしまい熱伝導が悪くなる。中は真空であるから、断熱性は極めてよいわけである。

Sn ターゲットを使って、SnO_2 膜を反応性スパッタで成膜していた。ターゲットをクランプタイプで固定して放電を行なっていたが、スループットを向上すべく電力を上げて少し経ったころ問題が起こった。何かズドンと鈍い音がして、その後一瞬にしてラインの電力がすべて落ち、流れていたガラスのぶつかり合うような、ひしめき合うような音が聞こえ、イヤな予感がした。実際に生産に入っているわけではないが、生産ラインの条件を決めるための条件出しの試作テストであるため、基板のガラスは生産時と同じ大きさ、厚さのものを連続して流している。

そこには Sn のターゲットが溶けて落下していた。どうして水で冷却しているのに Sn が溶けるのかだろうか。ターゲットを冷却するためのバッキングプレートに相当する板の加工精度が悪く、冷却が不十分だったために過熱し、冷却水が沸騰してガス化してその後 Sn が溶け、圧力が瞬間的に上がって、次に Sn の落下によりガラスが割れ、冷却水の温度のインターロックより、リークのインターロックの方が早く作動してしまったことが原因であった。ちなみに Sn の融点は 232℃ である。

2. ターゲットとマグネットの相対運動

実際に生産で用いられているカソードは、現在ではほとんどがマグネトロンタイプである。この方式は永久磁石を用いて、それまでの 2 極型で使われていた放電形式に比べて、ターゲットに磁場を加えることにより、ターゲット上の一部の場所に平行磁場を高くしてプラズマを集中させ、成膜速度を上げ、さらにプラズマ密度をコントロールすることにより、より効率的に、品質のよい膜を作るための改良型として作られた。プラズマを集中した部分がエロージョン部であり、そうでない部分が非エロージョン部となり、絶縁物などの堆積が生ずることになる。このため、このマグネトロンタイプにも、磁場の使い方によっていろいろなタイプのものがある。

すでに反応性スパッタにおいては、アーキングが大きな問題となったことを述べた。現在では、アーキングの発生に対しては、1つは電源の改良によってパルス放電ができるようになり、また、非エロージョン部へ電荷が溜まっても中和できるようになることであり、2つ目としてカソード側からは非エロージョン部をなくすか、あるいは減らすような改良もされてきた。アーキングを発生させる大きな原因の一つが、ターゲットの非エロージョン部への絶縁物の堆積による電荷のチャージであるから、この非エロージョンをなくす取り組みが重要となり、また、同時にこの非エロージョン部をなくす、あるいは減らすということは、すなわちエロージョン部を増やすことであり、ターゲットの利用率を上げるということにつながるため、両方の意味で重要な改良となる。

ターゲットには、形によって矩形や丸型などがあるが、基本的には平面のターゲットである。マグネットはターゲットの下に置き固定している。エロージョンを広げるには、下にあるマグネットを平面上で回転、あるいは並行に遥動することが必要となる。この場合のマグネットを、構造上大気側において設計することは可能である。すなわちターゲットは冷却をしなければならないため、同時に部品なり治具を動かすことはできるだけ減らした方がよい。これはリークを避けるため、構造をシンプルにするため、メンテナンスを容易にするためなどいろいろな意味から有利となるからである。

別の発想で回転カソードというのがある。これはターゲットを円筒型にし、マグネットを固定して円筒ターゲットの中にいれ、円筒ターゲットを外周方向に回転し、非エロージョン部を減らしてアーキングを減らそうとした方式である。

この構造の場合は、回転するのがターゲットのため、電力を回転するターゲット側につなぐ必要があり、内側にはマグネットがあるために、冷却水で冷却をしなければならない。すなわち、真空内でマグネット、冷却水の循環、ターゲットの回転、電力投入を同時に同じ場所で行なう必要が生ずる。これを行なうのが、エンドブロックという回転体の端で円筒を支え、かつ、電力と冷却水を投入する部品であった。このカソードの開発された当初はこのエンドブロックが問題で、回転するごとにそこから水漏れが生じ、電力投入ができず、てんてこ舞いさせられたものであった。エンドブロックもかなり改良されてきて、現状ではリークの問題は聞かなくなってきた。ただし、構造上、リークのリスクは大きい。また、内部にあるマグネットがNd、B、Fe系の強磁場の場合には、冷却水でFeがさびるので、その保護カバーにも漏れがないようにすることや大きな電力を入れるのは難しいことなどは注意点である。

エロージョン部が大きいということは、利用率がよいということにもなるが、利用率が上がるからといって、このカソードの場合は単純にコストダウンにはならない。これはターゲットが特殊な形をしていて、同じ材料で比べた場合、ターゲットの製作費がかなり高いためである。円筒カソードに限らず、ターゲット形状はできるだけシンプルな方が扱いやすく、コスト的にはむしろ安くなる。円筒カソードは、アーキング対策としてのメリットを考えた方がよい。

3. プラズマエミッションモニターを使った高速成膜開発物語

海外からの研究者が来るとよく頼まれるのが、富士山を見たいということだ。この時もそういわれた。周りを畑に囲まれた少し緩やかな山の上にあった敷地からは、富士山を時々見ることができるのだが、このときは春で霞がかかって残念ながら見る機会はなかったように覚えている。外国人は富士山を見て何を思うのだろうか？

1989年4月にプラズマエミッションモニター、略称PEMという、スパッタ時に出る発光を取り入れて、それを制御することによって、反応性スパッタの高速成膜ができるコントローラーの技術の習得のため、当時の東ドイツの研究所から技術者に来てもらった。

大面積に成膜する場合、どうしても膜厚、膜質の均一性が重要となる。また、工業製品である限り、コストが高いものであっては利用できない。スパッタのメリットである大面積への均一成膜が可能なことが、他のプロセスと比べて大変優れており、大きな特徴の一つである。逆にスパッタの弱点は化合物膜の成膜速度が低いことである。この成膜速度を向上することが最優先の課題となっていた。

膜材料としては、Ti をターゲットにして、TiO_2 や TiN_x 膜など、IT（In、Sn のメタル）をターゲットにした ITO 膜などを検討した。TiO_2 膜は熱線反射ガラス用に考えていたが、最近では光触媒膜や透明導電膜などとしても注目されている材料となっており、有望な材料である。

Ti の発光は 430 nm、InSn の発光は In の 450 nm を使った。発光の取り込みは、コリメーターというステンレス管の中にさらに細い針のような径 1 mm 程度の管が詰まった形状をしており、平行光のみしか取り入れないようになっている。それを光ファイバーで光電子増倍管へ運び、電気信号に変換し、反応性ガスとして使っている O_2 や N_2 のガス量を微調整している。O_2、N_2 はピエゾバルブを使ったマスフローコントローラーから制御することで、常に欲しい発光量が保たれる。正確には Ar に対する発光量の比率を一定に保つことができる。

現在はパソコンにより、画面で反応ガス量、発光量のチェックがリアルタイムで監視できるが、当時はチャート紙に書かせて、それを見ながらボリュームつまみで調整した。また、一番大きな驚きは、この進歩した制御原理でありながら、使っていたものが真空管であり、半導体ではなかった。その時代の東側の工業の発展段階がよく現れていた。

実験装置として尺角（30 cm 角）基板のものを使って制御を行ない上手くできた。成膜速度は、同じ装置でコントローラーを使わないときに比べて、ITO 膜 5 倍、TiO_2 膜 6 倍、TiN_x 膜 2 倍の結果だった。ITO 膜

の比抵抗は $4.3 \times 10^{-4} \Omega cm$、透過率80％で、これは室温での成膜であったため当時かなりよいデータであった。

現在では、この成膜速度は TiO_2 などでは最大10倍、ITOなどでは7倍などの高速化が達成されている。

1年後に生産機でのテストを行なったときには、TiO_2 膜でガラス3m幅で半分が吸収膜になったりして、上手くいかなかった。後にこのときの失敗はガスの配管にあることがわかった。すなわち、カソード周りのガスをできるだけ囲い込み、ガスの流れを安定にすること、レスポンスが悪くならないように配管とピエゾバルブの距離は短くすること、反応性ガスの噴出穴の調整をキッチリやり、ガス量の分布が出ないようにすること、基本的にはArと O_2 などの反応性ガス比が重要なので、これがずれないような構造を意識してアノードシールド板などを上手く使うことなどが挙げられる。当然真空装置であるから、排気装置との位置関係を考慮しなければいけない。

現在すでに大型のプラスチックフィルム用や大面積ガラスでは、反応性スパッタ膜の成膜方法として、この制御方式は標準的に使われている。大面積の板状やフィルム状基板の場合は、装置の構造が比較的シンプルにできること、すなわち隣同士でのカソードの反応性ガスの行き来を防ぐシールド構造などが、容易に作りやすいなどの利点があり、今後は大きさの小さいプラスチック基板などの成膜用に、低温成膜方式としてバッチなどのタイプにもこの方法が広がっていくと思われる。

日本に来て開発を手伝ってもらったドイツ人は、その後西側に亡命したが、その後の東西統一により、またドイツの故郷を踏めたと聞いている。世界は大きく動いていた時代であった。

4. 合金は面白い：ボロンの力

装飾膜を作る方法には、光の干渉を利用した方法と材料そのものの色を利用する方法の2つがある。干渉を利用する場合は、TiN_x 膜、TiO_2 膜の組み合わせが多かった。これは、窓ガラスなどの場合、洗ったり、

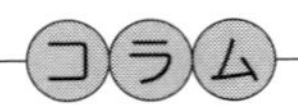

冷たい光

病院の手術室の煌々とした明かり、医者の頭についているライトなどは非常に明るく、ライトが顔や体のそばで照らされる。その割には、なぜかそう熱くはならないことに気づいた読者もいると思う。

ところであのライトに照らされると医者はなぜか冷たく感じる。医者が冷たいというより、あまり進んでは行きたくない場所であることも大いに影響している…。そんなときには、せめて電球のような暖かい明かりで照らされたら、どんなによいかと思うがそうはいかない。短い時間ならともかく、長い時間照らされたら、暑くてたまらない。ここで使っているのが、コールドミラーという膜である。たとえば、スパッタでの膜構成は、ガラス/L/H/L/H/L/H/L/H/L/H/L/H/L/H/air のようになる。

ここで L：低屈折率材料（SiO_2）、H：高屈折材料（TiO_2）として膜厚は G/144/37/90/56/90/56/90/56/90/56/90/114/68/30 nm となる。中間の 9 層が同じ膜厚の繰り返しなのは、この部分は光学膜厚 1/4 λ（λ＝540 nm）になっており、それをスパッタ用に物理膜厚に直してあるからである。光学特性は図 1 のようである。もっと層数は減らすこともできるし、増やすこともできる。それは、コストと性能との兼

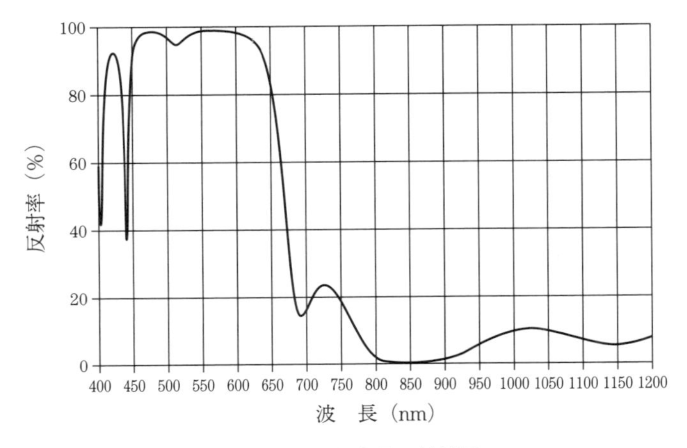

図 1　コールドミラー特性図

ね合いで決まる。この光学特性を見ると、可視光で反射が大きく、赤から近赤外以降の長い波長で反射をなくして透過させているため、この部分の光が外へ逃げるため熱くはならない。その逆に、熱線（主として近赤外線）だけを反射させて、可視光より短い波長を透過させて逃がすミラーもあり、これをホットミラーといって、ヒーターと同じ役割をさせることができる。ヒーターの場合は、抵抗線を加熱するタイプがよくあるが、光の方が好都合な場合もある。加熱したいものが接した場所になくて、離れている場合などはこのミラータイプが使われる。

拭いたりという掃除をする際に傷がつきにくいように、耐擦傷性のよい膜という条件が付くからである。この場合は TiO_2 膜の成膜速度が遅いことが難点であった。そのため、TiO_2 膜などの高速成膜が重要な開発テーマとなっていた。別途、材料そのもので色が出れば、膜の厚さも薄くて済み、プロセス的には楽になることがあり、その開発を行なっていた。基本は $TiNx$ 膜であるため、そこから出発して、そのままでは金色のみであるため合金化を試みた。基本的には吸収膜であるため、考え方としては、光学常数 $N = n - ik$ の中の吸収係数 k が変わることである。

光学常数は波長分散があり、波長によって係数が変わる。すなわちこの場合、可視光の波長範囲において、吸収係数がだらだらと傾斜するような緩慢な曲線、あるいは直線の場合は鮮やかな色は出てこない。合金化により、吸収係数のどこかの波長で少し大きな山や谷が出れば、その補色が色となって出てくる。これは、ちょうど塗料で色を出すのと似ている。吸収係数で色を出すので、そんなに鮮やかな色は出しにくい。

実験ではいろいろな材料を試みた。Y、B、Cu、Nb、Al、Zr、Hf、Zn、Si、Sn など手近にある板状、粒状の材料をターゲットの上にのせ、それを反応性スパッタで成膜した。ターゲットの組成と膜の組成での化学量論性を見る場合に、材料が粒状の場合は難しいが、板状の場合はエロージョン部に置いてエロージョンの面積に対する板状材料の面積比でよい一致をする。

表1　各種金属間化合物の色調

炭化物	色	窒化物	色
Be_2C	赤色	Be_3N_2	灰色
YC_2	黄色	Mg_3N_2	黄緑色
LaC_2	黄色	LaN	黒色
CeC_2	赤黄色	TiN	黄ブロンズ色
UC	灰色	ZrN	緑陰影をもつ明るい黄色
TiC	明るい灰色	HfN	黄褐色
ZrC	灰色	TaN	空色陰影をもつ灰色
NbC	明るい褐色	Cr_2N	暗い灰色
TaC	金褐色	WN	褐色
$Cr_{23}C_6$	灰色	MnN	黒色
WC	灰色		

出典：黄燕清、松村義人　金属　51、9（1980）16

実験では、TiNx をベースとした新しい色を出す合金膜は難しかった。他の材料例を**表1**に示す[1)]。

ところが、酸化物の場合に異変が起きた。これは色ではなく耐擦傷性である。同僚が ZrO_2 の膜を成膜していたが、これにBを入れたときに、その耐擦傷性が急激によくなった。このアナロジーでZrにSiを入れたり、さらにBを入れたりすることで、本来 ZrO_2 や SiO_2 などの単体の酸化物ではできない、耐擦傷性、低摩擦係数の膜ができた。この理由は、主としてガラスネットワークを作る材料の組み合わせによって、アモルファスでの表面平滑性とガラスネットワークでの強い結合ができた結果ではないかと考えられている。

材料開発には遊び心が必要である。材料の組み合わせとその特性を見るときに、何か特性で変わったところがあれば、その延長でもっといくつかやってみて、その特性の変化に理屈をつけ、さらに検討するという繰り返しをすれば、最初から合理的には考えつかないものができるときがある。反応性スパッタには、まだまだ面白い膜ができる可能性があると思われる。

これらの結果は、新しい事業として、ターゲットの製作の事業化への足がかりとなった。

絵の中に私がいた

反射防止は、われわれの身の回りに実にたくさん使われており、お世話になっている機能の一つで、日常生活になくてはならないものである。

反射防止をするためには、大きく分けて2つの方法がある。1つは表面を荒れさせて凹凸を付け、光を散乱させることにより反射を落とす方法、この場合は透過率も少し落ちるので、透過率が高い必要がある場合には弱点となるが、よく使われる方法である。これには、太陽電池の表面に使う導電性 SnO_2 膜を結晶化させて凹凸をつけ、反射率を低くして、少しでも透過率を上げたり、ディスプレー画面の表面に使ったりしている。2つ目は、多層膜にして干渉効果を利用する方法である。

ここでは、この干渉を使った反射防止膜について説明する。デジタルカメラにも一眼レフができ、デジタルカメラも多様化しているが、一眼レフカメラなどの場合、多くのレンズを使った構成になる。

レンズがたとえば図2のように屈折率1.7の光学ガラスの5枚構成の場合は、反射面の数が10面となり、その繰り返しとなるため、次々に反射分で透過率が落ちていき、

透過率；$T=(1-R)^{10}=(1-0.0671)^{10}=0.499$

となる。すなわち、ガラスのみあるいはプラスチックのみで反射防止膜を付けなかった場合は、レンズ5枚、10面で半分の透過率となり、かなり暗い画面となる。

反射防止膜は、従来真空蒸着で付けたものが多いが、基板/M/H/L/airなどは、基本的な構成の一つである。M：Al_2O_3 または Al_2O_3 と ZrO_2 との混合物、H：TiO_2 または ZrO_2 など、L：MgF_2 である。MgF_2

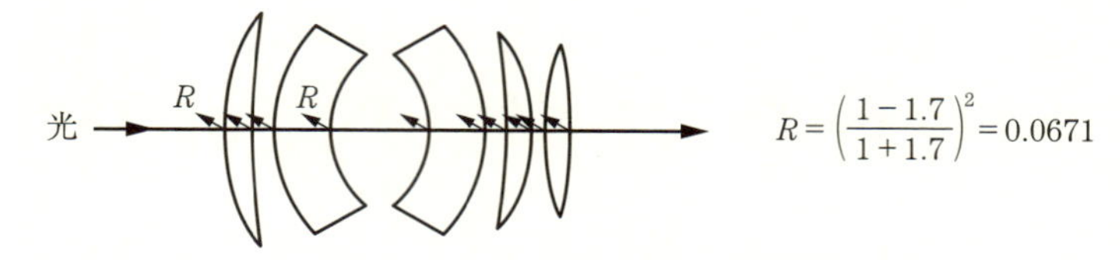

図2　レンズの構成例（10面構成）

は300℃程度加熱をしないと密着性が悪いので、プラスチック基板には使えない。また、スパッタ膜としては、MgF_2は、F_2が分解してガス化するので使いにくい。

最近はスパッタ膜で量産し、コストダウンを図る場合が多くなってきた。この場合の構成は基板/H/L/H/L/airが最も単純な構成となる。L：SiO_2、H：TiO_2などである。膜厚は、たとえば6層の場合は、さらにH/Lを加えて、可視光の全波長で反射が0.5%となり膜厚構成は基板/13/26/76/6/23/87 nm物理膜厚である。特性は図3のようである。

最近目にするパソコン画面で逆に反射の高いものがある。スーパーxxというような名称であるが、ディスプレーの反射率が高くそのために、色純度は変わらないが、各カラー色の反射が高くなり、見かけ上、色が鮮やかに見えるわけだが、同時に蛍光灯や、その他の周りにある明かりの反射も大きくなり、それも表面に強く写るため、見えづらいと思うが、どちらが良いのだろうか。

また、時々でかける美術館の絵画の画面が見えづらくて困ることがある。これは額に入れてある絵画の保護ガラスが、ガラスそのもので、反射防止膜が付いていないからである。昼間など、外の景色が中の絵と重なってしまったり、女性の微笑が怒りに変わって見えたりする。見ている自分がそこに写って思わず見つめあったりすることになる。美術館で、こうなるのは避けたい。以前は、蒸着膜でしか反射防止膜

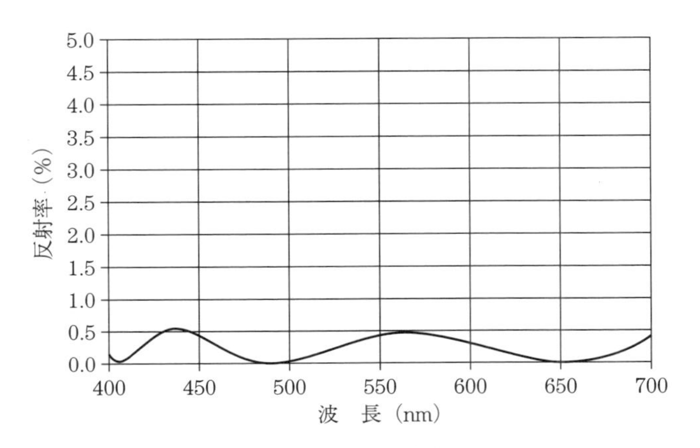

図3　反射防止膜特性例

ができなかったので、大面積の反射防止膜は難しかったが、現在はスパッタ膜で反射防止ができるようになっており、また、高速スパッタで価格も安くなってきている。絵画のサイズが3×4 mのような大きなものでも、十分膜厚が均一で、色が付かない反射防止膜ができるので、ぜひ使ってもらいたいものである。

5. 欠陥があるのも取り柄のうち

反応性スパッタ膜の開発の歴史が、そこに使える電源開発の歴史に重なるということを述べたが、その過程では、化合物膜を作るときに、同じDC電源でスパッタできるターゲット材料はないかという視点での開発も同時に行なわれた。具体的には、化合物膜を成膜する場合に、DC電源を使い、そのためターゲットは金属または導電性を持つターゲットということになる。

DC電源を使った化合物膜主として酸化物膜ということになると、初めから導電性を持った酸化物が必要となる。TiO_2を還元すると酸素欠損が生じ、非化学量論組成となる。酸素欠損により固体中に過剰の電子が生成し、キャリアとして電気伝導に寄与するn型の半導体となる。ターゲットとしては焼結法で作られるが、1.0Ωcm以下の比抵抗のターゲットを作製することが可能であり、DC放電ができる。

もともとはセラミックスの焼結技術を利用して、高付加価値製品を作るために、スパッタ用ターゲットの製作をその一つのまさにターゲットとしていた部署があり、共同研究的な意味を持っていたため、このようなアイデアが出てきたのだ。

Ti金属を反応性スパッタする場合に、ArとO_2の比によってスパッタ速度が変わっていく。ターゲットのエロージョン部が酸素過剰な酸化物モードの状態では、スパッタリング率が小さくなり、成膜速度が落ち、Arが多いところでは、ターゲットのエロージョン部は金属状態でメタルモードと呼びスパッタリング率が大きくなり成膜速度が上がる。この間の変わりつつあるターゲットのエロージョン部を遷移領域と呼んでいるが、ここのある状態に、ターゲットが保持されれば、あるいはターゲットを作りこめれば、酸化物を成膜するのに、よりメタルに近い速度に高速化できるということである。O_2 ガスのフィードバック機構を利用するのが遷移領域制御であり、ここでは、ターゲットの構造として作ることになる。成膜時は透明膜が必要になるので、酸素欠損分の O_2 ガスを加える必要があり、Ar に数%の O_2 が必要となる。

この方式のメリットは、DC 電源を使えるので、従来のスパッタ装置がそのまま使えることであり、実験的に何かの膜構成を作ってみたり、膜材料の選択に使ってみるのは便利である。一方、不利な部分は基本的にセラミックスであることから、金属 Ti に比べて熱伝導性が悪いことにより大きな電力を投入できないこと（いわゆるパワー密度、これはターゲット面積を電力で割ったもの）が上げられないことや脆いこと、コストが高いことなどが注意すべき点である。

また、Ti 金属ターゲットと比べて、このターゲットは酸化物ターゲットなので、同じ膜厚の TiO_2 を得るのに、Ti 原子量 48、O_2 原子量 32 として、32/80 で重量比で 4 割が O_2 であるから、この還元型ターゲットではおよそ 4 割消費量が大きくなる。このぶんも加味した計算は必要であろう。

6. 世界初の量産型反応性高速スパッタ装置の開発

1998 年、当時 PEM を用いたインライン式の反応性スパッタ装置は開発されていなかった。

(1) 携帯電話用増反射ミラーインライン装置

液晶ディスプレイは、自ら発光はしないので外部から光を採り入れる必要がある。その光を外部からのみ光を採り入れ、反射光を利用して明るくする反射型と、光源にランプを使用して背面から照明する透過型がある。携帯電話用液晶ディスプレイではその両方のメリットを併せて、外にいるときは太陽光の反射を使い、室内では透過を使う半透過型のものもあった。この場合に使うのがハーフミラーで、半分透過し、半分反射するミラーである。

透過型の場合は、光源から出る光量を効率よく使うために、できるだけ高い反射板が望まれた。バックライトの光源を小型化するためにも、ディスプレイ画面を明るくするためにも、反射板の反射は限りなく100% に近い方がよい。反射率を上げるためには、構成として Al 膜、Ag 膜の上にさらに増反射膜として誘電体による反射増加膜を付ける方法と、すべて誘電体による多層膜を使った反射ミラーがある。Al 膜はそれのみで 90% の反射があり、Ag 膜は 98% の反射がある。この両方とも可視光に対して、波長分散は少なく、可視光全体に良好な反射特性を持っている。

Ag 膜の方が明らかに反射特性はよいが、弱点は耐湿性に弱いことであり、AgO などの形で酸化してしまう。通常大気中に放置しておくと、半年程度で劣化が始まり、反射率が落ちてくる。この場合は、Ag に Pd を加えさらに第 3 元素を耐湿性アップに加えたりし、さらに保護膜で覆う。添加元素を加えると、ほぼ加えた分の反射が落ちるので、保護膜に反射増加膜を使ってそれを補うことが行なわれる。

もう一つは Al 膜であるが、Ag ほど耐湿性は弱くないが、直接雨水などにさらすと、酸性雨の影響などで酸化が進行する。パソコンなどに内臓する場合は純 Al でよいが、Al の場合も、Nd や Ti などの元素を入れて耐湿性アップを図る場合が多い。この上に増反射膜として 3 層または 5 層程度の誘電体を積層する。

アーキング対策のためにデュアルカソードを使い、反応性高速スパッタとしてプラズマエミッションを利用した本格的なインラインスパッタ装置を構成した例を紹介する。

装置は、インラインタイプのもので、**図 4** に示すように全長 22.3 m あり、クリーンルーム、クラス 100 の中で、基板のホルダーへの取り付け、取り外しを行なう。クリーンルームを出たところから真空装置に入

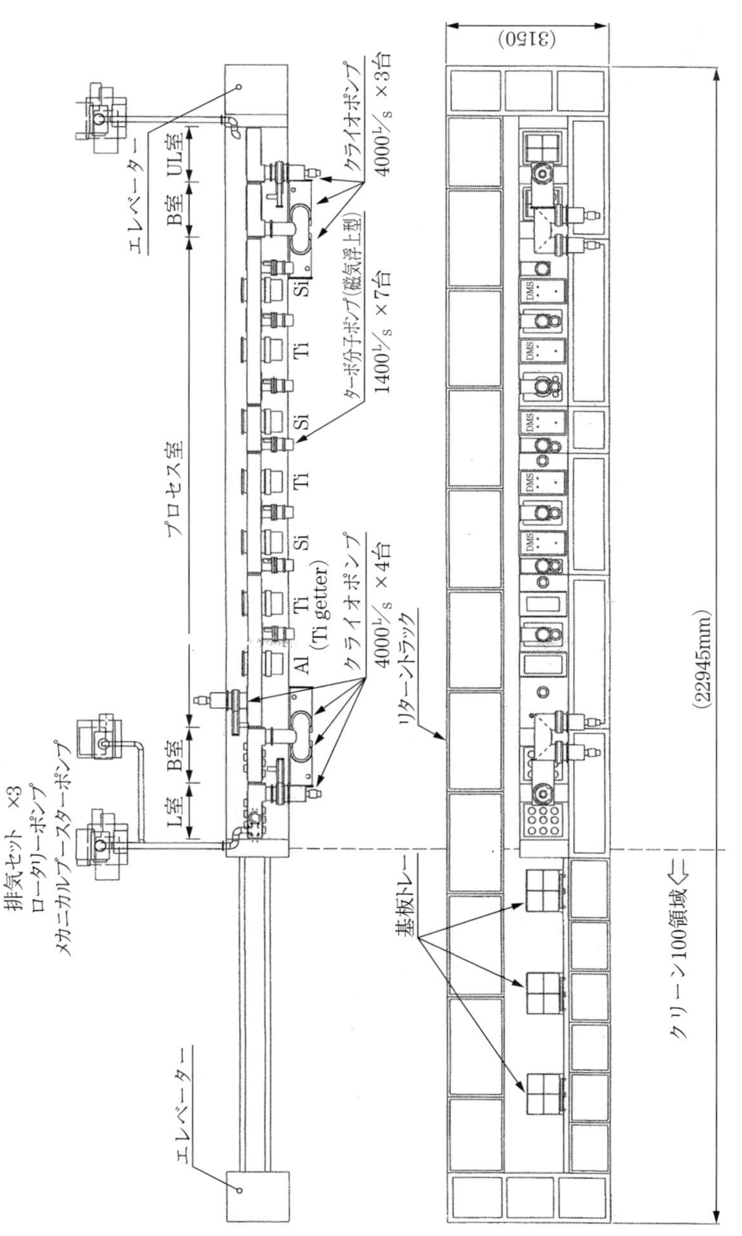

図4 増反射ミラーインライン装置

れ、ロードロック室があり、バッファー室、Alスパッタ、ガスセパレーション室となり、増反射スパッタと続く。増反射では、デュアルカソード5台を使いSi、Ti、Si、Ti、Siターゲットとなり、SiターゲットとTiターゲットの繰り返しとなる。SiとTiターゲットの間には、お互いに反応性ガスであるO_2ガスが行き交わないようにするために、バッファースペースをとり、そこにはターボポンプで排気するようになっている。さらにバッファー室、アンロード室となり端にあるエレベーターにて基板を上昇させ、成膜室の上方を逆に進み、エレベーターで下ろし、クリーン室に基板を入れて取り出す。この後欠陥検査などを行なう構造になっている。**図5**は真空チャンバー側のカソードやターボポンプ、エレベーターなどの外観を示す。

基板ホルダーは高さ600 mm、幅800 mmであり、高さ560 mmまでは、膜厚均一性が±2% まで可能となった。カソードの長さは、760 mmに対して両端の100 mmまでは膜厚均一性は出ないが、そこを除いた中央部では、膜厚調整板（マスク）を使って補正した。ガラス基板はホル

図5　インラインスパッタ装置外観図

表 2　成膜条件

［実験条件］

カソード	デュアルカソード（750 mm 長）
ターゲット	Ti　750×120×14 mm（厚み）×2 個 4536 kWh　使用 エロージョン掘れ深さ 7 mm
ガ　ス	Ar　　80 sccm N_2　　5 sccm O_2　　PEM により自働供給
PEM	34%、30%、26%、24%、20%（セットポイント）
Power	20 kW（30 kHz Sine Wave）
搬送速度	0. 436 m/min

ダーに載せて、レールの上を搬送し竪型となっている。基板の投入は、クリーンルームにて行なうが、同時に基板の取り外しも行ない、基本的には連続運転で生産を行なうことができる。

表 2 に成膜条件を示す。搬送速度は約 0. 44 m/min で行なっていた。搬送速度は膜厚の最も厚い TiO_2 が律則になるので、それに合わせ、他のカソードはパワーで調節して、所定の膜厚になるように調節する。したがって、光学設計としては、成膜速度の遅い TiO_2 が厚くならない構成が望ましい。この装置での製膜上の技術ポイントについて示す。

(2) TiO_2 膜の膜厚均一性への N_2 導入効果

TiO_2 成膜時に、膜厚均一性をよくするために、Ar、O_2 に加えて数%

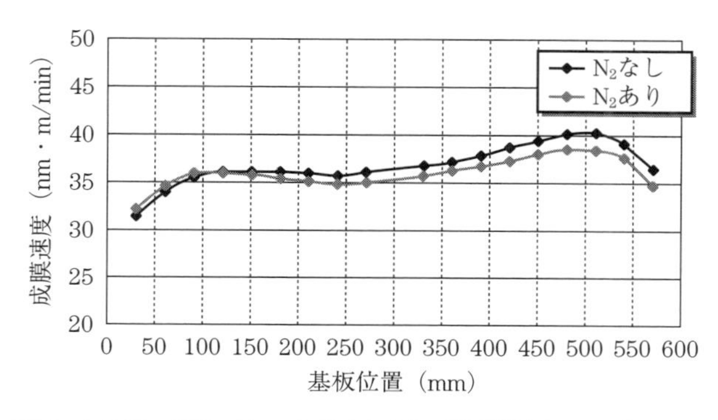

図 6　20 kW　30%（セットポイント）　補正板なしでの膜厚分布

N_2を入れた。この結果を**図6**に示す。N_2を入れることにより均一性は増すが、吸収も短波長側で出やすくなる。TiO_2は吸収の出やすい膜のため、N_2導入による改善効果と膜厚補正版による調整を比較しながら進める必要がある。PEM値というのは、遷移領域において、ターゲットからの発光量の程度を指すが、PEM値を上げることによって、成膜速度は**図7**のように上げることができた。このときのPEM値上昇によ

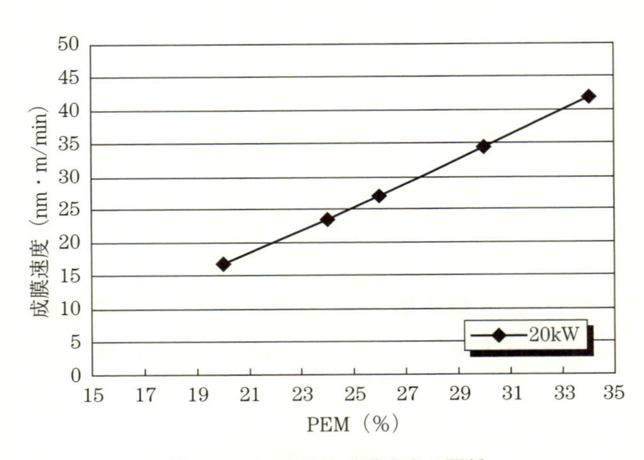

図7　PEM変化と成膜速度の関係

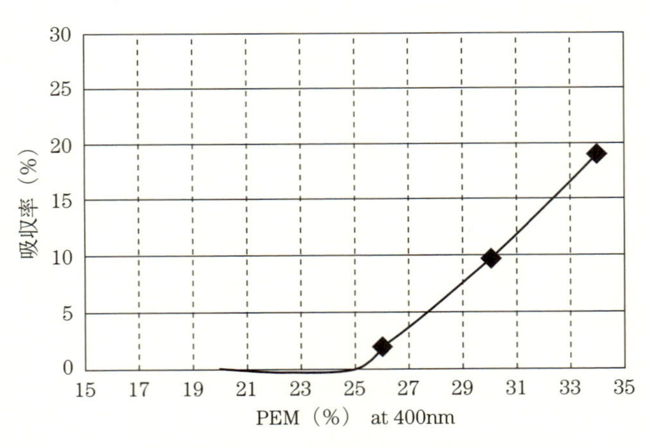

図8　PEM変化に伴う吸収率の変化

る、400 nm での吸収率変化は**図8**のようになるので、PEM 値を上げることにより、成膜速度の上昇を狙いながら、吸収が出ないところまで持っていく。次に膜厚均一性を確保するための、膜厚補正版と N_2 導入の優位性を判断して、最適条件を詰めることになる。

(3) ターゲット利用率

コストダウン、ターゲットの交換時期を予測するなどを含めて、生産計画を立てるためには、ターゲット利用率をチェックするのは重要である。**表3**はその一例である。Al は、Ti-2%（重量比）で入っている焼結ターゲットである。ここで使用可能時間は、1 mm あたりの掘れる積算電力にて、ターゲット厚を割った数字であるから、実際には、1 mm 程度を残して交換する必要があり、もっと短い寿命となる。この表を見ると、コストを考えた場合に、いかに Si ターゲットの寿命を延ばすことが重要かがわかる。Si の場合は、B をドープした比抵抗 1 Ωcm の物を使用している。**図9**は、ターゲット交換用の架台に載せた Si ターゲットのエロージョンを示している。コーナーがエロージョンが深くなりやすく、そこが律則となるため、この場合では 20% 程度になる。コス

表3　ターゲット消費量

	材　料	カソード	掘れ深さ (mm)	積算電力 (kWh)	kWh/mm	使用可能時間 (kWh)
Al	Al-Ti (2%) (14 mm 厚)	DC	7	255	36.4	510
Ti	ドイツ製（14 mm 厚）	デュアルカソード No. 0	1.9	1212	638	8932
		デュアルカソード No. 2	5.9	3577	606	8484
		デュアルカソード No. 4	6	3736	623	8722
	日本製（14 mm 厚）	デュアルカソード No. 0	2.05	1900	927	12978
		デュアルカソード No. 2	1.95	1442	739	10346
Si	ドイツ製（8 mm 厚）	デュアルカソード No. 1	6.2	1566	253	2024
		デュアルカソード No. 3	5.7	1601	281	2248
		デュアルカソード No. 5	5.3	1510	285	2280
	日本製（8 mm 厚）低密度品	デュアルカソード No. 1	4.75	1355	285	2280
		デュアルカソード No. 3	5.35	1350	252	2016

トダウンを図るためには、ターゲット利用率を上げることが重要となり、各カソードメーカーは、その向上策に磁界シミュレーションを使った磁場の最適化、相対運動による方法などの開発を行なっている（応用編第1章装置「コーナー部が大きく堀れるのはなぜか」参照）。

図9　Siターゲットのエロージョン

(4) Tiカソードによるゲッタ効果

インライン装置の場合は量産性は良いが、どうしてもラインが長くなって大きな敷地が必要になる。少しでもライン長の効率化を図るために、Alの成膜を行なう場合と、Alの成膜がない場合に分けて考える。Alの成膜がある場合は、Al成膜チャンバーに、その上にスパッタするSiO_2膜チャンバーからのO_2ガスの除去のための排気スペースが必要となる。

このスペースにAlをスパッタしない場合のTiカソードを導入し、Alスパッタの場合のゲッタポンプとして活用すれば、スペースが無駄にならずに済む。**図10**がその位置関係を示したものである。Alチャンバーの隣にTiカソードを置き、Alを成膜する場合に、放電電力を小さくして、ArガスによるTiメタルスパッタを行なうようになっている。

図11はその結果である。0.5kWを2台放電した場合と、1台で電力

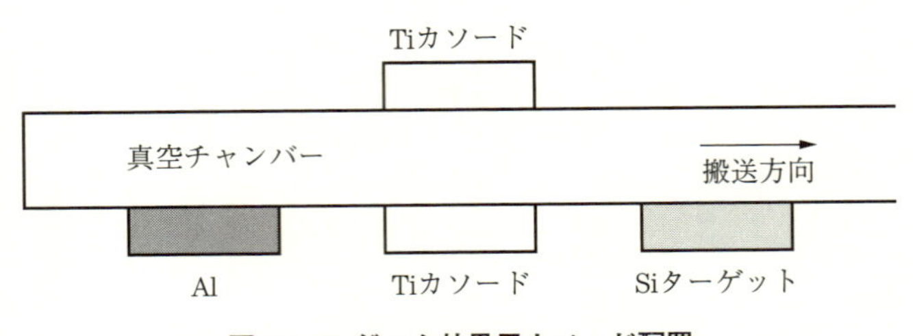

図10　Tiゲッタ効果用カソード配置

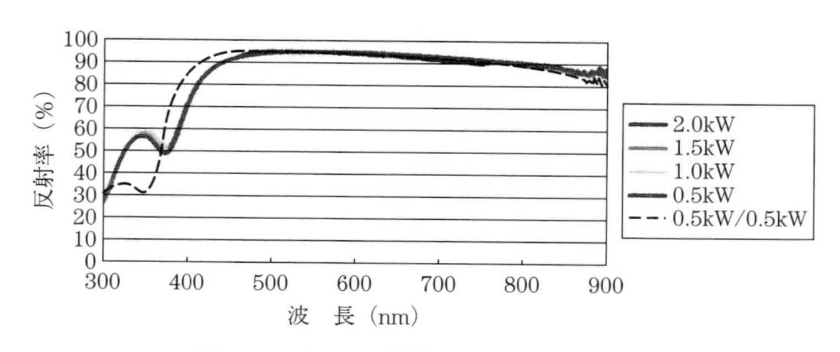

図 11　Ti カソード放電による Al 反射率変化

を上げた場合を比較して、2 台放電した方が反射が高くなっていて、酸素の除去効果が大きいことがわかった。インラインの場合は、基本的にすべてのカソードが同時に放電しているため、ガスのコンタミ防止が非常に重要である。

(5) モニター管理

連続生産するときに、工程管理、品質管理の自動化が課題となる。光学特性の検査において、製品ができてからの検査では、基板を一枚ずつ小さく切り出して測定を行ない、反射率、透過率などを測定していた。この方法では、タイムロスに加えて破壊試験のため、サンプルが無駄になる。また、全数の検査は不可能である。

図 12 は、インライン生産のチャンバーでの測定場所を示したものである。ラインの中は、ホルダーに載せたガラス基板がレール上を搬送さ

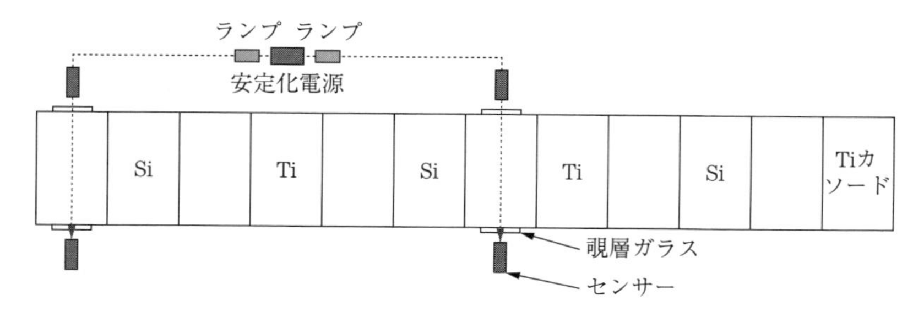

図 12　インライン型光学モニター設置例

れており、のぞき窓から瞬間測光型の分光器を用い、その反射、あるいは透過光を測定したものである。ハーフミラーの場合の透過率チェックでは、基板の揺れなどが合っても問題ないが、反射の場合の反射光の場合は、光軸合わせは注意する必要がある。

また、可視光のスペクトルが取れるため色度座標も得られる。工程中のモニターを増やせば、モニターの各層時点での光学特性が得られ、フィードバックすれば膜厚調整にも生かせることができる。パソコンでのロギングを行なうことで、全数の品質がデータ管理できるのだ。

インライン型装置は量産性に優れており、コスト的には有利である。反面、トラブルがあった場合はライン全体を停める必要があり、トラブルリスクもある。バッチタイプがよい場合もある。用途による使い分けと、ラインでの多品種対応も考えたプロセスの構築が望まれる。

第3部

応用編

1. 装　置
2. 測　定
3. 応　用
4. 未来へ

1. 装　　置

1-1 初めてスパッタの実験装置を購入するときはどんな点に注意すればよいか？

新しいプロセスを導入するときに、まずは実験装置が必要になる。初めて購入する場合には、どんな仕様にしたらよいか戸惑うものである。最近は、中古市場も増えてきているし、新品の場合は仕様が決まっている量産タイプのものもあり、安く手に入るようになってきた。十分な仕様を満たせないこともあるが、チェックポイントを考えてみる。

＊装　置

RF と DC（パルス）放電が可能なもの。ターゲット水平置き、デポアップ（上向き放電）。

デポアップにしておくとターゲット交換がやりやすく、冷却水がこぼれにくい。また、基板にピンホールができにくい。合金の実験をするときには、カソードのエロージョンに金属片を置くことで、合金やその化合物実験が、新しいターゲットを作らなくても容易にできるなどのメリットがある。

＊カソード

小型の平板丸型 10 cm 径程度がよい。特殊な形状は使わない。丸型はターゲットが脆い材料の場合でも、ターゲットの脱落が少なくて済む。また、角がないためアーキングが発生しにくい。2 台あれば、同時に使用して 2 元合金ができるが、その場合は、基板に対して傾けられるようにしておくと便利である。

＊基板ホルダー

基板回転機構を付ける。オフアクシスにして、回転軸とカソードの軸をずらせると、膜厚均一性が取りやすい。

＊のぞき窓

のぞき窓は耐久構造上許せるだけたくさんあった方がよい。放電状態の観察、各種センサーの導入など、実験を進めていくと装置内にいろいろなセンサー類などを導入する必要が生じてくる。装置が完成してから真空の壁に穴をあけて、フィードスルーを付けるのはできないと考えた方がよい。

＊ガス導入

ガス導入は、Ar、反応性ガス（O_2、N_2 など）3ライン独立して導入できるようにしておく。マスフローから装置までの距離は、できるだけ短くするとリーク時に空気の混在を少なくでき、反応性スパッタでのレスポンスが速くなる。

＊排気ポンプ

過剰なくらい余裕を持った排気量のものにする。チャンバーは実験とともに汚れてくるので、真空引きに時間がかかる。予算がある場合にはロードロックを作って、予備排気ができると効率的な実験ができる。

＊冷 却 水

カソードの冷却はチャンバーとは別系統にして、チラーでの蒸留水を使ったクローズタイプがよい。水が汚れると、カソードの絶縁不良を起こしやすいことと、冷却効果を落としてしまい、基板温度管理に影響が出る。

およそ以上である。量産化が決まっている場合には、量産装置と同じタイプの実験装置を用いてデータをとらないと、量産時に実験データがそのままでは使えないことが多いので、タイプをあわせた方がよい。大きな量産装置の場合には、パイロットプラント的な実験装置を作る場合もあるが、最近では立ち上げの時間の余裕がなく、パイロットプラントの中間工程を省いてしまうこともあるので、検討を要するところである。

1–2 基礎実験から量産装置へのスケールアップはどう考えればよいか？

新しい膜材料の開発や膜構成の開発を行ない、その後量産を行なうときに必要になるのが、スケールアップの問題である。開発段階では、非常に小さいサンプルで行なっているために、量産時の場合の再現性、歩留まり、スループットを見通せない場合が多いが、実際には、開発段階からどのサイズの基板をスパッタで生産するのかを十分考慮して、小サンプル実験での装置選択をしておかないと、後で苦しむことになる。

量産を行なうときに考えなければならない要素としては、以下に挙げるような点に注意が必要である。

ハードウエアとしては、

* 装置の選択（インライン型、バッチ型、枚葉式など）
* ターゲット材料（メタル、焼結など）とサイズ（50 cm を越すのかそれ以下か）
* カソードの選択（デュアル、シングル）（丸型、矩形）（バランス、アンバランス型）
* 電力方式（DC、パルス、高周波など）
* 基板搬送系（竪型、水平、ロボットによるハンドリングなど）とバッチ（基板回転方式）
* 基板バイアス（なし、DC、パルス、RF など）
* ガス配管（Ar ガス、反応性ガス）
* コントロール系（圧力、ガス分圧、基板温度、反応性スパッタ制御など）

品質管理などの観点からは、

* コスト（ランニングコスト、原価償却）、歩留まり、スループット、稼働率

＊膜厚分布（サイズと程度）、膜質分布
＊再現性および安定性
＊メンテナンスの容易性（掃除、ターゲット交換など）
＊設置面積（複数バッチ型とインライン型の比較など）
＊生産量、基板サイズ変化の予測

量産化の場合には、コストと品質管理が大きな要素であるが、特に真空装置は稼働率が下がった場合には、コストへの影響が大きくなるので、専用装置にするのか汎用性の装置なのかの選択は重要である。

大型基板になったときのサイズによっては、実験装置をそのままスケールアップするのは難しい場合がある。たとえば、RF 電源での実験結果をそのまま量産では利用できない場合がある。それは、大電力の RF 電源はコストも高く、サイズも大きくなり実用的ではないこと、プラズマ密度の安定性、分布などが DC やパルスと比べてかなり違ってくるからである。

特に反応性スパッタでは、ターゲットの種類が RF では焼結でも可能で、微量の反応性ガスの追加でスパッタおよび成膜可能であるが、DC やパルスの場合はメタルターゲットまたは導電性ターゲットが必要になる。また、メタルターゲットを使った反応性スパッタでは、反応性ガスでの条件出しは、焼結ターゲットを使った RF と比べると、大幅にスパッタ条件が変わることになるため、始めから DC、パルスでの最適化が欠かせない。

1–3 スケールアップでは、電源はどれが有利か？ また、RF 電源を使ってのスケールアップは可能か？

大面積基板に対する電源としては、DC、パルス電源が有利である。これは、DC、パルス電源は大電力に対しても小型化でき、価格も安いからである。およそ 150 kW 程度のものまで量産装置としてすでに使われている。また、スタック方式も可能で、1台10kW程度の装置をベースにそのまま複数重ねて使うこともできるようになっているものもある。実験のための小型装置で得たデータを大型装置で再現するのも比較的容易である。そのためメタル膜、反応性膜ともに、DC、特にパルスを使った放電方式の膜開発が増えてきている。

たとえば、FPD（フラットパネルディスプレー）の分野などでは、コストダウンのための大型化が顕著に進んでいる。**図1**は電子ディスプレーの応用領域と画面サイズ、**表1**は生産ライン世代とマザーガラスのサイズを示している[1)]。このような大型化に対応するには、1カソードでの大型化が容易な方が、生産ラインとして使いやすい。

しかし、基板や膜の性質からすると、ダメージに弱い基板や膜もある。この場合には、プラズマ密度を高くして反応性を高め、スパッタ粒子の

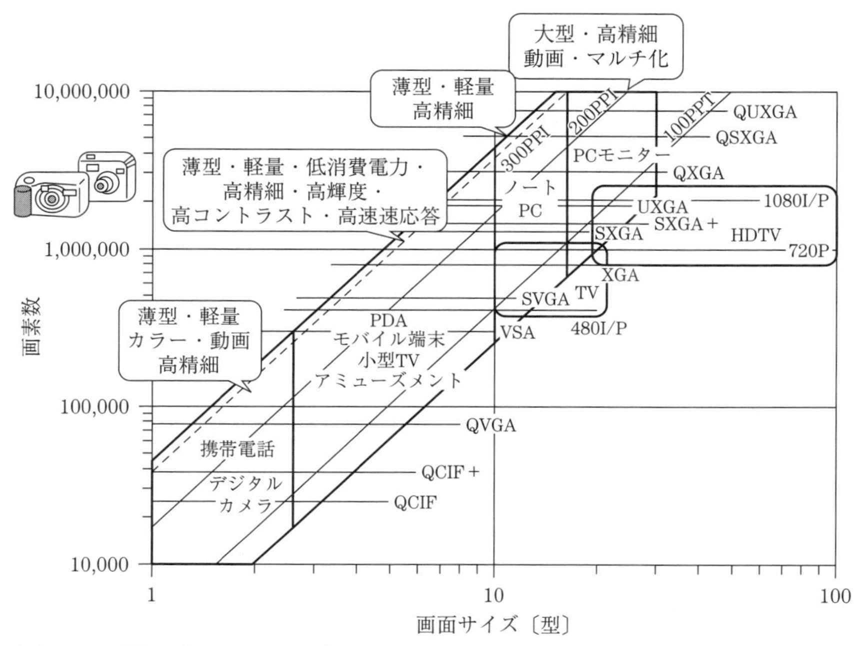

出典：北原洋明　図解わかりやすい液晶ディスプレイ　日刊工業新聞社（2006）

図1　電子ディスプレイの応用領域（画面サイズによる分類）

表1　液晶生産ラインの世代とガラス基板サイズ

世　代	稼働開始	ガラスサイズ（mm×mm）
第一世代（G1）	1991年	300× 350～ 320× 400
第二世代（G2）	1994年	360× 465～ 410× 520
第三世代（G3）	1996年	550× 650～ 650× 830
第四世代（G4）	2000年	680× 880＆ 730× 920
第五世代（G5）	2002年	1000×1200～1300×1500
第六世代（G6）	2004年	1500×1800～1500×1850
第七世代（G7）	2005年	1870×2200～1950×2250
第八世代（G8）	2006年	2160×2400
第九世代（G9）	2007年	2400×2800

出典：北原洋明　図解わかりやすい液晶ディスプレイ　日刊工業新聞社（2006）

エネルギーを小さくすることで、ダメージレスの成膜を行ないたいということがある。すなわち、プラズマパラメーターとしては、電子密度が高く、電子温度が低いプラズマである。その場合には、RFを含めた高周波電源を使いたいということになる。

1台のRF電源で、大きなカソードを放電するには電力が足りない場合には、カソードを分割してそれぞれのRF電源で放電を行なうことになる。この場合には、お互いの干渉を避けるために、位相を揃える必要がある。それには、位相シフターを使って、各電源の位相を揃えて、放電することになり、最大6電源程度まで揃えることが可能である[2)]。ただし、コストについてはよく検討する必要がある。

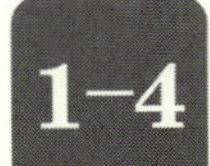

1-4 RF電源の大面積への利用について注意点はあるか？

通常の13.56 MHzの周波数を使ったRF電源のプラズマでは、アンテナあるいはカソードの長さに対して波長は十分長い（自由空間での伝播波長は22 m）ので、あまり問題にはならない。さらに周波数を高くした場合の40 MHz程度になると、進行波と反射波によって形成される定在波によって、プラズマ密度の不均一性の問題が生じている[3)]。

本来、高周波放電を行ないたい場合には、プラズマ密度の向上と低電子温度を達成したいということがあり、その場合には、13.56 MHz よりさらに周波数を上げた方が効果的であり、また、ダメージレス化が行なえる。その場合には、たとえば1mを超えるような大面積になった場合でのプラズマ密度の均一化が課題となっていた。

大面積基板に対応するために、プラズマ源としてアンテナ、電極を導入した場合に、基板の大面積に対応して電極サイズを大きくし、また、同時に周波数が大きくなると、アンテナ、電極サイズが、自由空間波長の1/10以上となっており、実際的には伝播波長の高周波の1/4程度以上になり、定在波の影響を受けることになる。

大面積基板への均一なプラズマ密度の向上策として、**図2**のような長さの短い誘導型アンテナを用いた。また**図3**のような配列をしたマルチ型のアンテナ方式が提案されている[3)]。**図4**はArプラズマ密度の電力に対する変化を示し、**図5**は13.56 MHz、20 mTorr各電源1 kWでのシミュレーションをすることにより、10% 以内のプラズマ密度の均一性

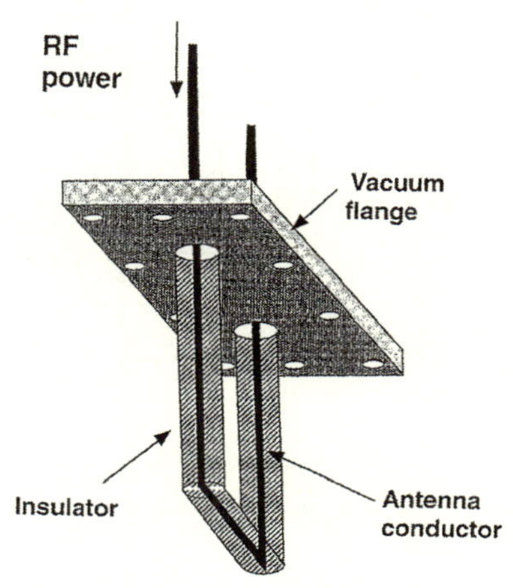

出典：節原・江部　表面技術　Vol.56 No5 (2005)、p.268

図2　低インダクタンス内部アンテナの模式図

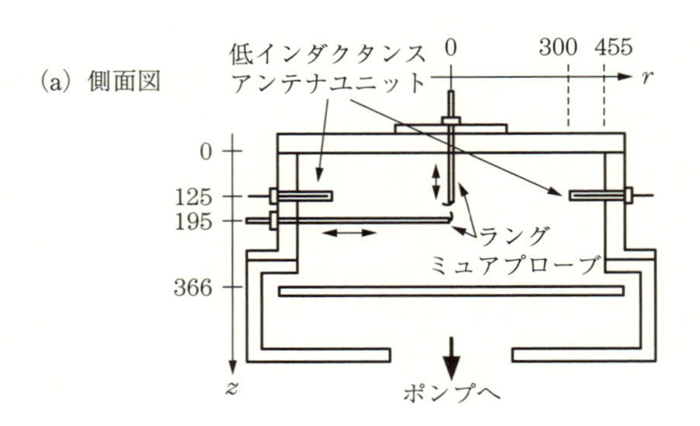

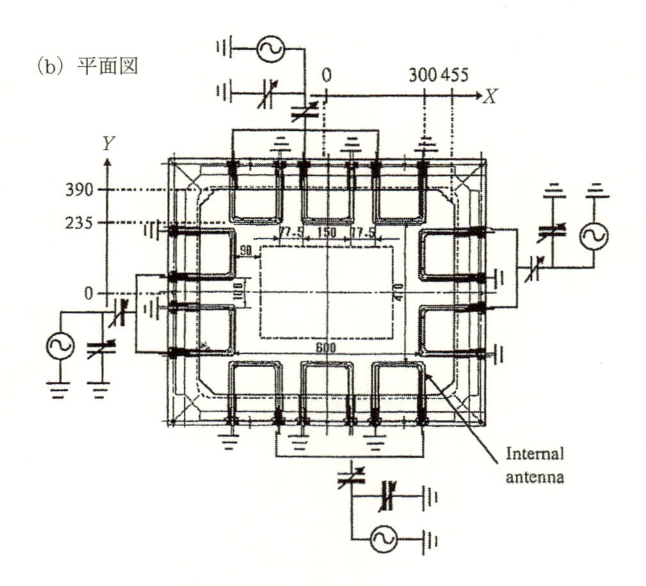

出典：節原・江部　表面技術　Vol.56 No5（2005）、p.268

図3　プラズマ源の模式図

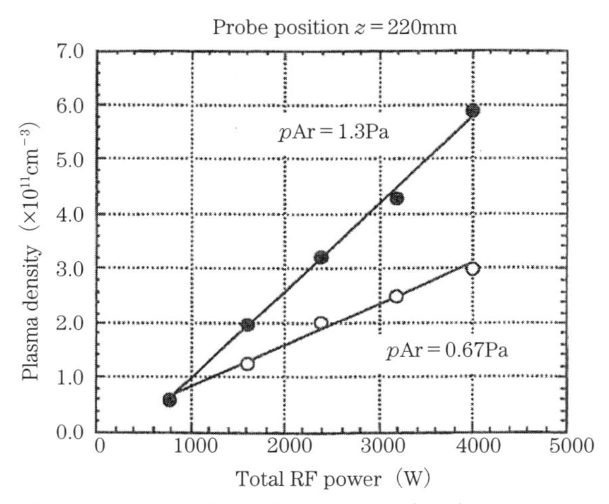

出典：節原・江部　表面技術　Vol.56 No5（2005）、p.268

図 4　Ar プラズマ密度の高周波電力依存性

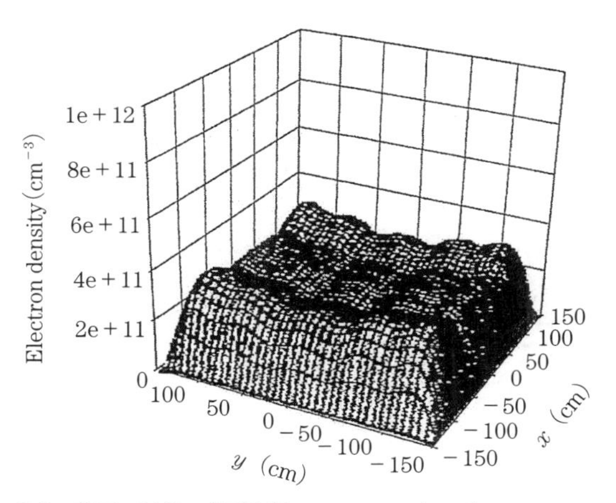

出典：節原・江部　表面技術　Vol.56 No5（2005）、p.268

図 5　数値シミュレーションによる装置設計（3 m 角チャンバー）の一例

が大面積基板 2560×2600 mm で確保できる応用可能性が示されている。

1–5 インライン装置の特徴は何か？また、導入するときの注意点は何か？

インライン型はスループットを重視して、同じ形状の基板の大量生産に向いているので、FPD パネルや電子デバイスなど大面積ガラス基板に成膜する場合に多く使われている。

インライン型には、基板の流し方として、**図 6** に示すようなタイプがあり、同図(a)はシングルエンドといい、基板を投入口に戻すタイプ、(b)はダブルエンドといい反対側から基板を出すので、そのまま連続して次々に基板を成膜できるので、大きなスループットを出せる。(c)は(a)、(b)を複合させたタイプで、設置面積を小さくするために、折り曲げたようなラインになっている。基板の搬送の方法は、水平または竪型である。竪型の場合は垂直ではなく、20～30° 傾けて寝かせ、基板をホルダーで支える形が多い。竪型の場合は、2 枚の基板を同時に搬送して成膜も可能である。

建築用や自動車用ガラスの成膜で使う厚いガラスの場合は水平のローラーで搬送し、FPD などで使う薄いガラスの成膜はピンホールを避けるために竪型が多い。

特徴および注意点は以下のようである。

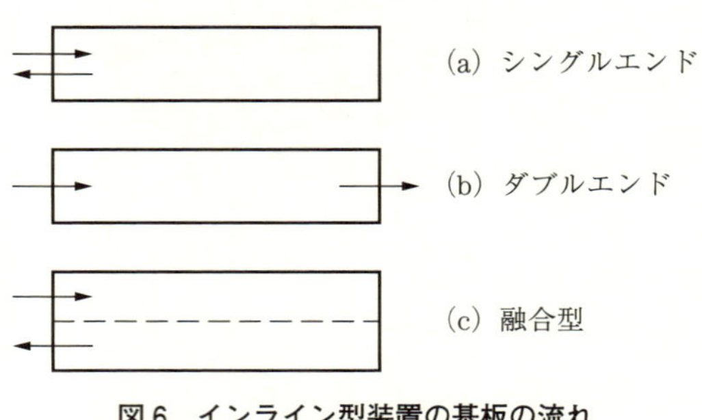

図 6　インライン型装置の基板の流れ

＊スパッタ条件を決めると膜種によっても変わるが、1日中連続運転が可能であり、生産性が非常に高い。
＊逆に、ラインのどこか1カ所でもトラブルが発生すると、ライン全体が停止し、その場合のリスクは大きい。
＊同じ種類の膜構成のみで、同時に多種類の膜構成は成膜できない。
＊多層膜でもラインを延ばして成膜可能である。
＊反応性スパッタでの多層膜の場合は、膜種が変わるカソード間にガスセパレーション用のスペースをとり排気ポンプを付けて、反応性ガスの相互のコンタミネーションがないようにする。
＊基板搬送にホルダーまたはトレーを使う場合、あるいはマスクなどは、それが汚れてピンホールの原因になるので管理が必要である。
＊基板は洗浄時の水が残っており、水分を持ち込み、一時的に水分圧が増えるが、連続運転を長く続けるとチャンバー内がプラズマでたたかれて、残留水分も減ってくるので管理が重要である。
＊基板の幅が2mを超えるような大面積の場合は、チャンバーの壁側と基板の中心ではガス分圧が変わってしまうので、膜厚、膜質の調整必要である。
＊同様に、基板の進行方向でエッジ部と内部では分圧変化が起こり、膜厚が変わるエッジ効果が出てしまうので注意する。
＊通常、搬送スピードはラインの全体で一定にして行なう。そのため各膜構成での膜厚、膜種が変わっていても、パワー調整にて成膜速度が同じになるように調整を行なう必要がある。また、斜め入射の膜ができるので膜質は多少変化する。
＊ピンホールを減らすために、静止成膜も行なわれる。この場合は、各基板にて十分面積をカバーするためにカソードを複数設置するが、磁石遥動型にして全面エロージョンを行ない、非エロージョンからのパーティクルを押さえられる。

インライン型は、スパッタ室以外に前後にロード、アンロード室、バッファー室も設置するため、設置面積が大きくなり投資額も増えるが、量産性は大変大きい。そのためコストを考えると有利であるが、コスト計算には基板サイズや稼働率予測が不可欠である。

1–6 ロール to ロール装置の特徴は何か？

ガラスの代わりにプラスチックフィルムなどを使ったフレキシブル基板を用いた製品のニーズが大きくなり、そのためにロールを用いた搬送を行い、数千 m に及ぶ基材を 1 バッチで行う装置である。タッチパネルやディスプレーなどに使われる PET への成膜や配線用フレキシブル基板に使われるポリイミドへの成膜などが主要な用途である。連続したフレキシブルな基材であるために、大面積基材を用いて連続生産ができるため、コストダウンするためには好都合なプロセスである。プラスチックフィルムは熱に弱いため、スパッタ中の放電による熱の影響を小さくする必要がある。スパッタ中の基板への熱負荷は、プロセス側としては、主としてプラズマによる加熱とカソードターゲットからの熱輻射による[4)]。また、スパッタ膜の潜熱やスパッタ粒子のエネルギーも基板への熱負荷となる。

基板への熱負荷を軽減させるためには、冷却し易いカソード構造とカソードからの放電によるプラズマを制御し、基板への熱負荷を軽減することが重要となる。また、有機 EL ディスプレー、照明あるいは ITO 膜などに代表される低ダメージが必要な用途では、スパッタ中に生じる大きなエネルギーを持つ高速粒子に弱い。このダメージを低減するには、スパッタ中のプラズマを制御してカソード近くに拘束し、放電インピーダンスを下げて、放電電圧を落とし、安定したスパッタを行えるカソードが重要となる。これらの技術の一つとしてロータリーカソード技術がある（実践編 1. ターゲットとカソードの項参照）。また、ロータリーカソード技術と高速成膜技術を併せて用いることで、生産性の向上と同時に熱負荷も減らしたロール to ロール方式による有機 EL 用のバリア膜や透明導電膜などが量産装置としてすでに稼働している（応用編 3.

応用の項参照)。**図7**は、ロールコーターの模式図である。スパッタカソードの種類を示すために、ドラムの周りには、各種のカソードを例示した。従来、シングルカソードにDC電源という構成が多かったが、機能膜の生産が増えるにつれ、パルス電源の使用やデュアルにしてAC電源の利用、さらに、反応性スパッタの高速成膜のためにPEMを使った制御などへと対応が変化してきている。

1層で完結する製品はあまり見かけないので、多層にする場合には、各膜種に合わせてカソードを選ぶことになる。また、各層をガスセパレーションする必要があり、その各層のための各スペースを隔壁で仕切り、TMPなどで排気する。**図8**(a)は、実験装置の例でありその断面を示す。同図(b)は、カソード3台分をメンテナンスのために引き抜いた状態を示す。ここでは、プレーナー型のデュアルカソードを3台利用している。(b)の左側にプリトリートメントの箱型のコンポーネントがあり、DC放電にてボンバードし、右側に光学測定用のモニターが付いている。

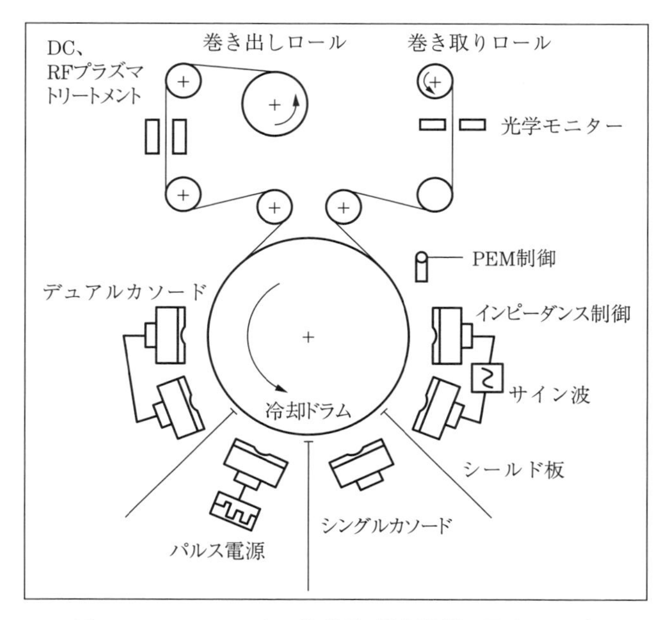

図7　ロールコースター模式図（装置仕様は用途による）

(a) ロールコーター実験装置

(b) メンテのためにカソードを引き出したところ

図8 General Vacuum 社製ロールコーター

ロール to ロール生産では1巻単位のバッチ生産となり不良品が出た場合には、1巻単位になってしまいやすい。インライン型の生産と似ていて、一度制御条件が成膜中に狂うと大きな不良になってしまう典型的な装置産業の一つといえる。コストを下げる重要な要素として、稼働率、歩留まり、材料使用効率、生産速度（スループット）を如何に向上するかがある。このために成膜中のモニターや制御が欠かせない。水分圧や O_2 分圧、窒素分圧などの残留ガス測定、プラズマ状態、膜厚、比抵抗などが常時監視できることが好ましい。

コストダウンのためにフィルム幅は広くなり、量産用では1mから2m位までになっている。幅方向の均一性を保つためには、幅方向のプラズマ密度の均一化が必要であり、特にアースを均一に取ることが重要となる。また、有効幅を広げるためには、ターゲット長はフィルム幅より1端あたり15cm程度大きくする必要がある。ヒラノ光音はロールコーターの専業メーカーとして、高い技術力を持っている。

1–7 ロールコーター成膜で注意するべき点は何か？

ポリマーであるプラスチックフィルムに成膜する場合には、フィルムに含まれている水の管理が重要である。フィルムに含まれている水の量は、PETで0.4%程度、ポリイミドでは1.3%以上もあり、これを成膜前にゼロにすることはできない。成膜開始から終了までに膜特性が変わらないようにするために、同一の状態（チャンバー中の水分圧が一定など）を保持することが必要である。それを達成するために、成膜前のプリトリートメントが重要となる。プリトリートメントするのは、DCやRFなどでフィルム表面をボンバードし、表面に吸着している水を除去すると同時に表面に親水性の官能基を作って密着性を上げるためである。また、多くの場合、加熱処理をしてフィルムの結晶化を進め、同時に水の除去も行う。これらの行程は、実験機では1台でプリトリートメントからスパッタ成膜まで行う。量産装置の場合には、スパッタ用コーターとは別に専用機を用意して行うことが多い。専用機では、プリトリートメントする間に、フィルムの巻きなおしをすることになるので、フィルム間の水を除去することができる。また、この処理には、ライフタイムがある。保管は窒素パージした保管箱などに入れ、用途に応じて速やかにスパッタを行うことが大切である。

また、フィルム成膜での特性不良の原因の多くがプラスチックフィルム基板に起因することが多い[5)]。原材料としてのフィルム基板の受け入れ検査、品質管理が極めて重要である。

成膜前のフィルムの状態は、フィルム生産条件だけでなく、保管した履歴により変化する。

成膜前のフィルムの状態をバッチ間で常に同じように保つことが、膜特性を安定に保つための要となる。

また、一般的に、成膜時の水分放出や低分子量のポリマーであるオリゴマーを防ぎ、膜特性の安定化と密着性を向上させるために、フィルム表面にハードコート層を設けることが行われる。コスト面から、ウェットコート塗布で行われることが多く、片面または両面に行われる。静電容量タイプのタッチパネルITO膜などは、厳しい特性を要求されるため、フィルム両側に設けられることが多い。

次に、フィルム成膜で大きな問題となる「しわ」について対策及び注意点を記す。

スパッタ行程で温度が上がり、耐熱温度以上に上昇した場合、熱負けと言われる現象が生じて、いわゆるしわが生じる。これは、成膜中にフィルムが局部的に冷却ローラーから浮いた部分で冷却不足が生じて熱伸び（塑性変形）し、冷却ローラー上でスジが見える現象[5]と言われる。

一般的に搬送中にしわが生じるトラブルの原因に関しては、装置のロール搬送部でのメカニカル的なミスアライメント（芯だし不良）によって生じる場合が9割という指摘があるが[6]、スパッタプロセスにかかわる、熱負け要素対策に関連する項目についていくつか示す。

＊フィルムの種類、厚みに応じた巻き取り張力の最適化：
　スパッタ中に生じる温度上昇を防ぐために、フィルムと冷却ローラ間の密着性を改善する。

＊スパッタカソード―基板間距離（T–S間）の最適化：
　T–S間距離を小さくすると成膜速度は上がるが、スパッタ粒子の潜熱による温度上昇、スパッタ粒子のエネルギーによる膜の内部応力の上昇がある。

＊プラズマ密度の最適化：
　基板温度の均一化と放電電圧の低減。

＊成膜前のフィルム予備加熱：
　事前の予備加熱によって、成膜時の急激なフィルム温度上昇による熱膨張の抑制。

1-8 蒸着、CVD 装置との組み合わせはできるか?

(1) 蒸着とスパッタの組み合わせ

これは現場のケーススタディー①の中の例にあるように、現実的にはかなり難しい。

ガラス基板の上に TiN をスパッタし、その後、圧力勾配ガンにてイオンプレーティングにより ITO 膜を付けている。さらに、TiN あるいは TiO_2 膜などをスパッタで付ける場合などである。

ここで注意すべき点を挙げると、

* イオンプレーティングは基板が上にあり、蒸発源は下にあるデポアップのみである。そのために、基板は支えのみのトレーあるいは両端の板に載せるかいずれにしろ隅で支えた構造になる。基本的に最大 1 m 程度が限度であり、それより大面積基板は相当な困難を伴う。また、膜厚分布やガンの安定性などを考えると、長時間の連続運転は難しく、基本的にはバッチプロセスである。
* スパッタはサイドスパッタやデポアップ、ダウンなど成膜の方向はかなり自由にできるが、蒸着と比べて蒸着源と基板間距離がかなり異なり、装置サイズも違ったものになるため、基板のプロセス間の移動が複雑となる。同じ物理的成膜方式のため、相互補完的なプロセスとはなりにくい。

(2) CVD とスパッタの組み合わせ

図 9 は半導体の真空一貫プロセスを示す[7]。ここに示すのは、成膜だけではないが、各工程での最適プロセスを使い中心にロボットを設けて、枚葉式での搬送を行なうことにより、スパッタ、CVD を含めて異なったプロセス間でのスムーズな移動が可能となっている。

配線用として Al、Cu などのメタル膜が溝への埋め込みに使われ、これは高真空における粒子の直線性を使ったスパッタを用い、保護膜として、酸化物、窒化物膜がステップカバレッジの点から、圧力の高い製法

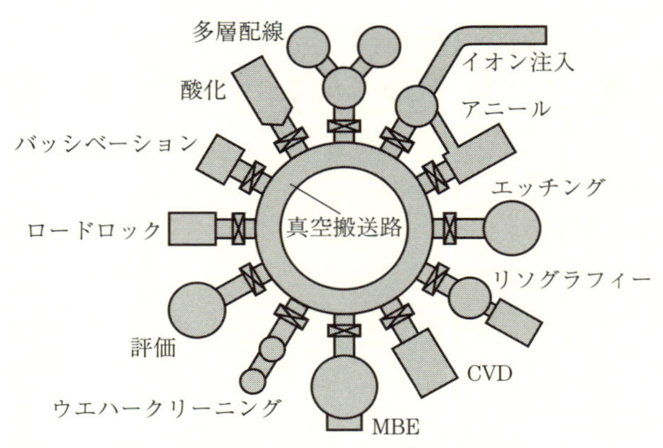

出典：前田和夫　表面技術　Vol48 No11（1997）1042

図9　真空一貫プロセスの基本的考え方

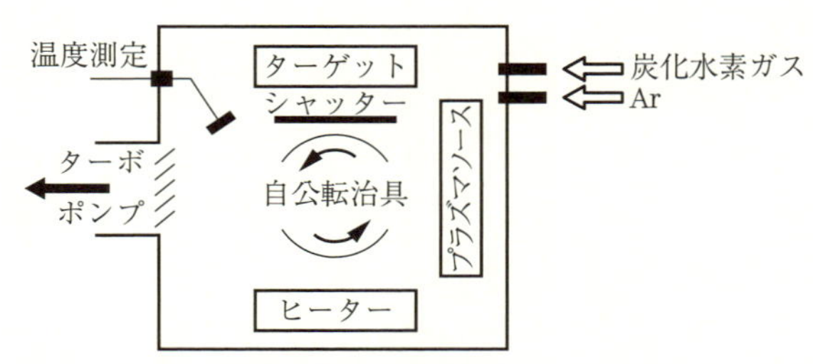

出典：鈴木秀人　池永勝編著　事例で学ぶDLC成膜技術
日刊工業新聞社（2003）

図10　PBS法の原理図

であるCVDを用いて成膜するという組み合わせが主体である。いずれにしても、全自動で行なうプロセスが必要なため、自動化しやすいプロセスというのが基本となる。CVDは、高温に加熱しないと緻密性が足りない場合が多いが、基板温度が高い工程でも問題なければ、成膜速度の速さと、回り込みがよい点でCVDの特徴を生かすことができている。

2つのプロセスを同時に使って薄膜作製をする工程は少ないが、**図10**はDLC（ダイヤモンドライクカーボン）膜の成膜例であり、メタルDLCというDLC中にメタル粒子が分散した膜の例である[8)]。始めにメタル膜として、W、Cr、Tiなどの中から基材に対応して選び、スパッタで成

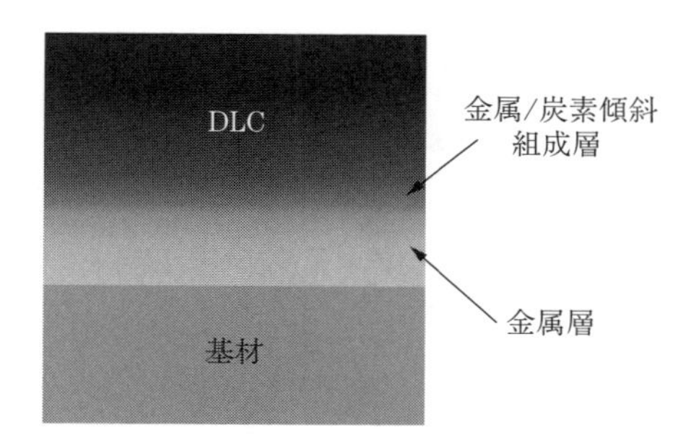

出典：鈴木秀人　池永勝編著　事例で学ぶDLC成膜技術
日刊工業新聞社（2003）

図 11　密着性向上のための皮膜構成

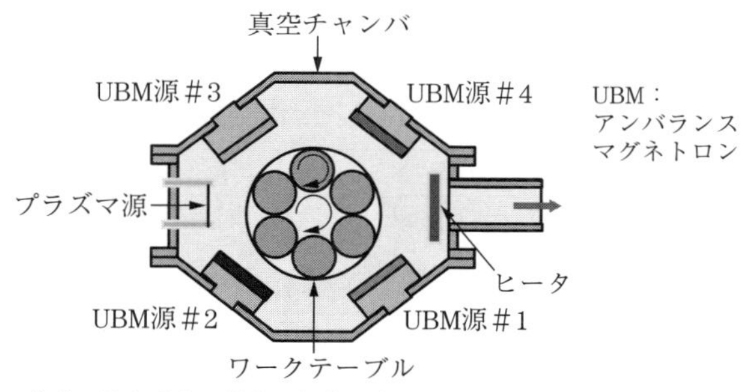

出典：鈴木秀人　池永勝編著　事例で学ぶDLC成膜技術
日刊工業新聞社（2003）

図 12　UBM スパッタ装置の基本構成

膜する。その後スパッタを継続しながら、徐々に CVD 用の原料ガスを導入し、熱フィラメントなどのプラズマ源により DLC 膜を成膜する。スパッタ電力を小さくしていくのと同時にガスを増加させて、傾斜膜をつくり、最外層は DLC のみとなるようにする（**図 11**）。これは金属粒子の含有により内部応力を低下させる効果があり、厚膜が可能となり、工具用の硬質膜となっている。

DLC 膜の成膜方法には、CVD とスパッタの両方が可能である。**図 12** は DLC 膜をスパッタで成膜する場合の装置構成を示している[8)]。CVD の場合は、炭化水素ガスが導入されるが、スパッタ法の場合は、水素フ

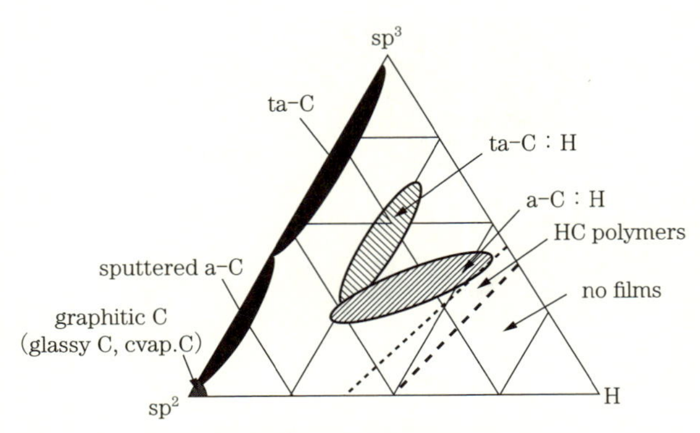

出典：鈴木秀人　池永勝編著　事例で学ぶDLC成膜技術
日刊工業新聞社（2003）

図 13　アモルファスカーボンの sp²–sp³–H　3元状態図

表 2　DLC コーティングの用途別市場

区分	需 要 分 野	用　　途
ハードコート	自動車部品	燃料噴射ポンプ ピストンリング カムシャフト、ギヤ
	工　　具	エンドミル、ドリル チップ
超薄膜	磁気テープ	DV テープ、各種記録メディア
	VTR ヘッド	ビデオデッキのヘッド
	光学系レンズ	赤外線レンズ
	刃　　物	ジューサーのミキサー刃 カミソリ刃
	飲料容器	PET ボトル
	液晶ディスプレイ	液晶の配向技術

出典：鈴木秀人　池永勝編著　事例で学ぶ DLC 成膜技術　日刊工業新聞社（2003）

リーの場合と、炭化水素を入れた反応性スパッタの両方が可能である。膜組成から、DLC は**図 13** のような状態図で表されることが多くなったが、水素フリーの場合の高硬度膜や潤滑剤との組み合わせによる低摩擦係数膜などが最近注目されている。DLC 膜の用途例を**表 2** に示す[8]。

1–9 装置に水を導入すると性能がよくなるのは本当か？

通常、真空プロセスは到達真空度を上げ、背圧と称する残留水分などの真空装置に残っている不純物をいかにして減らし、膜質のよい再現性の優れた膜を成膜できるかということに大きな注意を払っている。スパッタも例外ではない。

ところが、TVなどで用いられているFPDに使われる液晶パネルなどは、大画面化とともに高精細化も同時に進んできた。高精細化で必要になる技術の一つに、透明導電膜のソフトエッチングがある。すなわち、ソフトエッチングにより下地にダメージを与えず、その加工精度も上げるという要求が出てきた。そのため従来は、透明導電膜は結晶化させることでその性能である比抵抗を下げることを達成してきたが、その後の工程にあるエッチング工程を考える必要が出てきたために、結晶化した膜ではなく、よりエッチングが容易な表面平滑性が優れている非晶質膜を作り、しかも比抵抗は低いままである膜が欲しいということになった。

この非晶質膜を作る方法として2つあり、

① スパッタリング中に微量の添加ガスを加えて膜の結晶化を阻害する方法

② ITOに替わる新しい非晶質状態の膜を形成する方法

である[9)]。

①は添加ガスとしてH_2、H_2Oが知られているが、H_2の場合は取り扱いに注意が必要であり、安全性を考えるとH_2Oがやりやすい。そのためH_2Oをバブリングさせ気化して導入する方法が用いられることが多い。

②はITOに添加元素を加えることでその結晶化温度を上昇させ、結晶化しにくくなることを利用している。その場合に比抵抗を上昇させずに、低温形成ができる材料を探すことになるが、IZO（In、Zn、O）と

呼ばれるターゲットや、IWO（In、W、O）と呼ばれるターゲットなどがある[10]。

①の場合も H_2O の添加により、ITO の結晶化温度が、160℃ 程度から220℃ 程度に上昇しており、膜中の水素量が増えている[11]。

また、成膜装置の観点からは、ITO 膜の生産にインライン装置が多く使われているが、長時間連続運転可能な分、H_2O 分圧を考えると徐々に低下していくことになる。ITO 膜でインライン装置を使った場合には、H_2O を導入することで抵抗上昇を抑えることができる[12]。

1-10 膜厚分布をよくするにはどうすればよいか？

ディスプレーあるいは建築、自動車用などの用途には、コストダウンを含めて大面積の基板が使われるようになり、基板の幅が2m を超えるようなものまで成膜する必要が生じてきたが、ここで歩留まりなどを上げるためには、膜厚分布が小さいことが必要になる。用途にもよるが、±2～３% 程度以内にしたい場合が多い。

膜厚分布をよくする手段としては、以下のような方法がある。

（a）外部から手段を取り入れる方法

＊マスクを用いて高い膜厚を削り低い部分に合わせる方法

（b）内部のコンポーネントを最適化して膜厚を揃える方法

＊ガスの導入の均一化

＊アノードへのバイアス付加

＊カソードのマグネトロンの均一化

＊基板の回転、移動の取り入れ、最適化

これらの手段は、選択して行なうものではなく、取れる手段はすべて取り入れて最終的に欲しい膜厚分布にしなければならない。

ただし（a）は、マスクを使うと、

・成膜速度が落ちる

・マスクに膜が付き、それがゴミとなり膜の欠陥のおそれがある

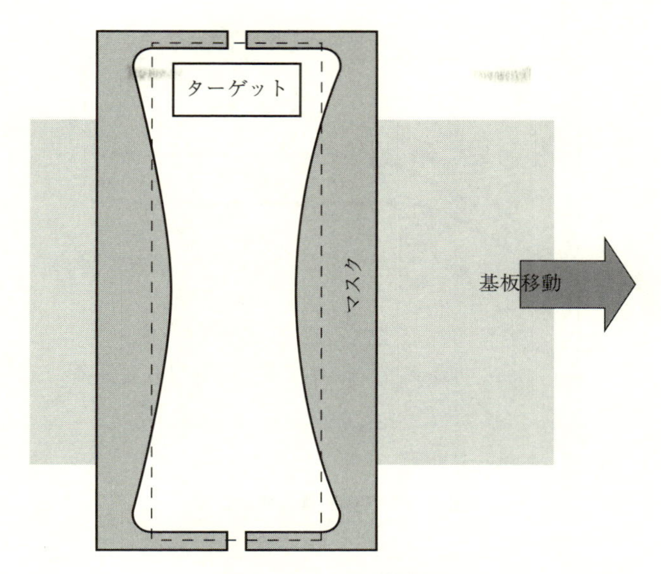

図 14　マスクの模式図

・マスクでカソードを覆うことにより、プラズマの空間分布が変わって
　膜質に影響する

などの可能性があり、できるだけ最小限にし、最後の手段とする方がよい。**図 14** にマスクを使う場合の模式図を示す。マスク板は通常一体ものにしないで、アノードシールドに取り付けて、左右各 1 枚ずつ使いターゲットを覆う形にする場合が多い。調整としては、測定した膜厚分布とおよそ同じような形状になるため、試行錯誤を何度か繰り返し欲しい分布になるまで行なう。

次に、分布を内部のコンポーネントで調整する方法であるが、T–S 間距離（ターゲット基板間距離）とターゲットサイズによりその膜厚分布は影響を受ける。**図 15** は T–S 間距離が変わったときの分布を示す[13)]。

T–S 間距離が大きくなるにつれ、ターゲットの端で膜がスパッタされない影響が大きく出るので、膜厚が一定になる範囲が狭くなる。**図 16** はその模式図である。**図 17** は T–S 間距離を変えたときの、シミュレーションによる膜厚分布を見たものである。T–S 間が 51 mm と近い場合

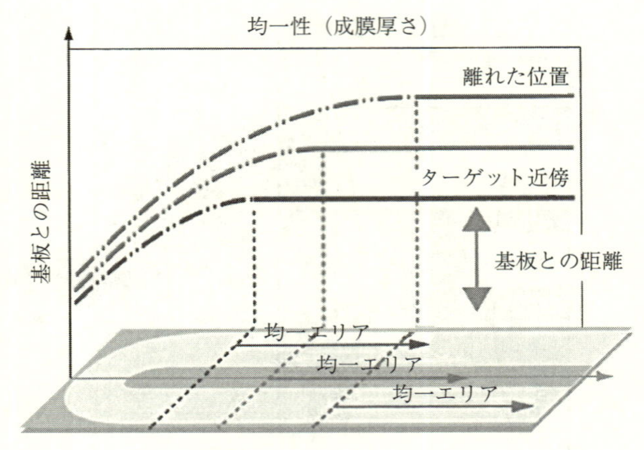

出典：Gencoa 社　技術資料

図 15　T–S 間距離と膜厚分布

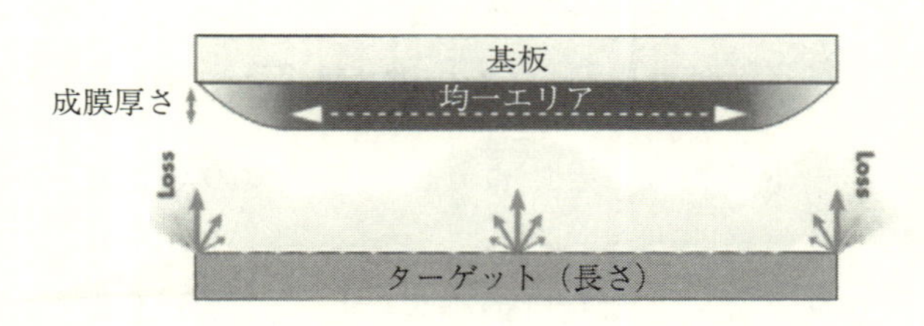

図 16　ターゲット上でのスパッタ粒子の模式図

は、膜が厚い部分が少なく、T–S 間が近いほど膜厚均一性は容易となる。したがって、マスクで均一性を得る場合には、マスク幅は少なくて済む。ただし、T–S 間が近いと内部応力が大きくなるので、その分も考慮する必要がある。

図 18 はターゲット幅を変えたときの静止での膜厚分布を見た場合である。膜厚の一様な範囲は、ターゲット幅が大きくなるほど狭くなる。

図 19 はガス導入での均一化の模式図である。ガスラインを複数化して独立して導入する。また、各ガスパイプには定間隔にガス放出孔をあけるが、これは、調節できるように孔径を変えたネジやボルトなどを用意し、後で調整できるようにしておく。反応性スパッタの場合には、Ar ガスは MFM により一定のガス量を流し、反応性ガスを同図のように調

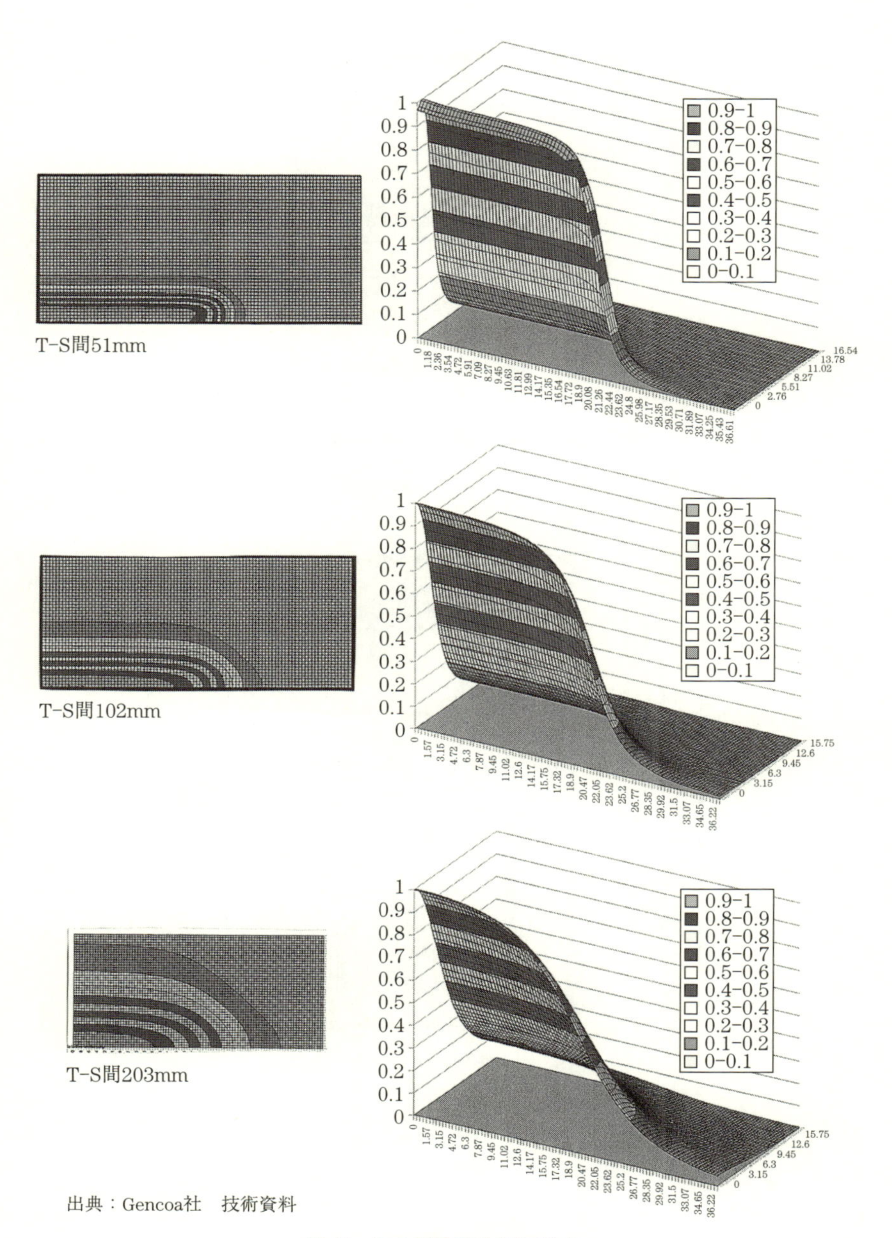

出典：Gencoa社　技術資料

図 17　T-S 間距離と膜厚分布

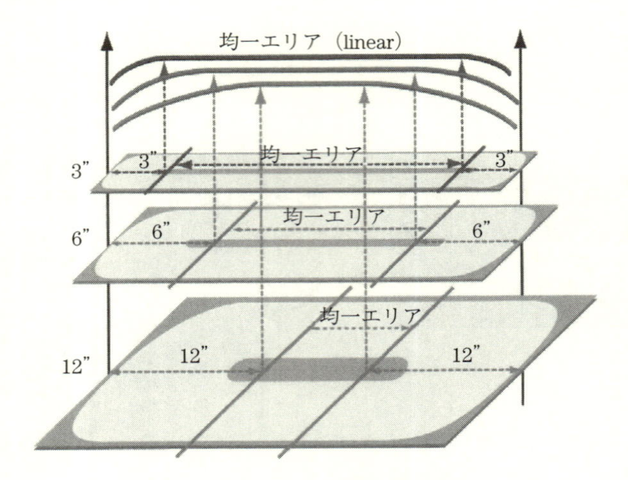

図 18　ターゲット幅と膜厚分布

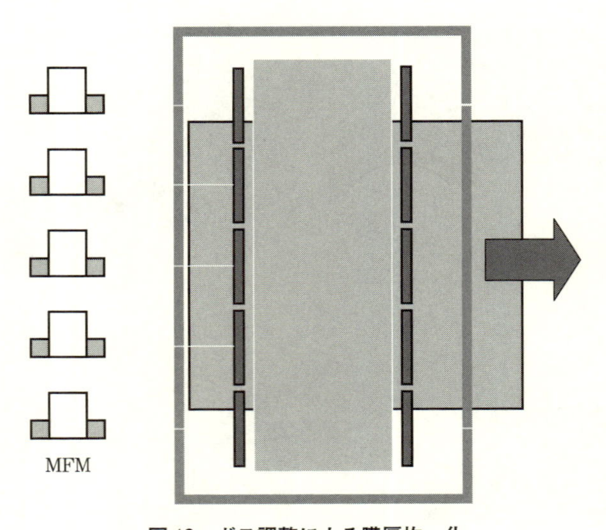

図 19　ガス調整による膜厚均一化

整することで、均一性を図ることになる。また、ガスの均一化は導入側だけでなく、ガスの流れをさえぎるシールド板やガスを吸引する排気系の位置もチェックする必要がある。

図 20 はアノードにバイアスを加えることによる膜厚調整を示す。た

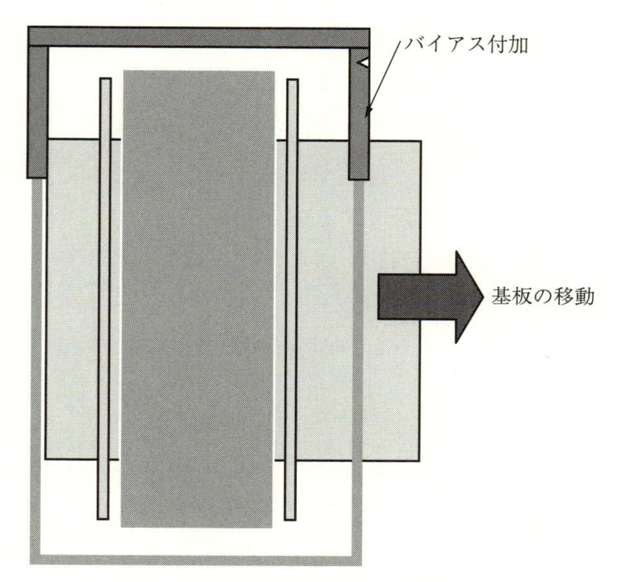

図 20　アノードバイアスによる膜厚均一化

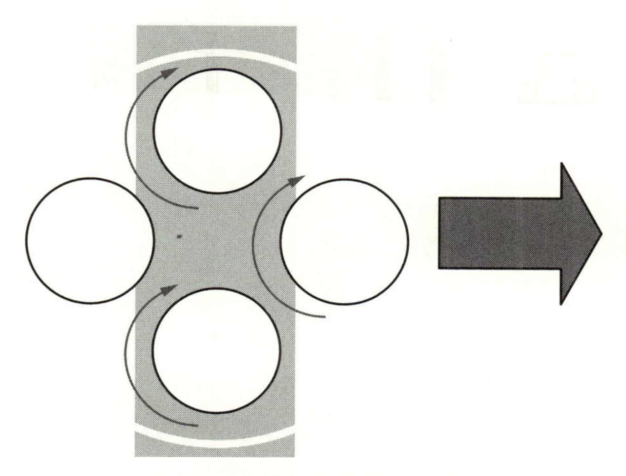

図 21　回転移動による膜厚均一化

とえば、＋30 V 程度のバイアスをかけることにより、プラズマを均一化させ、それによる膜厚均一化を狙ったものである。

図 21 は基板の回転、移動による膜厚均一化の例である。インライン

装置の場合は、基板は直線運動して搬送されるので、搬送方向の膜厚は均一になる。その直角方向はいわゆる幅方向の膜厚均一性が重要となるが、その場合に小さい基板であれば回転も可能となり、容易に均一性を確保できる。これはカルーセル型や枚葉式などの場合は、公転だけではなく、自転を加えて遊星回転にするのと同様である。この場合には、そのスピードと基板の配置を調節することで、スループットを上げられるような工夫が求められる。

また、カソードのマグネトロンが各位置で均一になるように、磁石配置と強度をチェックする。

1-11 強磁場にした場合に、ターゲットのコーナー部が大きく掘れるのはなぜか？

マグネトロンの磁石強度が均一であることが、膜厚均一性を確保するために重要であるが、利用率が大きいカソードにするためにアンバランス型にしたり、あるいは透明導電膜の場合には放電電圧を下げるために強磁場にすることが行なわれる。矩形ターゲットの場合に、コーナー近くが、異常に深いエロージョンになることがある。

これは、矩形ターゲット中央部での磁界強度が高いのに対して、コーナー部では弱くなっていることが原因で、コーナー部の幾何学的形状の制約から起こっている。

これについて、シミュレーションによる検討が行なわれた[14)]。

図22 は通常使われる2極型の磁石構成を示している。この系での磁石はSm–Coを使い、磁石ユニットの中央部の磁場強度は、**図23**(a)に示すように垂直成分が0の位置で、970ガウスであり、同図(b)はコーナー部の垂直成分が0の位置での磁場強度は730ガウスと中央部に比べて小さくなっている。**図24** はシミュレーションにより求めたエロージョン形状であり、コーナー部の脇に異常エロージョンが生じている。

200ガウス以上のマグネトロンの場合に、磁場強度が10% 以上コー

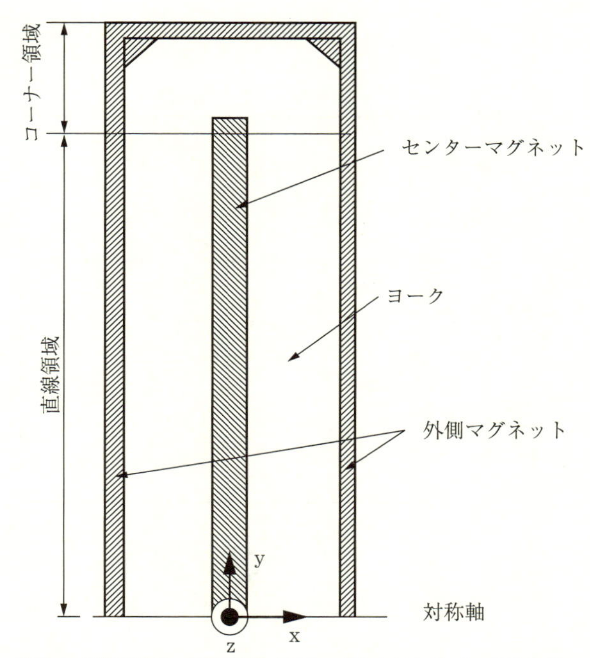

出典：志堂寺栄治　博士論文「DCマグネトロンスパッタリングにおけるターゲットエロージョン形状とプラズマ構造におけるモデリング」

図22　計算に用いた強磁場の磁石ユニットの概念図

ナー部が小さくなると、異常なエロージョンが発生する。これは、磁界強度に不均一があると、磁界の弱いところから強いところに入った電子の数が大きくトラップされて、プラズマ密度が高くなり異常なエロージョンとなることがわかった[14]。

図25はカソードのマグネトロンを強磁界にした場合の放電状態を示している[13]。

同図(a)は2極型の放電であり、異常エロージョンを示す発行の強いところが見える。(b)は改善した多極型の放電状態を示している。**図26**は磁場強度の均一化を改善した場合の膜厚均一化に与える効果を示す模式図である。**図27**は2極型から、多極型への改善していく過程でのターゲットでの実際のエロージョン形状を測定した例を示す[13]。

(a)

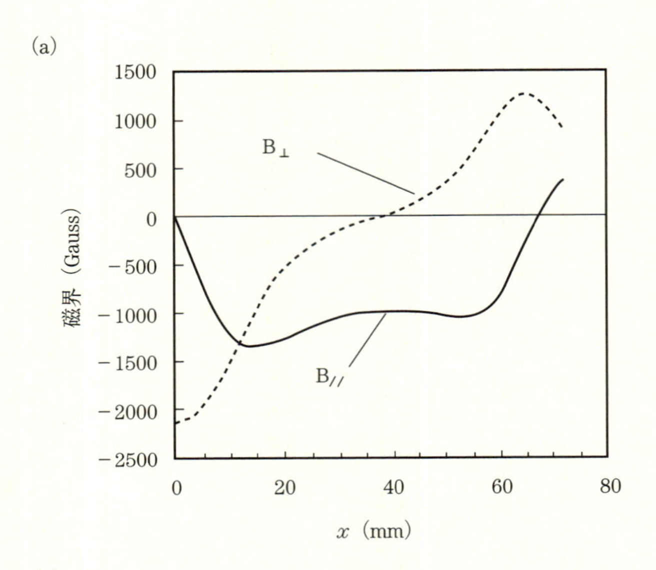

(b)

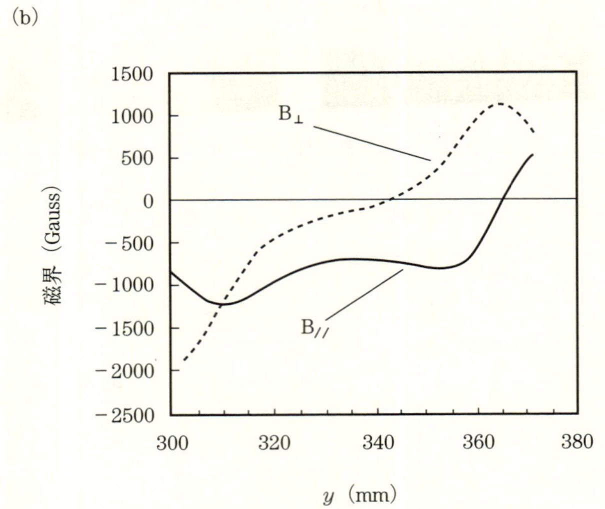

出典：志堂寺栄治　博士論文

図 23　ターゲット上の磁場分布
（a）y＝0 mm の位置、（b）x＝0 mm の位置

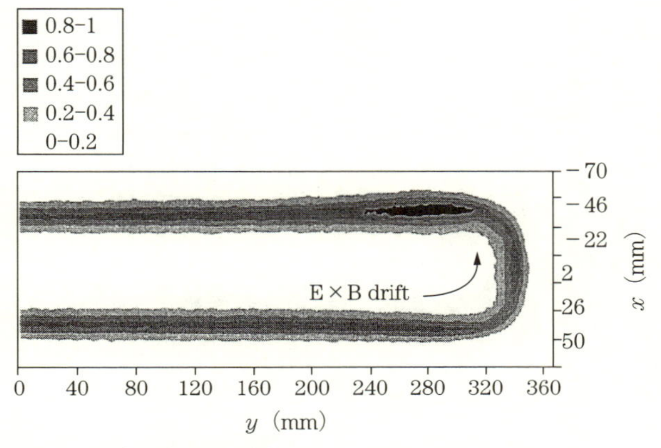

出典：志堂寺栄治　博士論文

図 24　ターゲットエロージョン形状の計算結果

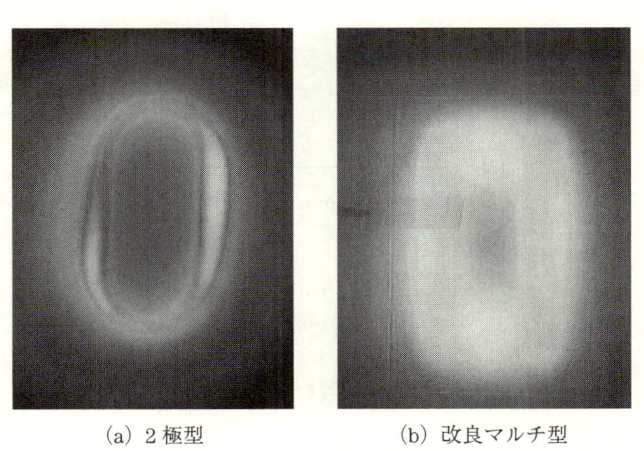

(a) 2 極型　　(b) 改良マルチ型

出典：Gencoa社　技術資料

図 25　強磁界の放電状体

膜厚均一性には、磁場強度分布の均一性が必要であり、それはターゲットエロージョンの均一化につながる。それによりターゲット利用率の向上も期待できるため、特にターゲット材が高価な場合は、直接的にコストに関係してくるので、このような検討が進むことが望まれる。

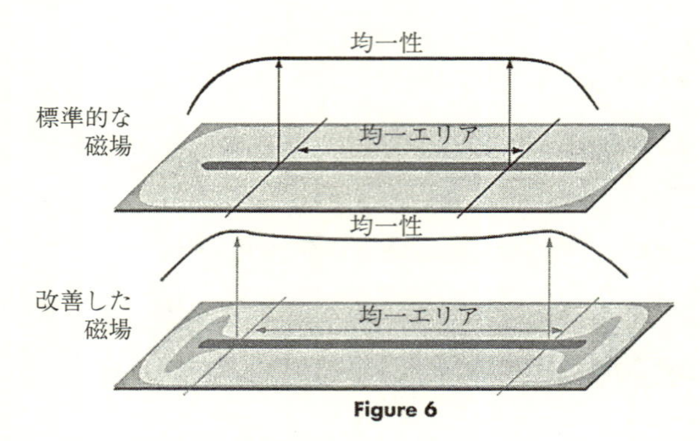

出典：Gencoa社　技術資料

図 26　カソード端での磁場強度を改善した場合の分布（改良マルチ型）

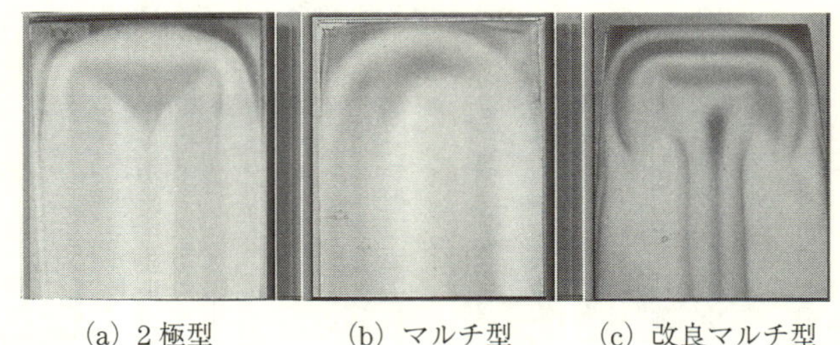

(a) 2 極型　(b) マルチ型　(c) 改良マルチ型

出典：Gencoa社　技術資料

図 27　エロージョン例

1-12 ターゲットが掘れるにつれて、成膜速度は変わるか？

新しいターゲットに替えてから、寿命になって交換するまで、ターゲットを掘り進むことになるが、その成膜速度が同じかどうかは、膜厚制御をするときに重要なパラメーターとなる。

マグネトロンの場合に、まず高速電子によって Ar ガスがイオン化され、次にイオン化された Ar イオンが電界で加速されてターゲットへ衝突し、ターゲットのエッチングが起こり、スパッタされた粒子が成膜さ

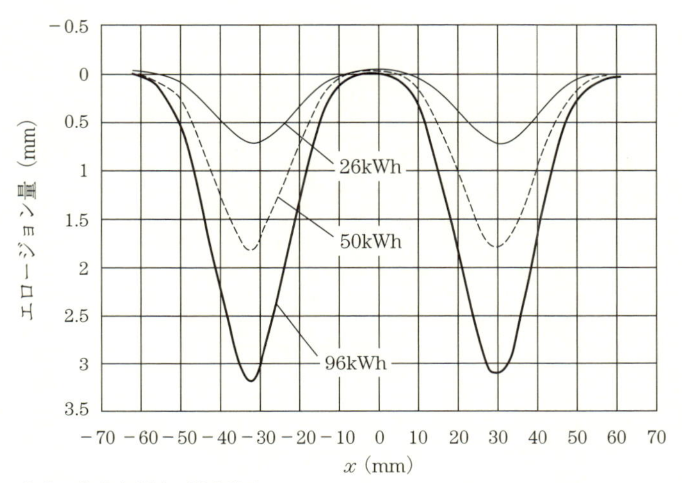

出典：志堂寺栄治　博士論文

図 28　直線部中央（$y=0$）のターゲットエロージョン形状の測定結果

れて成膜速度が決まり、それが必要な時間継続するという順序になる。

図 28 は銅ターゲットを用い、1.5 kW、3 mTorr、DC 放電でのスパッタ時間とターゲットのエロージョンを実測した例である[14)]。ターゲットのエロージョンが最も深い位置は、ターゲット表面での磁場の垂直成分が 0 で磁場が水平になっている位置であり、また、数ミリ程度の深さにおいては、エロージョンされる分布は変化していない。これは、電子−イオン対の生成位置の空間分布がわかれば、その分布からエロージョン形状を予測することの可能性を示している。

図 29 にはターゲットが最も深い位置でのエロージョン量と積算投入電力量を示している。電力が変わらなければエロージョン速度は変化せず、成膜速度は一定であると考えられる。すなわち、エロージョン速度はターゲットのエロージョン形状や深さに関わらず一定であり、したがって、成膜速度も成膜条件が同じであれば、一定になるということになる。

一方、この場合の成膜条件であるが、実際に成膜を行なう場合に各種の膜があり、膜質が導電性を持っているか、絶縁物であるかどうかで大

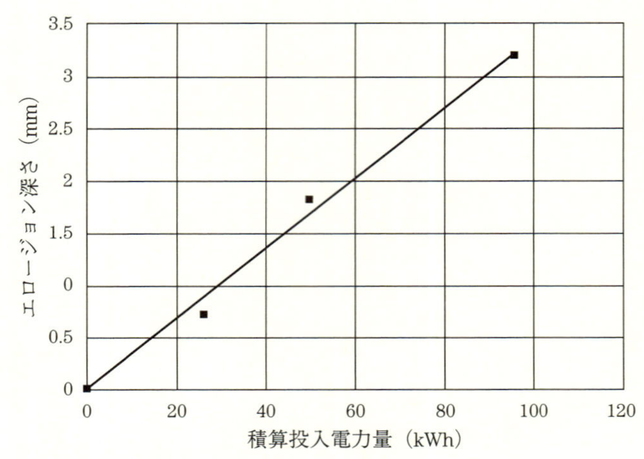

出典：志堂寺栄治　博士論文

図 29　最もターゲットがエロージョンされる位置のエロージョン量の変化

きく変わってくる。特に反応性スパッタなどの絶縁膜の場合には、アノードが絶縁物で覆われてきて、スパッタが進むにつれアノード面積が小さくなり、最終的にはアノード消失という状態が生じるので、ヒデュンアノードなどの対策を講じる必要がある。アノードの状態が変われば、プラズマパラメーターの空間分布が変わってくる。アノードに関しては、すでにアノードの項で述べたが、このアノード面積が変わることにより、Ar イオンを生成するプラズマ条件が変わってくることになり、成膜速度に影響を与える。

次に、膜の導電性の違いによるアノード面積の変化とプラズマポテンシャル、電子数密度分布、ネット電離レート分布をシミュレーションした例を紹介する[14]。

図 30 はシミュレーションに使うマグネトロンの概念図であり、基板にガラスを用い、チャンバー内壁 a–e までがアノードとなる。導電性の膜が付いた場合には、a–b 間もアノードと見なせる状態になり、絶縁膜で覆われると、アノードは e–d のみになる。**図 31** はポテンシャル分布を示し、同図(a)は成膜前、(b)は導電性の膜、(c)は絶縁膜を付けた場合

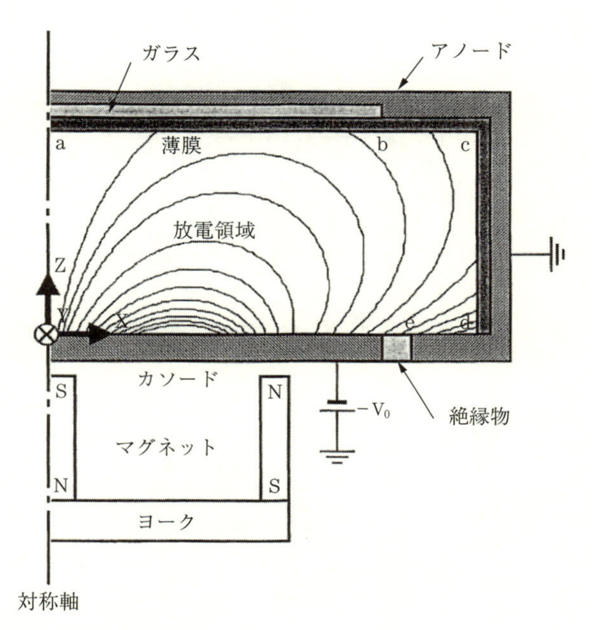

出典：志堂寺栄治　博士論文

図 30　成膜される膜の導電性の影響を検討するマグネトロンの概念図

について比較している。およそ x が 3 cm 程度のところが平行磁場が生じているところであり、カソードシース厚が小さくなっているのがわかる。また、プラズマポテンシャルの最大値がそれぞれ 8.4 V、16.3 V、0 V となっており、同図(b)はアノードの広がりによって電子を吸収しやすくなり、ポテンシャルが上昇している。

図 32 は電子数密度分布であり、基板側が手前になっている。ターゲット前面で生じた電子が基板側に拡散している。同図(c)の絶縁膜は最大電子数が減っている。**図 33** はネット電離レートを示す。同図(c)の電離レートが減少している。電離レートが減少すると、プラズマが弱くなり成膜速度も減少する。詳しくは、参考文献 14）を参照されたい。

成膜速度はターゲット密度にも依存する場合がある。ITO ターゲットの場合などでは、ターゲット密度が低いと、高い場合より成膜速度の低下が大きい[15)]。

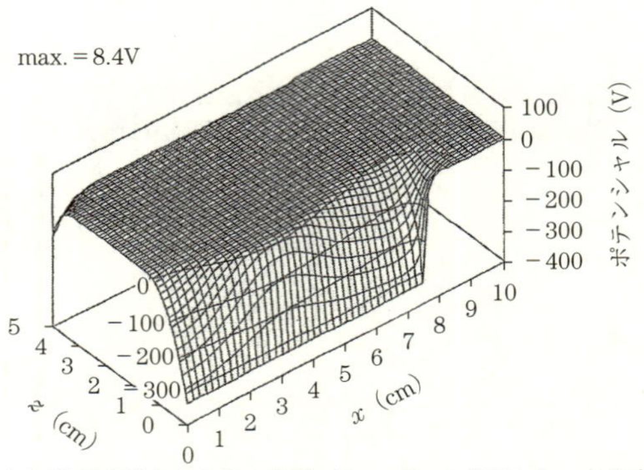

（a）膜が成膜される前の状態（Case A）のポテンシャル分布

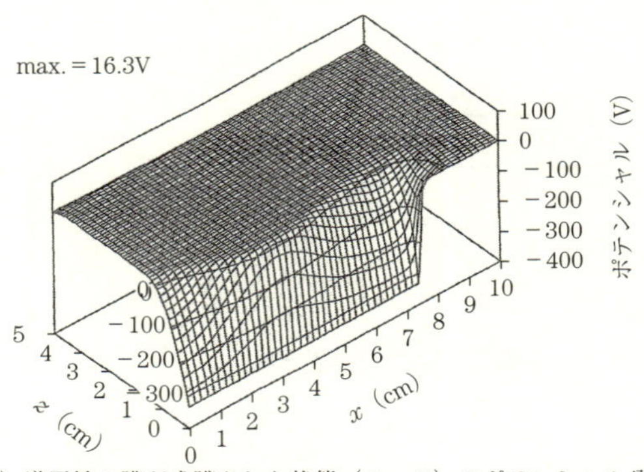

（b）導電性の膜が成膜された状態（Case B）のポテンシャル分布

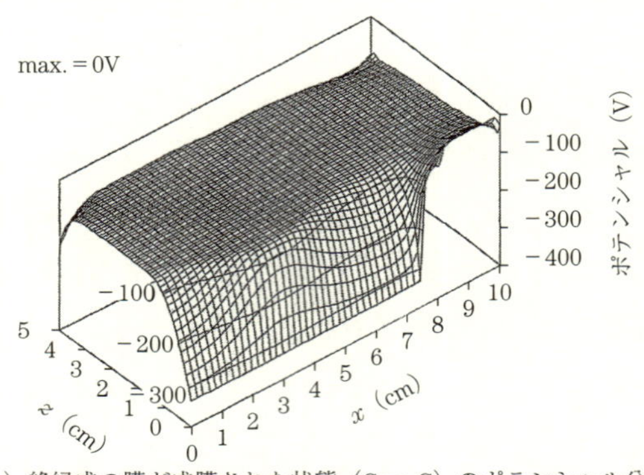

（c）絶縁成の膜が成膜された状態（Case C）のポテンシャル分布（100μsec後）

出典：志堂寺栄治　博士論文

図 31　ポテンシャル分布の変化

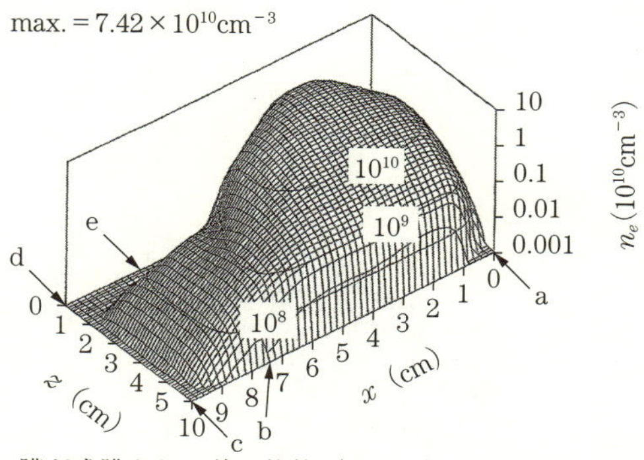

(a) 膜が成膜される前の状態（Case A）の電子数密度分布n_e

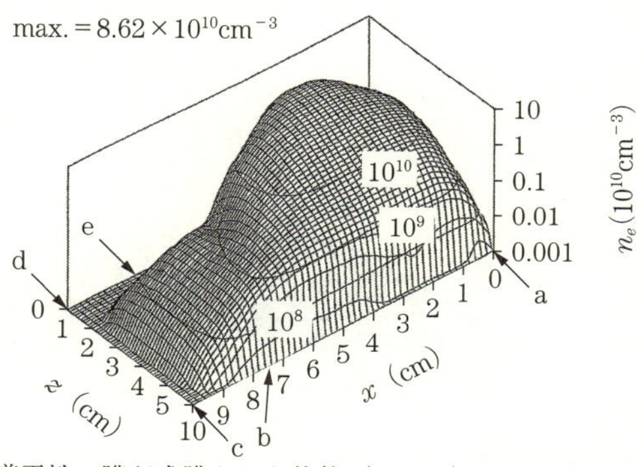

(b) 導電性の膜が成膜された状態（Case B）の電子数密度分布n_e

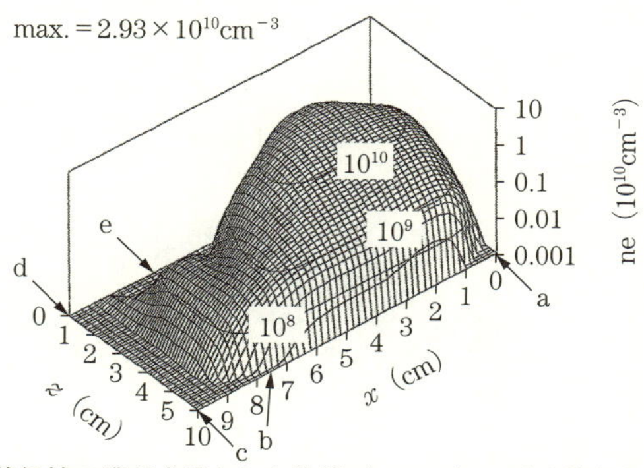

(c) 絶縁性の膜が成膜された状態（Case C）の電子数密度分布n_e（100μsec後）

出典：志堂寺栄治　博士論文

図 32　電子数密度分布の変化

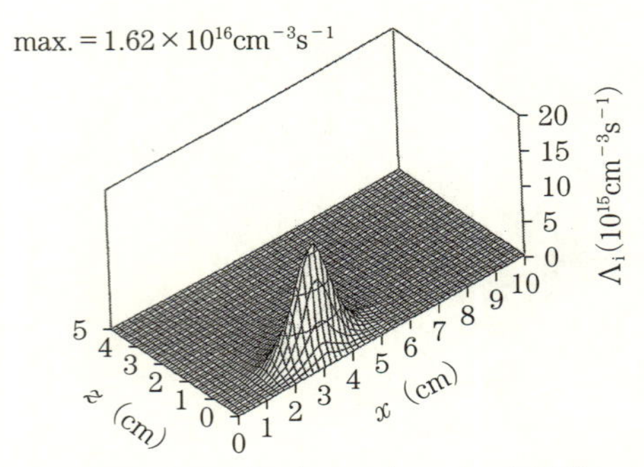

(a) 膜が成膜される前の状態（Case A）のネット電離レート分布Λ_i

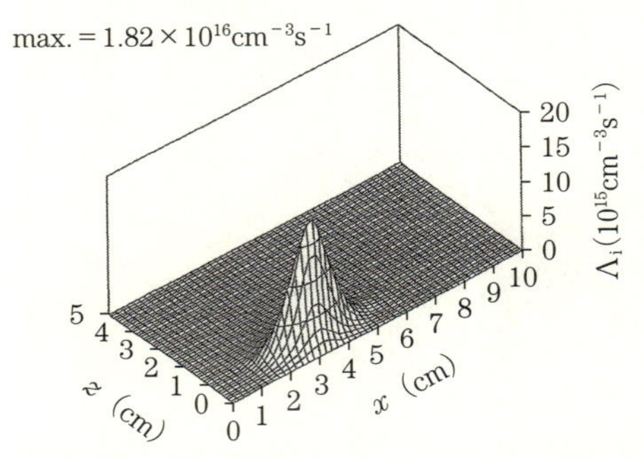

(b) 導電性の膜が成膜された状態（Case B）のネット電離レート分布Λ_i

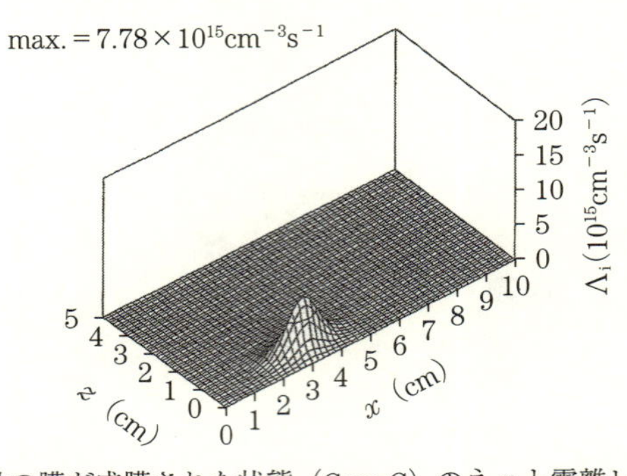

(c) 絶縁性の膜が成膜された状態（Case C）のネット電離レート分布Λ_i
（100μsec）

出典：志堂寺栄治　博士論文

図 33　ネット電離レート分布の変化

生産時に成膜速度が減少した場合には、電力を上げて調整することになるが、膜質に注意する必要がある。また、光学多層膜などで光学特性が厳しく正確な膜厚を必要とするような場合には、光学モニターを別途付けた方が安全である。

1-13 チャンバー掃除はどの程度すればよいか？

スパッタを続けていると、真空装置内は徐々に汚れてくる。到達真空度なども落ちてくるために、膜質が残留水分などに敏感な場合は特に注意を要する。チャンバー掃除は、この残留水分などの問題と、排気速度の低下によるスループットの減少、パーティクルの増加などを改善する必要から定期的に行なわなければならない。通常は、工場などでは1週間に1度休みの日を当てて行なうことが多いが、あくまでもチャンバー内の汚れ具合と、膜質との兼ね合いで決める必要があり、どの位の頻度が必要かというのは一律ではない。

最近では、大面積化、高画質化など特にディスプレーに関連して、パーティクルを減らすことにより、ピンホールなどの欠陥を減らす対策が進んできたが、このパーティクル対策については、以下のような点が考えられる。

①ターゲットをフルエロージョンにする

ターゲットの非エロージョン部に付いた膜は、付着力が弱いために剥がれやすく、パーティクルになりやすい。そのために、ターゲット表面に非エロージョンを作らないように、磁石の遥動を行なったりフルエロージョンカソードを使う。

②マスク、トレイの利用を減らす

マスク、トレイは最も汚れるコンポーネントである。これらの使用をできる限り減らすことが必要である。シャッターなども、デバイスなどの生産工程で不必要であれば使わない。

③アーキングの低減

アーキングが起これば、そのままパーティクルの発生源となる。ITO膜などで生じるマイクロアークなども含めて、電源、ターゲット、アノードなどの最適化が必要である。

④高密度ターゲットの使用

焼結ターゲットなどでは、ターゲット密度が低いとパーティクルの発生が多いといわれるが、ITOターゲットの例を示す[16)]。**図34**は相対密度の異なるターゲットでのアーク特性、**図35**はターゲット密度と膜の全応力、**図36**は分割ターゲットのアーク特性を示す。ターゲットの相対密度が高いことにより、アーキング低減、全応力の低減により、パーティクルが出にくくなり、また、大きなサイズの場合には、分割しない方がよい結果になっている。ただし、分割に関しては、コストとの兼ね合いである。

⑤アノードにバイアスをかける

アノードに＋バイアスをかけて、アノードへのイオン化した粒子の付着を防ぐことがアノード消失対策の一つであるが、パーティクル対策と兼用する。

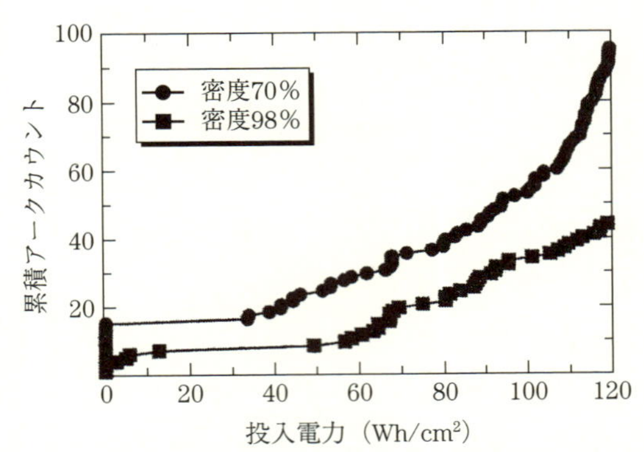

出典：高橋誠一郎、久保田高史　表面技術
Vol50 No9（1999）776

図34　相対密度の異なるITOターゲットのアーク特性

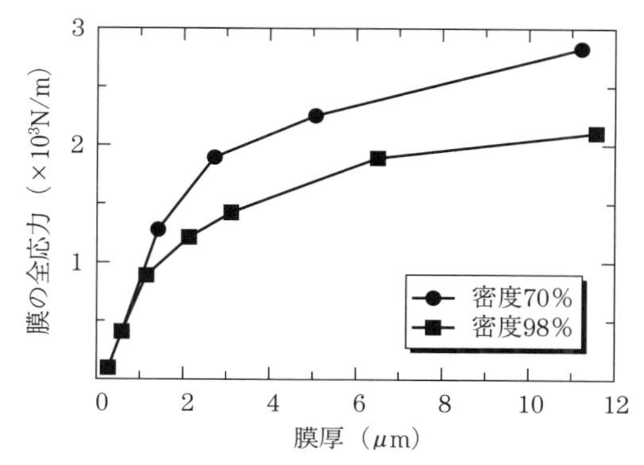

出典：高橋誠一郎、久保田高史　表面技術
Vol50 No9（1999）776

図35　ITOターゲットの相対密度と膜の全応力

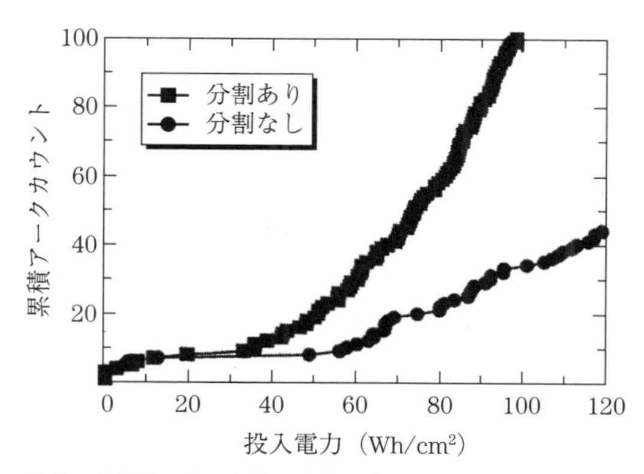

出典：高橋誠一郎、久保田高史　表面技術
Vol50 No9（1999）776

図36　分割したITOターゲットのアーク特性（相対密度98％）

⑥防着板の工夫をする

防着板には、膜が剥がれにくい表面加工したものを選び、付いたパーティクルが落ちないようにする。

⑦チャンバー内の可動部を減らす

⑧スローリーク、スロー排気をして、落ちているパーティクルを基板上に持ってこない

⑨サイドスパッタにして、パーティクルを基板に載せにくくする

パーティクルを減らしたとしても、クリーニングはしなければならないため、クリーニングを行ないやすいメンテナンス性のよい装置にしておくことが肝要である。防着板をワンタッチで取り外しができるなど、クリーニング時の作業性をよく考えた仕様は重要である。

1-14 スパッタ装置導入におけるコスト計算の注意点は何か？

スパッタ膜の開発が完了して、生産に移るときに製造原価の計算が必要になる。原価計算をする場合には、1カ月あるいは1年間での生産量とそこにかかる費用の計算をして、単価を出すことになる。

(1) 生産量＝タクトタイム予測

装置の方式により各過程でかかる時間が変わるが、バッチの場合は、1バッチ当たり、インライン、枚葉式の場合は時間当たり、それぞれの方式で計算して比較することになる。

＊排気準備時間

＊基板のセット時間

＊排気時間

＊成膜時間（プリスパッタ、膜構成）：基板がフィルムの場合は、これにガス出しなどの表面処理時間が加わる場合がある。

＊リーク時間

＊メンテナンスによる停止時間（ターゲット交換を含む）

＊稼働時間（勤務体系によるシフト）

これらに歩留まりをかけることにより、1ヵ月当り、1年当たりの生産量を算出する。

ここでの注意点は、

①プロセス選択の重要性

プロセスは1度選択すると途中での変更は難しい。他の蒸着やCVD

との比較も含めて、製品の特徴を良くつかんで、どの方式にするか十分検討する。

②化合物膜の成膜速度の高速化

スパッタの利点は大面積の膜厚均一性、再現性、自動化などがあるが、弱点は化合物膜の成膜速度の低いことである。コストに直接関わるために、すでにいくつかの方式を紹介しているが、この高速化はコストに重要である。

③膜構成

同じ機能を持つ膜であれば、膜厚が小さい方が安くなる。多層膜などでは膜設計が重要になる。

(2) 費用＝原価償却費＋ランニングコスト

原価償却費は、装置の選択、仕様により決まる。ここではランニングコスト分について以下に示す。

＊ターゲット価格：サイズ、形状、純度、密度（メタルは焼結に比べて安い）

＊ターゲット利用率：0.2〜0.5〜0.9 程度

＊基板への付着効率：0.2〜0.5 程度

＊バッキングプレート、ボンディング費

＊ユーティリティー：電力　Ar ガス、反応性ガス、冷却水

＊人件費：勤務方式による

＊装置メンテナンス費：治具、防着板、トレーなど

＊梱包材など消耗費、輸送費など

1 カ月当たり、1 年当たりの費用を見積もって、先に計算した個数あるいは、面積で割り、単位原価を算出する。

ここでの注意点は、

①原料として使うターゲット材の計算

膜として使われるターゲット価格はどの程度になるかの計算は、よく検討する必要がある。材料代∝ターゲット代×1/(利用率)×1/(付着効率）である。利用率のみ高くてもターゲット代が高ければ、材料代は安

くはならない。

②反応性スパッタのメリット

メタルからの反応性スパッタでは、ガス原子が膜の一部になり、質量が増すので膜厚が得をする。たとえば、TiO_2 の場合に、

$$TiO_2/Ti = (47.9 + 32)/47.9 \fallingdotseq 1.7$$

となる。膜厚がそのままこの倍率にならないが、ターゲットの消耗速度では、有利である。

焼結の場合には、すべての成分元素がそのまま使われるため（一部はガス化する）、メタルに比べてターゲットの消耗が早い。

2. 測　定

2-1 スパッタ粒子のエネルギー分布を測るには？

スパッタ膜の膜質は、プラズマ密度やスパッタ粒子のエネルギー、基板温度、放電圧力などにより大きく影響を受けるが、スパッタ粒子のエネルギーについては、膜質を変える手段の一つとして注目されるようになってきた。特に電源としてパルスを使うことにより制御できるパラメーターが増え、それがスパッタ粒子に対してイオン化を促す手段となったり、エネルギー分布を変化させたりすることが可能になった。パラメーターを細かく制御することにより、また、ガス圧力やT–S間距離などのファクターとも組み合わせて最適化することで、必要な膜特性に近づけることが可能となってきた。

スパッタ粒子の持つエネルギーおよびエネルギー分布を変えるための大きな手段として、入力電力とその種類が重要であるため、パルス化技術の進展と併せて、パルスのパラメーターを変えたときに生じるエネルギー分布を測る研究が進んでいる。

図1はエネルギーアナライザー付き四重極型質量分析計の模式図を示す[1)]。これは、4本の金属棒に直流と交流を重畳させて印加し、この四重極間を通過できる単位電荷当たりのイオン質量（比電荷）が決まってくるという原理を利用している。

スパッタ用のチャンバーにフランジを介して、スパッタ粒子取り込み用のオリフィスが付いており、そこから測定したいスパッタ粒子を取り入れる。オリフィスは、グランドやDCバイアス、加熱、フローティン

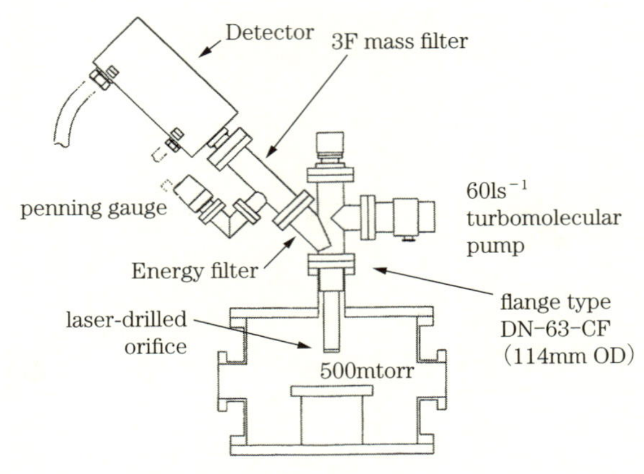

出典：アステック社　技術資料

図1　ハイデン製 EQP 型四重極質量エネルギー分析器

グなどの条件で行なうことができる。差動排気用のターボポンプが付き、スパッタでの圧力である 10^{-1}Pa 程度の圧力から、10^{-4}Pa 程度まで落とし、中で他のガス分子との衝突が起こらないようにしている。測定できるのは、プラズマ中で発生したイオン（正イオン、負イオン）や中性粒子、ラジカルなどである。中性粒子、ラジカルを測定する場合には、デュアルのフィラメント型電子ビームイオン源をオンにしてイオン化し測定する。この電子ビームのエネルギーは制御できるようになっていて、ラジカルや中性粒子のイオン化電位を確認することができる。エネルギー分布は、フィルター部に入ってくる粒子のエネルギーの中で透過できるものを選別し、その粒子量をその後に設置してある検知器によって測定する。

図2はスパッタでの測定例であり、Hiden 製四重極型システムを用いエネルギー分布の測定、Tektronix 製オシロスコープ、パルス電源、ラングミュアプローブの測定系を示している[2)]。

パルス電源から、100～350 kHz のパルスをアンバランス型カソードに印加した場合について、**図3**にパルス波形、プラズマ電位、エネルギー分布を示す。同図(a)は 100 kHz のパルス波形を示し、A 部は印加電

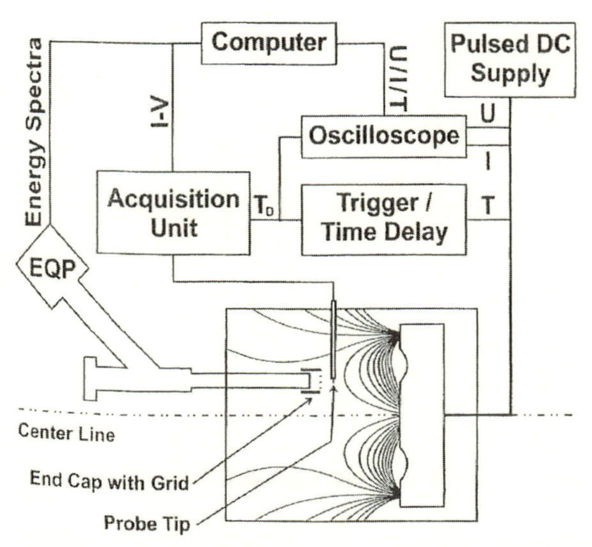

出典：R.D.Arnell, et. al surface & coating technol, 188-189 (2004) 158-163

図2　プラズマ分析システム

圧、B部はオフタイムであり、印加電圧に対して10％の＋電圧、C部はその変わり目にオーバーシュート電圧が生じているのが見える。(b)は、(a)に対応したプラズマ電位を示し、プラズマ電位は、マイナスにはならないので、Aの印加電圧時のわずかなプラス電位から、Bの比較的高いプラズマ電位になっていると考えられる。(c)は各周波数変化での Ar^+ イオンのエネルギー分布を示している。

およそ3つの山が各周波数分布の中に生じているが、これは図3(a)のパルス波形が反映している。Aのパルスオン時の低エネルギー部分、Bのパルスオフ時の中間エネルギー部、Cのオーバーシュート部からの高いエネルギー部に対応した分布として考えられる。ここでは、TiO_2 について、PEMを用いた高速スパッタでの膜質を測り、パルスによる変化として周波数を変えることにより、表面平滑性や密着性、耐摩耗性などがDCに比べて向上するという結果になっている[2)]。

図4はRFをパルスにより変調させた場合の波形の模式図であり、反

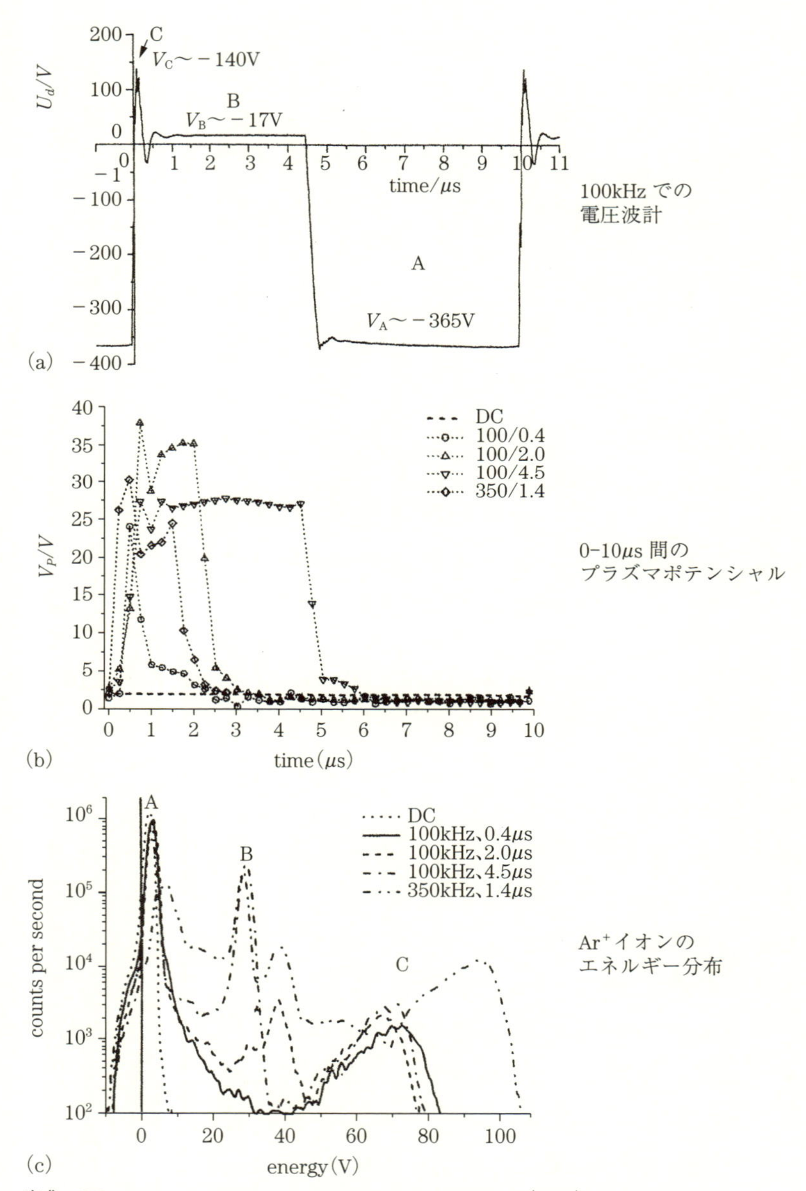

出典：R.D. Arnell et al., surface & coating Technol. 188-189 (2004) 158-163

図 3　パルス印加時の電圧波形、プラズマポテンシャル Ar^+イオンエネルギー

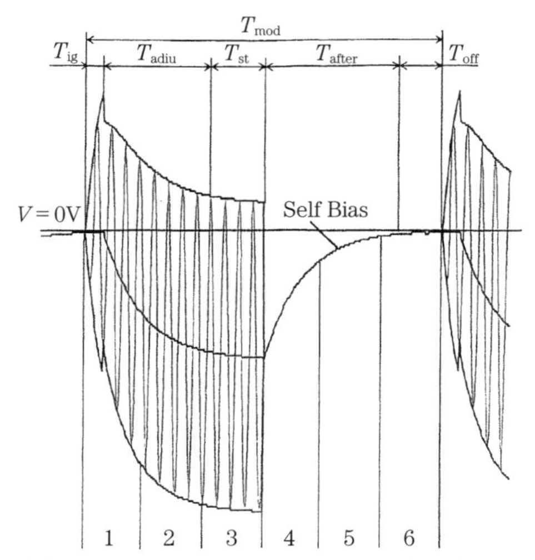

出典：M Zeuner et.al. Vacuum vol 48, No.5 (1997) 443-447

図4　パルス変調 RF 波形

応性ガスとして O_2 を導入したときのプラズマ中の酸素負イオンを測った例を示す[3)]。RF をパルス変調させるのは、RF 電源をパルス周期でオンオフを行なうように設定することで、比較的容易に得ることができる[4)]。

低エネルギーイオンの多くは、アフターグロー中で生じていると考えられ、変調周波数により電子のエネルギー分布が大きく変わり、電子付着により生じた結果と考えられる。高エネルギー側では、イオンは RF 電極でのプラズマシースにより発生していると考えられ、変調周波数にあまり影響を受けていない。**図5**は酸素正イオン、負イオンの全体を示す。正イオンエネルギー分布は、平均プラズマシース電圧に依存している。発生量は変調特性に関連すると考えられる[3)]。

反応性スパッタの場合に、多くの酸化物膜が成膜されるが、反応性ガスとして導入した O_2 ガスによる酸素負イオンでの挙動が膜質に大きな影響を与えることが多い。プラズマの種類と酸素負イオンとの関係の探索に、エネルギー分布の測定は、大きな手段となると考えられ多くのデ

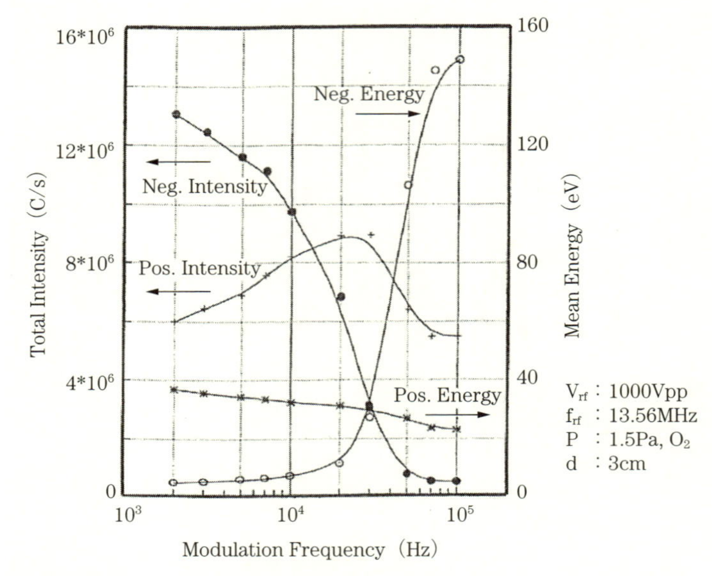

出典：M Zeuner et.al. Vacuum vol 48, No.5（1997）443-447

図5　正イオン（O_2^+、O^+）、負イオン（O_2^-、O^-）の平均エネルギーと粒子数

ータの蓄積が望まれる。

2-2　プラズマ密度を測るには？　その1

膜質に影響する要素として、プラズマ密度は重要な要素の一つである。特に、熱に弱いプラスチック基板などに成膜する場合に、膜質や密着性などを改善する方法として、基板温度を上げるわけにはいかないので、プラズマ密度を上げて反応性を向上させるという手法として重要である。

一般的に使われる方法が、ラングミュアプローブ法であり、プラズマ内に小さな電極を挿入して電圧をかけ、流れる電流を測定することにより、プラズマパラメーターを測定する。測定できるプラズマパラメーターとしては、電子密度や電子温度、プラズマ電位、フローティング電位などを求めることができる。

プローブ法には、挿入する探極が一つのシングルプローブ法のほかに

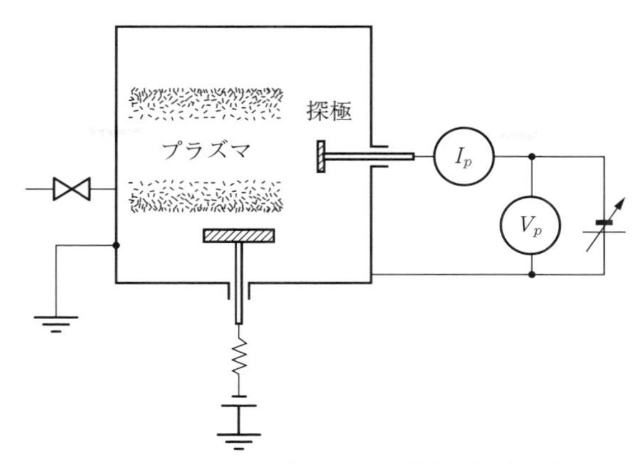

出典：小林春洋　スパッタ薄膜　日刊工業新聞社（1993）

図 6　シングルプローブ回路

ダブルプローブ法やトリプルプローブ法などがあり、プローブ法は、直接探極を挿入するので、空間分解能のよいことが特徴で、プラズマの空間電位を測定できる唯一の方法でもある[5)]。

さらに改良型として、RF を重畳して RF 電流を検知する RF プローブ法、プローブを加熱することで放出する 2 次電子によって流れるイオン電流を利用したエミッシブプローブ法などがある。

図 6 はシングルプローブ法に用いられる回路を示したものであり[6)]、**図 7** は電流電圧特性である[7)]。プラズマ電位は、A 領域と B 領域の変曲点での電位を表し、フローティング電位は、イオン電流と電子電流が等しくなる $I_p=0$ となる V_f で与えられる。

A は電子飽和領域と呼ばれ、プラズマより正電位となっており、イオンは入射できず電子電流のみとなり、C はプラズマより負電位となりイオン電流のみ流れ、B はイオン飽和電流に電子電流が重なった電流値を示す。電子温度 T_e は、プローブ電流 I_p の対数 $\log I_p$ とプローブ電圧 V_p をプロットすると直線になり、その直線の勾配から次の式を用いて計算する[8)]。

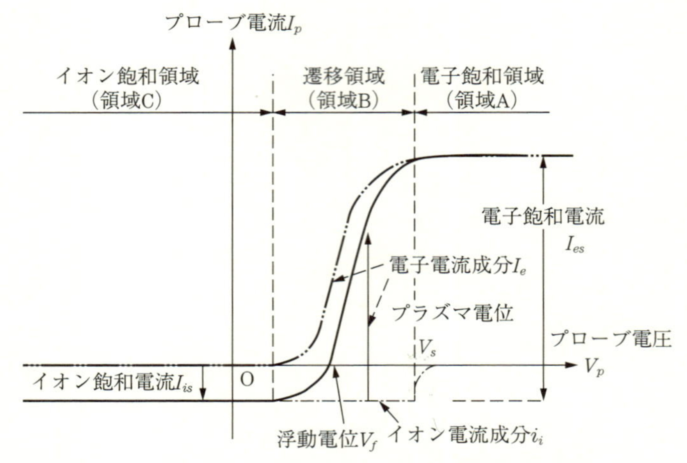

出典：電気学会プラズマ イオン高度利用プロセス調査専門委員会編
プラズマイオンプロセスとその応用　　オーム社　2005

図7　シングルプローブにおける電圧―電流（V－I）特性

$$\frac{d(\log I_p)}{dV_p} = -\frac{1.16\times10^4}{T_e} \tag{1}$$

電子温度は、簡便的には指数関数領域にある電流値をとり、その電流がe倍（約2.7倍）になる電圧の変化と考えればよい。

電子密度N_eを用いて、プラズマ空間電位における飽和電子電流I_{es}が、

$$I_{es} = N_e es\sqrt{\frac{kT_e}{2\pi m}} \tag{2}$$

で表される。ここでeおよびmはそれぞれ電子の電荷と質量である。kはボルツマン定数である。したがって、電子温度T_eおよびプローブの表面積sが分かっていれば電子密度N_eを求めることができる[8)]。なお詳しくは測定器マニュアルなどを参照されたい。

プローブ法は比較的簡単な方法で行なえて、空間分解能が良い利点はあるが、探極をプラズマ中に挿入するので、プラズマを乱すことが避けられないのと、スパッタ中の場合には膜が付いて汚れてしまうことによる正確性に欠けることが問題となる。

探極汚染に関しては、加熱したり負にバイアスして、イオン衝撃によ

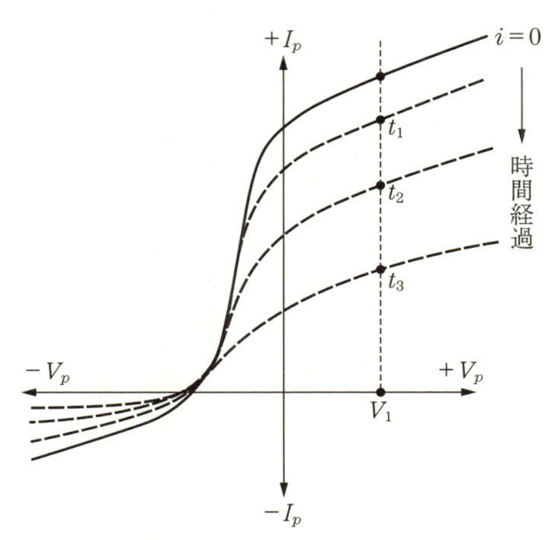

出典：堤井信力　プラズマ基礎工学　増補版
内田老鶴圃（1997）

図 8　皮膜汚染によるプローブ電流―電圧特性の変化

り汚れを除去する工夫が行なわれている。**図 8** は皮膜汚染によるプローブの特性変化の一例である[5)]。これは、CVD での SiH_4、CH_4 などで測定された変化であるが、膜が付くことで電流が流れにくくなり、傾きも変わるので、図 8 の場合には電子温度が見かけ上大きくなって測定することになる。**図 9**(a) は清浄なプローブと比較して、汚染度を電子電流から見た例であるが、シランガス 0.04% の場合でも、測定開始後約 150 秒程度で、30% 程度まで落ちてしまう。同図(b) は清浄度低下に伴う電子温度、電子密度の変化を示したものである。清浄度が落ちた場合に電子密度は低く、電子温度は高く測定されてしまう傾向があるので注意が必要である。詳細については、参考書を参照されたい[5)]。

最近では、CVD だけでなくスパッタにおいても反応性のプラズマプロセスが多く使われるようになり、その成膜のプロセスの幅が広がってきている。それとともに、プローブによる反応性ガスプラズマの測定の重要性が高まっているといえる。

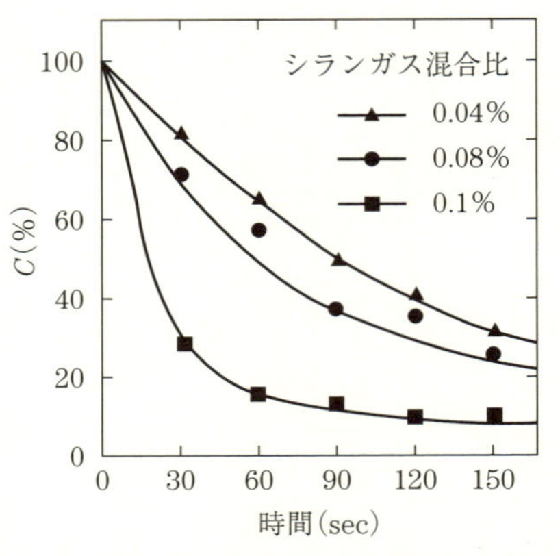

(a) $Ar^{+}SiH_4$混合ガス放電中における清浄度低下速度のシランガス混合比率依存性（気圧1.7Torr、放電入力200W）

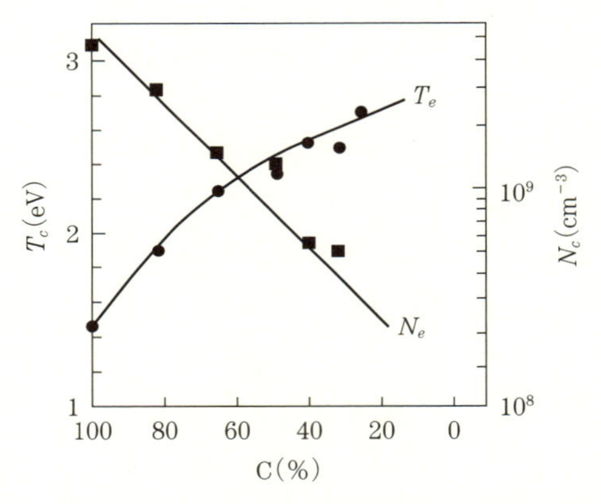

(b) 清浄度低下にともなう見かけ上の電子温度、電子密度の変化（シランガス混合比0.04%の場合）

出典：堤井信力　プラズマ基礎工学　増補版　内田老鶴圃（1997）

図9　プローブの清浄度変化と見かけ上の電子温度、密度の変化

2-3　プラズマ密度を測るには？　その2

耐熱性の低い基板への成膜やより付加価値の高い機能膜を成膜するために、プラズマはますます重要になっている。したがって、スパッタリングにおける成膜中のプラズマ密度を測定したいという要求は大変強い。ラングミュアプローブ法は、電圧、電流特性を測るためどうしても汚れに弱く、成膜中にプローブ表面に絶縁物が付着した場合は測定が中断してしまう。ここでは、最近開発された表面波プローブ（SWProbe）またはプラズマ吸収プローブ（PAP）であるカーリングプローブ法を紹介する[9)]。

図 10 は、測定装置の構成を示している。半開放端スロットを備えたアンテナに高周波発振機により、たとえば、100 KHz～3 GHz まで周波数を掃引しながらパワーを供給し電界励起する。方向性結合部は、測定プローブから供給された高周波パワーのプラズマによる反射率の周波数変化を検出し、共振スペクトルを求める。**図 11** は、アンテナの構造を示している。プラズマ中に挿入したアンテナの共振周波数が、f_0 から f_1 に変化した時に、

$$電子密度：n_e(\mathrm{cm}^{-3}) = (f_1^2 - f_0^2)/0.806 \times 10^{10}$$

で表す式により、プラズマ密度を算出できる[10)]。原理的には、アンテナ

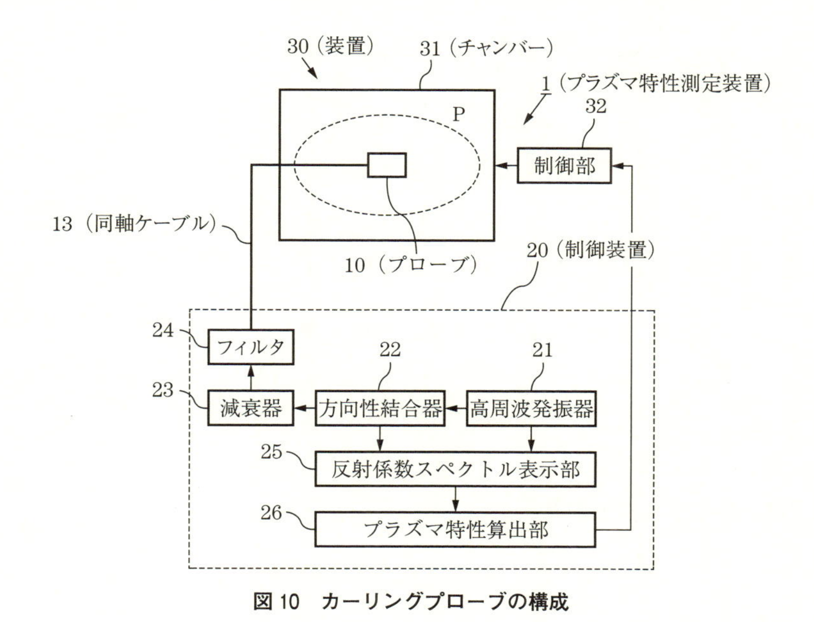

図 10　カーリングプローブの構成

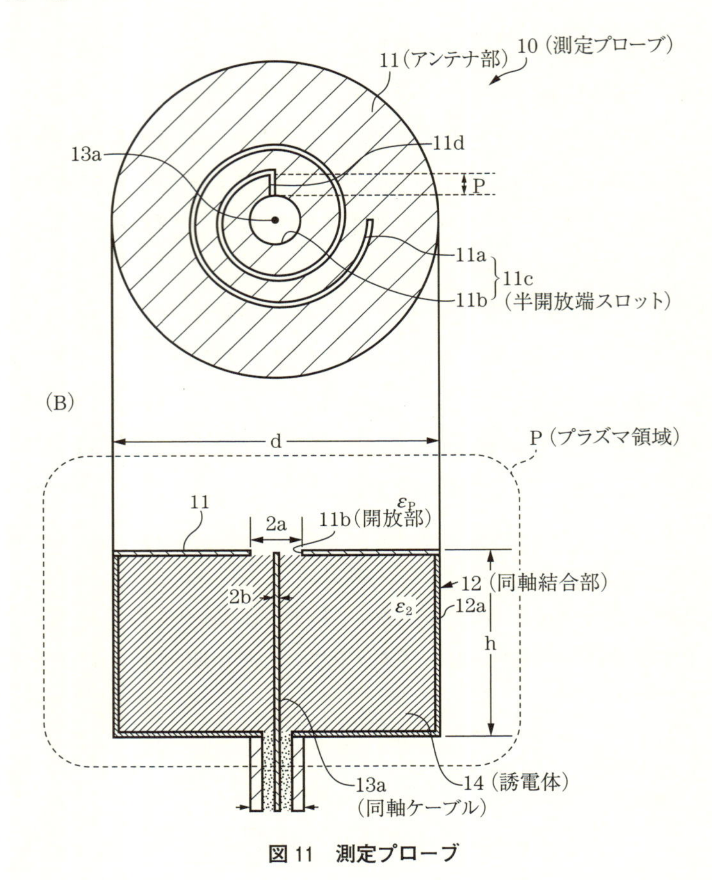

図 11　測定プローブ

長Lが$\lambda/4$となる周波数frの時に共振し、$fr=\dfrac{\alpha c}{4L\sqrt{\varepsilon r}}$の関係となる。

c：光速　εr：スロット周辺の媒質の比誘電率

これを利用してプラズマ中では、誘電率として、$\varepsilon_p=1-\dfrac{f_p^2}{f^2}$の関係を用いる。

f：測定された共振周波数

ここで、$f_p=\dfrac{1}{2\pi}\sqrt{\dfrac{e^2 n_e}{\varepsilon_0 m_e}}=8.98\sqrt{n_e}$ (Hz) である。すなわち、プラ

ズマがある時とない時で誘電率が変わり、それを共振周波数の変化として読み取るということである。この方法でプローブ表面に膜が付着すると、共振周波数が低下する（10 μm で 10 MHz）ようであるが、絶縁膜が付着しても測定可能である。図 10 にある制御部では、「測定された電子密度に基づいて、プラズマ生成用の高周波パワー（高周波電力）やガス圧などのプラズマ状態を支配する因子を制御することが出来る」[9]とあるので、フィードバックを掛けて、成膜パラメーターを制御できれば、さらに効果的である。まだ測定データが少ないようなので、データの集積が望まれる。（エナック社から販売されている）

2-4 プラズマ密度を測るには？　その 3

プラズマの測定は、イオンや電子のみではなく、高速電子の衝突による中性気体粒子が励起された活性粒子も重要となっている。特に基板が PET などの有機物の場合には、プラズマプリトリートメントを行い表面に官能基を生成することは、密着性を向上するうえで大変重要であるが、ここでもイオンなどに加えて活性なラジカルが大きな役割を持っている[11]。

プラズマの測定手段も広がった。**表 1** に測定法の種類と測定対象を示す[12]。ここでは、分光法を紹介する。分光器を用いて、プラズマによって放出または吸収される特定波長の光を検出し、それに関連するプラズ

表 1　主な測定法の分類と測定対象

分類	主な測定法	主な測定量	測定対象
静電プローブ	シングル、ダブル、トリプルプローブ法	電子温度、電子密度 電子のエネルギー分布、空間電位	荷電粒子
マイクロ波	等価、反射、空胴共振器法	10^{14}cm^{-3} 以下の電子密度	
光・レーザ	発行分光、線強度比 レーザ干渉、散乱法	イオンの種類、電子温度 10^{14}cm^{-3} 以上の電子密度、イオン温度	
	発行分光、光・レーザ吸収分光	気体の種類、温度、内部エネルギー 準安定励起種、ラジカル種の密度	中性粒子

マ情報を得るものである。粒子が上準位のエネルギー状態から下準位のエネルギー状態に遷移するとき、エネルギー準位差に相当するエネルギーが光として放出される。基底状態から高速電子により高い準位へ衝突励起し、その後短時間で自動的に光を放出して下準位に遷移する自然放射が観測される発光の主たるものである。**図 12** に、原子と電磁波の相互作用を示す[12]。自然放射(a)以外に光を吸収された後の発光状態を観察する場合(b)や、エネルギーを吸収し増幅された状態を見る場合(c)などがある。

磁気ディスク成膜プロセスの発光を利用した例を紹介する[13]。用途としては、発光強度を測ることによる成膜速度のモニターとしての利用、Hの発光を利用した水分圧のチェック、Arの発光比からの電子温度の推定などがある。**図 13** は、CoNiPt 発光スペクトルにおける Co（353 nm）と Ar（420 nm）発光線強度の RF パワー依存性と Ar 圧力変化を示している。スパッタにおいて発光強度は、$I_{em} = KW^n$（K、n は定数）

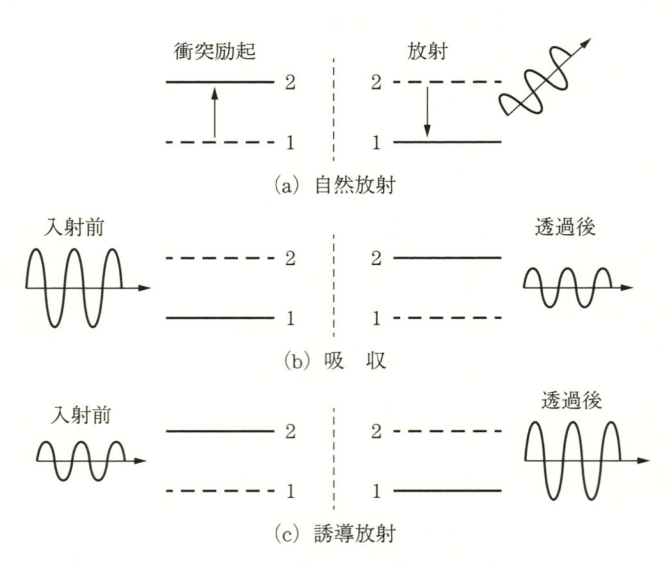

出典：堤井信力ら：プラズマ気相反応光学　内田光鶴圃（2000）

図 12　原子と電磁波の相互作用

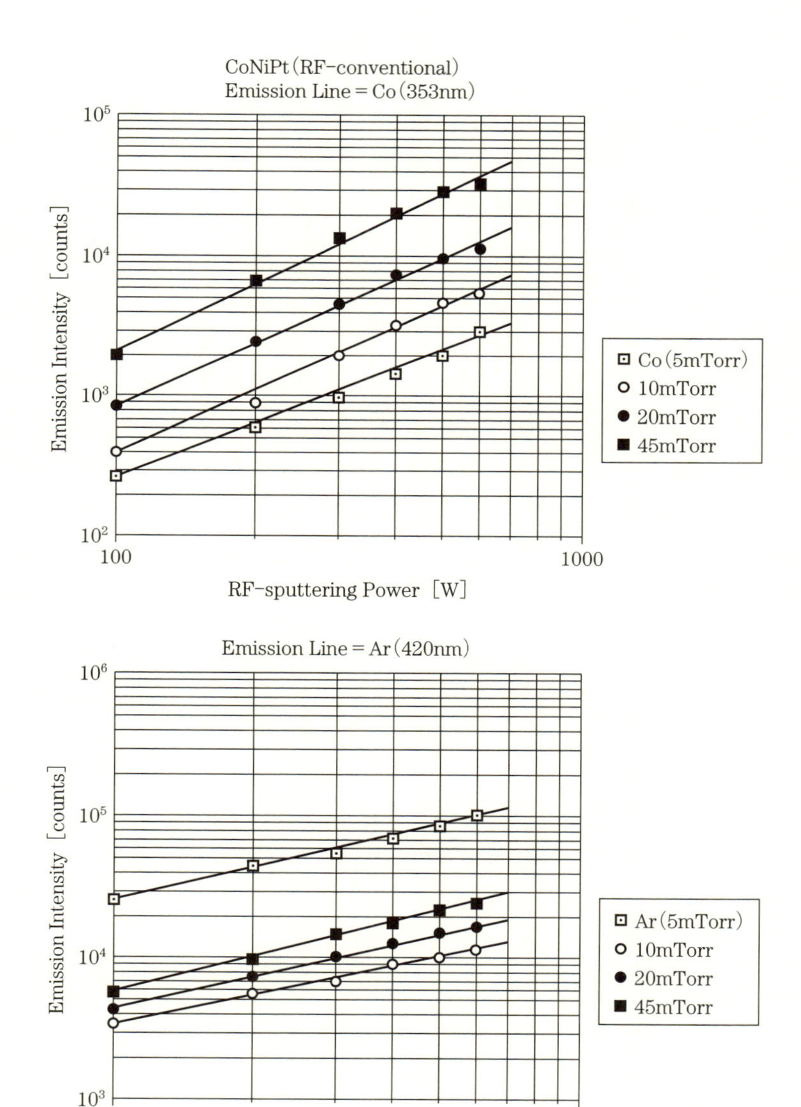

図 13　CoNiPt 発行スペクトルにおける Co (353 nm) と Ar (420 nm) 発光線強度のRF パワー依存性と Ar 圧力変化

という関係があり 20 mT における Co（353 nm）では、n＝1. 52、Ar（420 nm）では、n＝0. 76　などの値が得られる。同図から、発光強度と成膜速度のそれぞれの対数は比例し、発光強度と成膜速度は比例することが分かる。この関係は、圧力によって変わる。また、発光測定用窓の汚れや電力変動などを考慮し、Co/Ar の発光比を用いた方が良い。

水分圧は、H_2O→H＋OH と水をプラズマ中で分解し、H の発光 657 nm を測定することで、変化量を推定することができる。四重極型残留ガス分析器などとの校正により、定量的な測定も可能と考えられる。ダイオードアレイなどの瞬間測光型の分光器を使えば、瞬時に多くの波長の測定を行うことができ、必要な波長を取り出してデータの加工も瞬時に行うことが可能なので、放電開始直後からの経時変化を観察しやすい。

図 14 は、Ar 発光線強度比のプラズマ平均電子エネルギー依存性の計算値である[14)]。電子のエネルギー分布を Maxwell 分布と Druyvesteyn

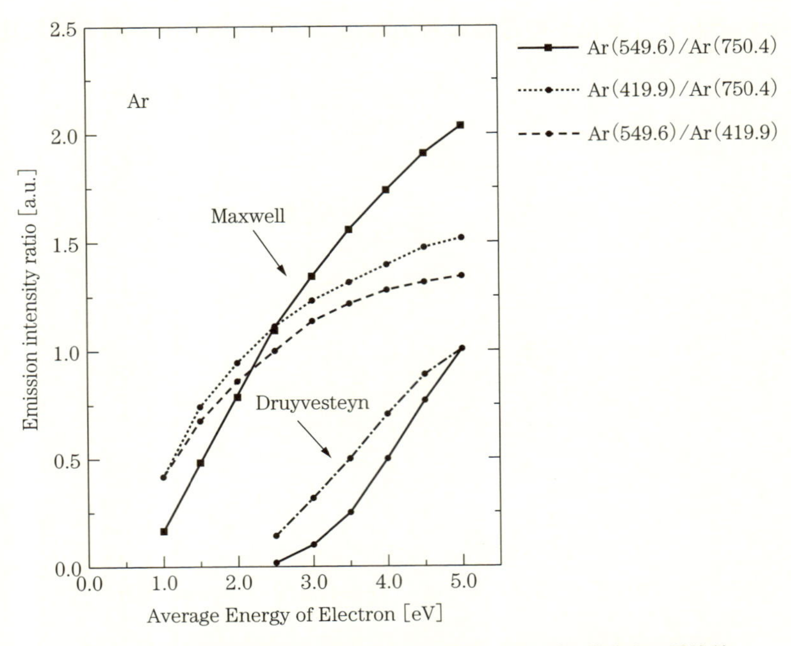

図 14　Ar 発光線強度比のプラズマ平均電子エネルギー依存症の計算値

（ドルベスティン）法により近似し、Druyvesteyn 法において、電子エネルギー5 eV でそれぞれの発光強度が1となるように規格化してある。これより、発光線の強度比が、電子温度に強く依存することがわかる。プラズマから放射される上準位 m から下準位 n への遷移によるスペクトル線の強度 I_{mn} は、$I_{mn}=N_m A_{mn} h\nu_{mn}$ で与えられる。ここで、N_m は上準位の原子（またはイオン）密度、A_{mn}、ν_{mn} はそれぞれ準位 m から準位 n への自然放出の遷移確率、および放出される光の周波数、h はプランク定数である。一般に温度が高くなると、衝突により高いエネルギー準位の密度が増え、そこから放射される光強度が強くなるので、二つの異なる準位からの線スペクトル強度比から温度を知ることができる。分光測定のデータから電子温度を求めるモデルが提案されている。Maxwell モデルは、局所熱平衡モデルといい高密度の時に適用される。原子（またはイオン）の各準位占有密度分布が Maxwell–Boltsmann 分布であると仮定すると、プラズマから放出されるスペクトル線の準位 m、n からそれぞれ i、j 準位への遷移に対応した二つのスペクトル線の強度比は、

$$\frac{I_{mi}}{I_{nj}}=\frac{N_m A_{mi}\nu_{mi}}{N_n A_{nj}\nu_{nj}}=\frac{A_{mi}\nu_{mi}g_m}{A_{nj}\nu_{nj}g_n}exp\left(-\frac{E_m-E_n}{kT_e}\right)$$

となる。ここで、E_m と E_n は基底準位から準位 m と n への励起エネルギー、g_m、g_n は準位 m と n の統計的重みである[15)]。したがって、遷移確率や統計的重み分かっていれば電子温度を決定できる。

$$T_e=-\frac{E_m-E_n}{k\log\{I_{mi}A_{nj}g_n\nu_{nj}/I_{nj}A_{mi}g_m\nu_{mi}\}}$$

Druyvesteyn 法は、比較的低密度プラズマに適用される。実際のスパッタで生じるプラズマは、これらのモデルの中間にある場合が多い。図14において、測定値の強度比が0.7とすると Maxwell 分布では1.2 eV、Druyvesteyn 分布では3.7 eV 程度となる。各プロセスでのプラズマ電子温度についての平均値として、相対的な比較は可能と思われる。

プラズマ中では、発光原子の近くに存在する多数の電子やイオンの作る微視的電界の影響を受け、電子の軌道は変化する。この結果エネルギ

ー準位の広がりやずれが生じ、放射される線スペクトルに広がりや波長ずれが起こる。これらをシュタルク広がり（Stark broadening）と中心波長のずれ（Stark shift）と呼ぶ。この広がりは発光原子の周りの電荷密度、すなわち電子密度に影響されるので、スペクトル線の広がりの半値幅から電子密度を決定できる。中性原子からの孤立した線スペクトルの広がりは衝突近似で表され、電子密度に比例するので計算は簡単になる。多くの原子のいくつかのラインに対し、$n_e = 10^{16}\mathrm{cm}^{-3}$ のときの広がりの計算値 $\Delta\lambda$ st が表で与えられている[16]。この時電子密度は、$n_e = 10^{16}\Delta\lambda/\Delta\lambda$ st（cm^{-3}）で与えられる[17]。

2–5 プラズマ密度を測るには？　その4

レーザー誘起蛍光法をスパッタプラズマに適用した例を紹介する[18]。レーザー誘起蛍光法は、原子・分子のエネルギー準位間の差エネルギーに同調した光子エネルギーを持つレーザー光により、非発光状態にある原子・分子を励起し、励起状態の発する自然放射光（レーザー誘起光）を受信する方式である。**図15**は波長可変レーザーのビーム形状をシー

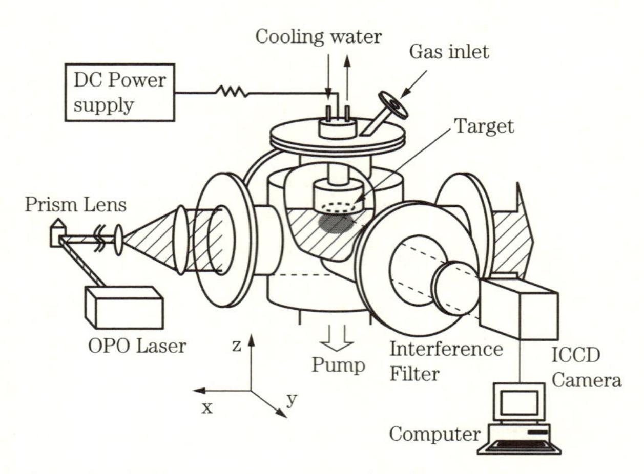

出典：佐々木浩一、J. Vac. Soc. Jpn 53（2010）473–479

図15　スパッタ用レーザ誘起蛍光法の実験装置

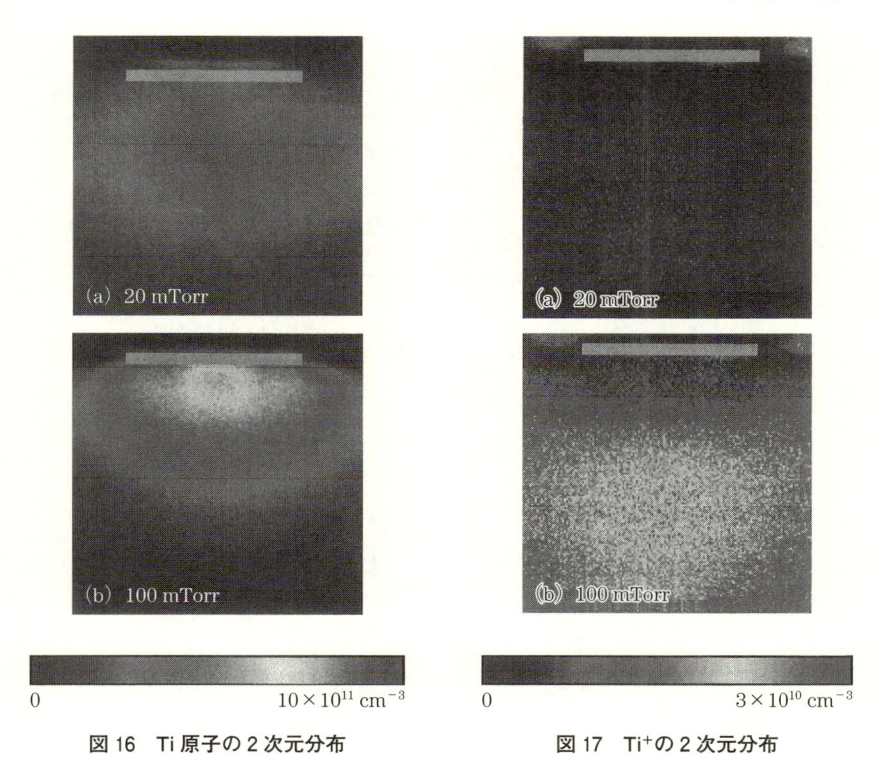

図 16　Ti 原子の 2 次元分布

図 17　Ti^+の 2 次元分布

ト状にし、カソード前面のプラズマ空間に照射し、検出したい粒子のエネルギー準位間の差エネルギーに同調すると、シート状レーザービームの上にレーザー誘起光の 2 次元濃淡像が形成されることを示している。ICCD カメラで撮影することにより、ラジカル密度の 2 次元分布が得られる。**図 16** は Ar ガス、Ti ターゲットを用いて原子密度の 2 次元空間分布を示している。

20 mT の場合、Ti 原子はターゲットから 5 cm 離れた場所まで到達しているが(a)、100 mT の場合は Ti 原子は、ターゲット近傍に局在化しているのがわかる。**図 17** は Ti 原子ではなく、Ti イオンの 2 次元空間分布を示している。20 mT の場合には、Ti イオンは一様に分布し、密度は低いことが分かる(a)。100 mT の場合には、4〜5 cm 離れた下流部で

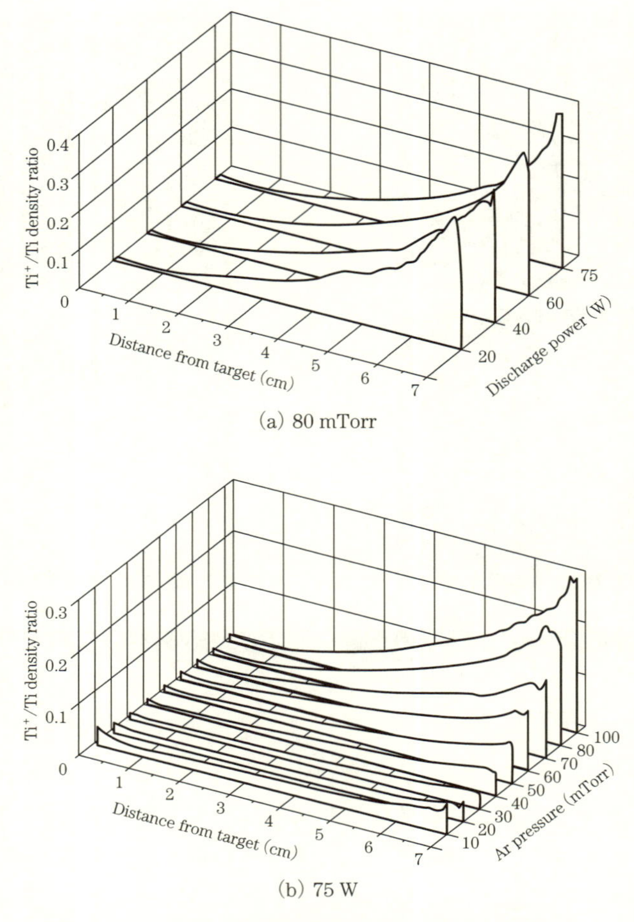

(a) 80 mTorr

(b) 75 W

図 18　ターゲットからの距離に対する Ti 原子と Ti$^+$の比

Ti イオンの密度が増加しており、そのため Ti 原子に対する Ti イオン化率は、ターゲットの距離に対して大きく変化する。**図 18** Ti 原子に対する Ti イオンの密度比をパワーと圧力の変化をパラメーターとして示した。ガス圧が一定でパワーが変わっても、イオン化率の変化はなかった(a)が、パワーが一定で圧力が増えると 4～5 cm 離れた場所でイオン化率は大きく増加し 0.3 に達した(b)。高い放電ガス圧を用いるだけで、スパッタでの Ti のイオン化率が上がるということで、微細パターンの埋め込み成膜などへの応用が期待できる。このような高度なプラズマ診断技術は、新たなプロセス技術に繋がり、プラズマ診断技術の有効性を示している。

また、プラズマ診断と同様に、近年の PC の性能アップによるシミュレーション技術の向上も顕著である。プラズマ診断と並行してシミュレーションを行い比較することで、事前予測が進む可能性がある。すでにターゲットのエロージョン予測やカソード設計に使われており有効性は確認されてきた。今後、膜の開発時間の短縮や新規膜開発、機能予測に使うことができれば便利な手段となる。プラズマのシミュレーションソフトには、ペガサスソフトウエア社製などがある。

2–6 成膜速度、膜厚の測定は？

薄膜作製にとって、膜厚の正確な測定は最も基本的な測定の一つである。スパッタプロセスの場合には、成膜時の膜厚制御は基本的には電力制御をし、時間管理をすることにより、必要な膜厚を推定することで通常行なっている。ただし、膜厚が非常に薄い多層膜などを成膜する場合や、厳しい特性が要求される場合には、付加的なモニターを設置することも考える必要が出てくる。

膜厚を測定する場合、in situ で測定しモニターとして使う場合と、いったん基板をチャンバーから取り出して、正確に膜厚を計測して、他の特性を求める場合がある。モニターとして膜厚を計測する場合には、単位時間に直せば、成膜速度として用いることができる。モニターとして、膜厚を測定する方法としては、以下のような光学的方法と質量を測る方法がある。

(1) 光学的方法

＊光学モニターを使う方法（透明膜）

*透過率を使う方法（吸収膜）
*エリプソメトリーを使う方法

光学モニターを使う方法は、真空蒸着機を使って多層光学膜を作るのに通常使われている方法である。これには、1波長、2波長型、透過型、反射型などいくつかのバリエーションがあるが、基本は光学的膜厚である$\lambda/4$波長を基本に光学干渉を利用して、透過率、反射率の極大、極小値での膜厚を読み取り、膜厚をモニターする方法である。極大値、極小値では、膜厚に対して光学特性の変化率が小さくなるので、そこでの誤差が生じやすいことは注意が必要である。光学膜厚（屈折率×物理膜厚）の変化を見ているので、物理膜厚を直接測るものではないが、光学膜では、屈折率変化が途中生じても光学特性を基準にしているので、必要な特性からのズレは少なくなり便利な方法である。

透過率を使う方法は、メタル膜のような吸収膜を測定するのに使われる。これは、吸収率が膜の厚さに対して一定の場合に、透過率と膜厚とを関係づけることで測定できるが、膜種により膜厚に対する吸収率が変わるため、事前に膜種ごとに膜厚と透過率の検量線を作っておく必要がある。

エリプソメトリー法は、すでに膜種と必要な膜厚がわかっている場合に、レーザー光により、単一波長で測定すれば、量産装置での膜厚モニターに使える方法であるが、次項の光学定数の測定で詳しく述べる。

(2) 質量を測る方法

*水晶振動子法

これは水晶振動子の固有振動数が、その質量によって変化することを利用したものであり、水晶振動子に薄膜が付着すると、その分固有振動数が減少することを使っている。

水晶振動子を使った膜厚測定では、振動子が入っているセンサー部の位置を基板の近くに設置すること、多層膜などで使う場合には、測定する膜質が変わると誤差が出やすいので、ダブルセンサーのものを使い同

表 2　各種測定原理による膜厚測定法

<table>
<tr><th>膜厚の定義</th><th>測定原理</th><th>測定法</th></tr>
<tr><td rowspan="3">形状膜厚</td><td>機械的段差</td><td>触針法</td></tr>
<tr><td>光学的段差</td><td>多重反射干渉法
X 線干渉法
等色次数干渉法
二光線干渉法</td></tr>
<tr><td>“力”、トンネル電流</td><td>走査電子顕微鏡法
原子間力顕微鏡法
トンネル顕微鏡法</td></tr>
<tr><td rowspan="2">質量膜厚</td><td>質　量</td><td>化学てんびん法
マイクロてんびん法
ねじりてんびん法
水晶振動子法</td></tr>
<tr><td>原子数</td><td>比色法
蛍光 X 線法
イオンプローブ法
放射化分析法
原子吸光法
原子発光法</td></tr>
<tr><td rowspan="2">物性膜厚</td><td>電気的特性</td><td>電気抵抗法
ホール電圧法
うず電流法
電気容量法</td></tr>
<tr><td>光学的特性</td><td>干渉色法
偏光解析法
光吸収法</td></tr>
</table>

出典：金原粲監修、白木靖寛、吉田貞史編著　薄膜工学　丸善(2003)

じ膜種で測定した方がよいこと、バッチ処理で大気中にさらされると空気、水を吸い込むので次に利用する場合には、再度膜厚計の補正係数を調整しなおすことなど注意が必要である。これらの詳細は、参考図書[19,20]、装置マニュアルなどを参照されたい。

表 2 は膜厚測定についてその方法をまとめたものである[19]。多くの膜厚測定法があるが、その必要とする用途に応じて、あるいは所持している装置に応じて選択することになる。

膜厚測定をモニターとしてではなく、破壊テストとして、正確に測りたい場合には、機械的な触針法を用いて、基板をある小さな面積に切り出しその膜厚を測定することがよく使われる方法である。

大面積基板の場合に膜厚分布を測定するためには、この触針法を使って行なうことが多い。この方法は正確であるが、基板を切り出す手間がかかり、正確性を図るため N 数を多くとるなど、時間もかかる。膜の段差を付ける方法として、カプトンテープなどを貼って、膜が付かない部分との段差を見ることを行なうが、基板に油性のペンにてマークを付ければ、その部分は膜の密着性が悪く、有機溶剤を使って綿棒などで容易に剥がすことができ、接着剤の誤差をなくせるので便利である。

基板がプラスチックやフィルムの場合では、触針法では測れない場合も出てくるため、測りたい基板位置に小さいガラス基板を貼って、ガラス上への成膜をして測定する場合もある。

膜の光学特性としてピークがはっきりしている場合などでは、分光を各場所で測定し、そのズレで膜厚を近似することもできる。この場合に

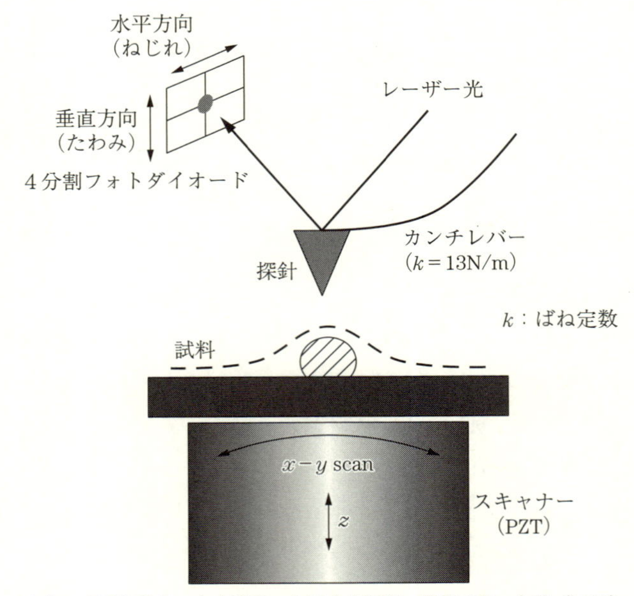

図 19　AFM 装置原理図

は、多くの点を同時に自動で測定することも可能であるため、非破壊で多点を自動測定し、膜厚分布の推定が可能となる。

非常に小さな膜厚を測る方法に、SEM（走査型電子顕微鏡）により薄膜の断面を直接観察し、その倍率から膜厚の断面の寸法により、膜厚を測ることもできる。また、表面の凹凸を測るためにAFM（原子間力顕微鏡）を用いて、測定することも多くなった。これは**図 19** に示すように[19]、カンチレバーと呼ばれるプローブを表面の nm 以下に近づけていくと、プローブと試料表面間に生じる吸着力やファンデルワールス力、原子間に働く斥力、静電的な引力、磁気的な力、摩擦力などが働き[21]、この原子間に働く力をカンチレバーのたわみとして検知し、それをレー

表 3　エリプソメトリー、AFM、SEM による膜厚評価比較

		エリプソメトリー	AFM	SEM
適用範囲		膜　厚 光学定数	膜　厚 表面形状観察 （超高分解能）	膜　厚 表面形状観察 （高分解能）
観察試料の制限		光学的平滑表面が必要 サンプルサイズの制限はないが、一般には屈折率などの明らかな材料の膜厚計測に限定	すべての試料の計測可 2 μm 程度の凹凸まで測定可 サイズは一般には数 cm 程度だが、30 cm ウエハー測定可能なものあり	すべての試料の測定可 ただし導電性処理必要 サンプル調整必要（断面加工）
サンプルへのダメージ		非接触光学測定のため、ダメージの心配なし	測定モードにより異なる （接触モード：深針によるダメージの影響あり。非接触モード：ダメージなし）	サンプル調整時のダメージ 観察時電子線によるダメージ
分解能	垂直方向	～0.1 nm	0.01 nm	1 nm
	水平方向	～1 μm	1～0.1 nm	
所要測定時間		数秒/イメージ	数分/イメージ	TV 像～1 分/イメージ
膜厚測定に要求される事項		定量解析には光学モデル必要	エッジまたはステップ必要 モデル不要	試料加工・調整 モデル不要

出典：金原粲監修、白木靖寛、吉田貞史編著　薄膜工学　丸善（2003）

ザー光の反射により測定する方法である。微小な膜厚を測定する方法として、**表3**にその比較表を示す[19]。

2-7 光学定数の測定は？

光学定数を測定する方法には、透明膜では、分光反射率、透過率から求める方法や、Abelesの方法、偏光解析を利用したエリプソメーターを使う方法がある[22]。

透明膜での簡便的な方法としては、単層膜をスパッタして成膜し、およそ波長の1/4の光学膜厚が分光曲線の可視光波長に収まるように調節し、位相差が$\pi(\lambda/4)$あるいは$3\pi(3\lambda/4)$などの場合に、反射率が極値

$$R=\frac{(n_0 n_g-n^2)^2}{(n_0 n_g+n^2)^2} \tag{3}$$

を持つ（n_0：1.0（空気）、n：膜の屈折率、n_g：ガラス基板の屈折率）ことを利用して、**図20**に示すように、反射率の極大になる波長での屈折率を求めることができる。成膜する膜材料の屈折率が基板より大きい

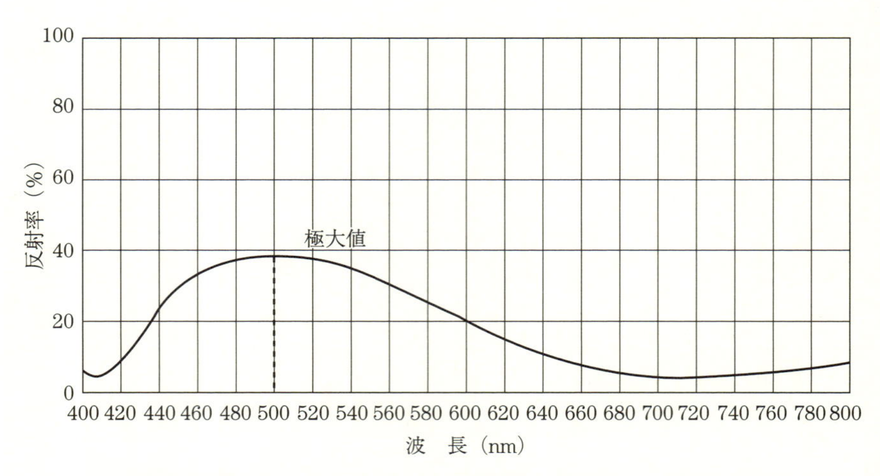

図20 光学膜厚380 nm TiO_2分光曲線（506 nm＝3/4 λの凸型となる）

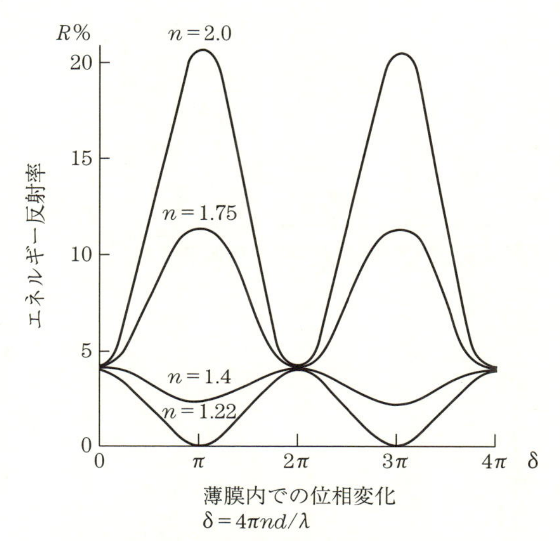

出典：金原粲　藤原英夫　薄膜　裳華房（1991）

図 21　薄膜のエネルギー反射率の膜厚変化
真空の屈折率 n_0=1、基板の屈折率 n_g=1.5 として計算（Heavens）

場合には、何も膜を付けない場合の基板の反射率（位相差が $2\pi(\lambda/2)$、あるいは $4\pi(\lambda)$）に対して極大値を持ち、膜の屈折率が基板より小さい場合には、極小値を持つことを利用している（**図 21**）[23]。

この方法では、おおよその屈折率がわかっている場合には、極値の波長を求めて、その波長が $\lambda/4$ なのか $3\lambda/4$ なのかどうかを考えて、たとえば $\lambda/4$ であれば波長/$(4\times n)$=膜厚になり、その波長から膜厚を推定することも可能である。膜は波長により屈折率が変化するので（分散）、分光曲線の極値でしか求められないという不便さはあるが、現場的におおよそ推定するには便利である。

この方法は、パソコンを利用して、光学薄膜の分光計算ができるソフトがあればもっと簡便にでき、成膜後に分光曲線を測定し、その曲線になるように膜厚をシミュレーションし、近似させて膜厚を推定することによっても可能である。

次に吸収膜ではエリプソメーターを使う方法が便利である。エリプソ

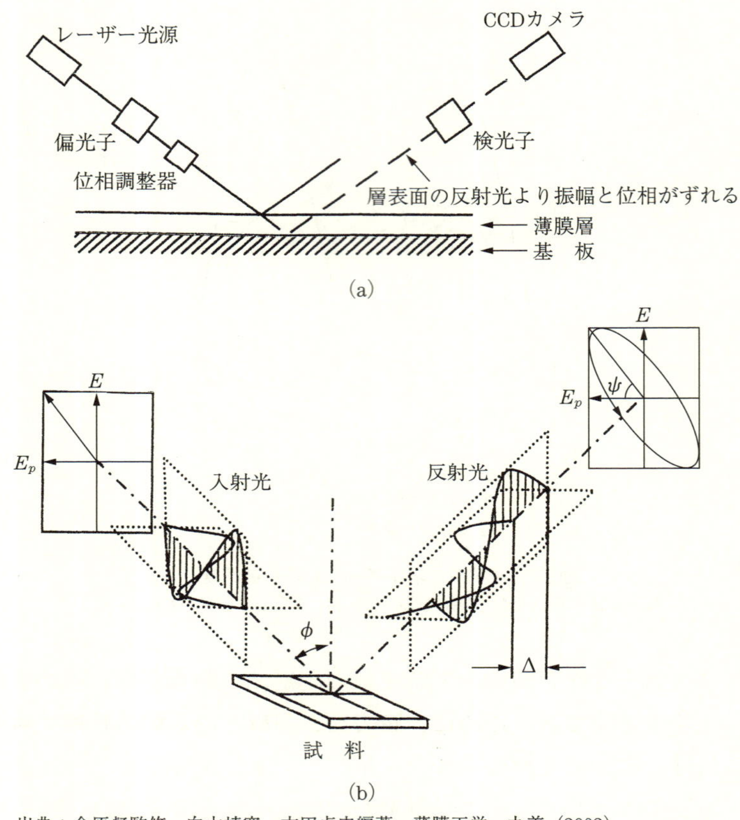

出典：金原粲監修、白木靖寛、吉田貞史編著　薄膜工学　丸善（2003）

図 22　エリプソメトリー原理図

メーターは、透明膜でも吸収膜でも可能であるが、最近ではパソコンの性能が向上したことにより、成膜モニターとしても利用できる。

図 22 はエリプソメーターの原理図を表したものである[19)]。試料表面に偏光子（polarizer）と位相調整器（compensator）通常 $\lambda/4$ 板で、45° 直線偏光した光を入射し、膜表面によって偏光条件が変化し、楕円偏光した反射光を検光子（analyzer）で直線偏光にして測定する。検光子を回転させることで、透過光の消光条件を求め、P 波と S 波の反射振幅比角 $\tan\phi$、および位相差 Δ が求まる。ここで 2 つの測定量 ϕ、Δ から 3

つの未知数 n、k、d（n：屈折率、k：吸収係数、d；膜厚）を確定することはできないから、別の手段で d を求めることで計算する。透明膜の場合には $k=0$ なので、そのまま求められる。また、十分厚いバルクと同じ扱いができる吸収膜の場合には、薄膜の干渉効果を考える必要がないため、膜厚の項がなくなり計算可能となる。膜厚モニターとして使う場合には、光学定数が既知であるという条件で行ない、精度を出すには、参照値の正確さも必要になる。

光学薄膜の設計のために精度のよい光学定数を求めるためには、たとえば可視光における反射防止膜や、フィルターの膜設計に用いる場合には、400～800 nm の間の波長について、およそ 10 nm 間隔ぐらいで光学定数を求めておく必要がある。分光エリプソメーターは、波長をレーザー波長の 1 点ではなく、測定できる波長幅を広げられるので便利なものとなっている。また、分光エリプソメーターで広い波長幅を測定することにより、膜質に関係する構造的な解析も行なうことが試みられている[24)]。

エリプソメーターを使った光学定数の測定での注意点は、膜の表面反射の偏光特性を見ているために、膜表面、基板との界面の状態に敏感である。基板は Si ウエハーを使うことが多いが、基板表面の汚れや成膜後の保存、膜表面の酸化状態なども注意を払う必要がある。そのためそれを利用して、表面にできた非常に薄い酸化膜などの解析などにも利用されている[25)]。

また、膜は均質であることを基本にして計算しているが、実際は欠陥があったり薄膜の構造が変わっていたり、傾斜膜になっていることもある。正確な数字が必要な場合には、成膜条件を加えたデータベース化が重要である。

2-8 膜の内部応力の測定は？

膜の内部応力は密着性と密接に絡んでおり、実用的な観点からは大変重要である。特に、薄型ディスプレイに使われるような薄い大面積ガラス基板などで膜の内部応力が大きいと歪んだり、フィルムなどに成膜した場合に、縮んだりすると大きな問題となる。

内部応力を測る手段としては、いくつかあるが大別して、

＊片持ち梁法：基板の変形量

短冊形をした薄い基板の一端を固定して薄膜の付着によるそり量を測る方法

＊円板法：円板の歪み量

円板型の試料の片側表面に薄膜の付着により歪みができ、そのときのニュートンリングを測る方法

＊回折法：格子定数、面間隔の変化量

結晶性の膜にX線を当て、応力が生じていれば格子定数と面間隔が変化するので、その歪み量から内部応力を見積もる

などがある[23)]。

円板型の場合のニュートンリング法は、原理的には精度の高い方法であるが、実際の干渉縞の位置測定にはかなりのあいまいさが残るので、理論的に予想されるほど精度のよい測定にはならない[23)]。また回折法は、X線ディフラクトメーターを用いて回折ピークを求めることで、物質構造の情報も得られて便利ではあるが多少の解釈を必要とし、また、厚さが1000Å程度以上ないとピークがはっきりしないという膜厚の制約があり、一回ごと実験のたびに知りたい場合には、面倒な部分がある。ここでは片持ち梁法について述べる。

片持ち梁法は、**図23**に示すような基板ホルダーに一端を固定して成

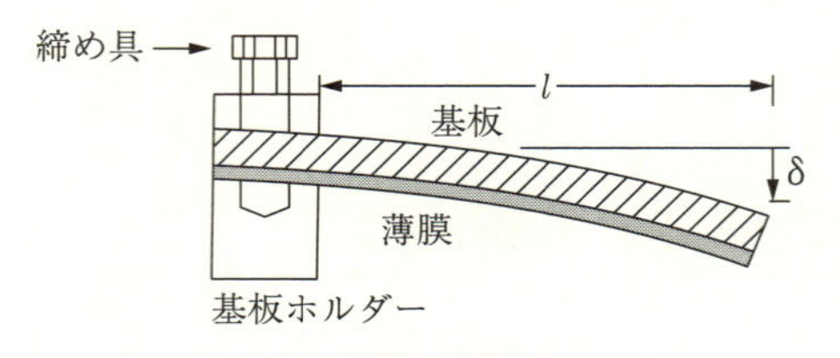

図23　片持ち梁法模式図

膜し、基板の反り量を測定し、内部応力を計算する。

$$\sigma = \frac{Eb^2}{3(1-\nu)l^2 d}\delta \tag{4}$$

となり、基板のそり量を変位測定用望遠鏡、光てこ法などによって読み取る[23)]。ここで、σ：内部応力、E：基板のヤング率、b：基板の厚さ、ν：基板のポアソン比、d：薄膜の厚さ、l：基板の長さ、である。

in situ での測定も可能であり、モニターとしても使えるので便利であるが、精度のよい測定をするには、反り量の正確な測定と基板の選択が必要になり、また、基板の自重によるたわみをなくすには、サイドスパッタにして、治具の向きや位置に注意を要する。

簡便的には**図 24** のような治具を作り、成膜試料のすぐ近くに設置し、マイクロシートガラス基板の反り量から計算して求めることができる。この場合には、基板を治具に挟みクランプして、成膜前に基板の反りを測っておき、成膜後にチャンバーから取り出し同じく反りを測り、成膜による反り量を求める。反り量は、治具をそのまま万力などで固定し、ノギスやマイクロメーターなどで測定する。マイクロシートガラスのばらつきを考えて、測定は N 数を 4 以上にして傾向を見る。現場的にはこの方法が容易で、おおよその値と傾向をつかむには十分である。反りが膜側であれば引張り応力になり、逆に反れば圧縮応力である。

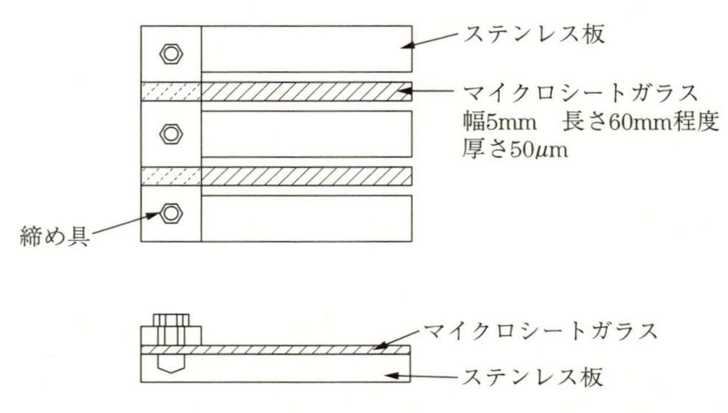

図 24　マイクロシートガラスを用いた内部応力測定治具（2 枚測定用）

マイクロシートガラスは、熱安定性がよいので硼硅酸ガラスを使うことが多いが、50 μm 程度の厚さのものは容易に手に入るので、それを準備する。ヤング率 E：66 GPa 程度、ポアソン比 ν：0.23 程度であるが、購入したマイクロシートガラスの物性表で確認できる。また、薄膜の厚さは、同時に基板を治具の近くに入れ測定をする必要がある。

2–9 その他、膜構造、物性、耐久性の測定は？

(1) 膜の形状、組成、構造などの測定

測定内容に応じて多くの装置が市販されているが、SEM や X 線ディフラクトメーターなどは性能も向上し、以前より価格も安くなってきており、また、小型の卓上型などもあり、あると便利なものの代表的な装置と考えられる。

解析ソフトなどが付いて自動化されている場合も多いので、特に原理がわからなくても、操作でき便利になってきていることが多い。その場合には、測定データの内容の吟味をしないと間違いも起こる。分析装置は、すぐに利益に結び付かないということで、どうしても後回しにされてしまいがちだが、開発のスピードアップ、製品の品質管理の観点からも、必要な分析装置は揃えるべきであると思われる例が多い。実験する技術者側も、購入する予算を獲得するためには、難解な説明ではなく、わかりやすいプレゼンの腕をみがく必要がある。

主な装置を**表 4** に示す[22)]。実際の評価には、参考書が多く出ているので、参照されたい[26–28)]。

(2) 膜の物性、耐久性などの測定

用途に応じて必要な装置を購入することになるが、膜に要求される仕様にあわせる必要があるので、それを満たすものを選定する。耐久試験などは、使用する用途が同じでも各メーカーごとに試験内容、仕様が違うことが多いので注意が必要である。

表４　薄膜の構造、組成、結合状態の評価法

プローブ 入力	プローブ 出力	形　状	結晶構造	組成・不純物	結合状態
光	光	光学顕微鏡 微分干渉顕微鏡 偏光解析		フォトルミネッセンス ESR(マイクロ波)	赤外吸収 ラマン散乱 フォトルミネッセンス
	電子				UPS
X線	X線		X線回折 X線トポグラフィ X線ロッキング曲線	蛍光X線分光分析	EXAFS
	電子			XPS	XPS
電子	電子	走査型電子顕微鏡	電子線回折 （透過、反射） （高速、低速） 電子顕微鏡 （透過、反射）	オージェ電子分光(AFS)	電子エネルギー損失分光(ELS)
	光			カソードルミネッセンス	逆光電子分光
	X線			EPMA、XMA	
イオン	X線			PIXE	
	イオン		RBS ISS	SIMS（IMMA） RBS	
その他	電流 放射線 イオン 電子	STM	STM FIM FEM	放射化分析	STS

ESR：電子スピン共鳴、UPS：紫外線励起光電子分光、EXAFS：拡張X線吸収微細構造解析、XPS：X線励起光電子分光、EPMA：電子線プローブ微小分析、PIXE：粒子線励起X線放射分析、RBS：ラザフォード後方散乱、ISS：イオン散乱分光、SIMS：2次イオン質量分析、STM：走査トンネル顕微鏡、STS：走査トンネル分光、FIM：電界イオン顕微鏡、FEM：電界放射顕微鏡、XMA：X線マイクロアナリシス

出典：吉田貞史　薄膜　培風館（1990）

以下に主な測定装置を示す。

＊光学特性

・分光器：積分球を用いたもので、入射角を変えて測定できるものがよい。できたら多少大きい基板をそのまま測定できると便利である。

＊電気特性

・抵抗率：4探針法。

・キャリア密度、移動度：van der Pauw法によるホール係数測定
膜の厚さが一定であることが必要である。

＊機械的特性

・硬さ試験：マイクロビッカース硬さ試験機など。

・スクラッチ試験機：膜の密着性を測定。アコースティック信号を見るものや、針の引っかきによる膜の剥離を見るものがある。

・クロスカット試験器：狭い幅で何本もカット傷を付けその上に粘着テープを貼って引き剥がす方法。テープテストより厳しいテスト。

・テープテスト：粘着性のテープを貼りそれを瞬時に引き剥がす方法。

＊寿命試験

・平面摩耗試験機：不織布、消しゴム、ステンレスワイヤなどを使い、荷重をかけて何度も往復させてその損傷を調べる。潤滑剤を使う場合と、使わない場合がある。

・テーバー式摩耗試験機：回転する2つのリングに荷重をかけて、試料の上をゆっくり転がし摩耗を見る。

・屈曲試験：フレキシブル基板などでの、曲げによる密着性の耐久試験。

・使用環境での摩耗テスト：ドリルなど工具のハードコートでは、実際のドリルの穴あけなどを行い何回使えるかをテストする。

＊耐環境試験

・恒温恒湿試験器：60℃、相対湿度90%などの条件での耐及テスト。

・ボイル試験：沸騰した水中に1～2分放置しての密着性テスト。

・ヒートショック試験：－20℃から＋50℃などの変化を連続して与える。

・ウエザーメーター試験：いわゆる加速試験として使われる。キセノンやカーボンアーク照射と水の噴射により、室外での耐久性を想定したテスト。

・噴霧試験：海岸に近い使用環境を想定し、塩水噴霧などを行なう。

・耐酸、耐アルカリ試験：エッチングテストである。耐腐食性などを見る。

＊表面特性

・接触角試験機：膜表面の撥（はつ）水、親水性などの評価に使う。
・摩擦係数：膜表面の傷の付きにくさは、硬さよりも表面の摩擦係数が低いことが重要である。

薄膜の用途によって、必要なテスト内容と仕様を詰めていくことになる。

薄膜にはいろいろな種類があるが、使用環境がかなり異なる。たとえば、パソコンやディスプレイなどの装置内部に使用する場合には、手で直接触れることはほとんどないので、寿命としては摩耗テストなどはあまり必要ではなく、耐湿性や海岸近くの塩分のような耐久性が重要になる。また、メガネやカメラのレンズなどの場合には、常に手でこすられることが多いので、摩耗テストや耐擦傷テストが必要になる。

また、仕様として電気特性、光学特性などが必要な場合には、耐久テストしたあとで、これらの特性が変化していないことも重要である。

実用的な成膜仕様はこのように用途で大きく異なるが、それを実現するための成膜条件とその膜の微細な組織や形態、構造などとの関係などについてはまだまだ未知の部分が多く、開発の課題であり面白さでもある。

3. 応　用

3-1 透明導電膜

プラズマや液晶、有機ELなどが使われる薄型テレビや携帯電話、太陽電池などは、毎日紙面を飾るほど日常的に使われるようになり、身近なものとなってきた。ここで必要となるのが透明導電膜である。光を透過させて、しかも導電性がある材料というのは限られている[1)]。

従来、この透明導電膜としてはITO膜（In、Sn酸化物）が使われてきたが、最近はこの中で主要な材料であるIn価格が急激に上昇しており[2)]、そのために、代替材料の開発が大きなテーマの一つになっている。

まず、(1) ITO膜をスパッタ成膜する場合についての技術的な動向を述べ、(2) 代替材料について述べる。

(1) ITO膜のスパッタ

ITO膜の成膜では、用途にもよるがコストや性能、基板の種類などからいくつかの条件が出てきている。スパッタでITO膜を作製する場合に、ディスプレイなどで現在行なわれている成膜技術をベースに、重要と考えられる成膜条件について述べる。

＊大面積基板

コストダウンのために、大面積基板に成膜して、後でカットする方法をとる。そのために基板サイズは年々大きくなり、ガラス基板の場合には、液晶基板などで2.5×3 m程度のものが使われだした。

大面積基板のスパッタでは、膜厚、膜質均一性が重要である。特に、

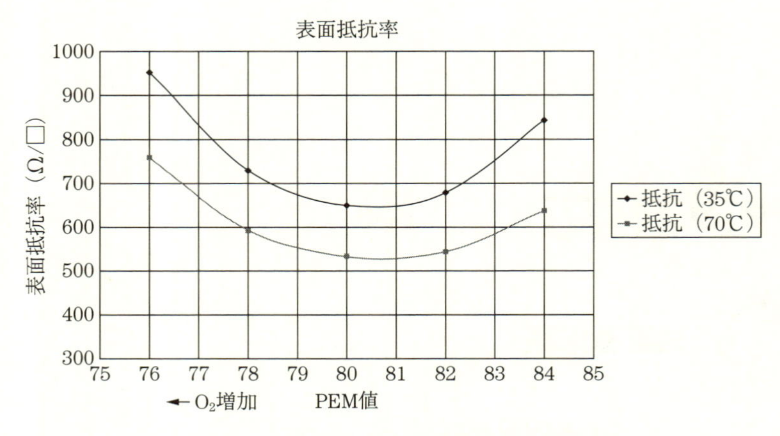

図 1 ITO スパッタリングでの微量 O_2 制御

膜の導電性を左右する酸素空孔を最適化するために、O_2 ガスのガス配管に注意し、導入量の微量調整が必要である。最適酸素量を常に保つために、PEM を利用することも行なわれる。**図 1** は表面抵抗をターゲットからの In の発光である PEM 値に対してプロットしたものである[3)]。

生産工程においては、O_2 量は導入酸素量だけでなく、基板からの水の持ち込みや残留水分の影響などがあり、またインライン装置などでは、残留水分は徐々に減少する。ITO ターゲットからの O_2 量、基板持込み水分、残留水分など常に変化する O_2 量を、全体としてターゲット上に生じる発光として検知し、スパッタに関与する酸素量を一定に保つように、導入酸素量を微量調整することができる。また、ターゲットの幅方向に対して配管を 2～3 に分割し、各エリアごとに最適酸素量を調節可能となるので、大面積での膜質制御には有効である。

＊低温形成

プラスチックなどの熱に弱い基板への形成に必要となる。基板温度を上げないで抵抗値を低くするためには、プラズマ密度の向上が必要となり、DC に RF を重畳する、あるいはカソードの磁場を強くするなどの方法がとられている。また、ターゲットからのアプローチとしては、低温で比抵抗が低めである、IZO（In、Zn）ターゲットなどが用いられることもある。

＊低電圧放電

膜の比抵抗を下げるために障害となっているのが、スパッタ時に発生する酸素負イオンによる膜表面への衝撃である。酸素負イオンのエネルギーは、カソードで生じるシースによる加速がその原因となっていることから、放電電圧を下げることが対策となる。これは、低温形成で膜質をよくするのと同様に、プラズマ密度を上げることが必要になり、DCへのRF重畳や、カソード磁界の向上を行なうことが多い。

図2はターゲット電位による膜の電気特性を示している[4)]。放電電圧低下により、移動度、キャリア密度ともに増加し比抵抗が大きく下がっている。また、このときの電位による表面平滑性の変化を**図3**のAFM像に示す。放電電圧低下により、表面平滑性が大きく改善されたことがわかる。

磁界強度の増加だけでは1000ガウス程度で放電電圧の低下は限度であり、それ以上に放電電圧を下げるには、RF重畳を行なっている[5)]。**図4**はRFを重畳した場合のRF電力とスパッタ成膜速度の関係を示している[4)]。この場合には、DC電圧はバイアスと考えられ、成膜速度は

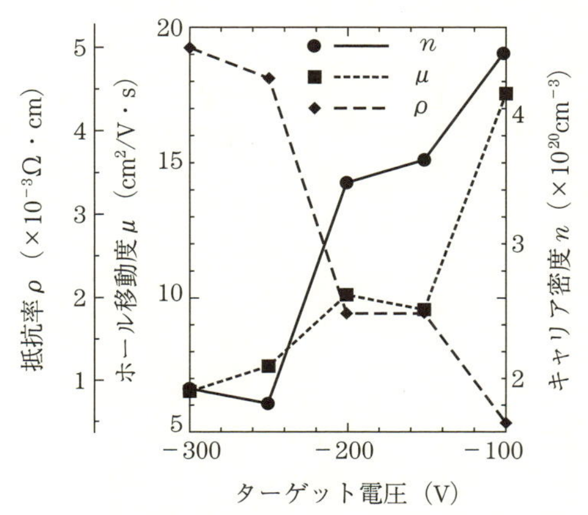

出典：星陽一　透明導電膜　シーエムシー出版（1999）

図2　ITO薄膜の電気的特性のターゲット電位による変化

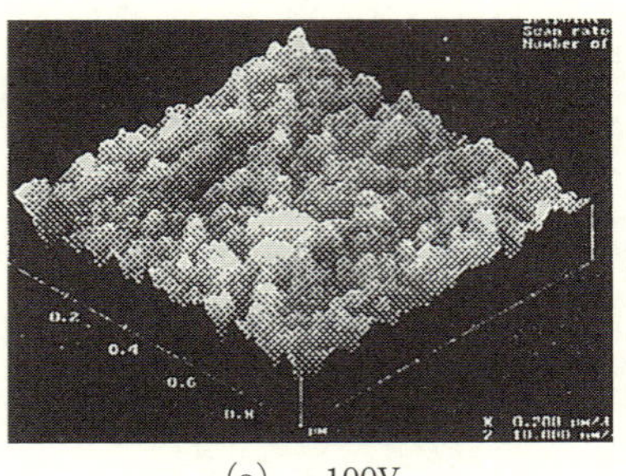

（a）－100V

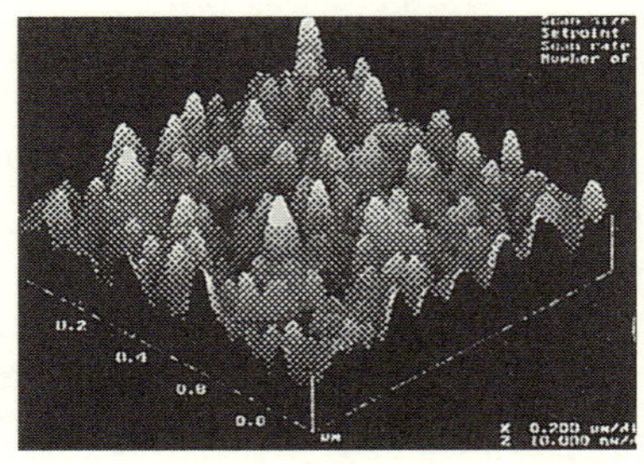

（b）－300V

出典：星陽一　透明導電膜　シーエムシー出版（1999）

図３　ターゲット電位による ITO 薄膜の表面 AFM 像の変化

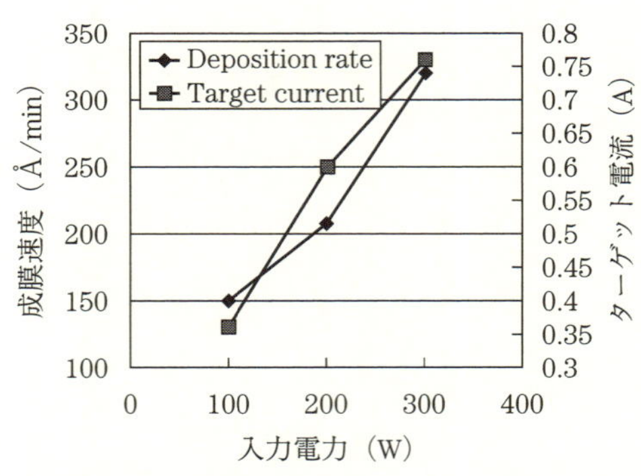

出典：星陽一　透明導電膜　シーエムシー出版（1999）

図４　RF 投入電力による堆積速度の変化（スパッタ電圧＝100 V）

RF 電力にほぼ比例している。

＊アーキング低減

ITO 成膜は、放電ガス以外に酸素を導入したスパッタであるために、広義の意味では、反応性スパッタといえる。反応性スパッタの場合に生じるのが、アーキングの問題である。ITO の場合には、低級酸化物であるノジュールという突起がターゲットの表面の特に非エロージョンに近いエロージョン部に生成することにより、アーキングの発生原因の一つにもなっていたが、ターゲットの高密度化により、現在ではノジュールの問題は、ほぼなくなってきた。パーティクルについては、非エロージョンに堆積した ITO 膜がスパッタされることにより発生するものが多いと考えられ、ターゲットの全面エロージョン化が有効である。また、ターゲットの全面エロージョン化により、ターゲット利用率の向上も同時に期待でき、コストダウンにつながる。

ロータリーカソードを利用して、ターゲット表面の全面エロージョン化を行えば、アーキング防止とパーティクルの減少に効果が期待できる。ロータリーカソード用ターゲットのコストは、以前はプレーナ型に比べて同一容積で 10 倍程度であったが 2 倍程度になったことから、利用が検討されている。**図 5** は、ITO ターゲットを利用し、DLIM（Dual Low in-

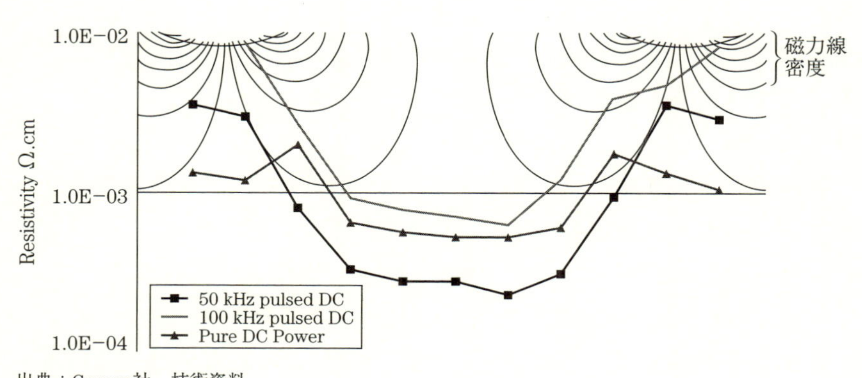

出典：Gencoa社　技術資料

図 5　ITO ターゲット DLIM 型のパルス周波数変化による比較（アクティブアノード$^{+}$15 V、室温、O_2 なし）：50 kHz が低比抵抗

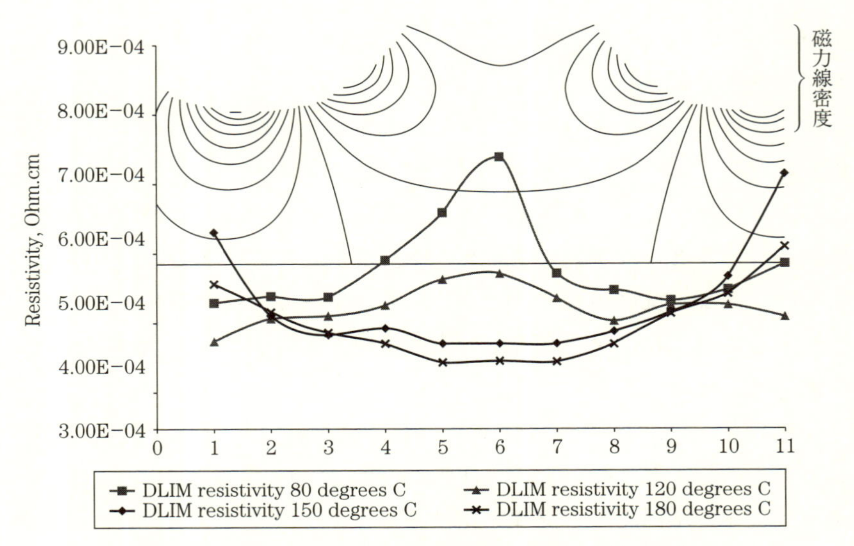

図6　反応性スパッタによる DLIM 型の比抵抗、温度の関係：150℃ を超えると結晶化の影響で低下する

pidance Magnetron）のカソード（実践編　ターゲットとカソードの章参照）を利用した、アクティブアノード＋15 V にてパルス周波数を変えて実験した例である。周波数を変えることにより抵抗値が変わり、この例では、50 KHz が最も比抵抗が低い。イオン化効率を上げることと膜へのダメージとの兼ね合いにより、最適条件が存在すると思われる。**図6**は、同じ条件で基板温度を変えた例である。結晶化温度を境に、比抵抗が大きく変化している。

＊そ の 他

再現性よく低抵抗の ITO 膜を作るには、ITO ターゲットからのスパッタ方式が生産が楽であり好ましく、現状の生産プロセスはほとんどが ITO ターゲットを使っている。タッチパネル用などの表面抵抗が 500〜1000 Ω/□程度の透明導電膜の場合には、In、Sn 合金ターゲットを使って、Ar、O_2 からの反応性スパッタによる遷移領域制御の高速スパッタで生産を行なっている場合がある。ディスプレーの電極用などの場合には、比抵抗が小さい膜でなければ表面抵抗が小さい膜ができないが、表面抵抗がそれほど小さくなくてもよい場合には、ターゲットを金属の合金にし、また、成膜速度が数倍上がることによるコストダウンのメリットが十分生じてくる。

(2) 代替材料

＊ZnO 系

In 価格の上昇により、代替材料として一番有望視されている材料である。エッチング速度が速く（化学的耐久性が低い）、比抵抗の膜厚依存性が大きいなどの弱点があったが、改善されつつある。

ITO 膜と同様に、ロータリーカソードを用いた検討が行われている。**図 7** は、AZO 膜（Al_2O_3、2% ドープ ZnO 膜）について、セラミックターゲットと金属ターゲットを用いた反応性スパッタによる実験例であり、DLIM 型（Dual Low Impedance Magnetron）カソードを用いた例である。反応性スパッタの方が、条件をより柔軟に行うことができ、その分、比抵抗が低くできている。AZO 膜を使う理由は、ITO 膜に対してコストダウンを狙っている。そこで、反応性スパッタによる比抵抗の低下が達成できれば、金属ターゲットの方がセラミックターゲットより安い分効果的であるといえる。**図 8** は、分光特性を示している。どちらも高い透過率が得られた。スパッタはデュアルカソードでの AC 放電を利用して

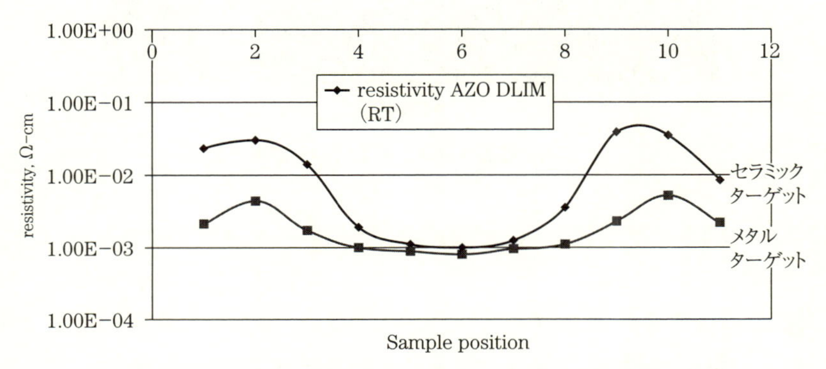

図 7　DLIM 型カソードでのセラミックターゲットと反応性スパッタの比抵抗（AC）：反応性スパッタの方が比抵抗低い

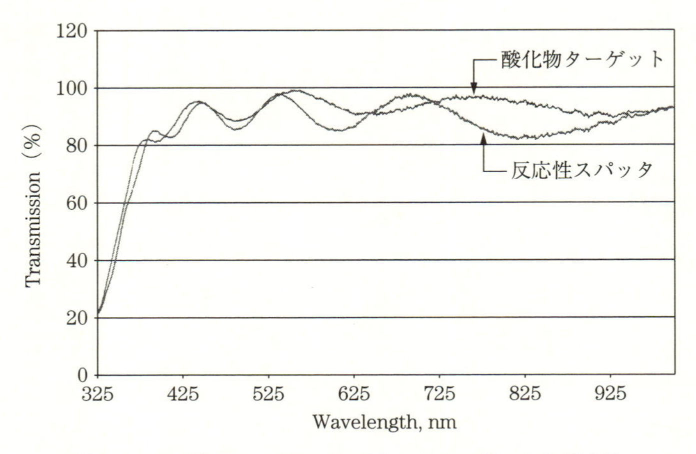

図 8　DLIM 型カソードでのセラミックターゲットと反応性スパッタ透過率（AC）：高い透過率が可能

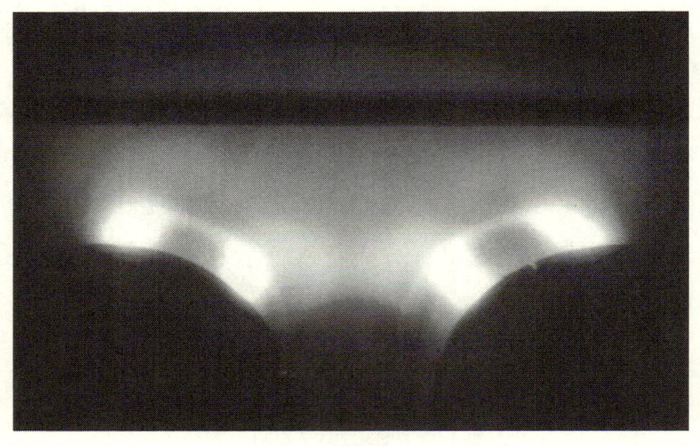

AC放電

図 9　磁石をリンクした非対称放電

いるが、**図 9** はその放電状態である。非対称マグネトロンであるために、カソード間に、プラズマが拘束されている様子が発光から推定できる。

図 10 は RF マグネトロンスパッタを用い、AZO（Al、Zn）ターゲットによる電気特性である。Al_2O_3 を 2 wt％添加ターゲットにて、2×10^{-4} Ωcm の比抵抗が成膜できている[6)]。これは基板加熱を特にしていない

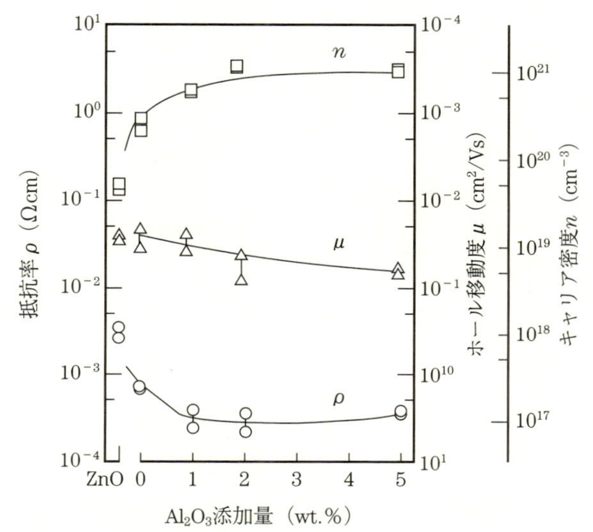

出典：南内嗣　透明導電膜　シーエムシー出版（1999）

図 10　AZO 膜の電気的特性の Al ドープ量依存性

作製条件である。**図 11** に膜厚依存性を示す。基板温度が低い場合には、比較的大きな膜厚依存性がある[6)]。

次に反応性スパッタでの成膜例を示す。**図 12** はサイン波を 2 つのカソードに交互にかけるデュアルカソード装置である[7)]。成膜条件は、ZnAl 合金ターゲット（Al 1.5%）、周波数 50 kHz、基板温度 300℃ において $3.9\times10^{-4}\,\Omega\mathrm{cm}$ の比抵抗が得られている（**図 13**）。合金ターゲットを用いた成膜では遷移領域制御を行なっており、成膜速度を高速にできるとともに、この ZnAl 系導電膜の場合に、比抵抗が最も低くなるのは遷移領域にある O_2 ガス量となっている[8)]。PEM による遷移領域制御と膜質の制御が重なっており、発光制御が有効である成膜例となっている。**図 14** はこのときの光学特性を示している。

PEM 制御での発光波長として、ここでは、777 nm の酸素に起因する発光スペクトルを用いている。これは**図 15** に示す[8)]ように、ZnO 膜スパッタの場合には、Zn からの発光は弱く、酸素からの発光線である 777

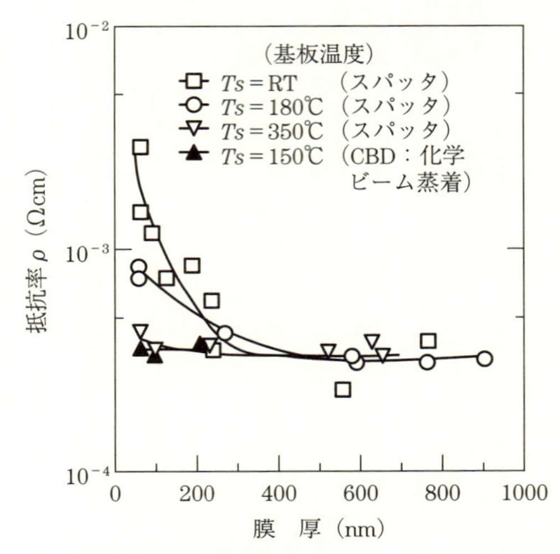

出典：南内嗣　透明導電膜　シーエムシー出版 (1999)

図11　スパッタ法およびCBD法で作製したAZO膜の抵抗率の膜厚依存性

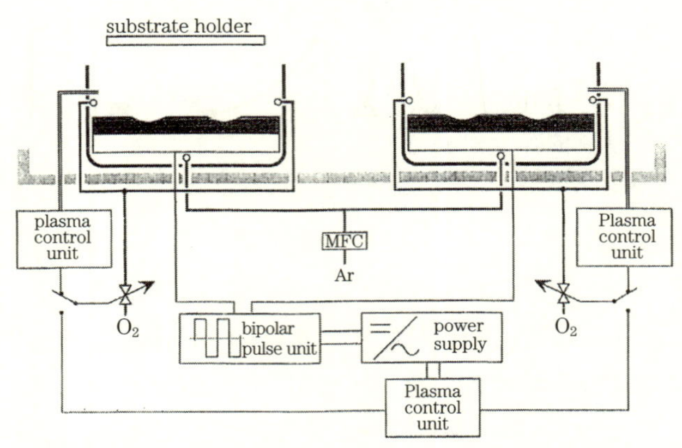

出典：今真人　重里有三　真空　vol47　No10 (2004)、p. 727

図12　デュアルマグネトロンスパッタリング (DMS) システムの概略図

nmが相対的に強いことにより、成膜時のノイズ対策あるいは制御のレスポンスが早いなど有利になるからである。

＊TiO_2系

TiO_2の実用的な取り得る結晶構造は、アナターゼ型とルチル型であ

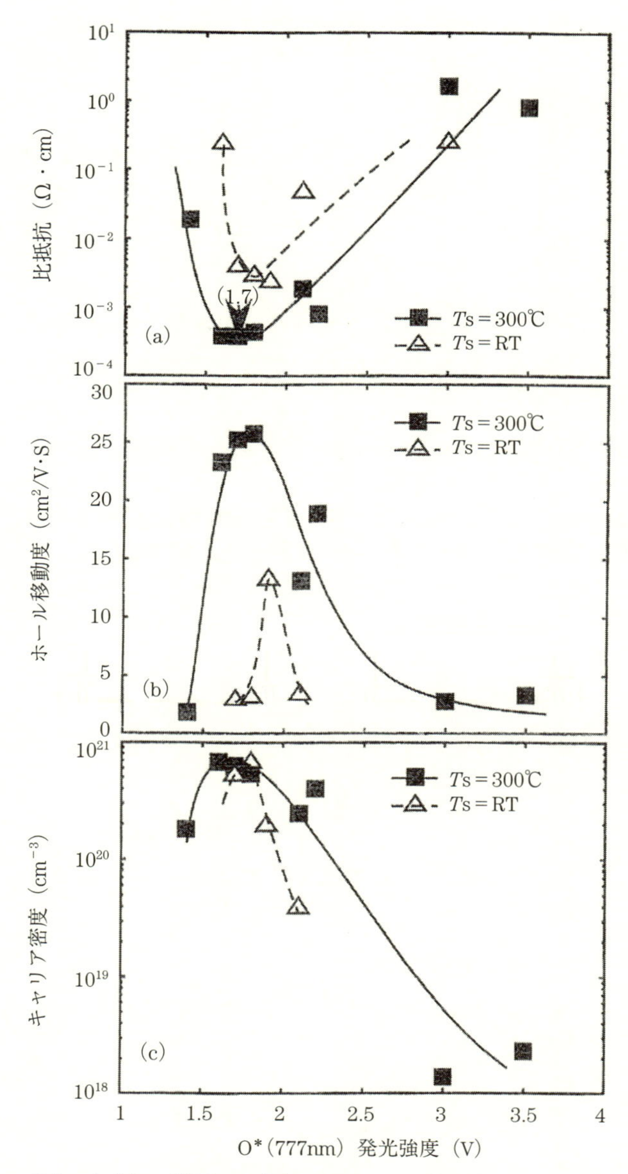

出典：今真人　重里有三　真空　vol47　No10（2004）、p. 727

図 13　作製した膜の（a）比抵抗、（b）ホール移動度、（c）キャリア密度の発光強度依存性。■と△はそれぞれ基板温度 300℃ と室温（RT）で成膜したものを表す

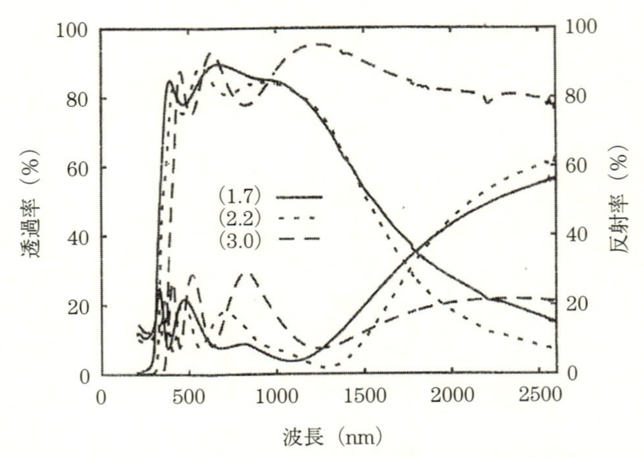

出典：今真人博士論文　反応性スパッタリングによる酸化物薄膜の高速成膜に関する研究（2002）

図 14　発光強度 1.7、2.2、3.0 V で、基板温度 300℃ の溶融石英基板上に作製した膜の透過率と反射率。膜厚はそれぞれ 290、271、229 nm

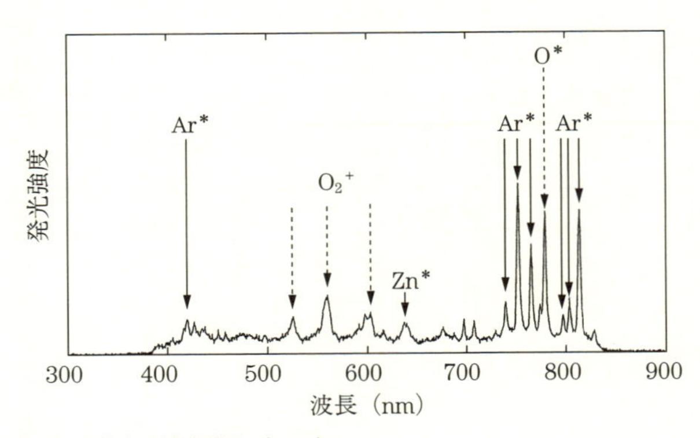

出典：今真人博士論文（2002）

図 15　グロー放電で観測される発光線の波長とその相対強度の一例。放電条件：ターゲット Zn–Al 合金（Al：5.6 wt. %）、全圧 1.5 Pa、O_2 流量比 50%、投入電力 rf 100 W

るが、アナターゼ型 TiO_2 に Nb をドーピングすることで、高い導電性と透明性を得ることができた。パルスレーザーデポジション法（PLD 法）による $SrTiO_3$ 基板へのエピタキシャル成膜では、基板温度 300℃ で $2.4\times10^{-4}\Omega cm$ という比抵抗を得ている[9]。大面積基板への実用的な

表1　アナターゼ型 $Ti_{0.94}Nb_{0.06}O_2$ 透明導電体の特性のまとめ

結晶構造	アナターゼ	アナターゼ	アナターゼ
成膜方法	PLD	PLD	スパッタ
基　板	$SrTiO_3$ $LaAlO_3$	ガラス	ガラス
結晶状態	エピタキシャル薄膜	多結晶薄膜	多結晶薄膜
抵抗率	$2.1\times10^{-4}\Omega cm$	$4.6\times10^{-4}\Omega cm$	$9\times10^{-4}\Omega cm$

出典：一杉太郎、山田直臣、長谷川哲也　表面技術　58、12（2007）798

ターゲット	２インチ Ti-Nb（Nb：6 at%）合金
放電方式	DCマグネトロン
ターゲット 印加電力	180W
マグネトロン 磁場強度	1000G
酸素量	O_2/（Ar＋O2） 7.5～20%
スパッタ圧力	1.0Pa
背　圧	5×10^{-4}Pa
基板/ターゲット間距離	75mm

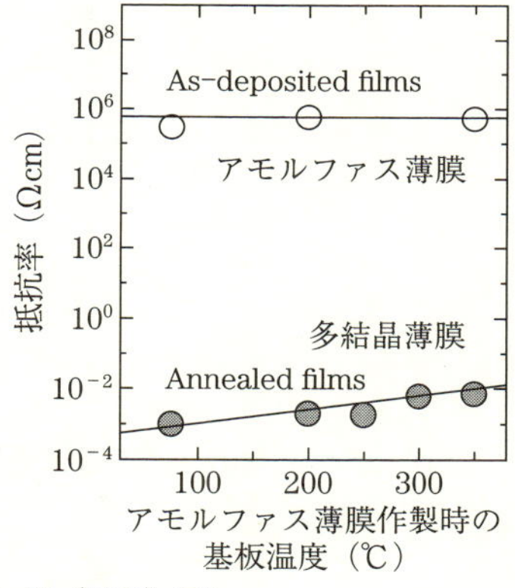

出典：一杉太郎、山田直臣、長谷川哲也　表面技術　58、12（2007）798

図16　スパッタ成膜したアモルファス TNO 薄膜の抵抗率と還元アニール後の抵抗率
さまざまな基板温度において抵抗率を測定している。また、成膜条件も記した

プロセスとしてのスパッタによる成膜も行なわれてきており、**表1**に成膜プロセスの比較を示す[10]。

ガラス基板の場合には、成膜のみでは低抵抗膜にならないため、成膜時のアモルファス膜からアニールすることで結晶化させ低抵抗膜を得ている。DC スパッタを用いた場合、成膜時の基板温度と酸素分圧に敏感であり、酸素分圧 10% 程度の還元側条件、基板温度が低い場合に、アニール後は低抵抗膜ができている。**図16**はスパッタ条件とスパッタ時の基板温度依存性、アニール後の比抵抗を示し、**図17**にスパッタ時の酸素分圧依存性とアニール後の電気特性を示す[10]。

アニールは、1気圧の H_2 雰囲気中 500℃ で約1時間程度行なってお

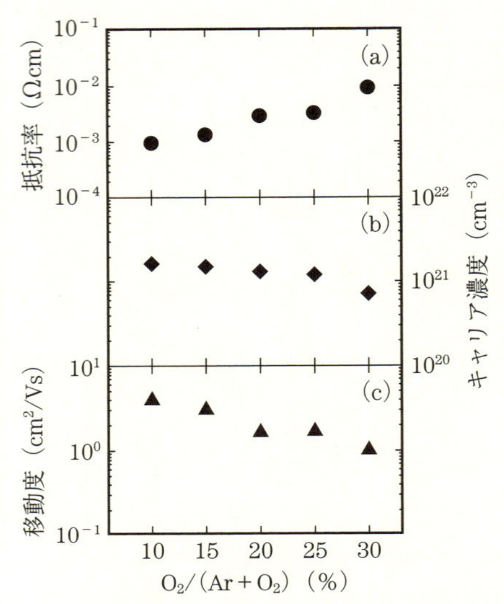

出典：一杉太郎、山田直臣、長谷川哲也　表面技術 58、12（2007）798

図 17　多結晶 TNO 薄膜の輸送特性とアモルファス薄膜作製時の酸素分圧との相関（a）抵抗率、（b）キャリア濃度、（c）移動度

り、これらの後工程は、生産プロセス的には用途として制約を受けるため、今後の課題となっている。

また、TiO_2 膜は耐薬品性が高いため、リソグラフィーを行うにはエッチング速度の向上策が必要となる。

ITO 膜は、実用化されている透明導電膜の大きな部分を占めているが、In の高騰を受け、今後は代替材料の開発も盛んになると思われる。たとえば、太陽電池では単結晶や多結晶太陽電池用では ITO 膜が使われるが、ITO 膜は還元雰囲気に弱く、a–Si 太陽電池の成膜時には、プラズマ CVD で用いられる水素やシランガスにより還元されて黒くなり、導電性が落ちてしまうため、この用途には使いにくい。逆に、導電性は劣るがプラズマ耐性が強く、光を多く取り込むためのテクスチャ構造を得やすい SnO_2 系導電膜がこれらの導電膜として使われている。ZnO 系もプラズマ耐性に強く、テクスチャも比較的容易に形成できるので[6]、a–

Si 太陽電池や CIS（Cu、In、Se）太陽電池用に有望である。

太陽電池の用途では、ディスプレーなどの場合と違って、微細加工をそれほど必要としないことも、代替材料に有利に働く。すべての用途に対して、完全な透明導電膜は難しいので、それぞれの用途に適した材料を選択し、開発していくことになると思われる。また太陽電池も大面積化できる成膜技術ということがキーポイントである。

他の用途では、透明導電膜に通電することにより新幹線や航空機の窓ガラスの曇り止め、同様にコンビニなどにある冷蔵庫のガラスドアの曇り止め、赤外線の反射を利用した LowE ガラス、電波の反射を利用した電磁遮蔽ガラスなどにも使われる。

代替材料のスパッタ技術開発では、ITO 膜での技術を参考にすることで、より短い期間での開発が期待される。

3–2 光触媒膜

光触媒膜は TiO_2 膜が使われる。光触媒による分解を利用したセルフクリーニング街路灯や壁、抗菌作用を利用した医療器具、台所用品など、また光親水化を利用した自動車用のサイドミラーなどに実用化されてきた。建材用などの場合には、コストの面からウエットプロセスを使うことが多いが、自動車用のサイドミラーのように、機能を重視する場合にはドライプロセス、なかでもスパッタプロセスが使われる。親水化による防曇効果については参考書を参照されたい[11)]。

サイドミラー用の量産装置例として、枚葉式装置（**図 18**）とその膜構成（**図 19**）を示す[12)]。枚葉式装置の利点は、省スペース、自動化、多品種小ロット化も可能となることである。光触媒性能を持たせるためには、アナターゼ型 TiO_2 膜とある程度厚い膜厚（120 nm 以上）が必要である。そのために成膜速度を高速にする方法として、Ti 金属ターゲットを用いて、O_2 導入により DC での反応性スパッタで成膜を行なっているが、成膜速度を上げると非晶質となり触媒特性が得られないため、

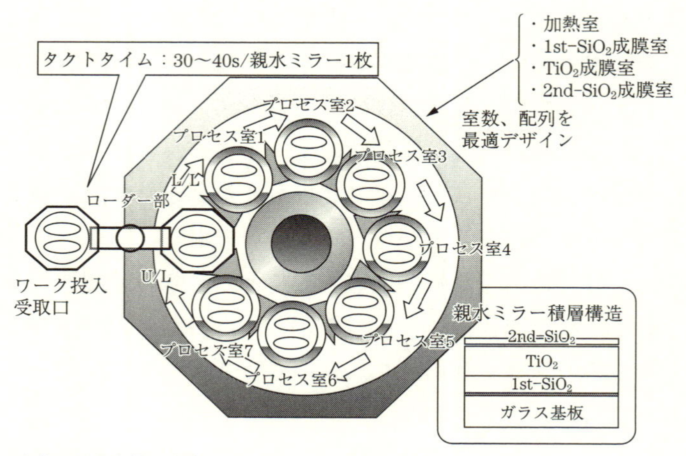

出典：川又由雄　真空ジャーナル　105号（2006）、p. 8

図 18　BM-1400 PC を上から見た概略図

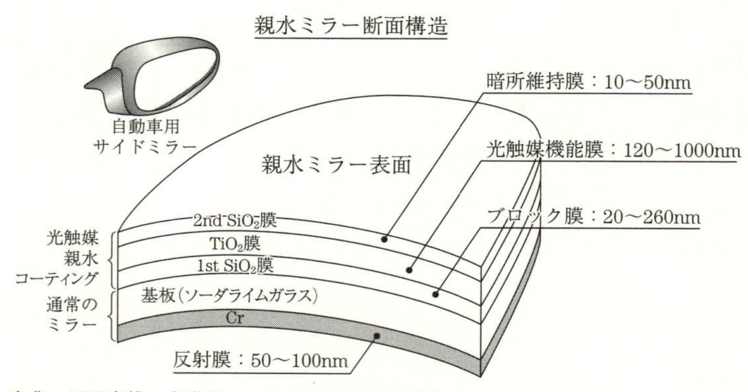

出典：川又由雄　真空ジャーナル　105号（2006）、p. 8

図 19　親水ミラー断面構造の一例

成膜速度、基板温度、スパッタリング圧力の最適化が、装置上重要であった[12]。成膜速度 0.4 nm/sec と薄膜化（50～100 nm）を達成している。

成膜速度は製品のスループットに直接関わり、コストに影響するため高速化は重要である。反応性スパッタの遷移領域制御を行ない、さらに成膜速度を上げた例を次に示す。

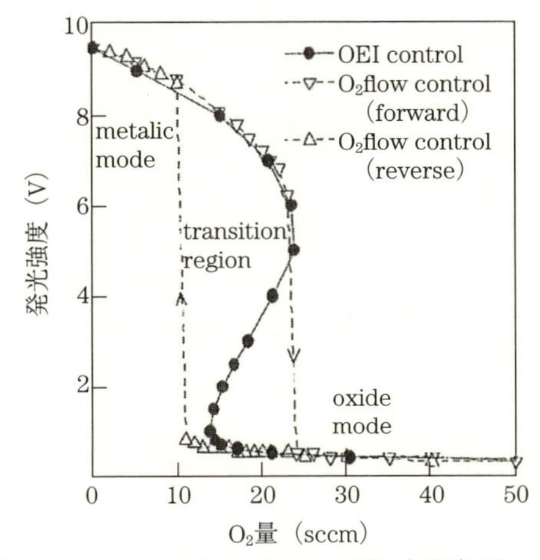

出典：S.Ohno et al. Thin Solid Films 496（2006）126-130

図 20　光学発光強度（OEI）と O_2 量コントロール

図 20 は遷移領域制御時のコントロールループを示しているが、制御波長は Ti の 500 nm 発光スペクトルを使い、スパッタ時にターゲットからの発光強度が一定に保つように O_2 ガス量を制御している[13]。また発光強度と成膜速度は、ほぼ発光強度に比例して成膜速度は増加する。発光強度 4.0 V では、成膜速度は 90 nm/min（1.5 nm/sec）を得ている。

大型基板の場合には、真空内での加熱は成膜後の冷却時間がかかり、量産性がよくないということから成膜時無加熱で行ない、後加熱 300℃、1 時間での結晶化による方法をとっている。後加熱後には、発光強度 4.0 の膜で、**図 21** に示すように十分な触媒活性が得られている。スパッタ条件は、パルス電源を使い、矩形波 50 kHz、デューティー比は 80%、圧力 3.0 Pa 膜厚 500 nm である。**図 22** に装置構成を示す。カソードは 1 台で、デュアルカソードでないため、アノード消失を避けるためにヒデュンアノードを使っている。

光触媒膜を最適化するためのスパッタ時のガス圧については、3 Pa 程度を使っており、通常のスパッタよりかなり高い圧力になっている。**図 23** はスパッタ時のガス圧力を変えたときの O/Ti 元素比を示す[14]。ス

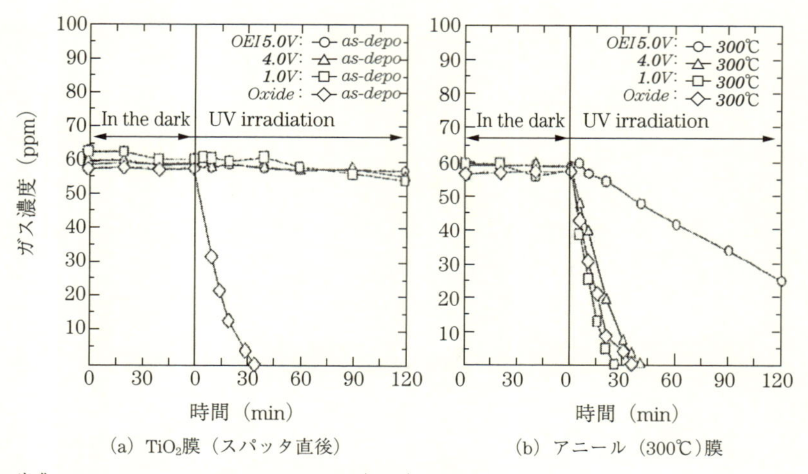

出典：S.Ohno et al. Thin Solid Films 496（2006）126-130

図 21　UV 光照射におけるアセトアルデヒド濃度変化

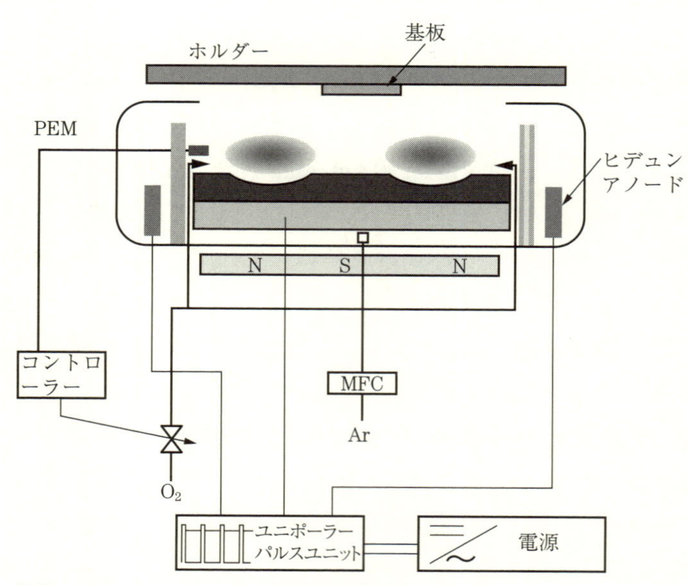

出典：S.Ohno et al. Thin Solid Films 496（2006）126-130

図 22　スパッタシステム模式図

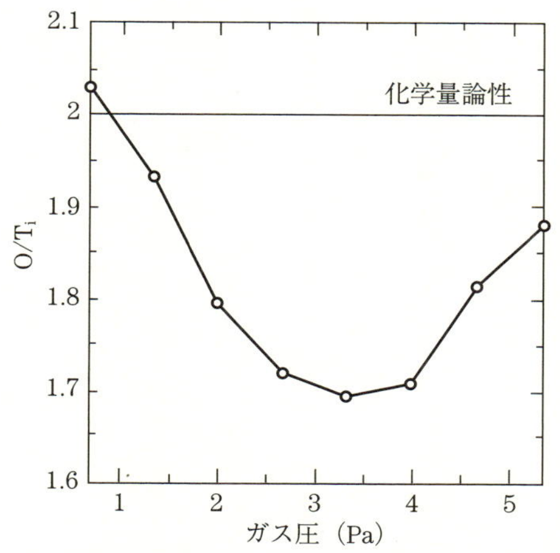

出典：成岡ら、信学技報　Technical Report of IEICE. CPM2002-118

図 23　O/Ti 元素存在比

パッタ条件は、O_2 100% 基板温度 200℃、Ti ターゲットである。通常のスパッタ圧に近い 0.665 Pa では化学量論組成に近く、3 Pa あたりで酸素空孔が多くなり、さらに圧力が増すと輸送過程での Ti–O 結合の増加、基板上での酸化のため酸素空孔が減ると考えられる。**図 24** は酢酸濃度による光触媒効果を示しており、3 Pa あたりで最も触媒活性が大きくなり、図 23 との相関性が見られる。酸素空孔がドナーとして働き電荷分離効率が上がり、分解活性が向上したと考えられる[14)]。

次に、スパッタ時のプラズマ密度を上げることで、室温での光触媒を達成した例を示す。**図 25** はデュアルカソードを利用して、カソードを傾けてプラズマ密度の高い領域を基板上に重ね、高い活性度を膜に与えることで、室温での光触媒効果を出せた[15)]。成膜速度を高くするとスパッタ膜の活性度が悪くなり、緻密性、結晶性が低下する現象が起こりやすくなる。そこで、プラズマ密度の高い空間と基板の位置、スパッタ粒子を上手く組み合わせることを考え、

① デュアルカソードを使いお互いに傾けて、ちょうど基板上にスパッタ粒子、プラズマ密度の高い空間が重なるように工夫した

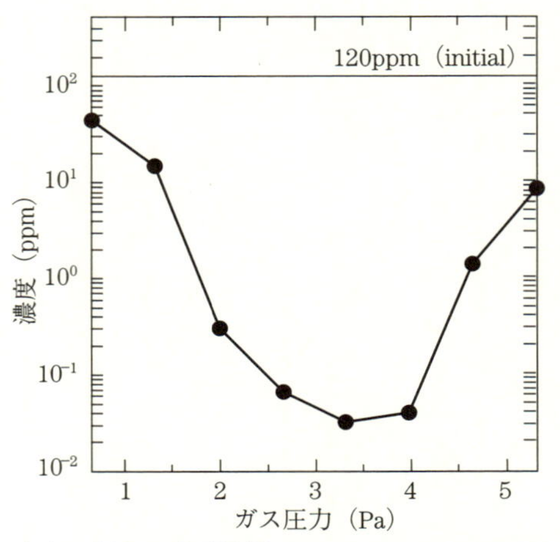

出典：成岡ら、信学技報　Technical Report of IEICE. CPM2002-118

図 24　光触媒効果のガス圧力依存性

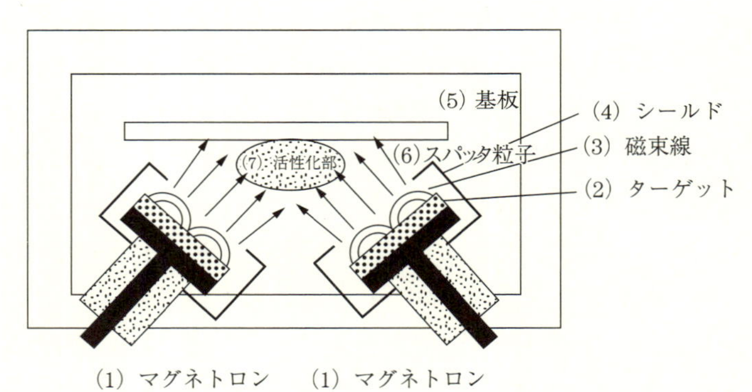

出典：特願2004-232709

図 25　デュアル型カソードを傾斜させて基板上でプラズマを重ねた配置

② カソードをアンバランス型に変え、プラズマを基板側に拡散するようにした

③ スパッタガスを２種類以上混ぜて使うことにより、プラズマ中の励起準位の多様性が期待でき、そのぶんプラズマのスパッタ粒子に対する活性化が向上した

などにより、室温での光触媒膜を高速成膜 40 nm/min（0.67 nm/sec）で達成された。ガス圧力 0.5 Pa、このときの装置構成は、PEM を用いた遷移領域制御の高速化、パルス電源は矩形波 50 kHz、T–S 間距離 20 cm などの条件を用いている。

図 26 に XRD パターン、**図 27** は光触媒効果を示すために、硝酸銀溶液に PET 樹脂上に形成した TiO_2 膜を浸漬させ、マスクをした上から光照射を行ない、マスクのない部分のみ光触媒効果で黒く銀の析出が起こっていることを示している。

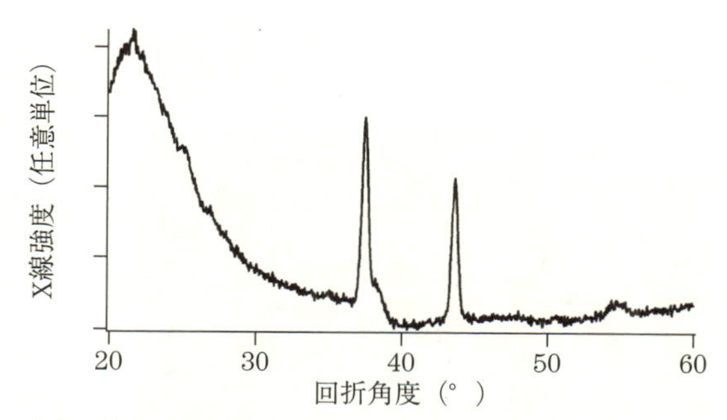

出典：特願2004-232709

図 26　TiO*x* 膜 X 線回折パターン

出典：特願2004-232709

図 27　PET 樹脂基板上へ成膜した TiO_2 膜上へ光触媒により析出した Ag 膜

次にTiO_2膜を複層化することを考えてみる。TiO_2膜は、光触媒膜としてだけでなく、光学膜として考えた場合には高い屈折率を持つので、これをSiO_2膜と組み合わせることで、反射防止が可能となる。この場合には、**図28**のように、基板から$SiO_2/TiO_2/SiO_2$の構成となり、基板側のSiO_2膜は基板からのアルカリ成分溶出を防ぐバリヤー膜、TiO_2は光触媒膜、最表層は反射防止と保護膜を兼ねている[16)]。TiO_2膜が表面に現れないと光触媒効果は出ないので、最表層のSiO_2は、ポーラスにして孔のあいた構造にする工夫が必要になる。スパッタ時のガス圧を大きくすることで、柱状構造ができやすいことを利用して、SiO_2についても成膜条件を工夫して柱状構造にすれば、表面に孔のあいた構造が可能

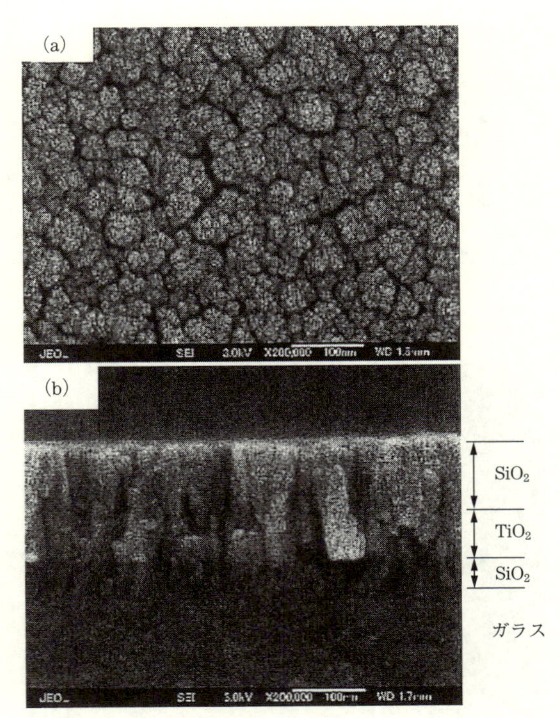

出典：高林外広　まてりあ　42、9（2003）、p. 662

図28　ガラス上に作製した$SiO_2/TiO_2/SiO_2$多層膜のSEM観察
（a）表面写真、（b）断面写真

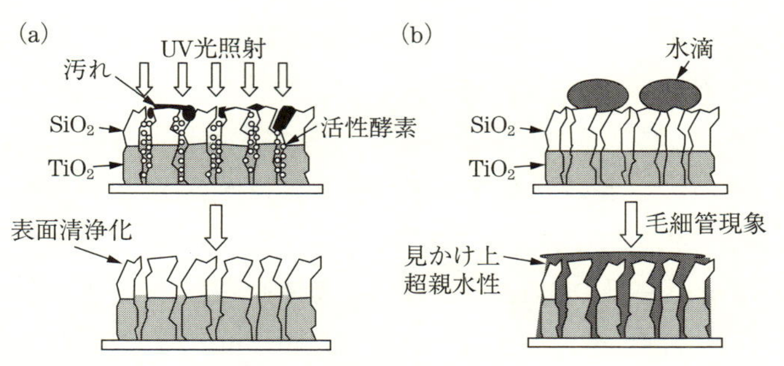

出典：高林外広　まてりあ　42、9（2003）、p. 662

図 29　微細な孔構造を持つ多層膜（$SiO_2/TiO_2/SiO_2$/ガラス）の（a）光分解活性、（b）超親水性のモデル

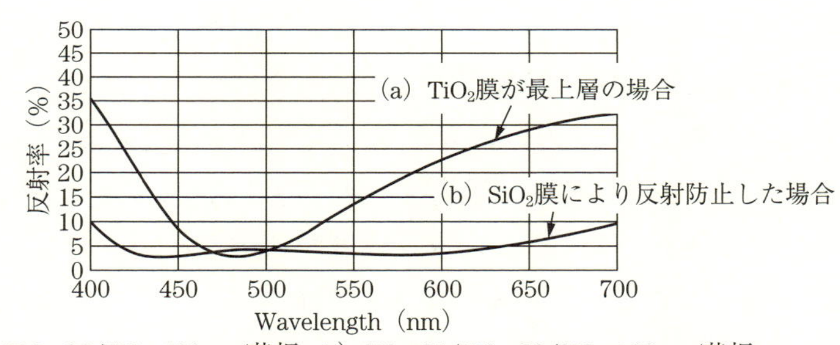

a）TiO_2 93/SiO_2 100nm/基板、b）SiO_2 85/TiO_2 93/SiO_2 100nm/基板

図 30　分光特性

となる。**図 29** は表面から連続して孔のあいた構造を示す模式図であり、同図(a)は付着した汚れの分解機構、(b)は親水化機構を示している。

図 30 は 3 層構成の反射防止機能を満たす場合の膜厚と反射率を示し、同図(a)は TiO_2 が表面に出ている場合、(b)は SiO_2 を加えた反射防止機能を持たせたときの特性について膜厚構成例を計算してみた。

3-3　透明バリアー膜

身近なものに食品の包装用材料がある。食品を長期保存するために、機能性プラスチックフィルムとして開発されてきた。空気中の酸素、水分、紫外線にさらされて起こる食品の変質を防ぐものである。この場合には、プラスチックフィルムにSiO_2、Al_2O_3膜などを真空蒸着で成膜することが多い。真空蒸着に使われる電子銃で大容量のものは、鉄の溶鉱炉などで使われるものもあり、その場合にはSiO_2などの成膜速度は3 μ/secにも達することが可能である。

真空チャンバーはRoll to Rollのいわゆるロールコーターを用いて、幅3 m、長さ36000 m、巻き取り速度500 m/minなどの装置もあり[17)]、高速成膜によりコストダウンを図っている。この場合には、膜厚分布は±20% 程度あり膜厚分布よりも価格重視ということである。そのためスパッタはあまり使われない。

最近では、ペットボトルなどにも成膜し、**図31**に示すように、内側の飲料からのCO_2、H_2Oガスが逃げないようにするためのDLC膜、外側の大気中からのO_2が内側に入らないようにするためのSiO_x膜などを成膜する。この場合には、形状がボトルの3次元なので、原料がガスで行えて回り込みがよく、また成膜速度が速いことから、RF放電を用いたCVDなどで行なっている。タクトタイムは1本当たり2秒程度、2円程度のコストといわれている。DLCは透明ではなく、若干茶系の色を呈する。そのほかには医療用などの用途がある。

ディスプレー分野では、従来からフレキシブル有機EL用のガスバリアー膜の開発が求められてきたが、最近になって液晶量子ドットディス

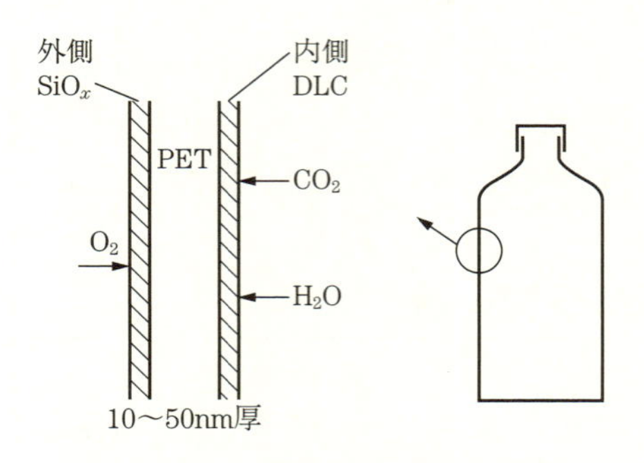

図31　ペットボトルのバリヤー膜

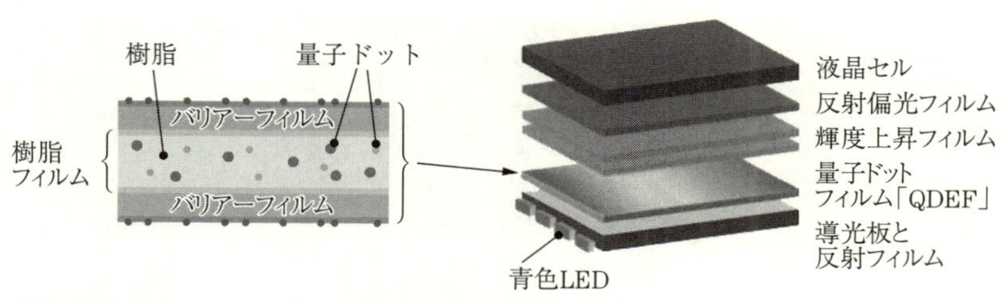

出典：日経テクノロジー／解説（2014年3月6日）

図 32　液晶量子ドットディスプレー構成例

プレーが注目されている。**図 32** は、その構成例を示している。有機 EL 用のバリアー膜としては、超ハイバリアーフィルム 10^{-5}〜10^{-6}g/m^2/day レベルの膜が必要となるが、この液晶量子ドットディスプレーでは、バックライトとして用いる量子ドットの劣化はハイバリアーフィルム 10^{-3}〜10^{-4}g/m^2/day 程度のバリアー性能で十分対応できるようだ。現在のディスプレーのほとんどが液晶であるために、量子ドットがバックライトの主流技術になれば、ディスプレーの大半に入り込めることになり、バリアー膜フィルム市場が大きく拡大すると期待できる。

今までに提案されている有機 EL ディスプレー用のバリアー膜としては、たとえば**図 33** に示すように、スパッタで成膜した Al_2O_3 などのセラミック膜とジアミンやイソシアネートモノマーを蒸着重合させたポリマー[18,19]膜を交互に用いた構成が知られている。この理由としては、セラミック膜によりバリアー性を持たせ、間に挟んだポリマーによって応力緩和し、多層にすることで物理的にピンホールなどの貫通を避けることができるというものである。この場合には、スパッタ膜と蒸着膜の交互層になるために、両方の装置が必要となり、設備が複雑になる。

ハイバリアーフィルム 10^{-3}〜10^{-4}g/m^2/day 程度のバリアー性であれば、スパッタ膜のみでも可能性はあるかもしれない。ここでのバリアー膜は、透明性、ガスバリアー性、密着性、低内部応力であって、プロセス的には低温、高速成膜、大面積、低ダメージプロセスが必要になり、封止用保護膜については、さらにステップカバレッジ性の良好さも求め

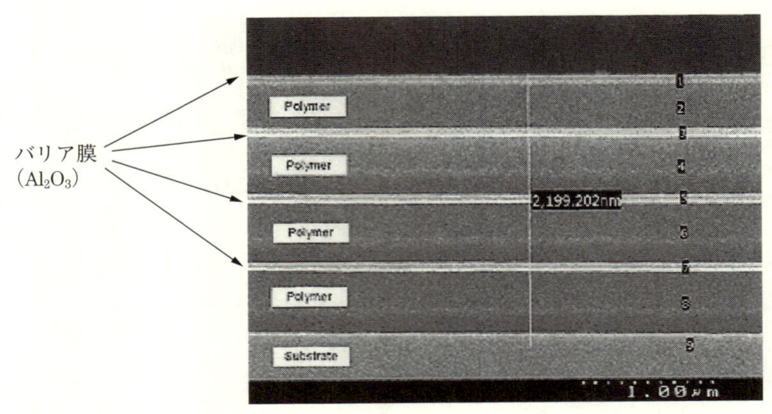

出典：Gencoa社　技術資料

図 33　有機 EL 用バリアー膜構成例

られる。

従来これらのバリアー膜は、CVD 法が主に検討されてきた。CVD 膜のステップカバレッジ性は、スパッタ膜に比べて成膜時ガス圧力が高いために優れているが、その分高温にしないと反応性が低く吸収膜になり、透明性が低下したり、また、緻密性がスパッタ膜より低いと考えられる。**表 2** は各種ガスバリアー膜の酸素透過率：OTR（Oxygen Transmission rate）を表したものである[20]。材料としては Si 系と Al 系が多いが、窒化膜あるいは酸窒化膜に効果がありそうである。

図 34 は反応性スパッタの Si 酸化膜の OTR であり、**図 35** はその組成である。Si 酸化物では、SiO に近いところにバリアー性が高い部分ができ、SiO_2 に近くなるにつれて低下する。**図 36** は酸窒化膜と酸化膜について膜厚変化での OTR を見たもので、SiON 膜の方が SiO_x 膜より優れており、膜厚はどちらも 20 nm 位までは膜厚とともに OTR は低下しほぼ一定となっている。**図 37** は組成と密度を示しており、酸化膜は O/Si 比が増えるにつれ密度は低くなり、酸窒化膜は N/Si 比が増えるにつれ密度は高くなっている。

透明膜の場合には、膜の緻密性と屈折率の関係は同じ傾向を持ち、酸

表2　透明ガスバリアーフィルムの酸素透過率（OTR）

薄膜材料	成膜方法	OTR (cc/m²/day)	測定条件	膜厚 (nm)	基板フィルム
ITO	反応性スパッタリング	0.78	30℃、0% RH	37	PET
TiO_x	スパッタリング	1.3	23℃、50% RH	7	PET
		1.2	23℃、50% RH	23	PP
SiO_2-Al_2O_3	電子線蒸着	<1.0		20	PET
		1.4		20	PA
AlO_x	電子線蒸着	70～80	23℃、75% RH	180	PP
	電子線反応性蒸着	4.0		25	PET
	電子線反応性蒸着	<0.8	23℃、0% RH	—	PET
		<80	23℃、0% RH	—	PP
	直流スパッタリング	1.7	30℃、0% RH	30	PET
	反応性スパッタリング	1.45	30℃、70% RH	17	PET
AlON	反応性スパッタリング	<1.0	30℃、0% RH	80	PET
SiO_x	電子線蒸着	10～20	23℃、75% RH	180	PP
	プラズマ CVD	<0.4	33℃、0% RH	>15	PET
	プラズマ CVD	<2.0		8	PET
	プラズマ CVD	<1.0		—	PA
	プラズマ CVD	<0.1	23℃、50% RH	—	PET
	反応性スパッタリング	1.1	40℃、0% RH	38	PET
SiON	反応性スパッタリング	0.4	40℃、0% RH	24	PET
SiN	プラズマ CVD	<0.4	33℃、0% RH	>8	PET

出典：岩森暁　高分子表面加工学　技報堂出版（2005）

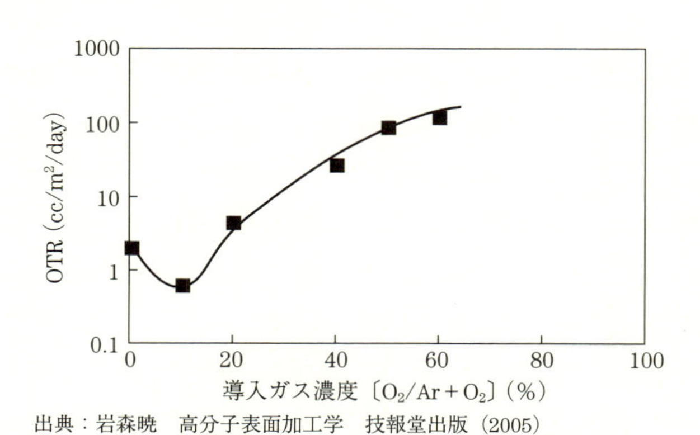

出典：岩森暁　高分子表面加工学　技報堂出版（2005）

図34　反応性スパッタで成膜したシリコン酸化膜の酸素透過性

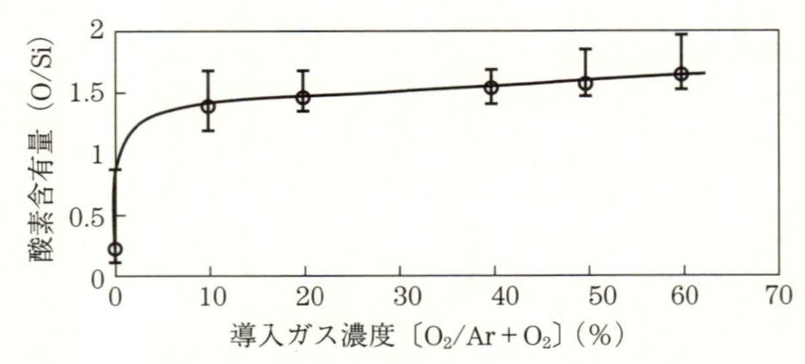

出典：岩森暁　高分子表面加工学　技報堂出版（2005）

図 35　シリコン酸化膜の組成

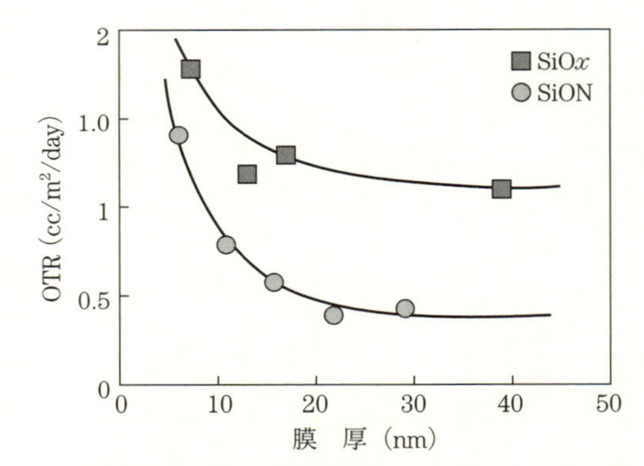

出典：岩森暁　高分子表面加工学　技報堂出版（2005）

図 36　膜厚と酸素透過率の関係

化物では、SiO 膜 1.9、SiO_2 膜 1.45 である。同様に Si_3N_4 膜では 2.1 程度の値を持っている。これらのことから、バリアー性能は Si_3N_4 などの膜密度が高い膜が屈折率も高く、バリアー性能も高いと考えられるが、膜密度が高い膜は内部応力も大きくなるのが一般的である。

図 38 は、SiNx 膜の高速スパッタ成膜を行なった場合の成膜速度を表し、**図 39** は 0.5 Pa 時の表面平滑性を示す。Ra は 1 nm 程度であり、平滑な膜が得られており、また、透過率もよい膜ができている[21]。成膜条件は、パルス電源使用、50 kHz、デューティー比 80% である。ディスプレーとしての用途の場合には、大面積化が重要になる。パルス電源を

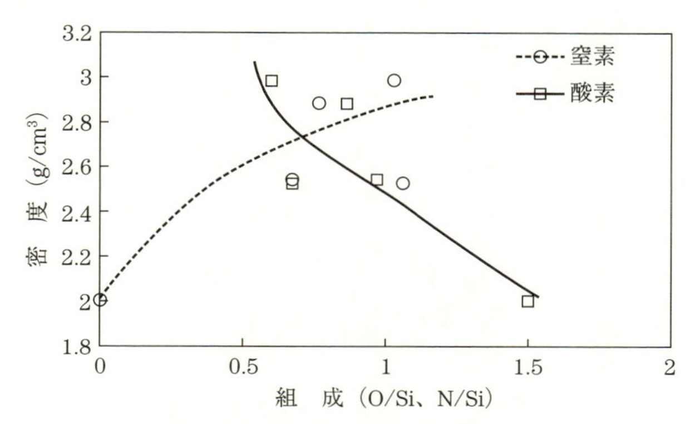

出典：岩森暁　高分子表面加工学　技報堂出版（2005）

図 37　シリコン酸窒化膜の組成と密度

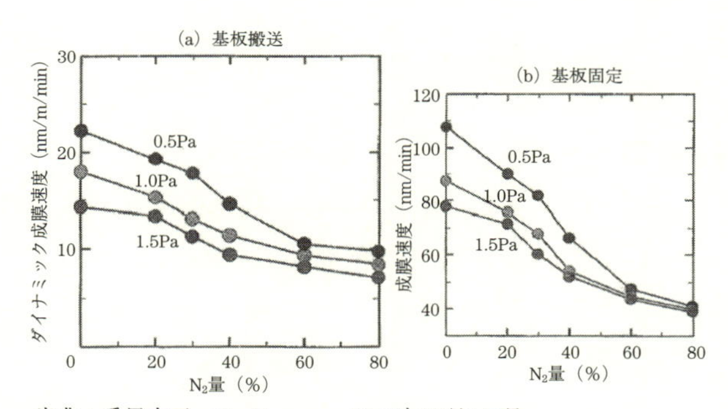

出典：重里有三　E　Express　2007年10月1日号

図 38　N_2 流量と成膜レートの関係

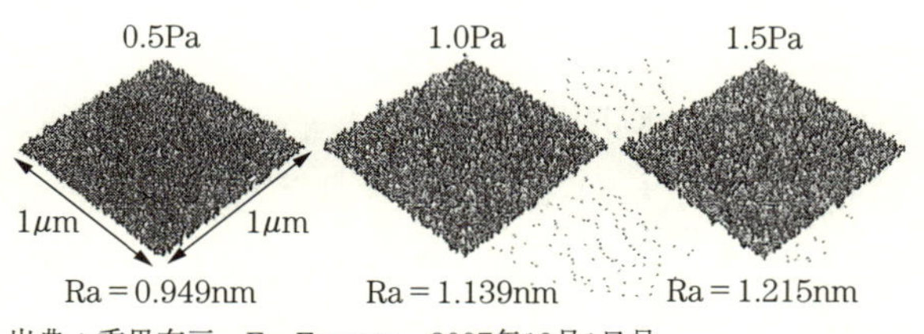

出典：重里有三　E　Express　2007年10月1日号

図 39　AFM による SiN*x* 膜（膜厚 160 nm）の表面形状観察

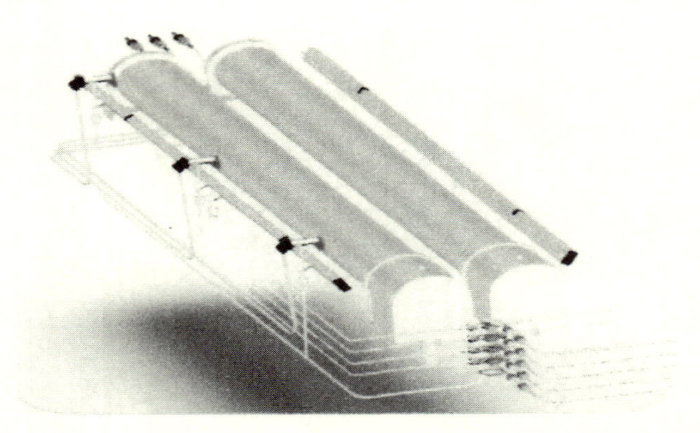

図 40 GENCOA 社ロータリーカソード 2 台の場合のヘッドと反応性ガス導入系統図

使った反応性スパッタの場合には、低温での大面積化が容易である。建築用の熱線反射ガラスなどの用途には、すでに3m以上の幅の基板に遷移領域制御を用いて大面積のスパッタ膜が高速成膜にて量産している。

次に、ロータリーカソードを用いて、Alターゲットによる反応性スパッタを高速成膜した例を示す。**図 40**は、非対称性デュアルカソード（実践編ロータリーカソードの項参照）に遷移領域制御のためのセンサーヘッドと、それに伴う反応性ガス配管を付けたイメージ図である。このシステムを使った量産装置は、すでに有機ELディスプレーのバリアー膜として一部機種に利用されている。**図 41**は、Alターゲットを示している。バリアー膜では、必要な膜厚や緻密性、低い内部応力、低コスト、アーキングを起こさないなど多くの条件が必要となる。プロセスの選択から考えると、ロータリーカソードを利用し、全面エロージョン化によりターゲット利用率を上げ、同時にエンドブロックのアノードシールドを検討してターゲット上の非エロージョン部を限りなく小さくし、アーキングを抑制する。材料選択としては、Alのような安い材料を用いて、ランニングコストを下げる。デュアル構成にして非対称性マグネトロンによるカソード間にプラズマを拘束し密度を上げ、スパッタ粒子のイオン化を促進し、基板へのダメージを減少させる。カソード中のマグネトロンの角度を調節し、プラズマの空間分布の最適化をはかる。ロ

図 41　デュアルロータリーカソード（Al ターゲット）

ータリーカソードは、アノードを持たないので、別途アクティブアノードを追加して、必要に応じてプラズマ最適化を加える。デュアルにすることで、反応性スパッタで生じる Al_2O_3 等の絶縁膜によるアノードレスに対処し、同時にカソード交換の頻度を半分に減らす。最終的には、スピードフロー（基礎編　反応性高速スパッタ　遷移領域制御の項参照）を用いて PEM による遷移領域制御を行い成膜速度を最大限高速化（同一装置、同一パワーに比べて 5〜8 倍）することにより、コストダウンを追求する。アイデアとしては、このような選択をしている。**図 42** は、PEM によるインピーダンス制御の安定性をみたデータである。ここでは、実験用に 47 cm 長のカソードでインピーダンス制御を行ったが、量産装置などで 1 m を超えるターゲット長の場合では、膜厚の均一性制御のためにプラズマエミッション制御が好ましい。

図 43 は、ガス圧力を変えた時の I–V 特性を示している。内部応力を低くすることと緻密性の兼ね合いから圧力を調整することも必要となる。**図 44** は、基板を固定した状態での膜厚分布を示している。47 cm のカソード長で、両端の 15 cm 位は、カットするとほぼ±5% 位にはなっている。Al_2O_3 の成膜速度は、約 40 nm/min 程度になっている。

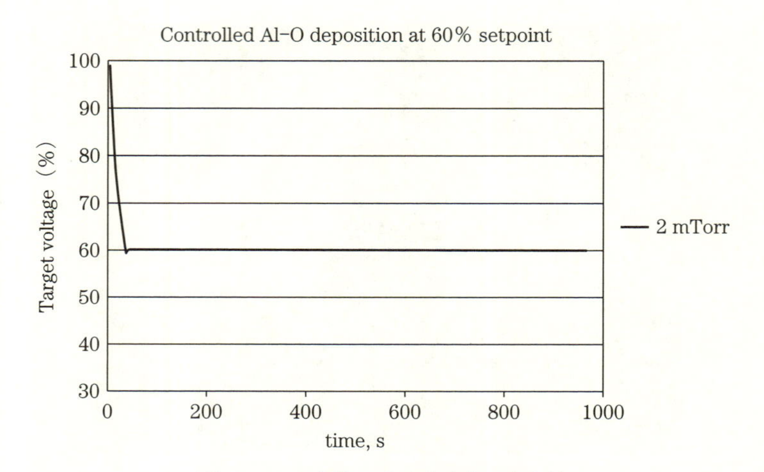

図 42 PEM 制御による高速化の安定性

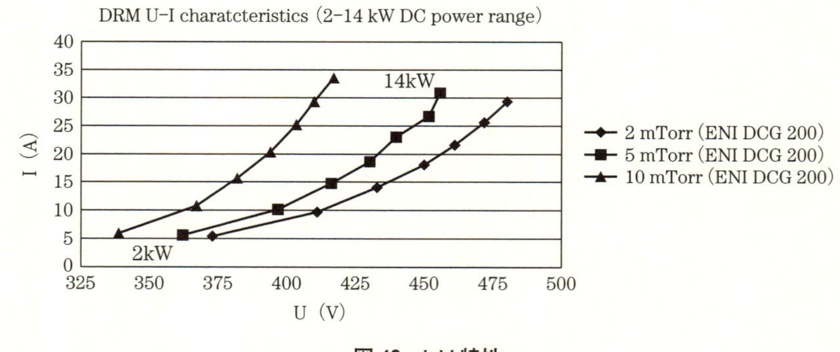

図 43 I-V 特性

一方、封止用保護膜側を考えると、有機膜の上にITO膜、保護膜を成膜する必要がある。有機膜への成膜では、対向ターゲット方式が、プロセスの候補となっている。有機膜上へのITO膜の成膜では、O_2 プラズマにより大きくダメージが与えられるので、対向ターゲットを利用して、Arガスのみで ITO膜を薄く10 nm程度成膜しておいて、その後に通常のマグネトロン方式でのスパッタを行なう方式が効果があると報告されている[22]。

対向ターゲットは、カソードがホローカソードタイプ構造で、基板は

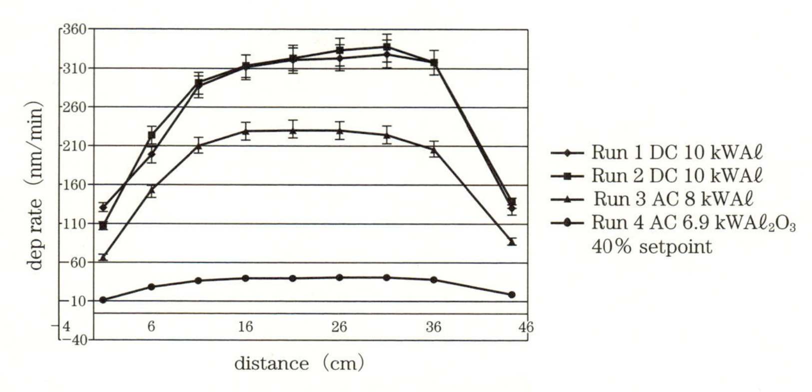

図 44　基板固定での膜厚分布

カソードを構成するターゲット面とは直角方向にあるために、ダメージの原因と考えられている反跳 Ar、中性の高速粒子、酸素負イオンなどが直接基板に飛んでこないことがメリットである。デメリットは、その分他の成膜粒子も減少するので、成膜速度が遅いことである。

また、カソードが特殊形状なため、1 m を超えるような大面積化の量産装置はかなり難しく、大面積化というよりは、磁性膜やセンサーなどの付加価値の高い製品への応用がコスト的にも向いていると考えられる。

3–4 ソーラーコントロール膜

太陽光に対してそのエネルギーをコントロールする膜という意味である。これは用途として、建築用の窓ガラス、自動車用の風防ガラスに主として使われているが、サングラスのようなメガネにも一部使われている。最近の地球温暖化の対策の一つとして、省エネ技術の向上が挙げられるが、住宅やビルの窓ガラスへ応用することによって、夏の冷房負荷、冬の暖房負荷低減を行なうことで、エネルギー節約に大きな効果を持つと考えられている。

省エネの窓ガラスには、光学特性が一定で、いつも同じ制御を行なう静的制御のタイプ、これには熱線反射ガラス、低放射率ガラス（Low–E

ガラス）などがあり、もう一つは、季節の変化や人間の需要に応じて光学特性を変化させる動的制御のタイプに分けられる。この動的制御を行なうガラスを調光ガラス（Smart window）と呼び、開発が行なわれてきた[23)]。ここでは、建築用の窓ガラスを中心に、(1) 熱線反射ガラスなど、(2) 調光ガラスについて述べる。

(1) 熱線反射ガラス、Low-E ガラス、低反射ガラス

＊熱線反射ガラスは、ビルの窓ガラスに使われて、夏の冷房負荷を軽減するために窓から入射する日射（熱量）を減らす膜であり、可視光透過率はあまり下がらないようにし、熱線となる赤外線を反射するような膜構成となっている。日射熱取得率という指標があり、ガラスに入射する日射を 1 として室内に流入する熱量（日射の直接透過と室内側の再放射の和）の比率を示すが、この値が小さいほどその効果が高い。

実際には、赤外光のみでなく可視光も反射する膜となるので、可視光の反射色がはっきりと見え、また、窓はビルの外観の大きな部分を占めるために、膜の構成は意匠性（可視光の反射率、反射色など）も重要な要素となる。**表 3** は、熱線反射ガラスの主な膜構成や反射色、日射熱取得率などを示す[24)]。

また、PET フィルムなどに成膜し Low-E ガラスと同様な膜構成となるが、半透明金属膜を透明高屈折率薄膜で挟んだ反射防止効果を利用した構成も可能であり、この場合には意匠性よりも断熱膜として使われる。ITO/Ag/ITO/PET のような構成が一般である。**図 45** は、V 型カソード（実践編　対向カソードの項参照）を用いて、AlN/Al/AlN/PET の構成として、コストを抑え性能を高めた例である[25)]。ここで工夫されているのは、中間層の Al の成膜時に、微量（流量比 2%）の窒素ドープし、赤外域の透過率は下げたまま可視域の透過率を 7～10% 向上させたことである。Al は低融点材料のために、10 nm 程度の極薄膜の膜表面で膜形成時に凝集しやすく、それを抑えて膜表面での光の吸収、散乱を生じないようにした。AlN/N-Al/AlN(30 nm/9 nm

表 3　熱線反射ガラスの膜構成と特性

Film stack (layer thickness (nm))	可視光透過率 (%)	可視光反射率 (%)	反射色	日射熱取得率
glass	89	8	—	0. 84
TiN_x(30)/glass	30	15	light blue	0. 41
TiN_x(70)/glass	10	22	bronze	0. 25
TiN_x(20)SST(7)/glass	20	23	silver	0. 35
TiO_2(8)/TiN_x(27)TiO_2(4)/glass	37	19	blue	0. 46
TiO_2(10)/TiN_x(55)/TiO_2(14)/glass	24	22	green	0. 36
TiO_2(20)/TiN_x(29)/SST(3)/glass	30	31	bluish silver	0. 39
SnO_2(11)/CrN_x(28)/SnO_2(82)/glass	30	17	blue	0. 46
TiO_2(50)/glass	63	32	Silver	0. 68

*glass : 6 mm thick clear glass
SST：SUS 304
Solar heat gain = Solar radiation transmittance + Heat transfer into indoor side of solar radiation absorabance

出典：片山佳人　真空 51、1 (2008)、8

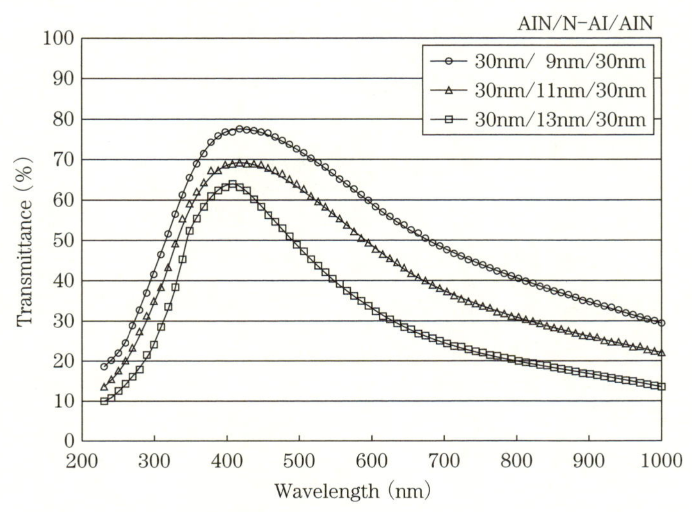

出典：小川倉一ら、表面技術協会　64 (2013) 45

図 45　中間膜厚を変えた場合の分光特性

/30 nm）においては、可視光透過率（Tmax）78%、赤外光透過率（Tmin）30%、透明断熱性α（Tmin/Tmax）0.37となった。

* Low–Eガラスは、低放射率ガラスともいい、通常複層ガラスとして用いる2重窓ガラスである。冬の暖房負荷を軽減するために、室内の暖房器の熱線を外に逃がさないようにするため、ガラスが吸収した熱を再放射によって逃げるのを防ぐようにしている。赤外線に対して反射率の高い膜を複層ガラスの室内側ガラスの外側面に成膜し、低放射ガラスとした膜であり、**表4**に膜構成を示す。

基本的にはAgのメタル膜を誘電体膜で挟む構成になっている。これはAgのメタル膜がわずかの膜厚で済み、コストや性能の点で非常に優れているからであるが、Ag膜は耐湿性に弱く、誘電体膜により保護すると同時に、反射防止機能を持たせて透過率を向上させる役目もさせるために、このような構成になっている。さらに、耐湿性の向上を図るために、誘電体膜を$ZnAl_xO_y$膜などの合金酸化物にすることなども行なわれている。

* 低反射ガラスは、建築用ガラスによく使われるソーダライムガラスなどでは、垂直入射で片面約4.2%、両面で約8%の反射を持つが、これを減らすことで周りにあるものの写し込みを減らし、見えやすくす

表4　Low–E膜構成と成膜法

膜　構　成	成膜法
ZnO/Ti/Ag/ZnO/glass	Sputtering
ZnO/Ti/Ag/ZnO/Ti/Ag/ZnO/glass	Sputtering
SnO_2/NiCr/Ag/SnO_2/glass	Sputtering
$ZnSn_xO_y$/ZnO/Ti/Ag/ZnO/$ZnSn_xO_y$/glass	Sputtering
SiN_x/ZnO/Ti/Ag/ZnO/glass	Sputtering
SiN_x/ZnO/Ti/Ag/ZnO/SiN_x/ZnO/Ti/Ag/ZnO/glass	Sputtering
SiN_x/NiCr/Ag/TiO_2/glass	Sputtering
SnO_2 : F/SiO_xC_y/glass	CVD
SnO_2 : F/SiO_2/SnO_2/glass	CVD

出典：片山佳人　真空51、1（2008）、8

るガラスである。AR（反射防止）膜ほどの性能は求めていない膜である。絵画のフレーム、展示用のショーケース、店舗のショーウインドウなどの用途がある。

SiN_x 膜を用いた膜構成もあり、耐熱性の高い構成となるので、自動車用のフロントガラスの低反射膜として使われており、平面ガラスの片面に成膜後、650℃ で曲げて成形される[24]。

成膜方法は、インライン型の量産装置であり、タクトタイム約 30 秒程度が得られる。従来から反応性スパッタで大面積を成膜する方法をとってきたが、コストダウンのための高速成膜が行なわれるようになり、**表 5** に示す従来の成膜速度から**表 6** に一部示すような遷移領域制御を用いた高速反応性スパッタに改良されてきている。

表 5　2.7 m 長尺カソードでの成膜速度

膜　種	ターゲット材	成膜速度 (nm/kW・m/min)
TiO_2	Ti	0. 1
TiN_x	Ti	0. 48
Si	Si	1. 8
SiO_2	Si	0. 5
SiN_x	Si	0. 64
Zn	Zn	6. 8
ZnO	Zn	1. 0
Nb_2O_5	Nb	0. 17
Ag	Ag	8. 5
Al	Al	3. 2

出典：片山佳人　真空 51、1（2008）、8

表 6　2.7 m 長尺カソードでの PEM 制御成膜速度

膜　種	ターゲット材	成膜速度 (nm/kW・m/min)
TiO_2	Ti	0. 35
SiO_2	Si	1. 5
Nb_2O_5	Nb	0. 7

出典：片山佳人　真空 51、1（2008）、8

(2) 調光ガラス

調光ガラスには、電気的なON、OFFで調光するエレクトロクロミックガラスや液晶調光ガラス、水素ガスの出し入れによるガスクロミックガラス、温度変化によって調光するサーモクロミックガラスなどがある。ここでは、調光ガラスとして開発が注目されているVO_2膜を使ったサーモクロミックガラスとMgTi合金の金属と水素化物の反射率で調光する調光ミラーについて述べる。

＊VO_2（二酸化バナジウム）膜を用いたサーモクロミックガラス

VO_2膜は68℃を境に、低い温度では半導体特性で太陽光熱をよく透過するが、高い温度では結晶の相転移を起こして金属相となり、太陽光熱をよく反射する。また、Wなどの添加元素により転移温度を室温近くまで下げられることにより、調光ガラスとして期待されている。**図46**にVO_2膜の透過率、反射率および温度依存性を示す[23]。

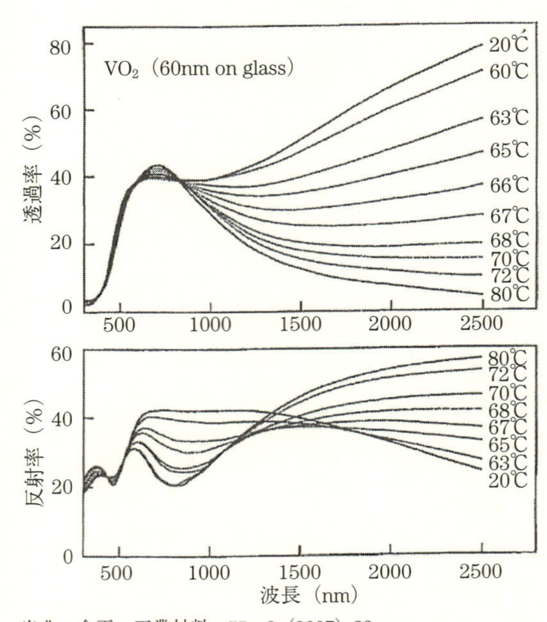

出典：金平　工業材料　55、2（2007）83

図46　VO_2薄膜の分光透過率（上）、同反射率（下）、およびその温度依存性

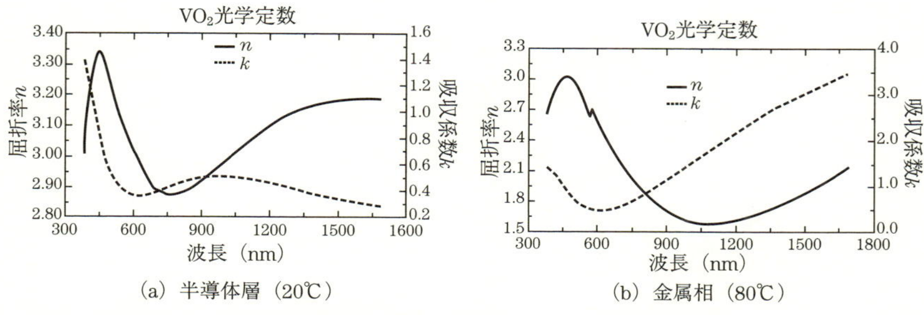

(a) 半導体層（20℃）　(b) 金属相（80℃）

出典：NEDO　平成14年成果報告書　環境応答型ヒートミラーの研究開発

図 47　VO_2 膜の光学定数

図 47 に VO_2 膜の半導体相と金属相での光学定数を示す[26]。機能向上のために、多層膜構成として $TiO_2/VO_2/TiO_2$/ガラスという 3 層構成にし、TiO_2 で挟む構造になった。TiO_2 は VO_2 膜の反射防止のためのちょうどよい光学定数を持っており、可視光の透過率向上を図ることができる。また、光触媒機能を持たせることができる膜であるため、窓のセルフクリーニングなどの機能を付加することが可能となっている。**図 48** は 3 層構成にした場合の光学特性を示しており、**図 49** は冬と夏での透過率の差を示している[23]。

次に VO_2 膜の成膜方法であるが[27]、V_2O_3 化合物ターゲットを用いて Ar に酸素を加えるか、V_2O_5 ターゲットを用いて、Ar に水素を加える方法がある。ここでは、V_2O_3 ターゲットを使い、ガラス基板の上に ZnO バッファー膜を成膜する方法について述べる。

VO_2 膜がサーモクロミック特性を備えた膜にするためには、結晶性と化学量論性が十分満たされていることが重要である。VO_2 膜のみで成膜すると、**図 50**(a) に示すように、厚膜にしないと結晶化しないが、ZnO 膜をバッファー膜としてヘテロエピタキシャル成長をさせると、比較的容易に薄い膜でも結晶化させることができる[27]。これは ZnO 膜は、ガラス基板上でも C 軸が配向した結晶膜を容易に成膜できるということを利用している。ZnO の成膜条件は、Zn メタルターゲット、0.5 Pa、O_2 分圧 20%、RF 電源使用、基板温度 400℃ である。**図 51** は ZnO 膜の厚

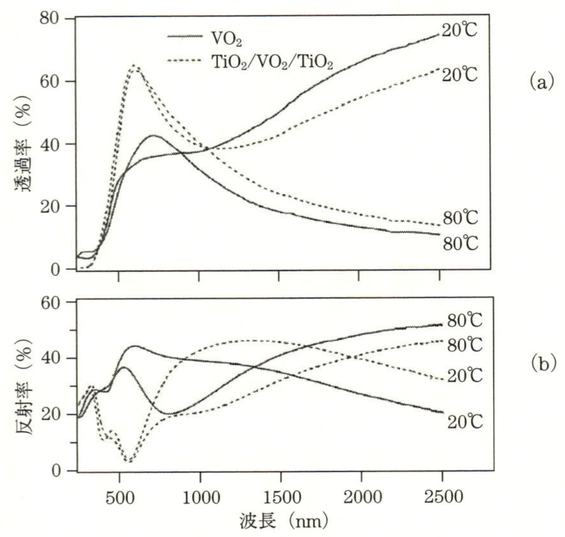

出典：金平　工業材料　55、2（2007）83

図 48　TiO_2（25 nm）／VO_2（50 nm）／TiO_2（25 nm）／石英ガラスの分光透過率（a）および同反射率（b）の実測スペクトル

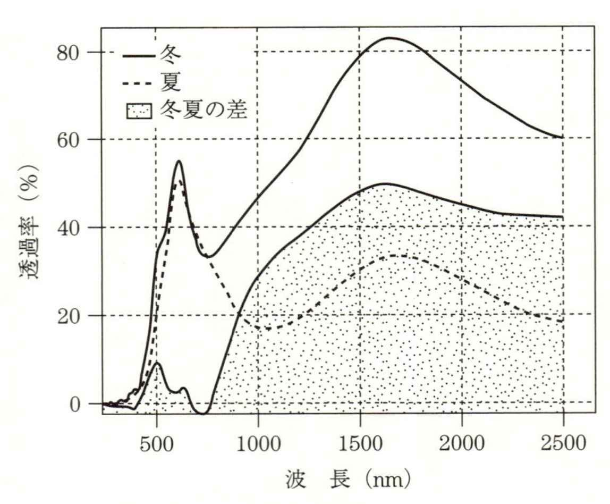

出典：金平　工業材料　55、2（2007）83

図 49　太陽光調光率を最大にしたサンプルの実測分光透過率

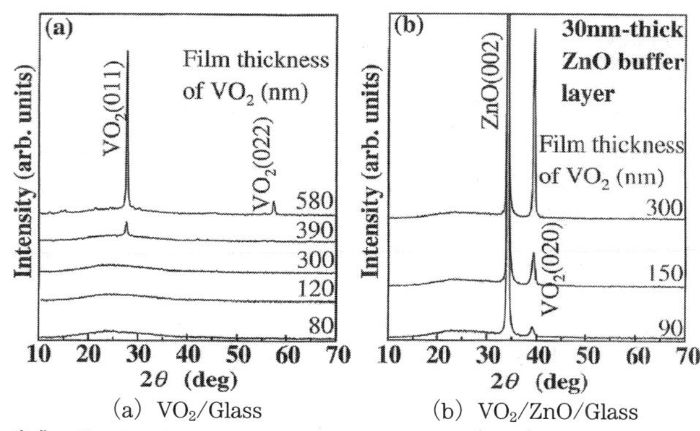

(a) VO_2/Glass　　(b) VO_2/ZnO/Glass

出典：Kazuhiro kato et al. Jpn. J. Appl. phys. 42 (2003) 6523-6531

図 50　バッファー膜をいれた場合とない場合の VO_2 結晶性変化 (V_2O_3 ターゲット、O_2：1.5%)

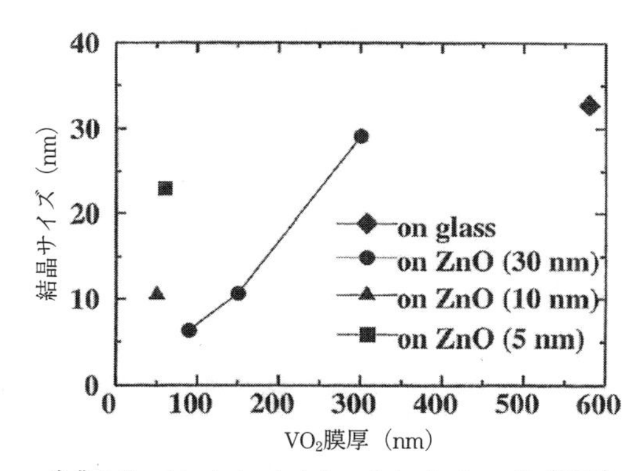

出典：Kazuhiro kato et al. Jpn. J. Appl. phys. 42 (2003) 6523-6531

図 51　ZnO バッファー膜厚と VO_2 膜厚を変えた時の VO_2 結晶性変化 (V_2O_3 ターゲット、O_2：1.5%)

さの違いによる VO_2 膜のグレインサイズを示している。したがって ZnO 膜は 5 nm 程度の厚さでも、有効であることがわかる[27]。量産化するには、VO_2、ZnO 膜ともに、400～500℃ と高い基板温度を必要としており、それを下げることが課題となる。

＊ガスクロミックガラス

イットリウムや、ランタンなどの希土類の水素化物が水素により透明な状態になり脱水素により鏡の状態になる。これを利用して光の制御に使う場合を調光ミラーと呼び、資源的な点からMgTiなどの膜が開発されてきた。**図52**にその構成を示しており、MgTi合金膜のときは金属光沢を持つ鏡の状態であり、水素雰囲気にすると水素化物になり透明化する。これを酸素、空気に当てると、可逆的にもとの金属光沢に戻るようなスイッチングが可能となる。**図53**には変化した場合の光学特性を示す[28)]。実用化にはH_2ガスに対するシール構造が課題となる。

これらの変化を電気的に行なえるようにした膜構成が**図54**であり、

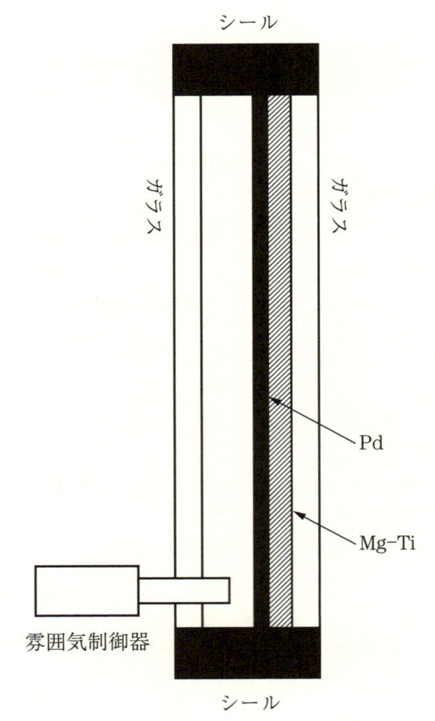

出典：特開2008-20586

図52　調光ミラーの構成

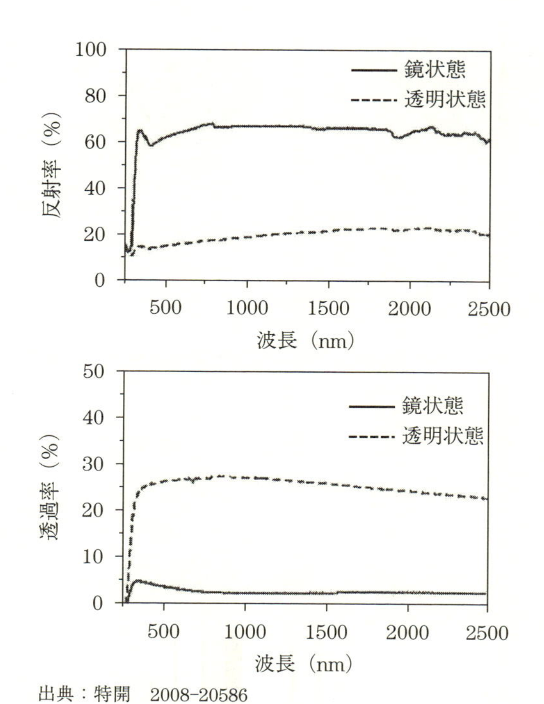

図 53　鏡状態と透明状態での光学特性

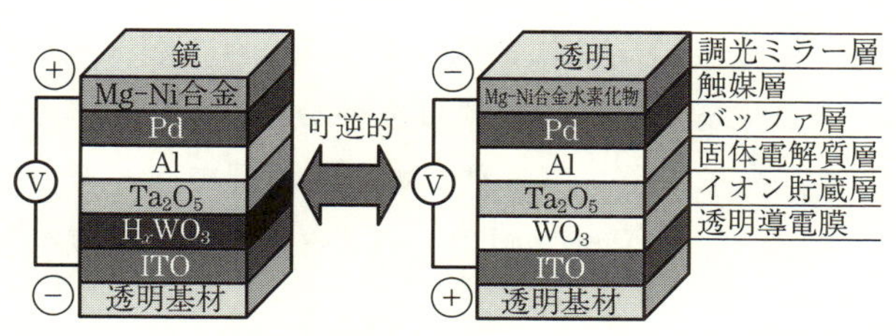

図 54　全固体型調光ミラーの構造と電圧による切り替え
（変化した状態は通電を切っても保たれる）

エレクトロクロミックガラスとなっている[29)]。各膜はすべて室温でのスパッタで行なわれる。先ほどの調光ミラーの変化を固体型に置き換えたものであり、5 V 程度の電圧の印加で $HxWO_3$ 中の水素イオンが MgNi 中に移動し、水素化されて透明になる。極性を反転させると元に戻り、

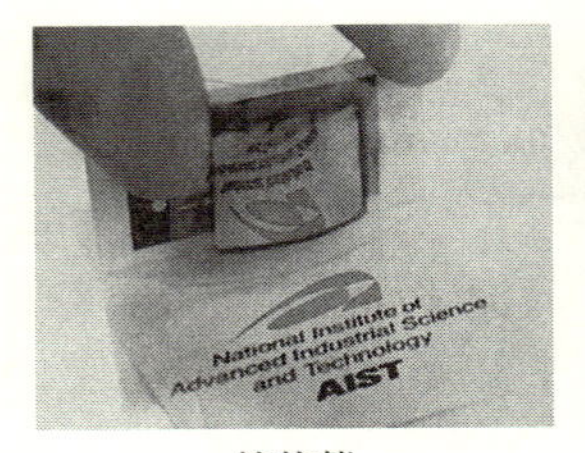

鏡状態

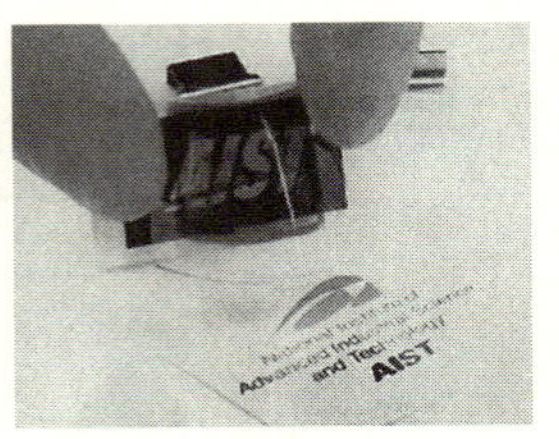

透明状態

出典：(独) 産業技術総合研究所　プレスリリース
2007年11月21日

図 55　全固体型調光ミラーの鏡状態と透明状態の様子

鏡状体になる。これらの変化は10秒程度で生じる。このような固体型の構成を使えば、フィルム基板上にも成膜できるので、既存のガラスなどにも貼って使うことも可能になり、用途の拡大が見込める。コストダウンをはかるにはPd使用量が課題である。**図 55** はプラスチック基板での変化の様子を現したものである。

3–5 光学膜

従来光学膜は、真空蒸着法により行なわれてきたが、最近の反応性スパッタ技術の向上により、スパッタ膜が使われる場合が多くなってきた。

ここでは (1) 光学膜をスパッタプロセスで行なうときの真空蒸着プロセスとの主な違い、(2) 光学膜用スパッタ装置、(3) 膜の種類の順で述べる。

(1) スパッタプロセスの特徴

蒸着膜と比べて、スパッタ膜の特徴として、以下が挙げられる。

* 膜組成：スパッタ膜は、ターゲットの組成をほぼそのまま反映するので、ターゲット組成と膜組成にズレがなく、欲しい組成の混合物膜、合金膜などが容易に得られる。そのため膜材料の自由度が大きく、屈折率を比較的容易に変えられる。

＊膜再現性：スパッタ条件が最適化されれば、ほぼ同じ膜が繰り返し同じ条件で得られる。そのため自動化が容易になる。

＊膜均一性：カソードの大きさを大きくすることが容易なため、基板の大面積化が容易であり、膜厚均一性、膜質均一性を大面積で可能となる。

＊膜厚制御：膜厚のコントロールは、基本的にはスパッタ電力に比例するため、膜厚を物理膜厚で制御でき、膜の設計上 $\lambda/4$ の光学膜厚にこだわらない自由な構成が可能となる。そのため全膜厚や全層数が少ない設計ができ、コストや光学特性などが有利となる。

＊傾斜膜：反応性スパッタを用いると、ガス種を少しずつ変えることでその化合物の傾斜膜が容易に得られる。傾斜膜によりさらに理想的な光学特性に近づけられる。

＊密着性：スパッタ粒子のエネルギーが大きい（平均的には約 10 eV 程度）ので、蒸着膜（約 0.5 eV 程度）に比べて密着性がよいため、ボンバード工程が省略でき（ガラス基板の場合）、また低温成膜が可能である。

ここに挙げた比較は原理的に考えられる特徴であり、たとえば蒸着装置を用いて大面積基板に光学膜を成膜できないわけではないが、開発期間、コスト、膜性能を考えた場合、大きな困難と費用を必要とし、基本的にはできないことと同じとなるという意味である。

(2) 光学膜用スパッタ装置

光学膜用には、2 種類の反応性スパッタ方式の装置がある。①遷移領域を制御して、反応性高速成膜を行なう方式、②メタモード方式と呼ばれるプロセスで、メタルの亜酸化物をスパッタし、その後で酸素プラズマ中で酸化し、高速に回転することで高速成膜する方式である。②のプロセスは原理的にバッチ方式のみであり、真空蒸着の装置形式をスパッタに変えた形態となっているため、大面積には対応できない。

近年、ディスプレーの大型化に伴い、ガラス基板やフィルム基板の大型化が進んだ。また、タッチパネルやタブレット端末などの普及に伴い、軽くて割れない素材としてPETなどのプラスチック基板が増加した。このため、ロールコーター（応用編　装置の項参照）を用いてロール搬送しながら成膜する方式が急激に拡大した。

この装置は、ロールコーターあるいはウエブコーター（装置の章　ロールコーター参照）と呼ばれ、一方の巻いたローラーからフィルムが巻き出され、他方のローラーに巻き戻されていく間に、ドラムに密着し冷却され、そこでスパッタが行なわれる。幅1～2 m程度のフィルムを一巻約1000～5000 m程度で1バッチとなる。**図56**は光学多層膜の膜構成を示している。

高屈折率膜がTiO_2ではなくNb_2O_5を使っているのは、TiO_2の内部応力が高い、吸収が出やすい、成膜速度が遅いことである。カソードは2台～4台の構成のため1回の通過で2層～4層成膜し、巻き取りを複数繰り返すことで多層膜を成膜することになる。基本的には、電力と搬送スピードで膜厚をコントロールしているが、光学特性を緻密に制御するために、最後から1～2層の膜を調整層とし、光学モニターも使ってい

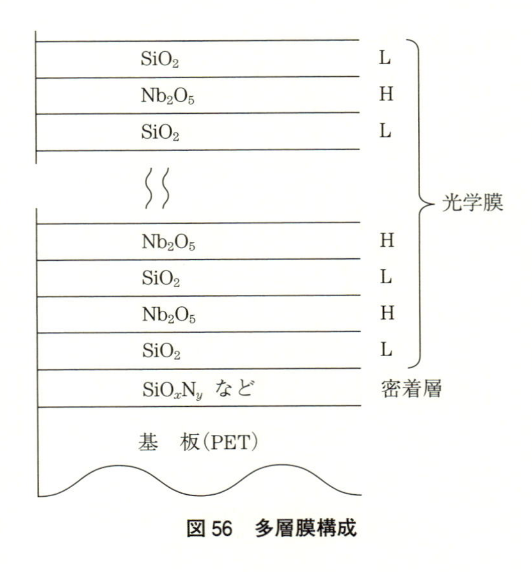

図56　多層膜構成

る。ロールコーターはディスプレー用途の拡大から、ITO 膜などの透明導電膜を成膜することも増えている。ITO 膜は、屈折率約 2.1 であり、高屈折率膜として使い、低屈折率膜として SiO_2 などと積層することにより、反射防止膜の構成にも兼用される。

(3) 膜の種類

光学系はさまざまな用途があるが、大きく分けて、ミラー、ダイクロイックフィルター、エッジフルター、AR（反射防止膜）などに分けられる。ダイクロイックフィルターは、色分解フィルターといい、カラーの色調調節に使う場合に必要となるフィルターである。ミラーにも誘電体の積層によるコールドミラーやホットミラーなどがあるが、ここではメタルの上に増反射したミラー例を示す。

図 57 は、リアプロジェクション TV のミラーに使われている例である[24)]。光学エンジンと呼ばれる映像投射装置からの画像がミラーによって反射され、前方のスクリーンに投影される。鮮明に、明るく投影するために、ガラス基板の表面側に $SiO_2/TiO_2/SiO_2/Al/$ガラスというような構成の膜になっており、Al だけの場合の反射率約 90% のものを、95%

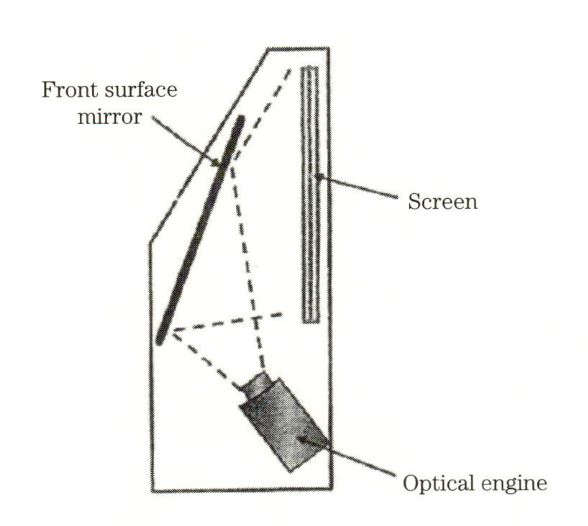

出典：片山佳人　真空　51、1（2008）8

図 57　リアプロジェクション TV 断面図

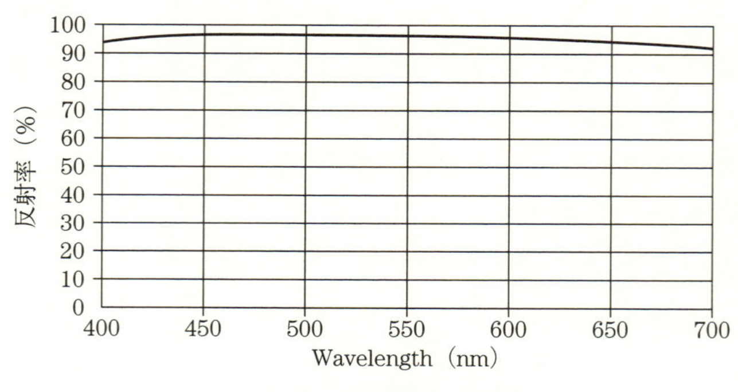

図 58　Al 増反射膜の反射特性
$\begin{pmatrix} SiO_2/TiO_2/SiO_2/Al/G \\ 4 \quad 52 \quad 77 \quad 70\,nm \end{pmatrix}$

程度に向上できる。**図 58** にその光学特性を示す。これらの増反射膜は、複写機やスキャナー、プロジェクター、液晶ディスプレイのバックライトの反射板など多くの部品に使われている。

成膜方法は、竪型の装置を使いダストやパーティクルをできるだけ避け、量産性の点からインライン方式が多い。コストの点からは、Al の上の誘電体 2 層あるいは 3 層部分は、PEM 制御を使った高速成膜を行なっており、また大面積基板で成膜後、必要なサイズにカットして使う。Al 膜は、放電ガスとして Ar のみであるが、増反射層は Ar に O_2 を加えた反応性スパッタになるので、Al のスパッタ室にわずかでも O_2 ガスが漏れると Al の反射率が落ちるので、排気ポンプによるガスセパレーションが重要となる。

他の増反射ミラーとしては、たとえばレーザープリンター用などで使う回転多面鏡などがある。これは、ポリゴンミラーと呼ばれ、6～8 面体のミラーが回転するような構造となっている。また、DVD などに使う光ピックアップヘッドなどは、レンズや反射ミラー、$\lambda/4$ 板、偏光ビームスプリッター、コリメーターレンズなど多くの光学部品から構成されている。

このような非常に小さな基板の場合には、まとめて 200 個程度を 1 ケースに詰めて、カートリッジ方式の成膜が便利になる。この場合には、蒸着装置よりかなりコンパクトな小さな専用のスパッタ装置を用いて、効率よく生産可能となり、コストダウンを図ることが可能となる。

次に、膜設計上の特徴のある光学膜として、ルゲートフィルターを挙げておく。以前から膜設計のシミュレーションとしてその大きな可能性を示しており、従来のオプティカルフィルターでは不可能な光学特性を実現することが出来るのではないかと研究されている[30,31]。

図 59 は、設計例を示しており[32](a) は、従来の設計で H,L の屈折率材料が交互に積層されており、下図はその光学特性である。多くのリップルがフィルターの両側に出ている。(b) は、膜厚方向に向かって、屈折率が連続的に低屈折率から高屈折率へ、また、その逆に変化する設計例

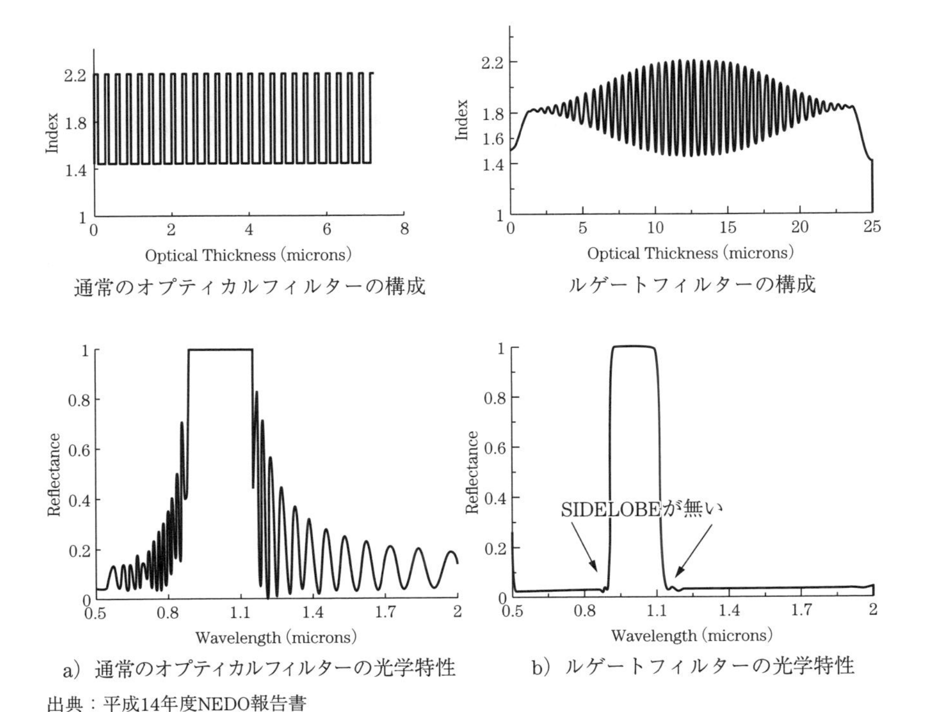

図 59　通常のフィルターとルゲートフィルターとの比較

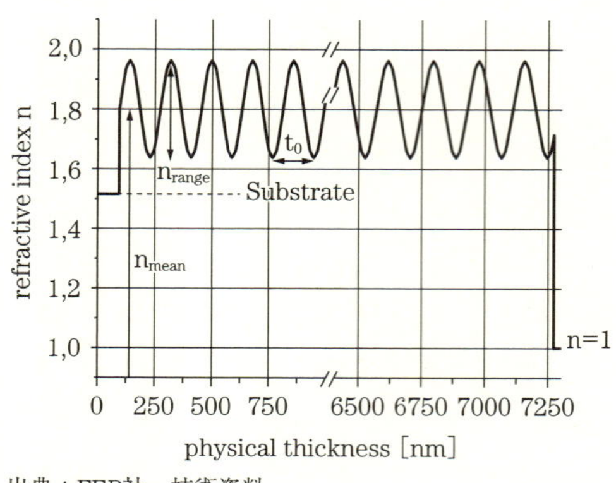

出典：FEP社　技術資料

図 60　ルゲートフィルター試作例

である。この場合には、分光特性は矩形になり、周辺にリップルを持たない理想的なフィルターとなる。**図 60** はその試作例である[33)]。この膜構成でのスパッタプロセスは、ターゲットとして Si を用い、反応性スパッタにより遷移領域制御を用いた高速成膜が可能となる。傾斜膜の場合には、O_2 のエミッションにより O_2 量を制御しながら、N_2 を一定の速度で徐々に変える方法が有効となる。反応性ガスの導入比だけで成分比が容易に変えられるのは、プロセス上大きなメリットである。屈折率は、SiO_2 の 1.45 から Si_3N_4 の 2.1 まで、途中 SiOxNy を経過して連続的に変化する。

3-6　圧電膜

力を加えると電圧が発生する圧電効果および電圧をかけると伸び縮みする逆圧電効果を利用した製品は、携帯電話、TV、ラジオなど日常生活に広く使われている。従来水晶やセラミックスなどのバルク材料が使われているが、機器の小型化、薄型化のニーズにより薄膜による開発が進んできた。

圧電性材料としては、**表 7** に示すような材料がある[17)]。PZT や ZnO

表7　代表的な圧電性材料と圧電定数の一例

圧　電　材　料	圧電定数 d_{33} [10^{-12}C/N]
水　晶	2
ニオブサンリチュウム（$LiNbO_3$）	6
ジルコン酸チタン酸鉛（PZT）	289
酸化亜鉛（ZnO）	11.7
窒化アルミ（AlN）	5.5

出典：武井厚編　身近な機能膜のはなし　日刊工業新聞社（1994）

などの材料が圧電定数が大きいことがわかる。薄膜化する場合には、コストの点から、安価なガラス基板などの非圧電基板を用いて、結晶性のよい膜を作れることが望ましい。ここでは、(1) ZnO膜を用いて実用化されている表面弾性波素子、(2) PZTの薄膜化の開発例を紹介する。

(1) ZnO膜　表面弾性波（SAW）フィルター

真空蒸着と比較すると、スパッタ膜の方が低温で単結晶ができるといわれている[34)]。ZnO結晶は、ウルツ鉱型の六方晶形であり、ZnOのC軸が最密面で、C軸方向の結晶の成長速度が最小であることを考えれば、ガラス基板上にC軸配向した結晶膜ができやすい。これはBravaisの経験則である原子密度が最大の面が基板に平行な方位配列を持ちやすいという法則に従っている。C軸配向性が崩れると圧電性が小さくなる。C軸配向性をよくするスパッタ条件は、薄膜形成速度と基板温度が重要である[35)]。

図61に示すように、形成速度を早くするには、基板温度も上げる必要がある。成膜は、Znターゲットを用いた反応性スパッタ、またはZnO焼結ターゲットを用いた方法が可能であり、DC、RFどちらでも成膜できる。焼結ターゲットを用いる場合にも、微量のO_2ガスは添加する必要があり、DC放電の場合には、水素で還元するなどして、導電性ターゲットにしなければいけない。また、焼結ターゲットの場合に、焼結ターゲット中の酸素がスパッタされて高速のO^-、O^{2-}イオンとなり、大半は中和されて高速の中性粒子となって膜に衝突し、再スパッタしたり、

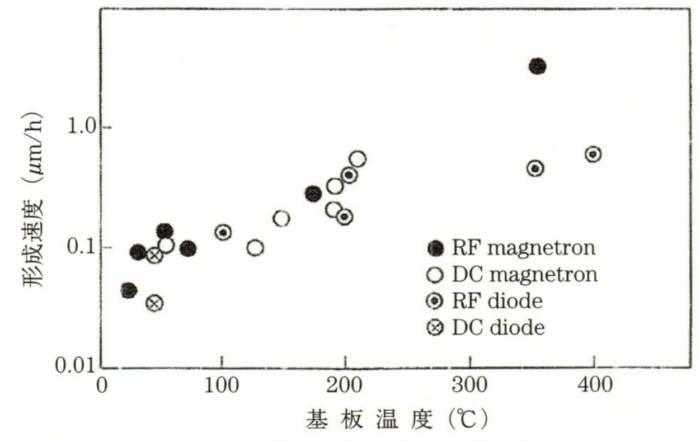

出典：和佐清孝、早川茂　薄膜化技術　第3版　共立出版（2003）

図 61　最適スパッタ条件

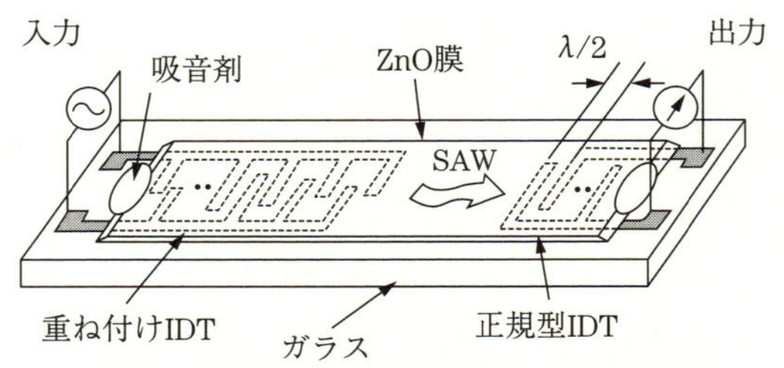

出典：日本表面科学会編　「図解」薄膜技術　培風館（1999）

図 62　ZnO 膜を用いた弾性表面波フィルター

配向性を崩したりすることが多く、これは酸化物ターゲットを用いたスパッタの共通の問題となっている[17]。この場合には、基板位置を調節して、ターゲットのエロージョン直上を避けるか、垂直方向に置いたりして行なう。

図 62 は弾性表面波フィルターの構成例であり[36]、**図 63** は実装例である[37]。IDT（インターデジタルトランスジューサー）という櫛型の電極を２つ並べ、交互に逆の極性を持った電圧を加える。励起された歪みが同相で干渉し合い、共振周波数となった場合に、出力側から受信できる。**図 64** は ZnO 膜厚と基板の種類を変えた場合の位相速度を表している[35]。

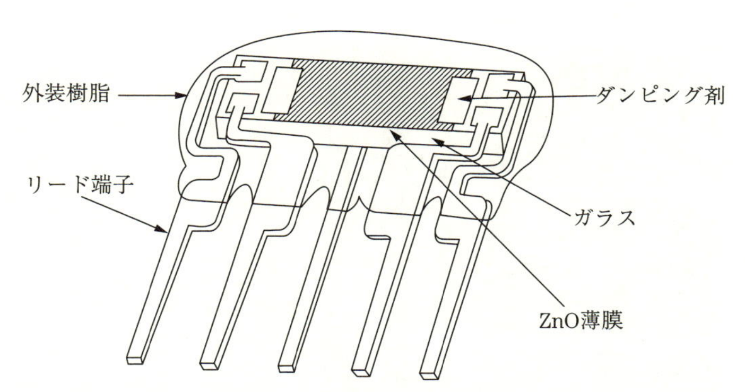

出典：村田製作所　カタログ（2001年10月24日付）

図 63　SAW フィルター構造図（SAFGH タイプ）

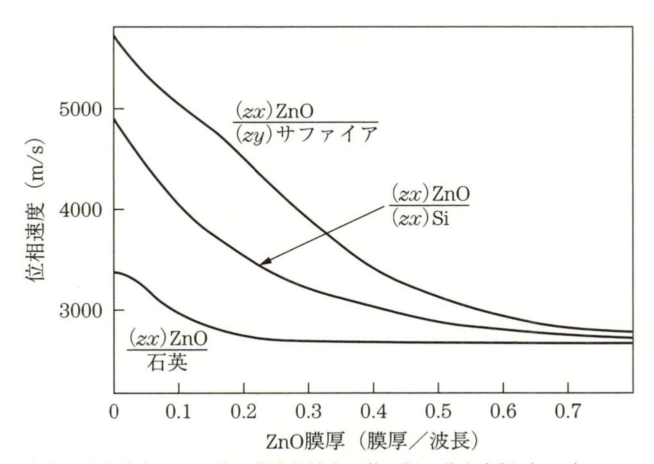

出典：和佐清孝・早川茂　薄膜化技術　第３版　共立出版（2003）

図 64　各種基板材料における表面波の位相速度と ZnO 薄膜の膜厚

膜厚や基板の変化により音速を変えることができ、サファイア上に ZnO 膜をエピタキシャル成長した膜で移動体通信用 1.5 GHz 高周波 SAW フィルターも実用化されている[36]。**図 65** にサファイア単結晶基板上にエピタキシャル成長させた ZnO 膜の例を示す[35]。

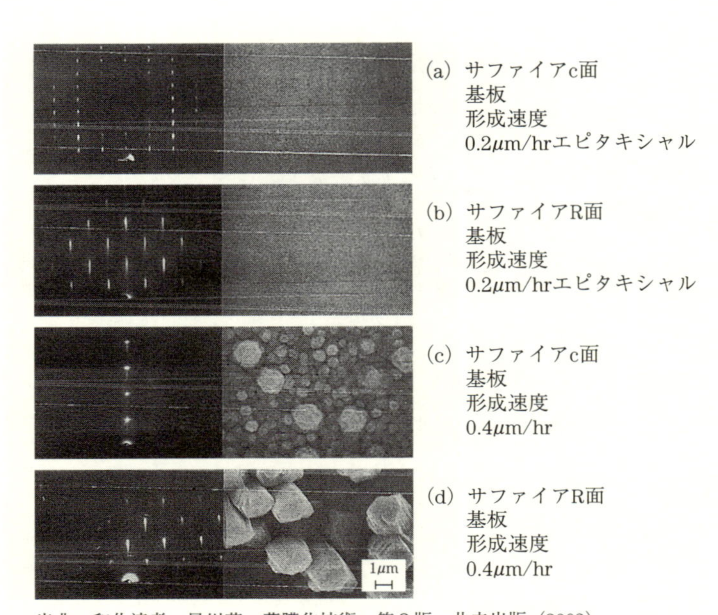

出典：和佐清孝・早川茂　薄膜化技術　第３版　共立出版（2003）

図 65　ZnO スパッタ膜の反射電子線回折像と電子顕微鏡による表面写真（サファイア基板、基板温度 600℃）

(2) PZT 薄膜化の開発例

PZT は、ジルコン酸チタン酸鉛［Pb（Zr、Ti）O_3］と呼ばれ、圧電定数が大きく、薄膜化が期待されているが、スパッタした膜の組成がずれたり、結晶構造が変わったりと、成膜が難しい膜である。MEMS（Micro Electro Mechanical System）での、マイクロアクチュエーター用圧電薄膜材料として注目され、超高密度ハードディスク、プリンターヘッド、採血用マイクロポンプなどへの応用開発が行なわれている[38)]。良好な圧電特性を得るには、結晶方位を最大分極方向である〈111〉に配向、結晶粒の粗大化、PZT の組成を Zr/Ti＝52/48 にする必要がある[39)]。

焼結ターゲットを使い、**表 8** のような条件でスパッタすることにより、**図 66** のような X 線強度が得られている[38)]。圧電特性がよいペロブスカイト型結晶構造の単一相は、530～630℃ の間にできることがわかった

表8　Sputtering conditions obtained by experimential method

Sputtering conditions	
(1) ターゲット	$Pb_{1.2}(Zr_{0.52}$、$Ti_{0.48})_{0.8}O_3$
(2) 基板材料	Si
(3) バッファー層	Pt、Au
(4) 入力パワー	100 W
(5) スパッタ時間	80 min (0.2 nm/sec)
(6) 基板位置	at off set position of 45 mm from center of target
(6) 基板角度	90 deg
(7) O_2 量、圧力	1 sccm at 1 Pa
(8) 基板温度	470～660℃

出典：槌谷和義、北川俊明、上辻靖智、仲町英治　日本機械学会論文集（A編）71、701（2005-1）

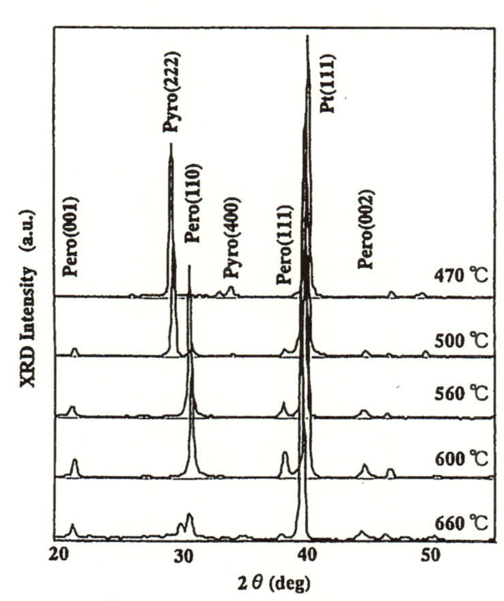

出典：槌谷和義、北川俊明、上辻靖智、仲町英治　日本機械学会論文集（A編）71, 701（2005-1）

図66　基板温度を変えた時の PZT 膜結晶性変化

が、(111) 面のみの結晶は、今後の課題となっている。

スパッタ方法としては、3元の反応性スパッタを使うことも可能であるが、3元の場合には、量産時の再現性、3元のカソード配置などを考えると空間の配置に難があると思われる。たとえば、Ti、Zr の2元合金ターゲットと Pb ターゲットにして、デュアルカソードにするようなアイデアは可能かもしれない。

3-7 ハードコーティング膜

ハードコーティング材料は、すでに工具などでは多く使われており、また種類も多い。従来からよく使われる材料としては窒化物系が多く、TiC のような炭化物、あるいは TiCN のような窒化炭化物もある。**表9**は工具材料の性質として硬さと生成自由エネルギーを示したものである。生成自由エネルギーは、物質を構成する原子の結合の強さを示し、自分自身の化学的変性や、被削材との拡散の起こりにくさの尺度となる[17]。

TiN などの窒化膜は、汎用的な材料で熱線反射ガラス、装飾膜などとしても使われており、スパッタ膜としては、遷移領域制御で高速化も可能である。酸化物ほどではないが、同じ装置での同一電力密度にて、量産装置でも 2～3 倍の高速化により、コストダウンができている。

TiN 膜の改良型として、TiAlN 膜などが作られている。これは TiN 膜の高温での耐酸化性を向上するために、Al を加えたものであるが、密

表9 工具材料の性質

材　料	融点 (℃)	ビッカース硬さ (Hv)	生成自由エネルギー (kJ/mol)	熱膨張率 (10^{-6}/℃)
TiC	3150	3200	180	7.7
TiN	2950	2100	310	9.3
HfN	3310	1700	340	6.9
Al_2O_3	2050	2300	1580	8.0
WC	2790	2000	33	5.2
超硬合金	1280	～1500	—	～5
高速度鋼	1500	～900	—	～11

出典：武井厚編　身近な機能膜のはなし　日刊工業新聞社 (1994)

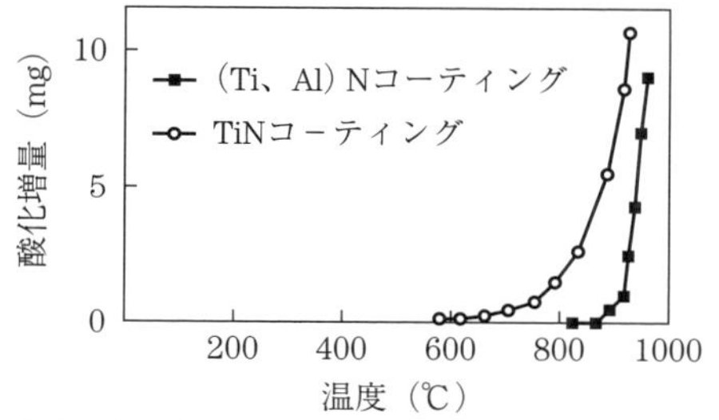

出典：表面技術協会編　PVD・CVD皮膜の基礎と応用
槇書店（1998）

図 67　コーティング皮膜の酸化増量曲線

着性も上がっている。TiAlN 膜は、TiAl 合金ターゲットを用いて、Ar に N_2 を加える反応性スパッタで成膜する。この場合に、Ti と Al は融点がかなり違うので、合金ターゲットも焼結タイプとなるので、ターゲット価格は Ti に比べると高くなる。成膜は TiN と同様な方法で可能である。これらの膜は導電性を持っているので、絶縁性の酸化物膜を成膜する場合と違って、アーキングの発生は少ないため、その点では酸化物膜と比べて容易である。

図 67 に TiN と TiAlN 膜についての白金箔に成膜したサンプルの空気中での酸化増量の挙動を、**図 68** に切削試験の比較をイオンプレーティングの場合について示す[40)]。TiN と比べて、耐酸化性、切削性の向上がわかる。また、**表 10** には PVD 処理で可能なコーティング皮膜の特性および用途を示した。耐酸化性では TiAlN と Al_2O_3 が優れているのがわかる[40)]。

Al_2O_3 は、酸化物のために特に耐酸化性に優れた材料であり、高温での切削に耐える最も適した材料といえる。表 9 にあるように生成自由エネルギーが大きい材料であり、被削材である他材料との反応も小さい。低温で成膜するとアモルファス膜であるが、高温での成膜で結晶化させることができれば、サファイアと同等の硬さと強さを期待できる。

CVD 法では、α-Al_2O_3 結晶膜を成膜するには、1000℃ 以上の高温が必要である。ここでは、基板にバッファー膜をイオンプレーティングし

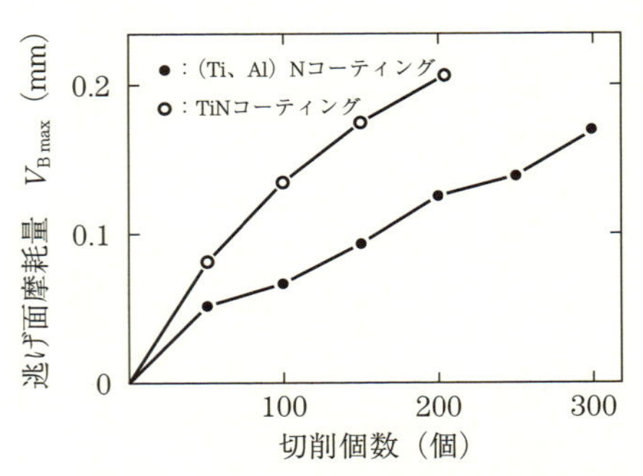

ソリッドホブ：m2.5、PA20° 3RH、母材 SKH 55
ワーク：31T、30°34′RH、φ85×25、SCr 420 H
切削条件：V＝100m/min、F＝3.1mm/rev
クライムカット、切削剤 JIS B211 相当

出典：表面技術協会編 PVD・CVD皮膜の基礎と応用
槇書店（1998）

図 68 (Ti、Al) N コーテッド・ハイスホブの切削試験結果

表 10 PVD 処理で可能なコーティング皮膜の特性および用途

膜種	色 調	硬さ（Hv）	摩擦係数	耐食性	耐酸化性	耐摩耗性	耐焼付性	用 途
TiN	金 色	2000～2400	0.45	○	○	○	○	切削工具、金型、装飾品
ZrN	ホワイトゴールド	2000～2200	0.45	○	△	△	△	装飾品
CrN	銀白色	2000～2200	0.30	◎	○	○	◎	機械部品、金型
TiC	銀白色	3200～3800	0.10	△	△	◎	○	切削工具
TiCN	バイオレット～灰	3000～3500	0.15	△	△	◎	○	切削工具、金型
TiAlN	バイオレット～黒	2300～2500	0.40	○	◎	○	○	切削工具、金型、装飾品
Al_2O_3	透明～灰色	2200～2400	0.15	○	◎	○	○	絶縁膜、機能膜
DLC	灰色～黒色	3000～5000	0.10	○	○	○	◎	切削工具、機能膜、金型

出典：表面技術協会編 PVD・CVD 皮膜の基礎と応用 槇書店 1998

たうえに、α-Al_2O_3 結晶膜を 750℃ の比較的低温、量産サイズでスパッタ成膜できた例を紹介する。

図 69 に実験装置を示している。ヒーターは壁面と中心にあり、Al メタルターゲットのアンバランス型カソードが壁面に 2 台付いている。イオンプレーティングで TiAlN 膜をバッファー層として 2 μm 成膜し、クリーニング用 Ar ボンバード、プリトリートメント用 O_2 ボンバード後に、0.5 Pa、250 kHz、デューティー比 60%、750℃ にて成膜した[41]。

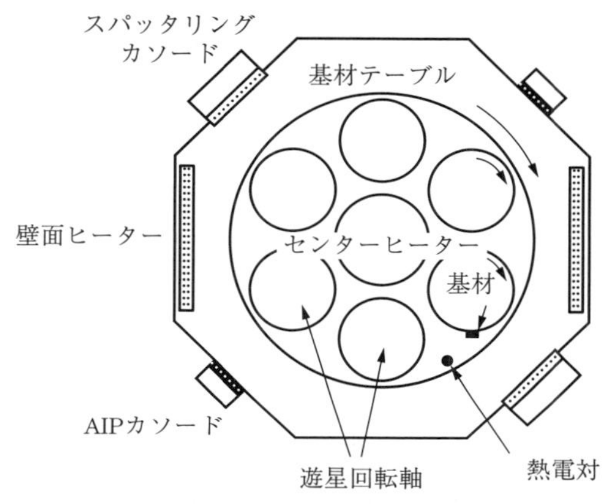

出典：小原利光、玉垣浩、碇賀充　表面技術協会
第109回プロシーディング

図 69　実験装置概略図

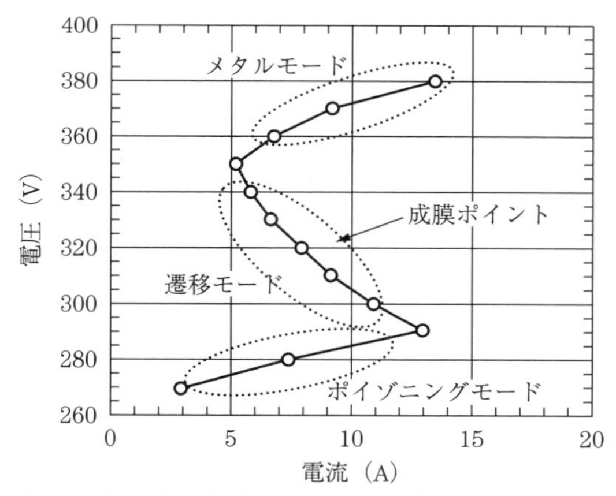

出典：小原利光、玉垣浩、碇賀充　表面技術協会
第109回プロシーディング

図 70　酸素雰囲気中での Al スパッタリング時の放電電圧と放電電流との関係

成膜は**図 70** に示すような、インピーダンスおよび PEM 制御のフィードバック機構を使った遷移領域制御により高速化している。成膜速度 0.58～0.74 μm/hr、膜厚 1.75～2.23 μm であった。**図 71** に示すように、α-Al_2O_3 が生成している。

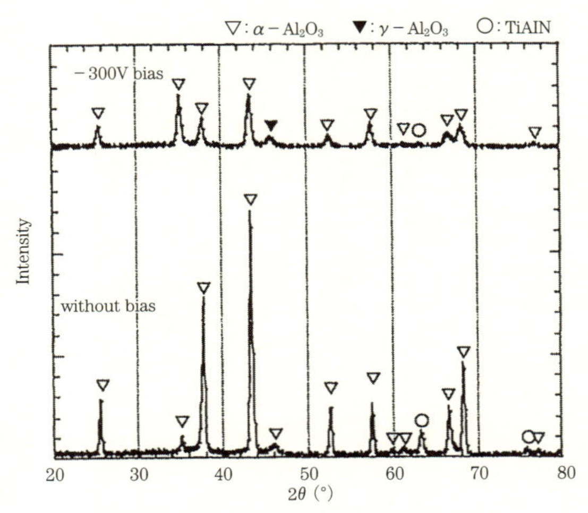

出典：小原利光、玉垣浩、碇賀充 表面技術協会
第109回プロシーディング

図 71 TiAlN 上に成膜したアルミナ皮膜の薄膜 XRD 分析チャート

次にバッファー層を CrN に変えた例を示す。バッファー層が、O_2 ボンバードにより酸化され、表面に α-Cr_2O_3 のコランダム構造ができており格子定数が近いということが、α-Al_2O_3 の形成に重要であるとしている[42)]。**図 72** に基板温度と硬さとの関係を示す。準安定相の γ-Al_2O_3 から α-Al_2O_3 へ変わっていき、それによって硬さが増加している様子がわかる。**図 73** に TEM の断面写真を示す。1 μm 程度の大きな結晶粒ができているが、基板バイアス（30 kHz、デューティー比 70%、－300 V）をかけることにより微細化し、硬さも向上している。

ハードコーティング膜では、反応性を上げ、基板との密着性を良くし、緻密な膜を作るためにアンバランス型にするが、基材に対応して**図 74** に示すように[43)]、(a) 中心に対して対抗した形、(b) 上下に対向 (c) 小物に対応した形が取りうる。これらを CFUBMS（close–field unbalanced magnetron sputtering）と呼んでいる。重要な成膜条件としては、相対成膜温度 T/Tm（T は、成膜温度、Tm は膜材料の融点の絶対温度）、イオン対原子の比、バイアス電圧といわれる。また**図 75** は、その時の T－S

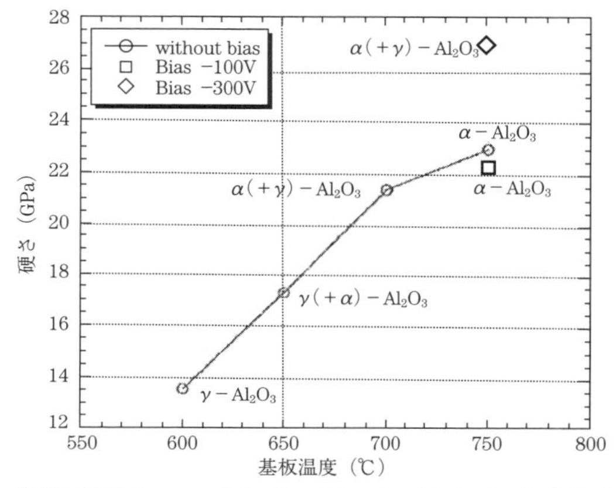

出典：T. Kohara et. al. Surface & Coating Technol. 185 (2004) 166-171

図 72　CrN 膜上でのアルミナ膜の構造と硬さ

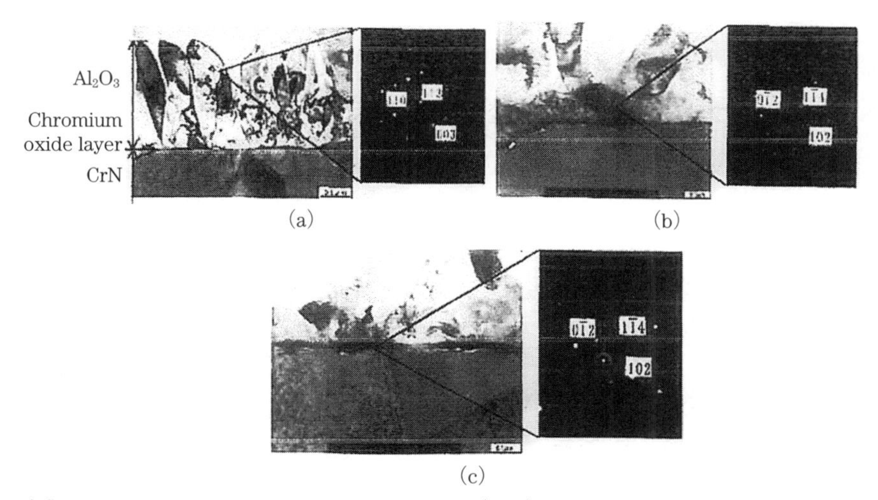

出典：T. Kohara et. al. Surface & Coating Technol. 185 (2004) 166-171

図 73　(a) CrN 上での Al_2O_3 の電子線回折像と TEM 像（750℃、バイアスなし）
(b, c) Al_2O_3、CrN 膜界面での電子線回折像と拡大 TEM 像

間距離と対応した基板へ流入するイオン電流を示している。スパッタの場合には、T−S 間距離を増加させると、イオン対原子比が増加するが、成膜レートは落ちるので、パワーを上げる条件が好ましい。

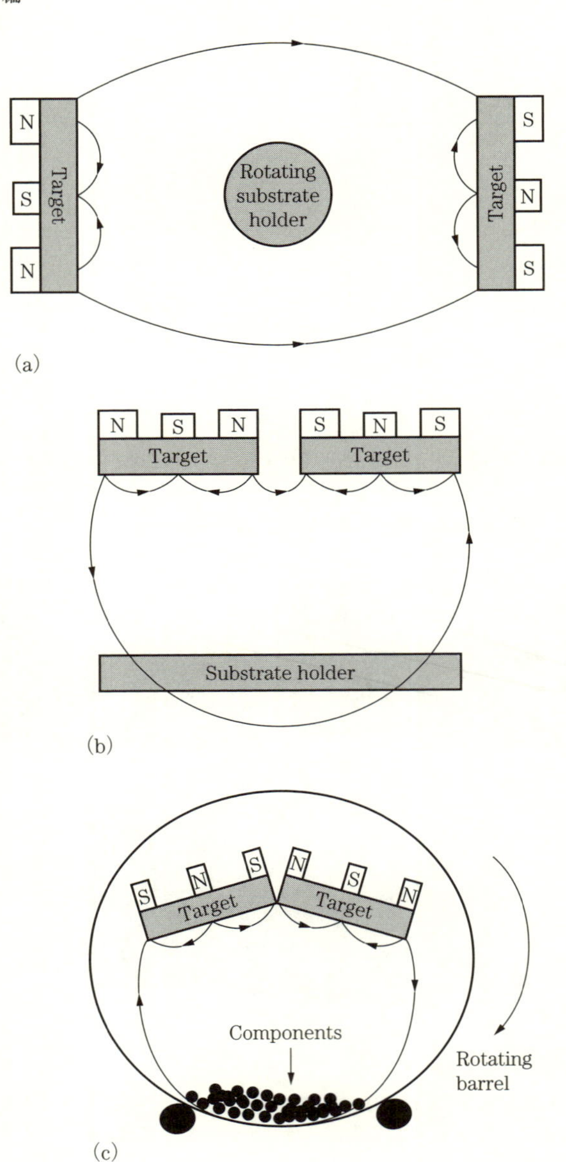

出典：R. D. Arnell et al. surface and coatings Technology 112（1999）170

図 74　各種最適マグネトロン配置
a）垂直対向型　b）対向型
c）バレル型

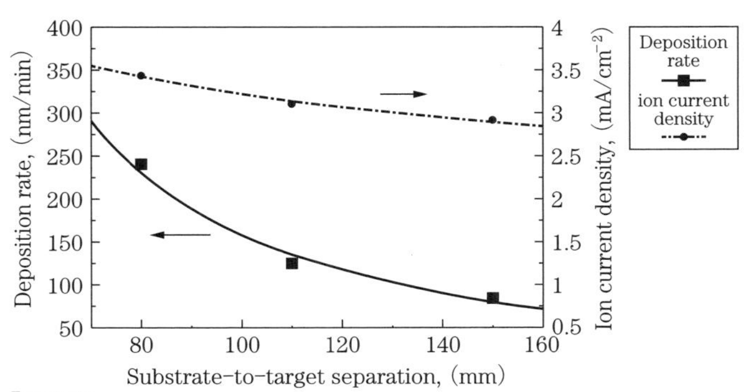

(a)

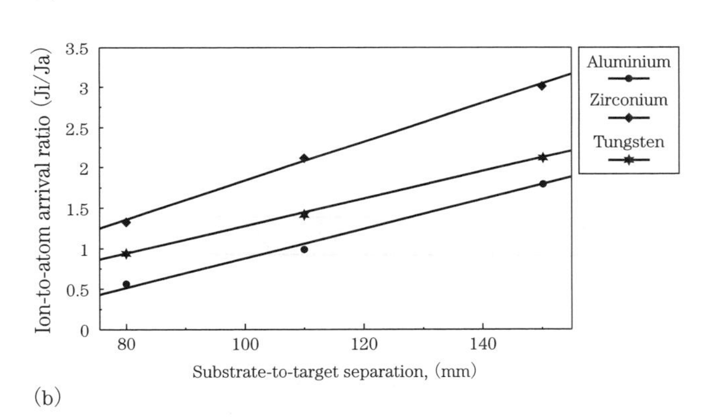

(b)

図 75　(a) CFUBMS 系での T–S 間距離に対する電流密度と成膜速度
(b) T–S 間距離に対する基板に入射するイオンと原子比

3–8 装飾膜

従来から知られている装飾用の膜として、金色に見える TiN 膜がメガネのフレームや時計のバンド、各種電気製品などに利用されてきた。スパッタ膜は、低温での密着性がよいために、基板が熱に弱いものにも成膜できるので、プラスチックフィルムや繊維などにもその用途は広がっている。着物の帯やスポーツウエアなどもその例である。装飾膜は手で触ることが多いものに使われるので、耐久性や耐摩耗性が必要で、そのために耐摩耗性膜とも材料が重なっている。耐摩耗性膜として利用される表10を見るとわかるように、あまり色の種類が多くなく、単体の材料では難しい。そこで、各種の金属を加え合金膜で色を出したり、反応性ガスの種類を変え、CH_4 などのガスを使って炭化物膜を作ったりすることになるが、この場合に、材料で出せる色は吸収した波長の補色を見ることになり、反射率が低いことや、そのために特性曲線が緩やかに

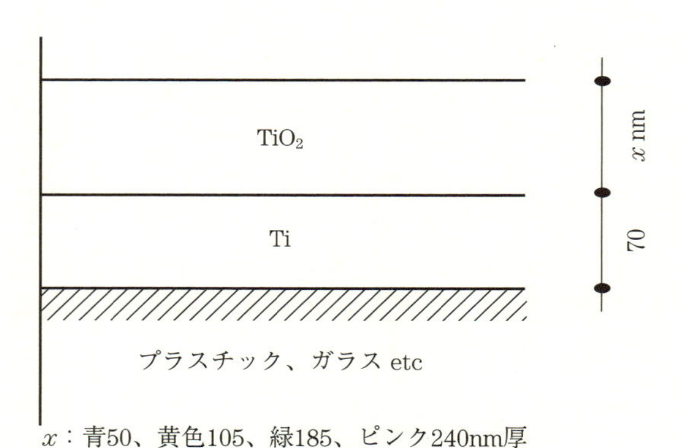

図 76(a) 膜構成

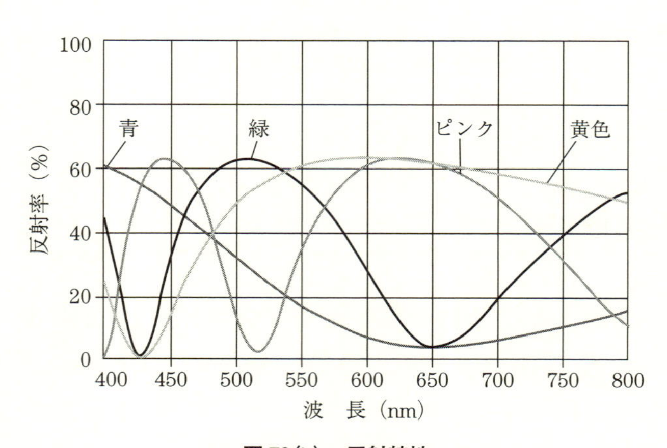

図 76(b) 反射特性

なり多くの色が混ざるような特性となるため、この場合にも、鮮やかな色は難しい。

TiN 膜をスパッタする場合に、Ti ターゲットを用い、Ar に N_2 ガスを加えて反応性スパッタを行なうが、Ar ガスが N_2 ガスに比べて多くなり遷移領域に近づくと、化学量論性がよい TiN 膜に近くなり、同時に内部応力も大きく、かつ色は金色に近づく。

TiN、ZrN、HfN など同じ周期律表に並ぶ化合物は、同時に光学定数も近く装飾膜として金色として使われる。この順序で反射率も高くなり、明るい金色となる。ただし、価格もこの順序で高くなる。

鮮やかな色を出すためには、吸収係数を使う方法は難しいので、反射率を上げて干渉効果による方法となるが、特にプラスチックや繊維などのように剛性のない基材には、内部応力が小さく、膜厚が薄く、かつ低コストな膜が望まれる。**図 76**(a)に膜構成、同図(b)に反射特性の一例を示す。これは、金属膜の反射とその上の透明膜による干渉を利用し、2 層膜としたものであるが、ほとんどの色を 2 層目の透明膜の膜厚を変えるだけで出すことができる。この場合に、金属膜と透明膜を同じターゲットにして、透明膜を反応性スパッタで高速成膜を行なうことが、基板（材）の温度上昇を防ぎ、また、コストダウンも可能となる。

3–9 その他の応用

スパッタリングというプロセスの特徴を上手く利用して、それを膜としての利用ではなく、ミクロな形状の形成に使うことで、ユニークな製法につながったアイデアを三例紹介する。

(1) シャドーイング効果を利用したマイクロレンズの製作

スパッタ法は、放電ガス圧が変わると平均自由行程が変わり、そのため、スパッタされた粒子は、基板に到着するまでに、ガス圧に相応して放電ガスとの衝突を繰り返すことになる。このため、スパッタ粒子は種

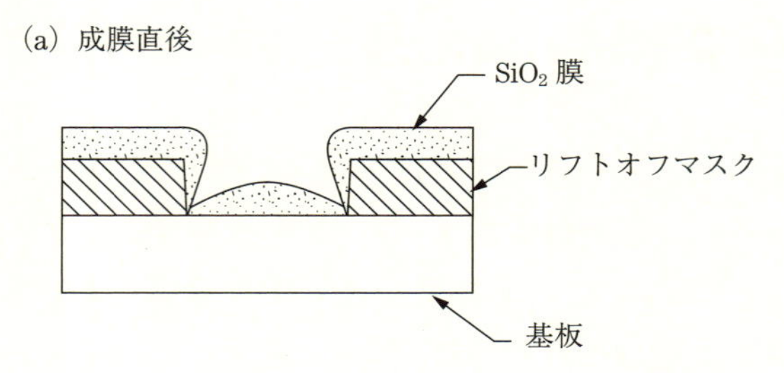

出典：芹川正　スパッタリング＆プラズマプロセス部会
9、2 (1994) 25

図 77　スパッタリフトオフ法の原理

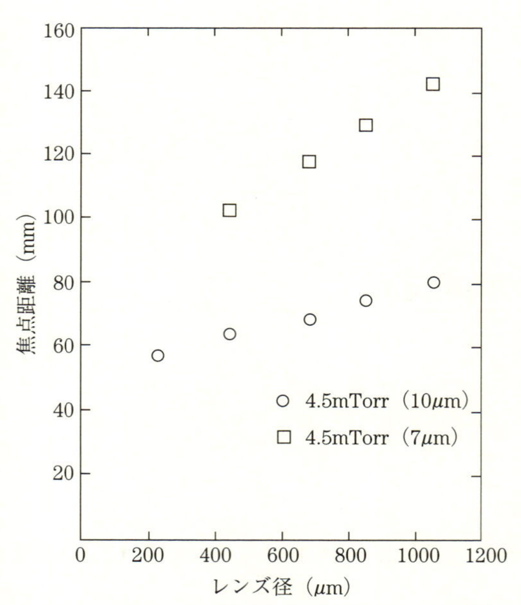

出典：芹川正　スパッタリング＆プラズマプロセス部会
9、2 (1994) 25

図 78　焦点距離の堆積膜厚依存性

種の方向から基板に入射することになり、膜表面や基板上に凹凸があると、入射原子がその凸部により遮られその近くの膜厚分布に大きな影響を与える。通常は、この現象は好ましくないが、積極的にこれを利用して、レンズ形成に使った例がある。

図 77 は、石英基板の上にリフトオフ法のマスクを置き、シャドーイング効果により、穴のあいたマスクのすぐ内側には膜が付かず、マスクの穴の中心が盛り上がる形状を利用して、マイクロレンズを形成した例である。同図(a)は SiO_2 膜をマスクの上からスパッタした状態、(b)はマスクを取り除いた状態を示す[44)]。

この方法で行なうと、マイクロレンズアレイのような、微小なレンズ構成が容易に形成できるのと、成膜条件やマスク厚さ、マスクの穴径、などによりレンズの焦点距離、レンズ径なども変えられる。比較的低温での形成もメリットとなる。**図 78** は、厚さを変えたときの焦点距離と

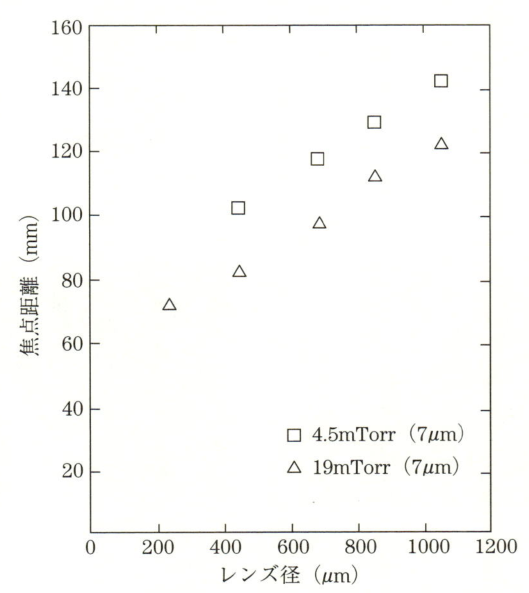

出典：芹川正　スパッタリング＆プラズマプロセス部会
9、2（1994）25

図 79　焦点距離の Ar ガス圧依存性

レンズ口径との関係を示す。厚いほど、シャドーイング効果が大きくなり焦点距離は短くなる。**図 79** は圧力依存性であり、Ar ガス圧が高いほど焦点距離は短くなる[44)]。マイクロレンズアレイは、光通信や画像処理分野などでの応用が期待される。

(2) スパッタ膜を利用したミクロ針の製作

自然界にある生物や、植物のミクロな構造を学んで、膜形成に応用する手法が盛んになっている。

ここでは、血糖値測定用の無痛針を開発する過程において、雌蚊の内唇に大きさのヒントをえて、このサイズにするための針を考案した[45)]。極細針の製作は、削ったり引き伸ばしたりして作っていたのが従来の方法であるが、その場合には、使える金属に制約があり、また、極細の程度に限界がある。

スパッタ膜を使って膜厚が管の厚さになるということであれば、ナノメートル厚にした針が可能となる。銅の細線を基材にして、3〜5 rpm の速度で回転し、そこにスパッタで Ti の金属膜を付け、後でその銅を硝酸で溶解することにより、残ったスパッタ膜の管が針となった。従来

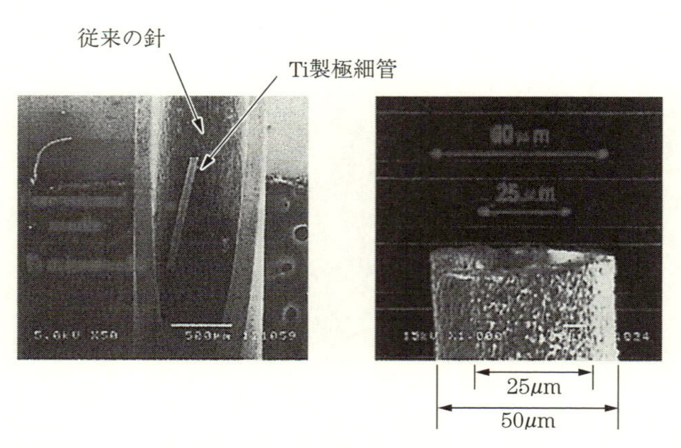

出典：槌谷和義　表面技術協会　材料機能ドライブプロセス部会
71回定例会（2007）

図 80　チタン製極細管の SEM 画像

外径200 μm が最小だったが、スパッタ法で外径50 μm、内径25 μm の針を製作できた。**図80** にスパッタ針を示す。後で溶かす基材の銅線の形状を変えれば、円形以外に三角、六角などさまざまな中空管を製作でき、管の材質はスパッタ膜のため、反応性スパッタを用いれば、かなり自由に変えられる。セラミック管も可能である。多方面への用途に使える可能性があると思われる。

(3) 粉末へのコーティング

スパッタでの膜は、2次元の平面基板には大変優れているが、3次元の形状のへのコーティングとしては不向きである。「多角バレルスパッタ法」として、小物や粉末基材など多角形をしたバレルに入れそれを回転しスパッタリングすることで、材料が撹拌され、多くの複雑な形状をする材料の均一な成膜をする方法を紹介する[46]。

図81 は、その構成を示している。燃料電池に用いられるカーボン担体 Pt–Ru 合金を担持したアノード触媒（Pt–Ru/C，合金組成：Pt : Ru＝

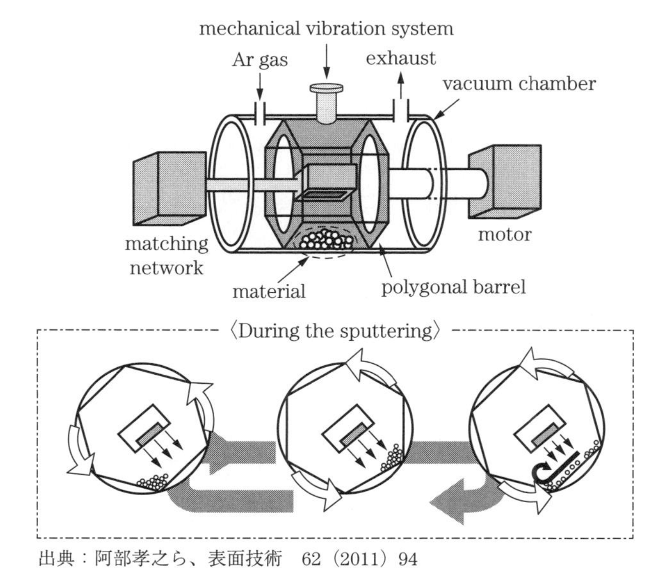

出典：阿部孝之ら、表面技術　62（2011）94

図81　多角バレルスパッタリング装置の概略図

(A) Pt-Ru/C samples for PEFC anode catalyst

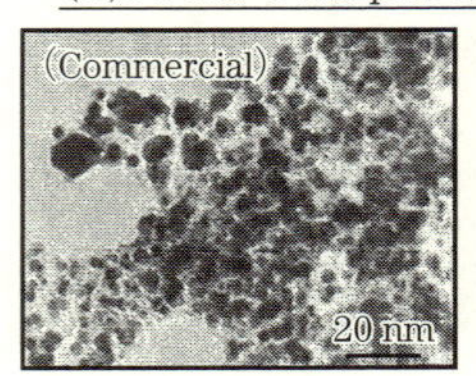

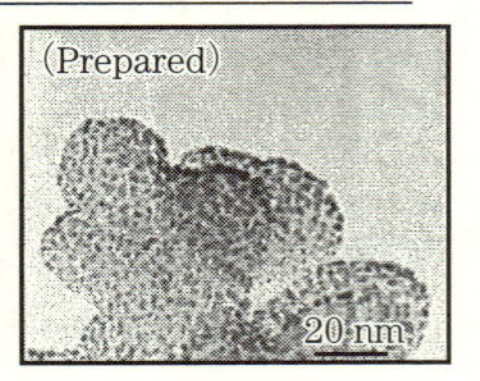

(B) CO_2 methanation reaction on Ru/TiO_2 catalysts

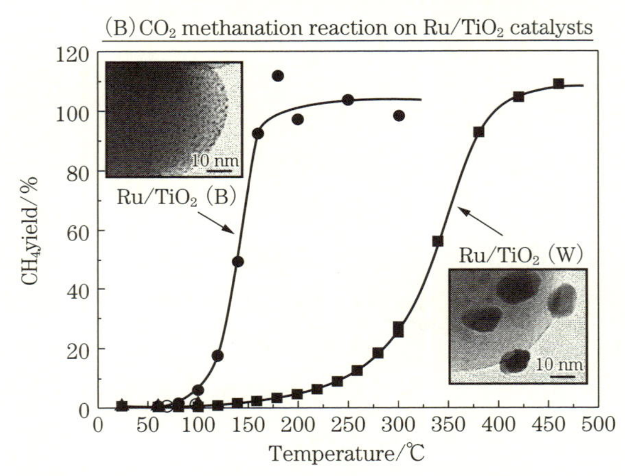

図 82 (A) PEFC アノード Pt-Ru/C 触媒試料の TEM 像(黒点が Pt-Ru 合金ナノ粒子)
(B) Ru/TiO_2 試料を用いた CO_2 メタン化反応におけるメタン収率の温度依存性
多角バレルスパッタリング法調整試料:Ru/TiO_2(B)
ウェット法調整試料:Ru/TiO_2(W)
挿入図:Ru/TiO_2(B) と Ru/TiO_2(W) の TEM 像

50:50 at%)を調整し、成膜(コーティング)した個々の合金組成は、52.9:47.1 at%(±5.3)であり、市販試料の組成(51.0:49.0〜89.4:10.6 at%)に比べ極めて均一であった。これにより発電性能を低下させることなく合金触媒の使用量を 1/10 に削減できた。**図 82** は(A)固体高分子型燃料電池(PEFC)試料の透過型電子顕微鏡明視野像であり、(B)は TiO_2 粒子上に Ru ナノ金属を担持した触媒 Ru/TiO_2(B)(バレルスパッタ)と Ru/Tio_2(W)(ウエット法)での調製を示している。バレルスパッタでは、室温から CO_2 の水素化反応が進行し、約 150℃ で転化率、選択率共に 100% の触媒活性を示す。これは、従来のウエット法の試料と比べ、200℃ 以上低温で反応が進行している。

4. 未来へ

スパッタプロセスは、成熟したプロセスといわれるときがある。これはすなわち、量産したい薄膜があるときに非常に心強いことである。しかし、だからといって、新しい機能膜が作製できないということではない。プロセスの特徴を新しい観点から見直すことで、まったく異なったメリットが見える場合がある。新しい機能膜を考える上で、制御する重要なパラメーターとして何があるだろうか。機能膜を作製する過程で、スパッタプロセスが大きなブレークスルーを生み出すことができるヒントとその可能性を考えたい。

4-1 水

代表的な透明導電膜として利用されるITO膜は、水を添加することで、OH基の増加によるアモルファス化により、結晶化温度の上昇やエッチング速度の上昇、表面平滑化などの影響が生じ、スパッタプロセス時の水分圧管理や制御が重要なパラメーターとなっている（応用編　装置の章参照）。水分圧を積極的に活用することで、膜の結晶性を制御し、新しい膜材料としての可能性を示すいくつかの例を紹介する。

TiNxOy膜[1)]

マイクロデバイスとして有用な膜である。Tiターゲットを用いDCスパッタを行い、室温、T-S間距離50 mm、反応性ガスとして、N_2に水を順次加えていった。すると、**図1**に示すように、水分圧の増加に伴って、TiNx膜からTiNxOy膜を経過してTiOx膜まで連続的に変化していくことが分かった。ターゲット表面から窒化物がスパッタにより除去さ

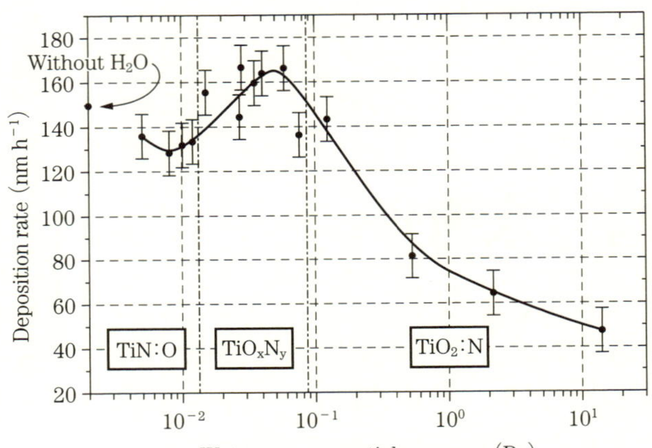

出典：J-M. Chappé et al. Thin solid Films 440 (2003) 66-73

図1　水分圧とTi酸窒化物の成膜速度

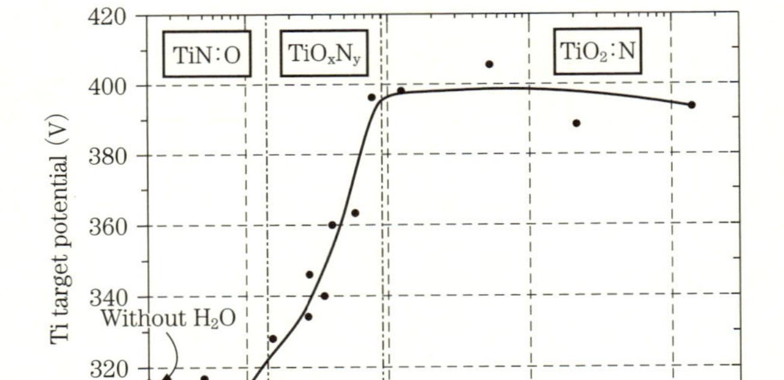

出典：J-M. Chappé et al. Thin solid Films 440 (2003) 66-73

図2　水分圧とTiターゲット電圧

れ、酸化物に置き換えられていく過程と考えられる。通常、反応性ガスとしてO_2を用いると急激に酸化物モードに変わり、TiNxOyを安定に制御することは難しい。成膜速度が最大になる位置は、遷移領域においてTiNxの成膜速度を維持しつつ、そこにO_2ボリュームが加わったためと考えられる。**図2**は、放電電圧をあらわしたものであり、水分圧が

1.2×10^{-2}〜7.2×10^{-2}の間にTiOxNyが安定して制御できていると考えられる。

NiOOH膜[2)]

Niターゲットを用い、全ガス流量1 cc/min、全ガス圧6.7 Paにし、H_2+O_2ガス中でスパッタを行った。**図3**は、プラズマ発光スペクトルであり、(a)はNi、O、Hの発光ピークとOHラジカルの発光ピークが認められ、(b)はH_2Oの増加につれ、OH、Hの発光強度が増えているのがわかる。**図4**は、薄膜のXRD測定である。水を添加しない場合には、

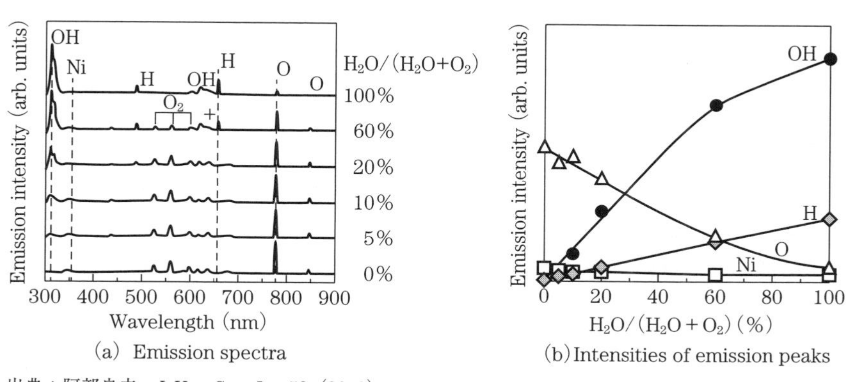

出典：阿部良夫、J. Vac. Soc. Jpn 53 (2010) 515-520

図3　プラズマエミッションスペクトルとNiターゲットのスパッタ中エミッション強度

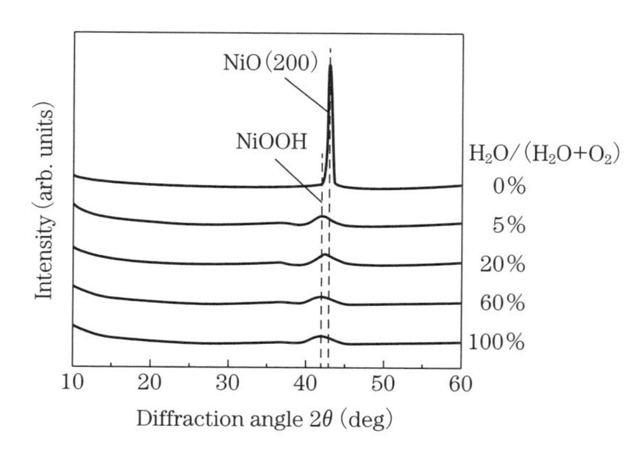

図4　O_2とH_2Oの混合ガス中で成膜したNi酸化物膜のXRDパターン

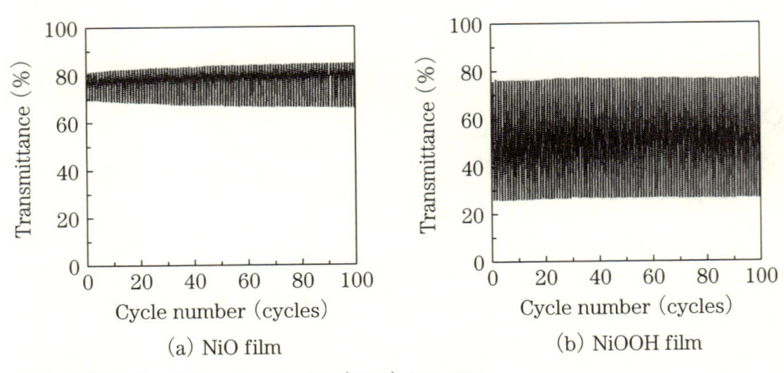

出典：阿部良夫、J. Vac. Soc. Jpn 53 (2010) 515-520

図5 NiOとNiOOH膜の透過率変化

NiO (000) のシャープな回折ピークが生じ、水を添加することでNiOのピークが消え、NiOOHのブロードなピークが発生した。水を添加したことで、OHラジカルや水素原子が増え、NiOOH膜が形成されたと考えられる。**図5**は、酸素のみを用いたNiOと水添加したNiOOH膜でのEC特性をあらわしている。これは、KOH水溶液中において酸化還元を繰り返した時の波長600 nmでの透過率変化で、NiOの場合には、粒子表面に生じたNiOOH層のみが色変化するが、NiOOH膜の場合には、膜全体が色変化すると考えられている。水酸化物は、生体適合性の面から、医療用途への応用も期待されている。

Ti膜[3)]

マイクロデバイス、バリアー、構造制御などに使われる。超高真空装置を利用しSi表面を熱酸化した基板上に、350℃でH_2O、H_2、O_2ガスを導入して、RFにてTi成膜を20 nm膜厚まで行った。T-S間距離100 mm。**図6**は(a) Arのみ、(b) H_2O、(c) H_2、(d) O_2をそれぞれ添加して成膜した場合のXRDである。(b)のArにH_2Oを加えた膜のみにTi (002)の優先方位が見られた。水の導入の時期については、Ti成膜初期に導入した場合にのみ優先成長がみられ、常時導入の場合や導入しない場合には見られない。これは、**図7**(a)のように、SiO_2表面にシラノール (Si系の単純なアルコール構造で、ヒドロキシ基OHを持つため水素結合を

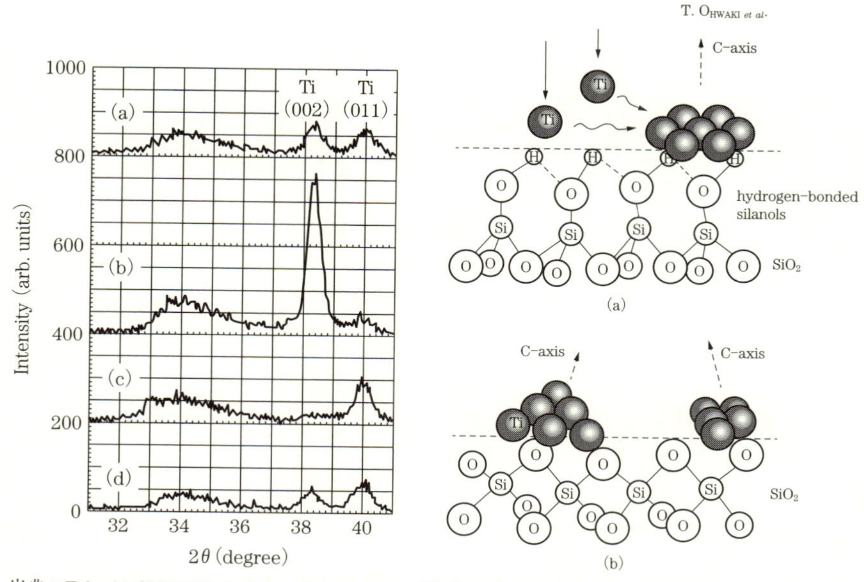

出典：Takeshi OHWAKI et al Jpn. J. Appl. Phys. 36 (1997) pp. L 154-L 157

図6 Ti 膜の XRD パターン
(a) Ar 6.6×10^{-1}Pa
(b) (a) ＋H_2O 5×10^{-5}Pa
(c) (a) ＋H_2 3×10^{-5}Pa
(d) (a) ＋O_2 5×10^{-5}Pa

図7 Ti 膜の核生成と成長の図解
(a) 水吸収した SiO_2 表面
(b) 清浄面

含む）ができ、そのために表面自由エネルギーが小さくなり、Ti 原子と SiO_2 表面の相互作用が小さくなり、Ti 原子が表面で容易に拡散することができるからと考えられている。その結果 Ti (002) 方位は、六方晶構造で最も安定であり、基板に対して c 軸が垂直に配向して成長すると考えられる。水がない場合には、シラノールが生成せず同図(b)、そのために Ti 原子は基板面に到達すると、そこでの強い相互作用により積層し、優先方位ができにくくなる。

Al_2O_3 膜[4)]

バリアー膜、耐摩耗性材として用いられる。γアルミナは、センサーなどに使われる。従来は、1000℃ 程度の高温にて熱的に安定な α Al_2O_3 膜を CVD で作製していたが、より低温での成膜を目指してスパッタの

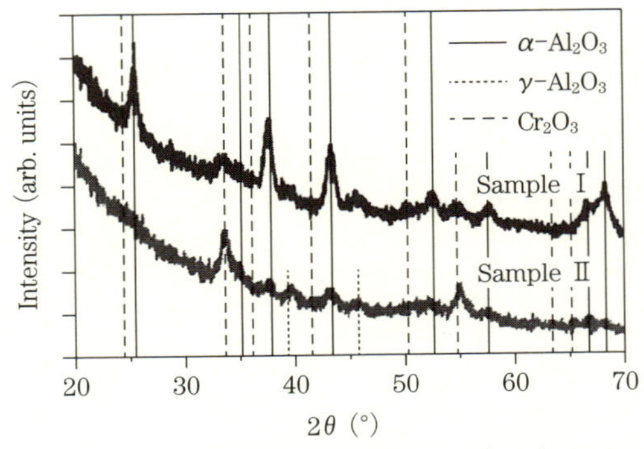

出典：E. Wallin et al. Thim saled Films 516（2008）3877-3883

図 8　全圧 0. 33 Pa での Cr_2O_3 層上に成長したサンプルの XRD パターン
Ⅰ　H_2O 分圧　UHV　500 nm 厚
Ⅱ　H_2O 分圧　1×10^{-3}（Pa）　100 nm 厚

検討が多くなった。超高真空中、Al_2O_3 ターゲットを用い、500℃、RF でスパッタし、7 時間成膜した。T-S 間距離 90 mm。表面自然酸化した Si の上に、核生成用に Cr_2O_3 ターゲットを用いて 300℃、30 nm 厚に成膜したものを基板として用いた。水導入が無い高真空において、α Al_2O_3 膜は、Cr_2O_3 膜による結晶下地と高エネルギーボンバードメントにより生成した。高エネルギーボンバードメントの役割は、格子歪の生成、表面拡散機能、不純物の除去などが考えられる。1 mPa 程度の水導入に伴い、膜厚の増加とともに α Al_2O_3 より γ Al_2O_3 相が多くなる（**図 8**）。水導入により成膜レートは急激に下がるが、負イオンを含めた高エネルギーボンバードによる再スパッタの増加という議論があるが、明らかではない。

Ta_2O_5 膜[5)]

マイクロデバイスなどに使われる。Ta ターゲットを用い Si（100）上に、RF で 500℃ で成膜した。T-S 間距離 35 mm。背圧 3×10^{-3}Pa まで行い、反応性ガスとして O_2 を 20% と水を添加した Ar ガスを導入した。放電ガス圧は 0. 5 Pa、成膜時間 120 分。**図 9** は、水を導入した場合と水無しの場合の XRD である。水導入により、(001)、(201)、(310) の

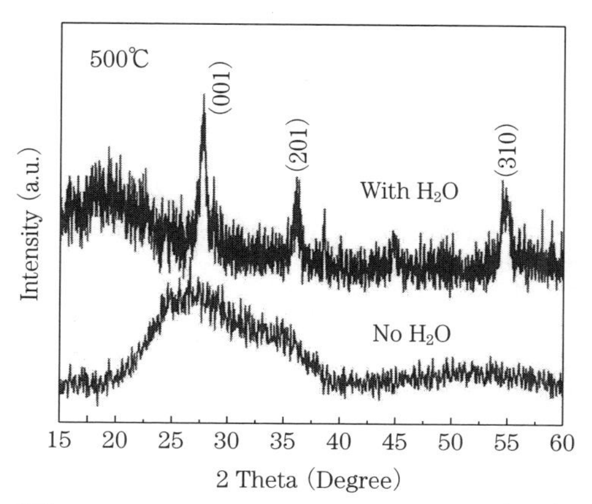

出典：A. P. Huang et al. J. of Crystal Growth 274 (2005) 73-77

図9　500℃での異なる水分圧で成膜したTa_2O_5膜のXRDパターン

ピークが見え、結晶化している。通常750℃の基板加熱または後アニールが必要であるが、結晶化温度も低下している。水の分解によって生じるOHラジカルがプラズマ中で高い活性化した酸化剤として働き、基板表面への入射粒子の反応性を高めていると考えられる。AFM像からも水導入で結晶化が進み、結晶粒サイズは均一であることがわかった。また、可視光の透過率が大きく上昇した。

4-2 磁性膜

HDD（Hard Disk Drive）に代表される磁気記録媒体は、コンピュータの記憶装置として広く使われているが、家庭用ゲーム機、カーナビなどにも使われるようになり、小面積で大容量の情報を保存する必要が出てきたなかで、開発当初に比べると実に10^8倍の記憶容量の進化があり、現在の垂直磁気記録方式に達した。垂直磁気記録は、基板に対して垂直な膜厚方向に一軸磁気異方性有する記録層を持っている。この構造は、**図10**に示すように、それぞれの役割分担した多層の膜からなり、各層がさらに微細な構造制御により成り立っている。同図のB層は、Soft

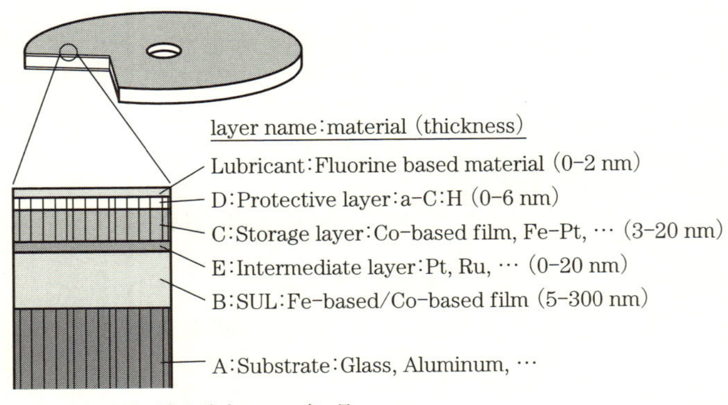

出典：有明順　博士論文　2007年6月

図 10　垂直磁化膜の材料と構造

magnetic under layer（SUL）層といい、磁気ヘッドからの磁束を流れやすくするために高飽和磁化材料を厚く堆積させている。E 層は、記録層の結晶配向性を良くするための下地層であり非磁性中間層（Non–magnetic Intermediate layer（NMIL）と呼ばれ Ru が用いられることが多く、その Ru 層の結晶配向をさせるためのシード層として、Ta、Pt などの金属膜が使われる。C 層は、記録層であり、強磁性微細結晶粒子を c 面配向エピタキシャル成長させ、各結晶粒の周りには酸化物の非磁性粒界相を形成させて、磁性結晶粒の磁気的孤立化を図ったグラニュラー構造を持っている。これらの多層の積層は、スパッタプロセスによる精密制御が行われている。ここでは、記録層の結晶配向性制御について、100 Pa 程度の高スパッタガス圧を用いて、柱状構造とし、結晶配向性と結晶粒子の微細化、分離構造の形成をした例を紹介する[6)]。DC スパッタ、T-S 間距離 30 mm、ターゲット表面での平行磁場は、300 ガウスである。

記録層は、従来低いガス圧力で基板を加熱して成長することで、非磁性成分の微細偏析により磁気特性を得ていた。高ガス圧スパッタで、平均自由行程が極端に短くなり、0. 02 cm 程度になると一度基板上に形成された粒子の陰には飛来粒子が到達しにくいシャドーイング効果が生じる。粒子の運動エネルギーが低く、さらに室温成膜のために基板上での

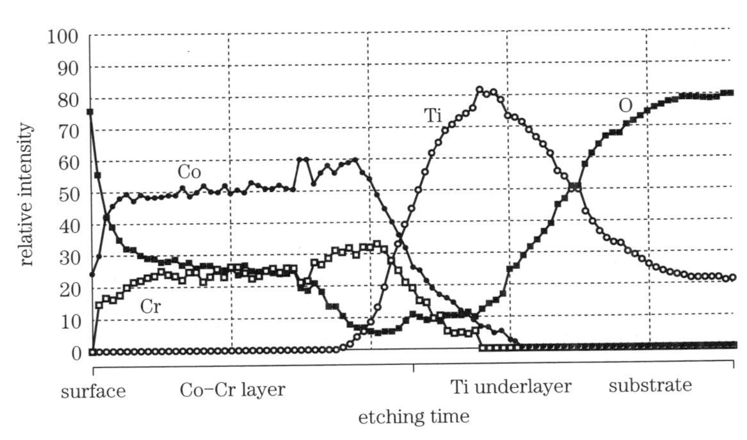

出典：有明順　博士論文

図 11　高 Ar ガス圧で成膜した Co–Cr 膜のオージェ深さプロファイル

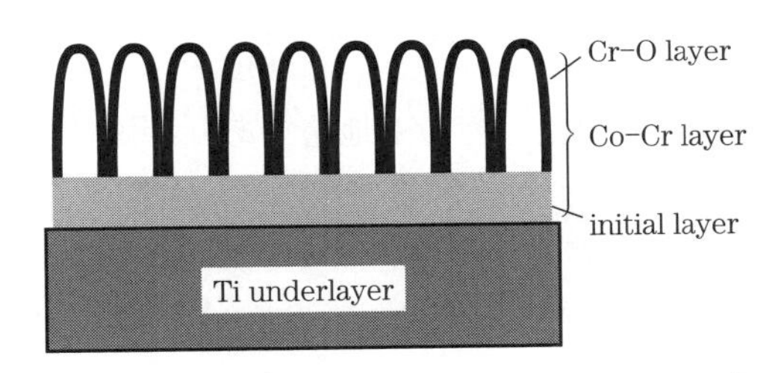

図 12　高 Ar ガス圧で成膜した Co–Cr 膜の構造モデル

マイグレーションが少なくなることで微細な柱状構造ができる。**図 11** は、Co–Cr 膜を高ガス圧スパッタで積層した膜をオージェ電子分光での深さ方向のプロファイルを示している。酸素が膜厚方向で検出され、また、粒界が Cr 過剰な状態であり、Cr の酸化物で囲まれていることが分かった。すなわち、**図 12** のようなモデルが考えられ、Ti 下地上の成長初期層と柱状構造の Co–Cr 強磁性層粒子とその周りにある空隙あるいは Cr の酸化物が取り囲むグラニュラー構造を示している。下地層には、高結晶配向性の HCP（hexagonal closed packed structure）最密六方晶である Ti 膜を積層し、Co–Cr 記録層がヘテロエピタキシャル成長を利用している。Ti の積層は、室温、0.2 Pa 膜厚 100 nm を使っているが、

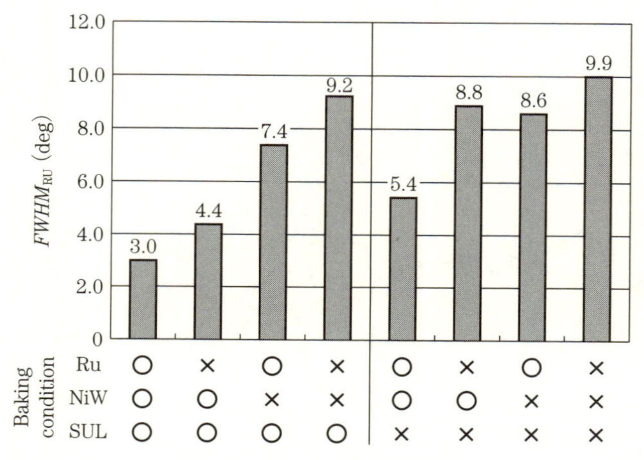

出典：斉藤伸ら　J. Vac. Soc. Jpn 53（2010）521–526

図 13　Ru 金属膜の C 軸結晶配向分散角
（膜構成　glass 基板／SuL 10 nm／$Ni_{90}W_{10}$ 6 nm／Ru 20 nm）

本来記録性能の観点からは、薄い方が好ましく 5 nm 程度となるようだ。また、酸素の混入は、高ガス圧スパッタリングにおけるチャンバーなどからの残留水分などが考えられるが、あえて酸化物をコンポジットにしたターゲットや酸素を混合した雰囲気でのスパッタを用いることもあるようだ。

別途「超清浄雰囲気スパッタリング法」を紹介する[7)]。

磁性薄膜の磁気特性は構造敏感量であるということから、磁性結晶粒の粒間や磁性層の相間に働く磁気的相互作用が、膜中の微細組織や界面の状態に強く依存する。そのため膜中の不純物が薄膜の微細構造の変化をもたらし磁気特性に大きな影響を与えるという関係を重視し、不純物や汚れを徹底的に排除したプロセスの構築を提唱している。すなわち、チャンバー内壁、搬送系、真空シール、真空ポンプ系すべてを超高真空対応にする。また、注意点として、プロセスガスについて、供給源からプロセスチャンバーまでのガスライン全体について、水を含めて不純物ガスが混入しないようにする。**図 13** は、磁気記録層がエピタキシャル成長するときの下地である六方晶 Ru 結晶相がどの程度 c 軸結晶になっているかをRu層とさらに下地の結晶相についての真空条件（ベーキングの有無）で検討した例である。層構成は、下からCoFe系軟磁性層（SUL層）10 nm/$Ni_{90}W_{10}$（シード層）6 nm/Ru 20 nmとなっている。DCマグネトロンスパッタで行い、ベーキング無しは、チャンバー1時間大気開放後排気2×10^{-4}Paに達成後成膜し×で示している。ベーキング有りは、排気開始後6時間ベーキングし自然冷却、4×10^{-6}Pa到達後成膜するプロセスを指し○で示す。すべての層をベーキング有りで成膜した試料は、Ru層の結晶配向分散角$FWHM_{RU}$は、3.0°であり、最も結晶性が良く、ベーキングの有効性が明瞭になった。

4-3 GaN

スパッタプロセスを用いて単結晶の薄膜を作製できれば、大きなメリットがある。特に、LEDに使われるInGaN、GaN、AlNなどのⅢ族窒化物半導体をスパッタで成膜できれば、大面積の発光ディスプレーやデバイスに使え、また、大幅なコストダウンになり用途の拡大が見込まれる。

スパッタ粒子は高いエネルギーを持っているために、ダメージに弱い基板に対しては、それをコントロールして、エネルギーを下げる工夫が必要であったが、逆にそれを利用すると、基板に達した粒子の持つエネルギーが基板表面のマイグレーションに有効に働き、基板とのヘテロエピタキシャルに活用できる。

エピタキシャル成長を起こすには、基板結晶と成長層の格子定数や熱膨張係数の違いが壁となる。通常バッファ層を用いたり、基板表面の平滑性を出すためのアニーリングや洗浄を行う。GaN層のエピタキシャル成長を行った例を紹介する。

超高真空装置を用いて、RFスパッタ法で行っている[8)]。**図14**は、基板温度を変化させた場合のGaN層の成長速度（Al_2O_3基板への直接成長）を示している。Gaターゲット、ArへのN_2ガス混合比40%、基板温度を700～1050℃に変化させた時のGaN層の成長速度をあらわす。

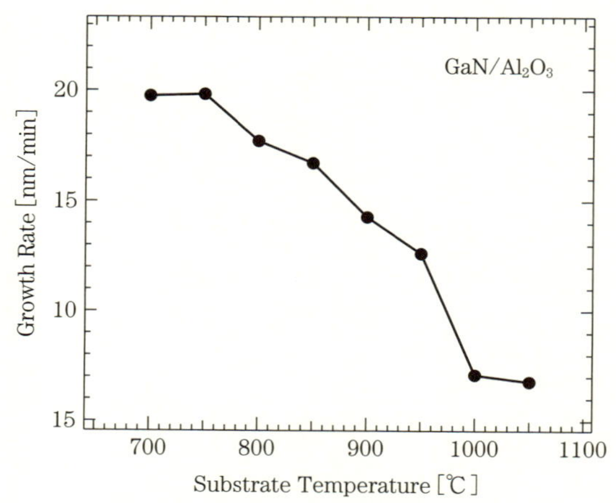

出典：篠田宏之　スパッタリング&プラズマプロセス部会
29（2014）19–28

図 14　基板温度を変化させた場合の GaN 層の成長速度（Al_2O_3 基板上へ直接成長）

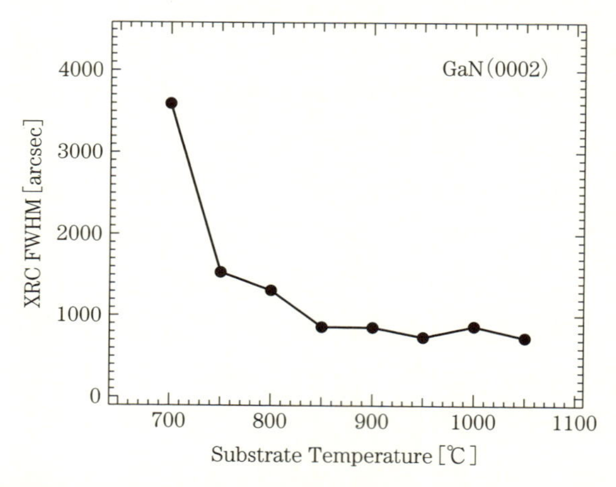

図 15　基板温度を変化させて成長した GaN 層の (0002) 面における XRC FWHM 値（Al_2O_3 基板上へ直接成長）

図 15 は、同様に、成長した GaN 層の（0002）面におけるロッキングカーブ（X–ray rocking curve：XRC）の半値幅（Full width at half–maximum：FWHM）値を示している。XRC FWHM 値は、基板温度の上昇に伴い 750℃ までは急激に減少し、それ以降は緩やかな減少となる。反応

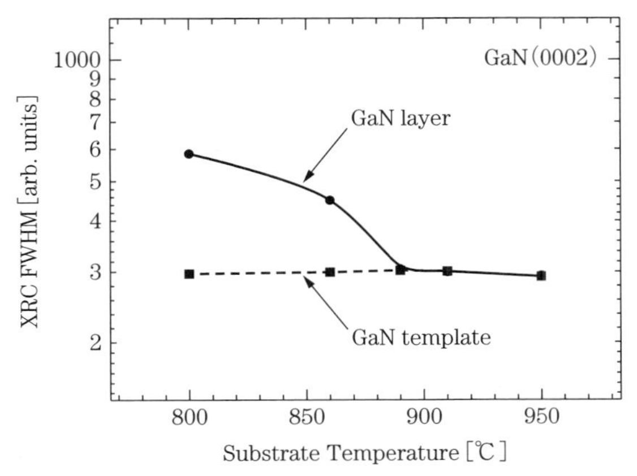

出典：篠田宏之　スパッタリング&プラズマプロセス部会　29 (2014) 19-28

図 16　基板温度を変化させて成長した GaN 層の (0002) 面における XRC FWHM 値 (GaN テンプレート上へ成長)

性ガスについては、N_2 ガスが少ない遷移領域に近い方が配向性に優れた GaN 層が得られた。エピタキシャル成長をさせるには、成長させる下地が重要となる。**図 16** は、MOVPE (Metal organic vapor phase epitaxy) 法により形成した GaN/Al_2O_3 テンプレート上に GaN を成長した場合の、温度と XRC FWHM について示した[8]。Ga ターゲットを用いて、Ar/N_2 混合ガス (6 Ngrade) にて積層している。基板温度の上昇にしたがい、900℃ 程度まで XRC FWHM は減少し、テンプレートと同程度まで結晶性は向上する。**図 17** は、$(10\bar{1}2)$ 面における XRC FWHM 値を示している。非対称面においてもテンプレートと同様な結晶性になった。**図 18** は、各基板温度での SEM 像であり、テンプレートを用いた場合の結晶表面を示している。800℃ においては、ピット数が $1\times10^9\text{cm}^{-2}$ 程度であり、温度上昇とともに減少し、950℃ では、$5\times10^6\text{cm}^{-2}$ 程度までになる。温度上昇により、マイグレーションが促進したと考えられる[8]。GaN を結晶成長させるには、下地が重要であるが、バッファー層を工夫し、大面積化に近づいた例を紹介する[9]。

グラフェンを Ni 基板の上に CVD で成膜し、それを溶融シリカあるい

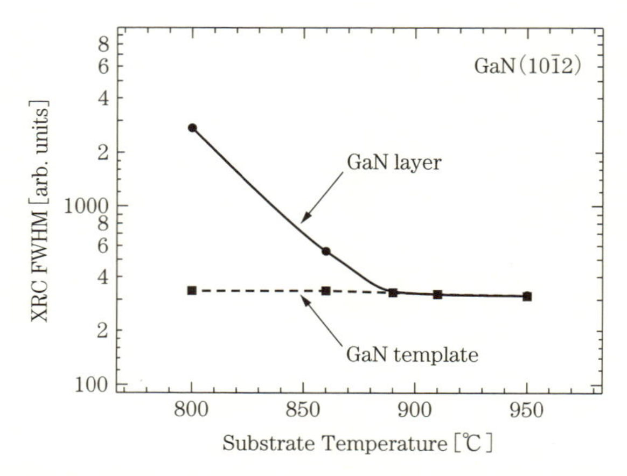

図 17　基板温度を変化させて成長した GaN 層の(10$\bar{1}$2)面における XRC FWHM 値
(GaN テンプレート上へ成長)

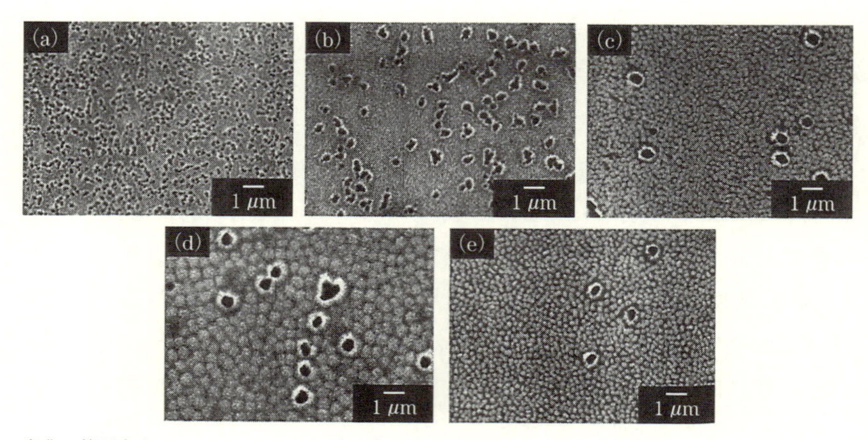

出典：篠田宏之　スパッタリング＆プラズマプロセス部会　29（2014）19–28

図 18　各基板温度で成長した GaN 層表面の SEM 像（GaN テンプレート上へ成長）
(a) 800、(b) 860、(c) 890、(d) 910、(e) 950℃

は Si を表面酸化した基板などのアモルファス基板に移送する。それを 600℃30 分真空中で熱処理する。これをバッファー層として、パルススパッタを用いて最初に 50 nm の AlN 膜、次に 1000 nm の GaN 膜を順次成長させる。成長速度は、1.0～2.0 μm/h、基板温度 550–760℃ である。

(a)

(b)
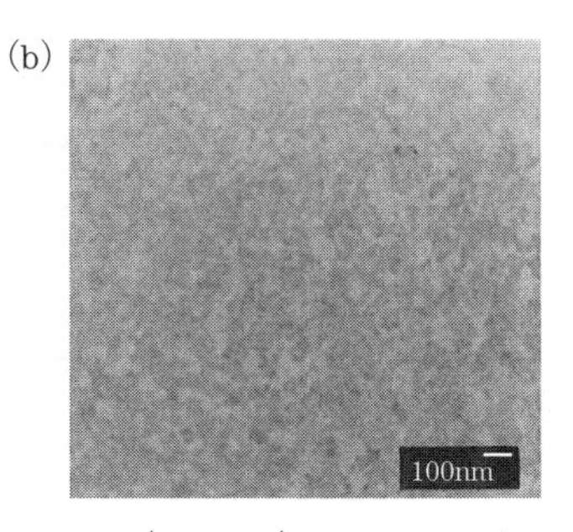

出典：Jeong Woo Shon et al. SCIENTIFIC REPORTS |4：5325| DOI：10.1038/srep05325

図 19　アモルファス SiO_2 基板上へ成長した GaN 膜の SEM 像
(a) 多層グラフェンバッファー層なし (b) 有り

図 19 は、GaN 膜表面の SEM 像でありグラフェンのバッファー層がない場合 (a) と有る場合 (b) の像である。(a) は数百 nm の配向していない結晶を示しているが、(b) は平滑な表面であり、GaN、AlN 共に c 軸に配向した結晶性の膜が積層した。

次に、パルススパッタで積層した AlN 膜について紹介する[10)]。AlN は 6.2 eV のバンドギャップを持ち、紫外線領域での LED として重要である。性能は結晶品質に依存し、現行の MOVPE（Metal organic vapor phase epitaxy）や MBE（Molecular beam epitaxy）では、結晶性に課題があった。また、PLD（pulsed laser deposition）では、転位の少ない膜はできるが、スループットが非常に低い。

6 H-SiC (000-1) 基板を用い、H_2、He 混合ガス 1530℃ 60 分加熱処理をして表面平滑にし、酸で洗浄した。超高真空装置にて背圧は 5×10^{-10}torr にし、Al ターゲットで Ar/N_2 の混合ガスを利用し、1〜3 mTorr の圧力でパルススパッタを行った。パルスのデューティー比は 5% である。80 nm 厚の AlN 膜を室温と 800℃ で積層した。**図 20** は AFM 像であり、(a) は 800℃ の場合で、3 次元に島状成長しているのが見える。(b) は RT の場合で、平滑な原子状段差が見える。**図 21** は、X-ray rocking curves（XRCs）を示している。RT で積層した場合に、結晶性が大きく改善している。これは、室温での積層が、ミスフィット転位の活性化エネルギ

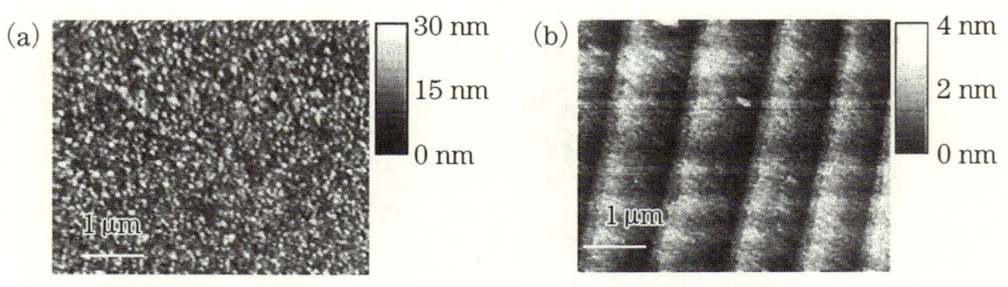

出典：Kazuhiro Sato et al. Applied Physics Express 2（2009）011003

図 20　AlN 膜の AFM 像（a）800℃（b）室温

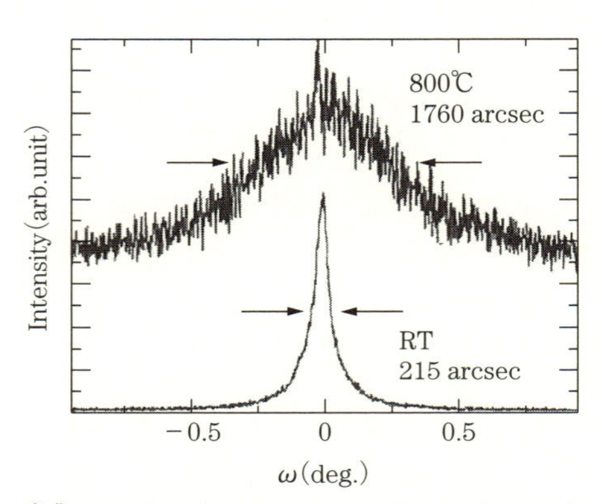

出典：Kazuhiro Sato et al. Applied Physics Express 2（2009）011003

図 21　800℃ と RT で成長させた AlN 膜の $10\bar{1}2$ 方位の XRCs

ーが大きいため転位ができず、その分応力が大きくなることで吸収し成長したと考えられる。また、室温でのエピタキシーは、Al スパッタ粒子のエネルギーが高いために、基板上でのマイグレーションが非常に大きく、それが効果的に働いたと考えられている。

花火そして雪華

夜空に咲く花火は美しい。夏の強い日差しの暑さが陰って来て、夕方の風が少し出てくる頃には、ちょっとほっとさせる空気が流れる。花火は、金属の炎色反応である。火薬の熱によって励起された電子が安定化する時に光としてエネルギーを放出する。金属の種類で放出するエネルギーが変わるため、発光スペクトルが変化する。鮮やかな色と模様とそして時間差を利用した変化とを宇宙の中に広げて、見せる。

暑さをやっと凌いでいるとすぐに寒い冬になる。風が凍りつくような日が来る。雪も多くなった気がする。雪の結晶は、美しい六角形の形をしている。水蒸気を含む空気が上空で冷却され、過飽和すると、凝固し結晶化する。水分子の酸素の周りに、水素結合して安定化すると、結合の角度が120度となり六角形になる。湿度と温度と大気中の高さによって、結晶成長が変わり、様々な幻想的な形になっていく。

自然界にある美しい形を目指せば、おのずと理想的な構造に近づくのだろうか…。

夏の夕方、東名高速道路をICに降りようとしたら、花火が見えた。しかし出口に向かうと方向が逆になり、残念に思い諦めようとした時、サイドミラーに満開の花火が映し出された。わずかな赤信号の時間が過ぎた。

あとがき

特殊な機能を持った膜を作るために必要な結晶構造や膜構造がある。それらを満たすための手段としては、プロセス制御（構造制御）、材料選択（微細組織）、表面界面制御（形状）、基板との間における中間層の利用、多層膜化などの方法が考えられる。機能膜の作製を突き詰めていくと、ここに紹介したように、超高真空において容易になるプロセス制御が多くみられた。スパッタプロセスでは、スパッタ粒子の持つエネルギーをどうコントロールするかが課題としてあった。すなわち、通常の多くの場合には、スパッタ粒子の持つ大きなエネルギーは、基板やすでに積層した膜にダメージを与えるということが不利な条件としてあったが、逆にそのエネルギーを上手く使えば、他のプロセスでは基板を高温にしないと作製できないGaNのような単結晶膜を、低温で作製できることがわかってきた。大幅なコストダウンと大きな新規のマーケットに繋がると期待される。スパッタプロセスの高エネルギー粒子の有効活用が、今後の機能膜のカギであるような気がしてならない。

参 考 文 献

基礎編

1. はじめに

1）Brian. N. Chapman 著　岡本幸雄訳　プラズマプロセシングの基礎　電気書院（1993）
2）小林春洋：スパッタ薄膜　日刊工業新聞社（1993）
3）麻蒔立男：薄膜作成の基礎　第4版　日刊工業新聞社（2005）
4）金原粲：スパッタリング現象　東京大学出版会（1984）
5）和佐清孝、早川茂：薄膜化技術　第3版　共立出版（2002）
6）井村健：アモルファス薄膜の評価　共立出版（1989）
7）H. Biederman, P. Bilkova, J. Jezek, P. Hlidek, D. Slavinska : J. Non–Crystalline Solids, 218（1997）44–49
8）H. Biederman, D. Slavinska, P. Bilkova and V. Stundzia : Plasma Processing of Polymers, 365–377（1997）
9）長田義仁：低温プラズマ材料化学　産業図書（1994）
10）岩森暁：高分子表面加工学　技報堂出版（2005）

2. スパッタリングの基礎知識

1）日本産業洗浄協議会　洗浄技術委員会編：トコトンやさしい洗浄の本　日刊工業新聞社、(2006)
2）麻蒔立男：薄膜作成の基礎　第4版　日刊工業新聞社（2005）
3）SE プラズマ　技術資料　www.seplasma.com
4）金原粲監修　白木靖寛、吉田貞史編著：薄膜工学　丸善（2003）
5）小林春洋：スパッタ薄膜　日刊工業新聞社（1993）
6）Braian N. Chapman 岡本幸雄訳：プラズマプロセシングの基礎　電気書院（1993）
7）Gencoa 社　技術資料　富士交易（kikuchi@fuji–koeki.co.jp）
8）Fraunhofer 技術資料
9）特開 2004–346406　スパッタリング装置、特開 2001–337437　フォトマスク用ブランクスの製造方法及びフォトマスクの製造方法

10）特開平5-243155　スパッタ装置
11）特開平5-202468　スパッタ装置
12）特開平6-68976　薄膜有機EL素子の製造方法およびEL発光層成膜装置

3. いろいろなスパッタ法

1）小林春洋：スパッタ薄膜　日刊工業新聞社　1993
2）市川幸美、佐々木敏明、堤井信力：プラズマ半導体プロセス工学　内田老鶴圃　2003
3）菅井秀郎：プラズマエレクトロニクス　オーム社　2000
4）アステック社　SPIK 2000 A カタログ資料
5）Edward V. Barnat and Toh–Ming Lu : Pulsed and Pulsed Bias Sputtering Principles and Applications, Kluwer Academic Publishers（2003）
6）A. P. Ehiasarian, and R. Bugyi : 2004 Society of Vacuum Coaters　505/856-7188
7）Andre Anders, Joakim Andersson, David Horwat, and Arutiun Ehiasarian : The 9Th ISSP 2007 Kanazawa　p 195-200
8）Jeon Geon Han : The 8th ISSP 2005 Kanazawa documents
9）Man–Soo Hwang, Hye Jung Lee, Heui Seob Jeong, Yong Woon, Sang Jik Kwon : Surface and Coating Technology　171（2003）29-33
10）Gencoa社　技術資料　富士交易（kikuchi@fuji–koeki.co.jp）
11）Gencoa社　カソードマニュアル

4. 反応性高速スパッタ法

1）S. Schiller, U. Heisig, Chr. Korndorfer, G, Beister, J, Reschke, K. Steinfelder, J. Strumfel : Surface and Coating Technology　33（1987）405
2）S. Schiller, K. Goedicke, J. Reschke, V. Kirchhoff, S. Schneider, and F. Milde : Surface and Coating Technology　61（1993）331
3）S. Berg, T. Larsson, C. Nender, and H-O. Blom : J. Appl. Phys. 63（3）（1988）887
4）T. Larsson, H-O. Blom. C. Nender, ands. Berg : J. Vac. Sci. Technol. A 6（3）（1988）1832
5）詳細についてはアーステックホームページ参照

http://www.h6.dion.ne.jp/~earth
6）Gencoa社　技術資料　富士交易（kikuchi@fuji–koeki.co.jp）
7）S. Schiller, U. Heisig, G. Beister, K. Steinfelder and J. Strumpfel : Thin Solid Films, 118（1984）255
8）D. Monaghan, V. B. Gonzalez, B. Daniel, S. Powell, J. Counsell : The 9Th ISSP 2007 Kanazawa, 58
9）W. D. Sproul, and B. E. Sylvia : Vac. Tech. and Coating　2(8)（2001）32
10）J. M. Schneider, W. D. Sproul, R. W. J. Chia, Ming–Show Wong, A. Matthews : Surface and Coatings Technology　96（1997）262
11）石井清　東京工芸大学連携最先端技術研究センターシンポジウム　H 16. 1. 31
12）Y. Song, T. Sakurai : Vacuum 74（2004）409–415
13）長江亦周　シンクロン社　技術資料

現場のケーススタディー　Part 1

1）飯島徹穂・近藤信一・青山隆司：はじめてのプラズマ技術　工業調査会（1999）
2）提井信力・小野茂：プラズマ気相反応工学、内田老鶴圃（2000）

実践編

1. ターゲットとカソード

1）Gencoa社　技術資料　富士交易（kikuchi@fuji–koeki.co.jp）
2）特願平　6–208619　マグネトロンスパッタ装置
3）特願平　4–129966　マグネトロンスパッタ装置
4）Bellido–Gonzalez Victor（GB）GB 2454964（A）, Magnetron Sputtering Apparatus with Asymmetric Plasma Distribution
5）D. Monaghan, V. Bellido, R. Brown, and A. Azzarpardi 2012 Society of Vacuum Coaters 505/856–7188
6）Peter Wirz：学振　薄膜131委員会158回研究会資料　p 55
7）S. Schiller, K. Goedicke, J. Reschke, V. Kirchhoff, S. Schneider and F. Milde : Surface and Coatings Technology　61（1993）331
8）星陽一：「スパッタリング法による薄膜作製、制御技術」技術情報協会

（2006）p 56
9）星陽一、加藤博臣　信学技報　Technical Report of IEICE CPM 2002–61 許諾番号 08 GA 0131
10）小川倉一：コンバーテック 3（2011）84

2. アーキング対策とアノード

1）S. Beisswenger : The 1st ISSP 1991 Tokyo　p 137
2）S. Beisswenger, R. Faber, and J. Szczyrbowski : The 3rd ISSP 1995 Tokyo p 331
3）FEP 社カタログ
4）高塚裕二、名手達夫、岸俊人：スパッタリング＆プラズマプロセス部会 10、1（1995）27
5）渡辺弘：スパッタリング＆プラズマプロセス部会　10、1（1995）37
6）日本学術振興会第 166 委員会編：透明導電膜の技術　改定 2 版　オーム社（2006）
7）Gencoa 社　技術資料　富士交易（kikuchi@fuji–koeki.co.jp）
8）Richard Scholl：AE 社　技術資料

3. コンポーネント

1）Gencoa 社　技術資料　富士交易（kikuchi@fuji–koeki.co.jp）
2）メンテナンス・リサーチ社　技術資料
3）J. Lin, W. D. Sproul, and J. J. Moore, AVS 57th International Symposium Oct. 17–22, 2010 Albuquerque
4）J. Lin, W. D. Sproul and J. J. Moore, J. Vac. Sci. Tech. A (2011) submitted for publication
5）Brian N. Chapman　岡本幸雄訳：プラズマプロセシングの基礎　電気書院（1993）
6）佐藤誠、長浜華子、林利彦、渡辺栄作、中川行人、ステルウイクラマナヤカ、長谷川晋也、水野茂：スパッタリング＆プラズマプロセス部会 15. 5.（2000）35
7）T. Ohmi, K. Matsudo, T. Shibata T. Ichikawa, and H. Iwabuchi : Appl. Phys. Lett. 53（5）1988　364
8）星陽一：「スパッタリング法による薄膜作製、制御技術」技術情報協会

（2006）p 49
9）W. D. Sproul and B. E. Sylvia : Vac. Tech and Coating　32. 8.（2001）2
10）北原洋明：スパッタリング＆プラズマプロセス部会　10. 1.（1995）1

4. 膜　質

1）麻蒔立男：薄膜作成の基礎　第4版　日刊工業新聞社（2005）
2）成岡友彦、百瀬智明、番場教子、深海龍夫：信学技報　CPM 2002-118
3）S. Ohno, N. Takasawa, Y. Sato, M. Yoshikawa, K. Suzuki, P. Frach, Y. Shigesato : Thin Solid Films　496（2006）126
4）小林春洋：スパッタ薄膜　日刊工業新聞社（1993）
5）J Musil and S Kadlec : Vacuum　40、5（1990）435
6）市村博司、池永勝：プラズマプロセスによる薄膜の基礎と応用　日刊工業新聞社（2005）
7）P. J. Kelly, R. Hall, J. OBrien, J. W. Bradley, G. Roche, R. D. Arnell : Surface and Coatings Technology　142（2001）635
8）C. Muratore, J. J. Moore, J. A. Rees : Surface and Coatings Technology　163-164（2003）12
9）Edward V. Barnat and Toh-Ming Lu : Pulsed and Pulsed Bias Sputtering Principles and Applications, Kluwer Academic Publishers（2003）
10）P. J. Kelly, O. A. Abu-Zeid, R. D. Arnell, J. Tony : Surface and Coatings technology　86-87（1996）28
11）金原粲　藤原英夫：薄膜　裳華房（1991）
12）金原粲：スパッタリング現象　東京大学出版会（1984）
13）馬場茂：表面技術　58、5（2007）275
14）K. Ishibashi and Y. Shiokawa : The 3rd ISSP 1995 Tokyo　423
15）Gencoa 社　技術資料　富士交易（kikuchi@fuji-koeki.co.jp）
16）飯島徹穂・近藤信一・青山隆司：はじめてのプラズマ技術、工業調査会（1999）
17）岡田繁信：技術情報協会「反応性スパッタ法による酸化物薄膜の低温高速作製」技術情報協会セミナー　2006
18）菅井秀郎：プラズマエレクトロニクス　オーム社（2000）

現場のケーススタディー　Part 2

1）黄燕清、松村義人：金属　51、9（1980）16

応用編

1. 装　　置

1）北原洋明：図解分かりやすい液晶ディスプレイ　日刊工業新聞社（2006）
2）アステック社　技術資料
3）節原裕一、江部明憲：表面技術　56、5（2005）268
4）金原粲、小島啓安、菊地直人、中野武雄、岡田修監修、「スパッタ実務Q&A」技術情報協会　2009
5）杉山征人監修、「ロール to ロール技術の最新動向」シーエムシー出版、2011
6）橋本巨　ウエブハンドリングの基礎理論と応用　加工技術研究会　2008
7）前田和夫：表面技術　48、11（1997）1042
8）鈴木秀人　池永勝編著：事例で学ぶ DLC 成膜技術　日刊工業新聞社（2003）
9）北原洋明：表面技術　50、9（1999）764
10）和気理一郎、小原剛、阿部能之：真空ジャーナル 97 号（2004）11
11）西村絵里子、大川秀樹、佐藤泰史、宋豊根、重里有三：真空 47. 11（2004）796
12）S. Ishibashi. H. Higuchi. Y. Ota and K. Nakamura : J. Vac. Sci. Technol. A 8（1990）1399
13）Gencoa 社　技術資料　富士交易（kikuchi@fuji–koeki.co.jp）
14）志堂寺栄治：H 12 年度　博士論文「DC マグネトロンスパッタリングにおけるターゲットエロージョン形状とプラズマ構造のモデリング」
15）斉藤亨：スパッタリング&プラズマプロセス部会　10、1（1995）21
16）高橋誠一郎、久保田高史：表面技術　50、9（1999）776

2. 測　　定

1）HIDEN ANALYTICAL 社　技術資料
2）R. D. Arnell, P. J. Kelly, J. W. Bradley : Surface & Coating Technology

188-189（2004）158
3）M Zeuner, H Neumann and J Meichsner : Vacuum　48, 5,（1997）443
4）アステック社　技術資料
5）堤井信力：プラズマ基礎工学　増補版　内田老鶴圃（1997）
6）小林春洋：スパッタ薄膜　日刊工業新聞社（1993）
7）電気学会プラズマイオン高度利用プロセス調査専門委員会編：プラズマイオンプロセスとその応用　オーム社（2005）
8）飯島徹穂、近藤信一、青山隆司：はじめてのプラズマ技術　工業調査会（1999）
9）特開 2012-47548
10）Ijiliang et. al. Applied Physics Express 4（2011）066101
11）N. Inagaki, S. Tanaka, and K. Hibi J. Polym. Sci. Part A : Polym. Chem, 30（1992）1425
12）堤井信力、小野茂：プラズマ気相反応工学　内田老鶴圃（2000）
13）新開ら；旭硝子研究報告　3159 号
14）H. Kawata et, al., Proc. 7th Symp. on Plasma Processing, Tokyo,（1991）149
15）飯島徹穂・近藤信一・青山隆司：はじめてのプラズマ技術、工業調査会（1999）
16）H. R. Griem, Spectral Line Broadening by Plasma（Academic Press, New York and London 1974）
17）山田諄、プラズマ・核融合学会、69（1993）784
18）佐々木浩一、真空　53（2010）473
19）金原粲監修、白木靖寛、吉田貞史編著：薄膜工学　丸善（2003）
20）James D. Rancourt 著　小倉繁太郎訳：光学薄膜ユーザーズハンドブック　日刊工業新聞社（1991）
21）榎本祐嗣、三宅正二郎：薄膜トライボロジー　東京大学出版会（1994）
22）吉田貞史：薄膜　培風館（1990）
23）金原粲　藤原英夫：薄膜　裳華房（1991）
24）川畑州一：表面科学　18、11、（1997）681
25）関根国夫：表面科学　18、11、（1997）664
26）薄膜第 131 委員会編：薄膜ハンドブック　オーム社（1983）
27）井上泰宣、鎌田喜一郎、濱崎勝義共訳：薄膜物性入門　内田老鶴圃

（1994）
28）堂山昌男、小川恵一、北田正弘監修　吉原一紘著：入門表面分析　内田老鶴圃（2003）

3. 応　用

1）日本学術振興会　電子材料第166委員会編：透明導電膜の技術　改訂2版　オーム社（2006）
2）中村崇：工業材料　55、8、（2007）48
3）小島啓安：ディスプレー光学部材における薄膜製造技術　情報機構（2007）
4）監修　澤田豊：透明導電膜　シーエムシー出版　1999
5）監修　澤田豊：透明導電膜　シーエムシー出版　1999
6）監修　澤田豊：透明導電膜　シーエムシー出版　1999
7）今真人　重里有三：真空　47、10（2004）727
8）今真人：2002年度博士論文「反応性スパッタリングによる酸化物薄膜の高速成膜に関する研究」
9）一杉太郎、古林寛、長谷川哲也：真空　50、2（2007）111
10）一杉太郎、山田直臣、長谷川哲也：表面技術　58、12（2007）798
11）藤嶋昭、橋本和仁、渡辺俊也：光触媒のしくみ　日本実業出版社（2000）
12）川又由雄：真空ジャーナル　105号（2006）8
13）S. Ohno, N. Takasawa, Y. Sato, M. Yoshikawa, K. Suzuki, P. Frach, Y. Shigesato : Thin Solid Films　496（2006）126
14）成岡友彦、百瀬智明、番場教子、深海龍夫：信学技報　Technical Report of IEICE CPM 2002-118、許諾番号08 GA 0130
15）特願2004-232709　デュアルマグネトロンスパッタ装置とこの装置を用いて作製された高機能性材料薄膜体およびその製造方法
16）高林外広：まてりあ　42、9（2003）662
17）武井厚編：身近な機能膜のはなし　日刊工業新聞社（1994）
18）特開2007-134099　有機エレクトロルミネセンス表示パネル
19）特開2011-63865　ポリ尿素膜およびその成膜方法
20）岩森暁：高分子表面加工学　技報堂出版（2005）
21）重里有三：E Express　2007年10月1日号

22）高澤悟、浮島禎之、谷典明、石橋暁：ULVAC Technical Journal　64（2006）18
23）金平：工業材料　55、2（2007）83
24）片山佳人：真空　51、1、（2008）8
25）小川倉一ら、表面技術協会　64、5、（2013）45
26）NEDO　平成14年成果報告書　環境応答型ヒートミラーの研究開発
27）Kazuhiro Kato, Pung Keun Song, Hidehumi Odaka, and Yuzo Shigesato J. J. Appl. Phys. 42,（2003）6523
28）特開2008-20586　無色透明にできる反射型調光薄膜材料
29）(独)産業技術総合研究所　プレスリリース　2007年11月21日
30）W. H. Southwell : Appl. Opt., 28（1989）5091
31）W. E. Johnson and R. L. Crane : Proc. SPIE, 2046（1993）88
32）平成14年度NEDO報告書
33）FEP社　技術資料
34）水島宣彦、原留美吉、玉井康勝：薄膜物性工学・界面物性工学　オーム社（1968）
35）和佐清孝、早川茂：薄膜化技術　第3版　共立出版（2003）
36）日本表面科学会編：「図解」薄膜技術　培風館（1999）
37）村田製作所　カタログ
38）槌谷和義、北川俊明、上辻靖智、仲町英治：日本機械学会論文集（A編）71、701（2005-1）
39）槌谷和義、北川俊明、奥田雄二、仲町英治：日本機械学会論文集（A編）69、687（2003-11）
40）表面技術協会編：PVD・CVD皮膜の基礎と応用　槇書店（1998）
41）小原利光、玉垣浩、碇賀充：表面技術協会　第109回プロシーディング
42）T. Kohara, H. Tamagaki, Y. Ikari, H. Fujii : Surface & Coating Technology 185（2004）166
43）R. D. Arnell, P. J. Kelly：Surface and Coatings Technology 112（1999）170
44）芹川正：スパッタリング＆プラズマプロセス部会　9（1994）25
45）槌谷和義　表面技術協会　材料機能ドライプロセス部会　71回定例会（2007）
46）阿部考之、井上光浩、表面技術　62（2011）94

4. 未来へ

1）Jean–Marie Chappe, Nicolas Martin, Guy Terwagne, Jan Lintymer, Joseph Gravoille, Jamal Takadoum : Thin Solid Films 440（2003）66
2）阿部良夫：J. Vac. Soc. Jpn. 53, 9,（2010）5
3）Takeshi Ohwaki, Tomoyuki Yoshida, Shoji Hashimoto , Hideki Hosokawa, Yasuichi Mitsushima and Yasunori Taga Jpn. J. Appl. Phys. 36（1997）154
4）E. Wallin, J. M. Andersson, M. Lattemann, U. Helmersson Thin Solid Films 516（2008）3877
5）A. P Huang, Paul K. Chu : Journal of Crystal Growth 274（2005）73
6）有明順：2007 年度　博士論文「膜微細構造制御による高密度垂直磁気記録媒体用 Co–Pt–Cr 系薄膜の開発」
7）齋藤伸ら：真空　53、9、（2010）11
8）篠田宏之；日本真空学会　SP 部会 1（2014）19
9）Jeong Woo Shon, Jitsuo Ohta, Kohei Ueno, Atushi Kobayashi & Hiroshi Fujioka：Science Report 4：5325
10）Kazuhiro Sato, Jitsuo Ohta, Shigeru Inoue, Atsushi Kobayashi, and Hiroshi Fujioka : Applied Physics Express 2（2009）011003

索　　引

あ　行

か

さ

た

な

は

ま

や

ら

数字・欧文

著者紹介——

小島啓安（こじま　ひろやす）

1977年　東京都立大学　大学院工学研究科　工業化学専攻　修士課程修了。キヤノン(株) に5年間在籍し、半導体露光装置用光学薄膜プロセス、膜設計の開発に従事する。また旭硝子(株) に12年間在籍し、建築用、自動車用硝子のスパッタプロセス、膜開発に従事する。その後、技術移転会社などを経て2003年に独立。スパッタリングプロセス、薄膜に関するコンサルタント会社として（有）アーステックを設立。現在に至る。2009年8月より名古屋大学客員准教授。2012年3月名古屋大学より学位取得。2012年6月より名古屋大学客員教授。2013年4月より中国科学院上海セラミックス研究所兼任教授。

E–mail　earth–tech@r9.dion.ne.jp

URL　http://www.h6.dion.ne.jp/~earth

現場のスパッタリング薄膜 Q&A 第2版　NDC 549

2008年 8月 25日　初版1刷発行
2014年 6月 30日　初版5刷発行
2015年 2月 25日　第2版1刷発行

©著　者　小　島　啓　安
発行者　井　水　治　博
発行所　日 刊 工 業 新 聞 社

東京都中央区日本橋小網町 14-1
（郵便番号　103-8548）
電話　書籍編集部　03-5644-7490
販売・管理部　03-5644-7410
FAX　03-5644-7400
振替口座　00190-2-186076

URL　http://pub.nikkan.co.jp/
e-mail　info@media.nikkan.co.jp

印刷／製本　美研プリンティング

落丁・乱丁本はお取り替えいたします。　2015 Printed in Japan

ISBN 978-4-526-07366-3 C 3054